高等学校电子信息类专业"十二五"规划教材

微控制器原理及应用

主　编　张晓莉

副主编　何　蓉　　朱贵宪　　吴文峰

参　编　朱代先　　邵小强

西安电子科技大学出版社

内 容 简 介

本书是按照教育部关于电子类、电气类专业应用型人才培养计划的基本要求,结合当前微控制器的发展状况而编写的,主要介绍以 MCS-51 单片机为主的微控制器的基本原理及应用技术,内容涵盖了微型计算机原理和微控制器的应用两部分,包括计算机的数制及其转换,微型计算机结构,MCS-51 系列单片机结构,指令系统及汇编语言程序设计,中断、定时/计数器与串行口,C51 语言程序设计基础,单片机系统的扩展,基于 MCS-51 的典型串行总线设计等。书中最后一章以典型工业检测及控制产品的设计为例,介绍了微控制器系统的开发过程及步骤,并提供了详细的源代码。本书内容详实、由浅入深、图文并茂,理论教学与实践讲解相结合,重点放在计算机基础知识的学习和嵌入式基本应用技能的培养上。

本书可作为高等学校和各类技术院校自动化专业、通信专业、电子技术应用专业及计算机专业在校学生的教材,也可作为自学和从事微控制器研发工作的工程技术人员的参考用书。

图书在版编目(CIP)数据

微控制器原理及应用/张晓莉主编. 一西安:西安电子科技大学出版社,2014.2
高等学校电子信息类专业"十二五"规划教材
ISBN 978-7-5606-3319-0

Ⅰ. ① 微⋯ Ⅱ. ① 张⋯ Ⅲ. ① 微控制器—高等学校—教材 Ⅳ. ① TP332.3

中国版本图书馆 CIP 数据核字(2014)第 018631 号

策　　划　云立实
责任编辑　云立实　高丽萍
出版发行　西安电子科技大学出版社(西安市太白南路2号)
电　　话　(029)88242885　88201467　　邮　　编　710071
网　　址　www.xduph.com　　　　电子邮箱　xdupfxb001@163.com
经　　销　新华书店
印刷单位　陕西天意印务有限责任公司
版　　次　2014年2月第1版　2014年2月第1次印刷
开　　本　787毫米×1092毫米　1/16　印张 25
字　　数　595千字
印　　数　1~3000册
定　　价　43.00元
ISBN 978-7-5606-3319-0/TP

XDUP 3611001-1

前　言

　　微控制器以成本低、功能强、简单易学、使用方便等独特的优势，在智能仪表、工业测控、数据采集、计算机通信等各个领域得到了极为广泛的应用。目前，以单片机为核心的微控制器开发技术已经成为电子信息、自动化、通信、电气、机电一体化、计算机应用等专业学生、相关专业技术人员必须掌握的技术之一。

　　在对单片机系列课程改革的前提下，本书针对微机原理及单片机课程理论多、应用性不强的特点，将微机原理、单片机及嵌入式系统课程整合，以培养能力、突出实用为基本出发点，重点讲解了 MCS-51 单片机基本概念、基本知识点。本书还结合不同的实例，以实用技术为主线，在简单介绍微型计算机原理的基础上，详细介绍了单片机的原理和应用，并与后续嵌入式系统设计紧密衔接。

　　本书共分为 9 章，从四个方面介绍了微控制器的原理及应用：首先介绍了计算机的数制及其转换，微型计算机的结构；其次以 51 系列单片机为主介绍了微控制器的结构及操作指令；再次介绍了单片机的特殊功能部件及 C51 语言；最后以工业控制单元、家用电器和无线网络控制器为例介绍了单片机应用的开发过程，并给出了典型实例的设计步骤及主要程序的源代码。

　　本书由张晓莉担任主编，何蓉、朱贵宪和吴文峰担任副主编。本书得到了陕西省教改项目——基于 CDIO 的电子信息类应用型人才培养模式的研究与实践，和陕西省精品课程微机应用系统设计项目的支持。本书在编写过程中，得到了西安科技大学吴延海教授等老师的指导，吴教授还审阅了书稿，在此表示衷心的感谢！

　　由于计算机技术发展迅速，多媒体应用软件日益更新，加上作者水平有限，疏漏之处在所难免，恳请广大读者批评指正。

编　者

2013 年 8 月

目　　录

第 1 章 计算机的数制及其转换

教学提示：任何数据在计算机中都用二进制表示，而数据又有数值数据和非数值数据两种。数值数据常用的编码有原码、反码和补码。由于补码编码有许多优点，因此大多数微机数字与字符采用补码进行编码。在计算机内部的十进制数的编码通常是 BCD 码。对于非数值数据，英文字母及符号通常用 ASCII 编码，而汉字则需要两个字节来进行编码。数制及其转换、数与字符的编码是计算机的基础。

教学要求：本章主要介绍计算机的数制及其转换，数与字符的编码，微型计算机的性能等相关知识。通过本章的学习使学生了解微型计算机的特点、分类、主要技术指标；掌握计算机中的数制及其转换，计算机数据和字符的编码。

电子计算机(Computer)是 20 世纪人类最重要的科技发明与成果之一。计算机是一种能够自动、高速、精确地进行信息处理的现代化电子设备，具有算术运算和逻辑判断能力，并能通过预先编好的程序来自动完成数据的处理。自 1946 年世界上第一台计算机问世以来，计算机经历了迅速的发展，获得了广泛的应用，极大地改变着人们的工作、学习和生活方式，并对国民经济的发展和科学技术的进步产生了巨大的推动作用。它的广泛应用是信息时代到来的主要标志。

计算机按其性能、体积和价格分为巨型机、大型机、中型机、小型机和微型机五类。微型计算机属于第四代电子计算机产品，即大规模及超大规模集成电路计算机，是电路技术不断发展、芯片集成度不断提高的产物。它诞生于 20 世纪 70 年代，由于它体积小，性价比高，因此广泛地应用在各行各业和家庭中，大大推广和普及了计算机及其技术的应用，加速了信息化社会的进程。

1.1 计算机的数制及其转换

计算机的最基本功能是进行数据的计算和加工处理。计算机中的数是以器件的两个不同物理状态来表示的，一个具有两种不同的稳定状态且能相互转换的器件即可用来表示一位二进制数。计算机中采用的就是二进制数字系统。凡是需要由计算机处理的各种信息，无论是文本、字符、图形，还是声音、图像，在输入计算机内部时，都必须以二进制编码(不是数)来表示，以方便存储、传送和处理。

计算机内部的信息分为两大类：控制信息和数据信息。控制信息是一系列控制命令，用于控制计算机进行相应的操作；数据信息是计算机操作的对象，通常又可分为数值数据和非数值数据。数值数据用于表示数量的大小，有确定的数值；非数值数据不表示数量的大小，而表示字符、汉字、逻辑数据等信息。

计算机所要处理的信息都要用"0"和"1"两个基本符号(即基 2 码)来编码表示，这是因为以下三个原因：

（1）基 2 码在物理上最易实现。例如，可用"1"和"0"分别表示高、低两个电位，或表示脉冲的有无或正负极性等，其可靠性较高。

（2）采用基 2 码表示二进制数，其编码、加减等运算规则简单。

（3）基 2 码的两个符号"1"和"0"正好可用来表示逻辑数据的"真"与"假"，可使计算机的逻辑运算简单方便。

因此，计算机内部的各种信息都是用二进制编码来表示的。

1.1.1 数与数制

1. 数制的基本概念

人们在长期的生产实践和日常生活中创造了应用各种数字符号表示事物数量的方法，这些数的表示方法称为数制。数制是以表示数值所用的数字符号的个数来命名的，数制有多种形式，例如人们最常用到的十进制。生活中也常常用到其它进制，如十二进制、十六进制、六十进制，以及计算机中使用的二进制等。

进位计数制，又称位置计数制，是用一组固定的数字符号和统一的进位规则进行计数的科学方法，简称进位制。凡是按进位的方法计数的数制都是进位计数制，它有一个规则，就是 N 进制必须逢 N 进一。进位制中还有数码、基数、权三个常用术语。

数码：数制中表示数值大小的不同数字符号。例如，十进制中有 0、1、2、3、4、5、6、7、8、9 共 10 个数码。

基数：也称基，是指某进位计数制中每个数位（数字位置）上允许选用的基本数码的个数。如二进制数的基数为 2，N 进制数的基数为 N。基数体现了该数制中进位和借位的原则：当在某一位数上计够一个基数时需要向上进 1；反之，从上位借 1 在下位当一个整基数来使用。

权：数制中每一个数位所具有的基值（即此数位上所表示出来的最小数值）称为该位上的权，也称位权。由于存在进位，同一数字符号在不同的数位上所代表的数值是不同的。权一般以相应进位制的基数幂的形式来表示。例如，十进制数 1234.56，每个数位上的权是 10 的某次幂，从左到右各位上的权分别为：10^3、10^2、10^1、10^0、10^{-1}、10^{-2}。每个数位上的数字所表示的数值是这个数字和该数位的权的乘积。因此，对任意进位制数都可以写成按权展开的幂的多项式和的形式：

$$N = \pm (a_{n-1} \times R^{n-1} + a_{n-2} \times R^{n-2} + \cdots + a_1 \times R^1 + a_0 \times R^0 + a_{-1} \times R^{-1} + \cdots + a_{-m} \times R^{-m})$$

$$= \pm \sum_{i=-m}^{n-1} a_i \times R^i \tag{1.1}$$

式（1.1）中，i 是数位；n 和 m 为正整数，n 表示小数点左边的位数，m 表示小数点右边的位数；a_i 是任意进位制数 N 的第 i 位的数码；R 为基数，R^i 为第 i 位的权。

总的来看，各种进位计数制均有以下几个主要特点：

（1）每种计数制有一个确定的基数 R，其数码个数等于基数，最大数码比基数小 1。

（2）每个数位上的数码乘以该数位的权就得到该数位上的数字所表示的数值。

（3）低位向高位的进位规则是"逢基数 R 进一"。在混合小数中，小数点右移一位相当于乘以 R；反之，相当于除以 R。

为了区别各种计数制的数据，常采用下述两种方法来表达：

(1) 在数字后面加相应的英文字母来表示该数的数制。如：十进制数用 D(Decimal)表示，通常计算机操作中默认使用的是十进制，所以十进制数的后缀可以省略；二进制数用 B(Binary)表示，如 101110B；八进制数用 O(Octal)表示，为了不和 0 混淆，也可以用 Q 来表示八进制数，如 346Q；十六进制数用 H(Hexadecimal)表示，如 19H。

(2) 在括号外边加数字下标，这种表示方法比较直观。例如二进制数 10101 可以写成 $(10101)_2$。

2. 几种常用的进位计数制

计算机中采用的是二进制计数制。但是，由于书写、键入、读出二进制数时极易出差错，而微机的字长又都是 4 的整数倍数(分别为 4 位、8 位、16 位、32 位和 64 位等)，考虑到 $2^3 = 8$、$2^4 = 16$，因此在编程时，为了使书写和阅读既方便又不易出错，还常常采用八进制计数和十六进制计数。此外，人们对十进制计数最为熟悉，因此输入和输出计算机的数经常使用十进制数来表示。这样各种进位计数制之间就存在着一种对应转换关系。

(1) 十进制数(Decimal Notation)。

人们习惯使用的十进制数有以下特点：

① 10 个数码，即 0、1、2、3、4、5、6、7、8 和 9。十进制数的基数是 10，可以用 0～9 十个数字和一个小数点符号来表示任意十进制数。

② 每个数码表示的值不仅取决于数码本身，还取决于它所处的位置。相同的数码在不同位置的权不同，所表示的数值不同。十进制数各位的权是 10 的整数次幂。例如，个位的权为 10^0，十位的权为 10^1，百位的权为 10^2 等。

③ 遵从"逢十进一，借一当十"的规则。

例 1.1　　　　$333.33 = 333.33D = (333.33)_{10}$
$$= 3 \times 10^2 + 3 \times 10^1 + 3 \times 10^0 + 3 \times 10^{-1} + 3 \times 10^{-2}$$

(2) 二进制数(Binary Notation)。

二进制数有以下特点：

① 2 个数码，即 0 和 1，二进制数的基数是 2。

② 二进制数各数位上的权是 2 的整数次幂。小数点左边的权是 2 的正次幂，小数点右边的权是 2 的负次幂。二进制数的值可以用它的按权展开式表示。

③ 遵从"逢二进一，借一当二"的规则。

例 1.2　　　　$1011.01B = (1011.01)_2$
$$= 1 \times 2^3 + 0 \times 2^2 + 1 \times 2^1 + 1 \times 2^0 + 0 \times 2^{-1} + 1 \times 2^{-2}$$

另外，二进制数还具有一些独特的性质，这些性质奠定了当代计算机的设计基础。这些性质是：

① 具有两个不同的数码，很容易在自然界中找到两个不同的稳定状态来表示。

② 小数点向右移一位，数值增大一倍；反之，即小数点向左移一位，数值减小一半。

③ 对于二进制的整数而言，若其最低位为 1，则值为奇数；最低位为 0，则值为偶数。

④ 二进制数的运算规则简单。如：$0+0=0$；$0+1=1$；$1+0=1$；$1+1=0$(此时向上进位 1)。

可见，两个一位的二进制数相加运算，其本位和的运算正好是二值异或逻辑运算的关系，进位则是二值与逻辑运算的关系。所以，在计算机中，二进制数的运算是用逻辑运算来实现的。

(3) 八进制数(Octal Notation)。

八进制数有以下特点：

① 8 个数码，即 0、1、2、3、4、5、6 和 7，八进制数的基数是 8。

② 八进制数各数位上的权是 8 的整数次幂。八进制数的值也可以用它的按权展开式来表示。

③ 遵从"逢八进一，借一当八"的规则。

例 1.3 $248.15Q = (248.15)_8 = 2 \times 8^2 + 4 \times 8^1 + 8 \times 8^0 + 1 \times 8^{-1} + 5 \times 8^{-2}$

（4）十六进制数（Hexadecimal Notation）。

十六进制数有以下特点：

① 16 个数码，即 0、1、2、3、4、5、6、7、8、9、A、B、C、D、E 和 F，其中 A～F 表示 10～15 这六个数，十六进制数的基数是 16。

② 十六进制数各数位上的权是 16 的整数次幂。十六进制数的值也可以用它的按权展开式来表示。

③ 遵从"逢十六进一，借一当十六"的规则。

例 1.4 $69C.B5H = (69C.B5)_{16} = 6 \times 16^2 + 9 \times 16^1 + 12 \times 16^0 + 11 \times 16^{-1} + 5 \times 16^{-2}$

注意：在实际表示时，一个十六进制数如果最高位数字为字母（A～F），则在字母前面必须加一个 0，以便与指令名、变量名、数据等相区别，如 0E0H。

二进制数、八进制数和十六进制数之间存在特殊的关系，即一位八进制数恰好可以用三位二进制数来表示；一位十六进制数恰好可以用四位二进制数来表示，即八进制数和十六进制数可作为二进制数的缩写形式，且它们之间的关系是唯一的。

计算机中常用的二进制数、八进制数、十进制数和十六进制数之间的对应关系如表 1.1 所示。

表 1.1 二进制、八进制、十进制和十六进制的对应关系

十进制数	二进制数	八进制数	十六进制数
0	0000	00	0
1	0001	01	1
2	0010	02	2
3	0011	03	3
4	0100	04	4
5	0101	05	5
6	0110	06	6
7	0111	07	7
8	1000	10	8
9	1001	11	9
10	1010	12	A
11	1011	13	B
12	1100	14	C
13	1101	15	D
14	1110	16	E
15	1111	17	F
16	10000	20	10
17	10001	21	11

1.1.2　不同数制间的转换

由于人们习惯用十进制计数，在研究问题或讨论解题的过程时，总是用十进制来考虑和书写的。当考虑成熟后，要把问题变成计算机能够"看得懂"的形式时，就需把问题中的所有十进制数转换成二进制数，这就需要用到"十进制数转换成二进制数的方法"。在计算机运算得到二进制数的结果时，又需要用到"二进制数转换为十进制数的方法"，才能把运算结果用十进制形式显示出来。同样，有时我们也需要实现十进制数和其它进位制数之间的转换以及二进制数和八进制数、十六进制数之间的转换。所有这些不同进制的数码之间的转换都叫做数制转换。

1.　二进制数与十进制数之间的转换

1）二进制数转换成十进制数

将一个二进制数转换成十进制数十分简单，只要将二进制数的每一位（0 或 1）分别乘以它所对应的权，然后把各乘积项加起来就可以求得二进制数的十进制数值。简单地说就是"按权展开后相加求和"。

例 1.5　将二进制数 1101.101 转换为十进制数。

其转换过程如下：

$$1101.101B = (1101.101)_2 = 1 \times 2^3 + 1 \times 2^2 + 0 \times 2^1 + 1 \times 2^0 + 1 \times 2^{-1} + 0 \times 2^{-2} + 1 \times 2^{-3}$$
$$= 8 + 4 + 1 + 0.5 + 0.125$$
$$= 13.625$$

故

$$1101.101B = 13.625$$

2）十进制数转换成二进制数

十进制数转换为任意非十进制数时，整数和纯小数的转换方法不同。一个既有整数部分又有小数部分的十进制数，则须对整数和小数两部分分别进行转换，然后再组合起来。

① 十进制整数转换为二进制整数。

十进制整数转换为二进制整数通常采用以下两种方法：

方法一：减权定位法，也称降幂法。具体做法是将十进制数作为被减数，依次同距它最近的二进制高位权值比较，若够减则减去该位权值，并使对应位数码为 1，再将差值作为被减数往下比较；若不够减，对应位数码为 0，然后越过该位与低一位权值比较，重复此过程，直到差为 0 或达到所需精度（对应小数转换时）为止。此种方法既可用于整数的转换，又可用于小数的转换。该方法也可用于十进制数和八进制数、十进制数和十六进制数的转换。

例 1.6　用减权定位法将 163.75 转换为二进制数。

$$128(2^7) < 163 < 256(2^8)$$

	减权比较	A_i	权
整数部分：	$163 - 128 = 35$	$A_7 = 1$	2^7
	$35 < 64$	$A_6 = 0$	2^6
	$35 - 32 = 3$	$A_5 = 1$	2^5
	$3 < 16$	$A_4 = 0$	2^4
	$3 < 8$	$A_3 = 0$	2^3

$$3 < 4 \qquad A_2 = 0 \qquad 2^2$$
$$3 - 2 = 1 \qquad A_1 = 1 \qquad 2^1$$
$$1 - 1 = 0 \qquad A_0 = 1 \qquad 2^0$$

小数部分：
$$0.75 - 0.5 = 0.25 \qquad A_{-1} = 1 \qquad 2^{-1}$$
$$0.25 - 0.25 = 0 \qquad A_{-2} = 1 \qquad 2^{-2}$$

$$163.75 = 10100011.11B$$

方法二：十进制整数转换为二进制整数更多的采用"除 2 取余，逆序排列"法。具体做法是将十进制整数除以二进制的基数 2，得到一个商和一个余数；取其余数（必定是 0 或 1）作为相应二进制整数的最低位 A_0，然后继续用商除以 2，又得到一个商和一个余数；取其余数作为二进制整数的次低位 A_1，依次重复此过程，直到商为 0 为止。

注意：第一次得到的余数为二进制数的最低位，最后得到的余数为二进制数的最高位。依次从最高位到最低位写出，就是整数部分的二进制数。

② 十进制小数转换为二进制小数。

十进制小数转换成二进制小数采用"乘 2 取整，顺序排列"法。具体做法是用二进制基数 2 乘以十进制小数，可以得到积的整数和小数部分，将积的整数部分（当十进制小数大于 0.5 时整数位为 1，当该小数小于 0.5 时整数位为 0）取出，作为二进制小数的小数点后的第一位（小数部分的最高位）A_{-1}，然后再用 2 乘以余下的小数部分，又得到一个积，再将积的整数部分取出作为小数部分的第二位 A_{-2}，如此重复该过程，直到积中的小数部分为 0，或者达到所要求的精度为止（有乘不尽的可能）。然后把每次取出的整数部分（必定是 0 或 1）按先后顺序从左到右排列起来，就得到转换后的二进制小数。

注意：第一次取出的整数为二进制小数的最高位，最后一次所取得的整数为其最低位。

例 1.7　将十进制数 139.8125 转换成二进制数。

其转换过程如下：

整数部分的转换：

$$139 \div 2 = 69 \quad \cdots\cdots 余数为 1，对应二进制位 A_0 = 1（最低位）$$
$$69 \div 2 = 34 \quad \cdots\cdots 余数为 1，对应二进制位 A_1 = 1$$
$$34 \div 2 = 17 \quad \cdots\cdots 余数为 0，对应二进制位 A_2 = 0$$
$$17 \div 2 = 8 \quad \cdots\cdots 余数为 1，对应二进制位 A_3 = 1$$
$$8 \div 2 = 4 \quad \cdots\cdots 余数为 0，对应二进制位 A_4 = 0$$
$$4 \div 2 = 2 \quad \cdots\cdots 余数为 0，对应二进制位 A_5 = 0$$
$$2 \div 2 = 1 \quad \cdots\cdots 余数为 0，对应二进制位 A_6 = 0$$
$$1 \div 2 = 0 \quad \cdots\cdots 余数为 1，对应二进制位 A_7 = 1（最高位）$$

整数部分的转换结果：$(139)_{10} = (10001011)_2$

小数部分的转换：

$$0.8125 \times 2 = 1.625 \quad \cdots\cdots 整数为 1，对应二进制位 A_{-1} = 1（最高位）$$
$$0.625 \times 2 = 1.25 \quad \cdots\cdots 整数为 1，对应二进制位 A_{-2} = 1$$
$$0.25 \times 2 = 0.5 \quad \cdots\cdots 整数为 0，对应二进制位 A_{-3} = 0$$
$$0.5 \times 2 = 1.0 \quad \cdots\cdots 整数为 1，对应二进制位 A_{-4} = 1（最低位）$$

小数部分的转换结果：

$$(0.8125)_{10} = (0.1101)_2$$

最后转化结果为：

$$(139.8125)_{10} = (10001011.1101)_2 \text{ 或 } 139.8125D = 10001011.1101B$$

例 1.8　将十进制数 27.3 转换为二进制数，要求其精度为 4%。

其转换过程如下：

整数部分的转换：

$$27 \div 2 = 13 \quad \cdots\cdots 余数为 1，对应二进制位 A_0 = 1（最低位）$$
$$13 \div 2 = 6 \quad \cdots\cdots 余数为 1，对应二进制位 A_1 = 1$$
$$6 \div 2 = 3 \quad \cdots\cdots 余数为 0，对应二进制位 A_2 = 0$$
$$3 \div 2 = 1 \quad \cdots\cdots 余数为 1，对应二进制位 A_3 = 1$$
$$1 \div 2 = 0 \quad \cdots\cdots 余数为 1，对应二进制位 A_4 = 1（最高位）$$

整数部分的转换结果：$(27)_{10} = (11011)_2$

小数部分的转换：

由于精度要求为 4%，故应该令 $2^{-m} \leqslant 4\% = 5^{-2}$，可得 $2^m \geqslant 5^2 = 25$，则 $m \geqslant 5$，即要求其误差不大于 2^{-5}。

$$0.3 \times 2 = 0.6 \quad \cdots\cdots 整数为 0，对应二进制位 A_{-1} = 0（权为 2^{-1}，最高位）$$
$$0.6 \times 2 = 1.2 \quad \cdots\cdots 整数为 1，对应二进制位 A_{-2} = 1$$
$$0.2 \times 2 = 0.4 \quad \cdots\cdots 整数为 0，对应二进制位 A_{-3} = 0$$
$$0.4 \times 2 = 0.8 \quad \cdots\cdots 整数为 0，对应二进制位 A_{-4} = 0$$
$$0.8 \times 2 = 1.6 \quad \cdots\cdots 整数为 1，对应二进制位 A_{-5} = 1（权为 2^{-5}，最低位）$$

小数部分的转换结果：$(0.3)_{10} = (0.01001)_2$

最后转化结果为：$(27.3)_{10} = (11011.01001)_2$

2. 八进制数与十进制数之间的转换

1) 八进制数转换成十进制数

同二进制转换成十进制的方法相似，即按权展开后相加求和。

例 1.9　将八进制数 126.14 转换为十进制数。

其转换过程如下：

$$126.14Q = (126.14)_8 = 1 \times 8^2 + 2 \times 8^1 + 6 \times 8^0 + 1 \times 8^{-1} + 4 \times 8^{-2}$$
$$= 64 + 16 + 6 + 0.125 + 0.0625$$
$$= 86.1875$$

即

$$(126.14)_8 = 86.1875$$

2) 十进制整数转换成八进制整数

十进制整数转换为八进制整数采用"除 8 取余，逆序排列"法。具体做法是将十进制整数除以八进制的基数 8，得到一个商和一个余数；取其余数（必定是小于 8 的整数）作为相应八进制整数的最低位 A_0，然后继续用商除以 8，又得到一个商和一个余数；取其余数作为八进制整数的次低位 A_1，依次重复此过程，直到商为 0 为止。

注意：第一次得到的余数为八进制数的最低位，最后得到的余数为八进制数的最高位。依次从最高位到最低位写出，就是整数部分的八进制数。

3) 十进制小数转换为八进制小数

十进制小数转换成八进制小数采用"乘 8 取整，顺序排列"法。具体做法是用八进制基数

8乘以十进制小数,可以得到积的整数和小数部分,将积的整数部分(必定是小于8的整数)取出,作为八进制小数部分的最高位 A_{-1},然后再用8乘以余下的小数部分,又得到一个积,再将积的整数部分取出作为八进制小数部分的第二位 A_{-2},如此重复该过程,直到积中的小数部分为0,或者达到所要求的精度为止。然后把每次的整数部分按先后顺序从左到右排列起来,就得到转换后的八进制小数。

例 1.10　将十进制数239.32转换成八进制数(转换结果取4位小数)。

其转换过程如下:

整数部分的转换:

$$239 \div 8 = 29 \quad \cdots\cdots\text{余数为 7,对应八进制位 } A_0 = 7(\text{最低位})$$
$$29 \div 8 = 3 \quad \cdots\cdots\text{余数为 5,对应八进制位 } A_1 = 5$$
$$3 \div 8 = 0 \quad \cdots\cdots\text{余数为 3,对应八进制位 } A_2 = 3(\text{最高位})$$

整数部分的转换结果:$(239)_{10} = (357)_8$

小数部分的转换:

$$0.32 \times 8 = 2.56 \quad \cdots\cdots\text{整数为 2,对应八进制位 } A_{-1} = 2(\text{最高位})$$
$$0.56 \times 8 = 4.48 \quad \cdots\cdots\text{整数为 4,对应八进制位 } A_{-2} = 4$$
$$0.48 \times 8 = 3.84 \quad \cdots\cdots\text{整数为 3,对应八进制位 } A_{-3} = 3$$
$$0.84 \times 8 = 6.72 \quad \cdots\cdots\text{整数为 6,对应八进制位 } A_{-4} = 6(\text{最低位})$$

小数部分的转换结果:$(0.32)_{10} \approx (0.2436)_8$

最后转化结果为:$(239.32)_{10} = (357.2436)_8$ 或 239.32D = 357.2436Q

3. 十六进制数与十进制数之间的转换

1)十六进制数转换成十进制数

同二进制数转换成十进制数的方法相似,按权展开后相加求和。

例 1.11　将十六进制数5F6.C8转换为十进制数。

其转换过程如下:

$$5F6.C8H = (5F6.C8)_{16} = 5 \times 16^2 + 15 \times 16^1 + 6 \times 16^0 + 12 \times 16^{-1} + 8 \times 16^{-2}$$
$$= 1280 + 240 + 6 + 0.75 + 0.03125$$
$$= 1526.78125$$

即

$$5F6.C8H = 1526.78125D$$

2)十进制整数转换成十六进制整数

十进制整数转换为十六进制整数采用"除16取余,逆序排列"法。具体做法是将十进制整数除以十六进制的基数16,得到一个商和一个余数;取其余数(必定是小于F的数)作为相应十六进制整数的最低位 A_0,然后继续用商除以16,又得到一个商和一个余数;取其余数作为十六进制整数的次低位 A_1,依次重复此过程,直到商为0为止。

注意:第一次得到的余数为十六进制数的最低位,最后得到的余数为十六进制数的最高位。依次从最高位到最低位写出,就是整数部分的十六进制数。

3)十进制小数转换为十六进制小数

十进制小数转换成十六进制小数采用"乘16取整,顺序排列"法。具体做法是用十六进制基数16乘以十进制小数,可以得到积的整数和小数部分,将积的整数部分(必定是小于F的数)取出,作为十六进制小数部分的最高位 A_{-1},然后再用16乘以余下的小数部分,又得到一个积，再将积的整数部分取出作为十六进制小数部分的第二位 A_{-2}，如此重复该过程，直到积中的小数部分为 0，或者达到所要求的精度为止。然后把每次获得的整数部分按先后顺序从左到右排列起来，就得到转换后的十六进制小数。

例 1.12　将十进制数 58312.46 转换成十六进制数（转换结果取 4 位小数）。

其转换过程如下：

整数部分的转换：

$$58312 \div 16 = 3644 \quad \cdots\cdots \text{余数为 8，对应十六进制位 } A_0 = 8（最低位）$$

$$3644 \div 16 = 227 \quad \cdots\cdots \text{余数为 12，对应十六进制位 } A_1 = C$$

$$227 \div 16 = 14 \quad \cdots\cdots \text{余数为 3，对应十六进制位 } A_2 = 3$$

$$14 \div 16 = 0 \quad \cdots\cdots \text{余数为 14，对应十六进制位 } A_3 = E（最高位）$$

整数部分的转换结果：$(58312)_{10} = (E3C8)_{16}$

小数部分的转换：

$$0.46 \times 16 = 7.36 \quad \cdots\cdots \text{整数为 7，对应十六进制位 } A_{-1} = 7（最高位）$$

$$0.36 \times 16 = 5.76 \quad \cdots\cdots \text{整数为 5，对应十六进制位 } A_{-2} = 5$$

$$0.76 \times 16 = 12.16 \quad \cdots\cdots \text{整数为 12，对应十六进制位 } A_{-3} = C$$

$$0.16 \times 16 = 2.56 \quad \cdots\cdots \text{整数为 2，对应十六进制位 } A_{-4} = 2（最低位）$$

小数部分的转换结果：$(0.46)_{10} \approx (0.75C2)_{16}$

最后转化结果为：$(58312.46)_{10} = (E3C8.75C2)_{16}$ 或 $58312.46D = 0E3C8.75C2H$

4. 二进制数、八进制数和十六进制数之间的转换

由于 $2^3 = 8$，$2^4 = 16$，3 位二进制数可以有 8 个状态，即 $000 \sim 111$，正好是八进制，而 4 位二进制数可以有 16 个状态，即 $0000 \sim 1111$，正好是十六进制。这说明每三位二进制数对应一位八进制数；每四位二进制数对应一位十六进制数，因此二进制数与八进制数和十六进制数之间的相互转换很容易实现。

1）二进制数转换成八进制数

二进制数转换成八进制数的方法是将二进制数从小数点所在位开始，向左每三位分成一组，然后写出每一组的等值八进制数，若小数点左侧的位数不是 3 的整数倍，则在二进制数的最左侧补 0，这样得到整数部分的八进制数；向右也每三位分成一组，然后写出每一组的等值八进制数，若小数点右侧的位数不是 3 的整数倍，则在二进制数的最右侧补 0，得到小数部分的八进制数，最后把整数部分和小数部分顺序排列起来就得到所要求的八进制数。

例 1.13　将二进制数 10100011.11B 转换成八进制数。

其转换过程如下：

先分组　　　　　010　　100　　011　　.　　110
　　　　　　　　　↓　　　↓　　　↓　　　　　↓
　　　　　　　　　2　　　4　　　3　　.　　　6

所以，转换的结果为：

$$10100011.11B = 243.6Q$$

2）八进制数转换成二进制数

八进制数转换成二进制数的方法是将每一位八进制数分别转换成对应的三位二进制数，按顺序排列后即为八进制数所对应的二进制数。

例 1.14　将八进制数 146.703Q 转换成二进制数。

其转换过程如下：

$$1 \quad 4 \quad 6 \quad . \quad 7 \quad 0 \quad 3$$
$$\downarrow \quad \downarrow \quad \downarrow \quad \quad \downarrow \quad \downarrow \quad \downarrow$$
$$001 \quad 100 \quad 110 \quad . \quad 111 \quad 000 \quad 011$$

所以，转换的结果为：

$$146.703Q = 1100110.111000011B$$

3）二进制数转换成十六进制数

二进制数转换成十六进制数的方法是将二进制数从小数点所在位开始，向左每四位分成一组，然后写出每一组的等值十六进制数，若小数点左侧的位数不是 4 的整数倍，则在二进制数的最左侧补 0，这样得到整数部分的十六进制数；向右也每四位分成一组，然后写出每一组的等值十六进制数，若小数点右侧的位数不是 4 的整数倍，则在二进制数的最右侧补 0，得到小数部分的十六进制数，最后把整数部分和小数部分顺序排列起来就得到所要求的十六进制数。

例 1.15 将二进制数 10100011.111001B 转换成十六进制数。

其转换过程如下：

先分组 $\quad 1010 \quad 0011 \quad . \quad 1110 \quad 0100$
$$\downarrow \quad \downarrow \quad \quad \downarrow \quad \downarrow$$
$$A \quad 3 \quad . \quad E \quad 4$$

所以，转换的结果为：

$$10100011.111001B = 0A3.E4H$$

4）十六进制数转换成二进制数

十六进制数转换成二进制数的方法是将每一位十六进制数分别转换成对应的四位二进制数，按顺序排列后即为十六进制数所对应的二进制数。

例 1.16 将十六进制数 75A.88H 转换成二进制数。

其转换过程如下：

$$7 \quad 5 \quad A \quad . \quad 8 \quad 8$$
$$\downarrow \quad \downarrow \quad \downarrow \quad \quad \downarrow \quad \downarrow$$
$$0111 \quad 0101 \quad 1010 \quad . \quad 1000 \quad 1000$$

所以，转换的结果为：

$$75A.88H = 11101011010.10001B$$

八进制数和十六进制数主要用来简化二进制数的书写。由于采用八进制数和十六进制数表示的二进制数较短，且便于记忆，所以在 PC 机中主要使用十六进制数表示和编码二进制数，所以必须十分熟悉二进制数与十六进制数的对应关系。

另外，十六进制数和八进制数之间也可以进行相互转换，一般可通过先将十六进制数（或八进制数）转换成二进制数，然后再将二进制数转换成八进制数（或十六进制数）。

若要将十进制数转换成八进制或十六进制数，除采用前面介绍过的方法外，还可先将其转换成二进制数，然后再分组，进而转换成八进制数或十六进制数。

5. 二进制数的算术运算

采用二进制实现各种算术与逻辑运算，是因为二进制数中每一位都只有 0 和 1 两个数。它们表示两种不同状态，所以其物理过程很容易实现，如它很好地对应着电位的高与低、电流的有与无及半导体的饱和与截止等。而且，二进制数的算术运算规则也比十进制数的要简单得多，了解到二进制数加法规则是"逢二进一"、减法规则是"借一当二"，再根据十进制数算术运算的方法，很容易理解和完成二进制数的算术运算。

1）加法运算规则

$$0+0=0$$
$$0+1=1$$
$$1+0=1$$
$$1+1=0，且向高位产生进位 1，逢二进一$$

例 1.17　计算 10110101B＋1101001B。

加法过程如下：

进　位	111000010
被加数	10110101
加　数　＋	01101001
	100011110

可得

$$10110101B+1101001B=100011110B$$

2）减法运算规则

$$0-0=0$$
$$1-0=1$$
$$1-1=0$$
$$0-1=1，且向高位产生借位 1，借一当二$$

例 1.18　计算 10110101B－1101001B。

减法过程如下：

借　位	10010000
被减数	10110101
减　数　－	01101001
	01001100

可得

$$10110101B-1101001B=1001100B$$

3）乘法运算规则

$$0\times0=0$$
$$0\times1=0$$
$$1\times0=0$$
$$1\times1=1$$

可见，仅当两个 1 相乘时结果为 1，否则结果为 0。因此，二进制数的乘法非常简单。若乘数位为 0，则乘积为 0；若乘数位为 1，则乘积结果等于被乘数。

例 1.19　计算 10110B×11001B。

乘法过程如下：

$$
\begin{array}{r}
\text{被乘数} \qquad 10110 \\
\text{乘\quad 数} \qquad \times\ 11001 \\
\hline
\text{部分积} \qquad 10110 \\
00000 \\
00000 \\
10110 \\
+\ 10110 \\
\hline
\text{乘\quad 积} \qquad 1000100110 \\
\end{array}
$$

可得

$$10110B \times 11001B = 1000100110B$$

二进制数乘法过程从乘数的低位开始，用乘数的每一位分别去乘以被乘数，每次相乘所得中间结果称为部分积，把部分积的最低有效位与相应乘数位对齐后，同时相加得到乘积。两个 8 位二进制数相乘，结果为 16 位，如果乘积不足 16 位，则在乘积的前面补 0（补足 16 位）。

4）除法运算规则

$$0 \div 1 = 0$$
$$1 \div 1 = 1$$

除法运算是乘法的逆运算，其方法与十进制除法是一样的。

例 1.20 计算 $1110101B \div 1001B$。

除法过程如下：

$$
\begin{array}{r}
1101 \\
1001\,\overline{)\,1110101\,} \\
-1001 \quad\;\; \\
\hline
01011 \quad \\
-1001 \quad \\
\hline
00100 \; \\
-0000 \; \\
\hline
1001 \\
-1001 \\
\hline
0 \\
\end{array}
$$

可得

$$1110101B \div 1001B = 1101B$$

5）计算机中的四则运算

二进制数也可完成加、减、乘、除四则运算，笔算时，运算过程不但很清楚而且很方便，但对计算机来说，实现起来很不方便。在计算机中二进制数的四则运算最终都可以转化为带符号的加法运算，所以在 CPU 内部只有加法器。可把乘法运算通过部分积右移加被乘数或 0 的办法来实现，也可采用被乘数左移加部分积的方法实现，乘法实质上是做移位加法；而除法实质则是做移位减法，把除法运算通过部分余数左移加除数补码来实现，也可采用被除数右移加除数补码或 0 的方法来实现；把减法运算通过加补码来实现，其方法是将减数 B 变成其补码后,再与被减数 A 相加,其和(如有进位的话,则舍去进位)就是两数之差。补码将在 1.2 小节讨论,此处仅对实现乘法运算加以说明。

例 1.21　计算 1011B×1101B。

被乘数 a＝1011　　　　　乘数 b＝1101　　　　　　　部分积 s

① 乘数末位 b_0 为 1,所以在 s 的初值
　0000 上加被乘数,得到新部分积,
　然后部分积向右移一位。

　　　　　　　　　　　　　　　　　　　　　　　　　　　　　0000
　　　　　　　　　　　　　　　　　　　　　　　　　　　＋1011
　　　　　　　　　　　　　　　　　　　　　　　　　　　　　1011

② 此时乘数位为 b_1＝0,所以给部分积
　加 0000,得到新部分积,然后将部
　分积向右移一位。

　　　　　　　　　　　　右移一位　　0101　1
　　　　　　　　　　　　　　　　　　＋0000

③ 此时乘数位为 b_2＝1,所以给部分积
　加 被乘数 1011,得到新部分积,然
　后将部分积向右移一位。

　　　　　　　　　　　　　　　　　　　0101　1
　　　　　　　　　　　　右移一位　　0010　11
　　　　　　　　　　　　　　　　　　＋1011

④ 此时乘数位为 b_3＝1,所以给部分积
　加被乘数 1011,得到新部分积,然
　后将部分积向右移一位。

　　　　　　　　　　　　　　　　　　　1101　11
　　　　　　　　　　　　右移一位　　0110　111
　　　　　　　　　　　　　　　　　　＋1011

可见,4 位数乘 4 位数变成了 4 次相
加、4 次移位,每次相加都是两个 4 位
数相加。

　　　　　　　　　　　　　　　　　10001　111
　　　　　　　　　　　　右移一位　1000　1111

计算结果为:1011B×1101B＝10001111B

6. 二进制数的逻辑运算

逻辑表示输入与输出的一种因果关系。用字母和符号代替文字来进行运算推理的方法称为逻辑代数或布尔代数,也称开关代数。逻辑代数和一般代数不同,一般代数变量的值是连续的,而计算机中的逻辑关系是一种二值逻辑,其逻辑代数中变量的值只有两个:1 和 0。尽管在逻辑代数中某些运算规则和普通代数相同,但逻辑代数中的 0 和 1 与普通代数中的数值 0 和 1 不同,它只代表逻辑分析的两种对立状态,不表示数学中 0 和 1 的数值大小。逻辑运算的特征是对二进制数按对应位独立进行运算,而和其它位的运算结果无关,各位之间无高、低位之分,不存在进位和借位关系,其逻辑运算结果也是逻辑值。

逻辑代数有三种基本的运算关系:逻辑加法("或"运算)、逻辑乘法("与"运算)、逻辑否定("非"运算或称"反"运算)。其它复杂的组合逻辑关系都可以由这三种基本逻辑关系组合而成。下面介绍常用的"与"、"或"、"非"及"异或"四种运算。

1)"与"运算(AND)

"与"运算又称逻辑乘,运算符号可用"AND"、"∧"、"·"或"×"表示,其运算规则如下:

$$0 \cdot 0 = 0$$
$$0 \cdot 1 = 0$$
$$1 \cdot 0 = 0$$
$$1 \cdot 1 = 1$$

即两个逻辑位进行"与"运算,只要有一位为 0,则运算结果为 0;只有当两个逻辑变量都为 1 时,"与"运算结果才为 1。

例 1.22 计算 10011101B∧10111011B。

步骤如下：
$$10011101$$
$$\underline{\land 10111011}$$
$$10011001$$

结果： $10011101B \land 10111011B = 10011001B$

2)"或"运算(OR)

"或"运算又称逻辑加,运算符号用"OR"、"∨"或"+"表示,其运算规则如下：

$$0+0 = 0$$
$$0+1 = 1$$
$$1+0 = 1$$
$$1+1 = 1$$

即两个逻辑位进行"或"运算,只要有一位为 1,则运算结果就为 1;只有当两个逻辑变量都为 0 时,"或"运算结果才为 0。

例 1.23 计算 10011001B∨10111011B。

步骤如下：
$$10011001$$
$$\underline{\lor 10111011}$$
$$10111011$$

结果： $10011001B \lor 10111011B = 10111011B$

3)"非"运算(NOT)

"非"运算的运算符号是在逻辑变量上方加一横线表示,即对逻辑位求反。其运算规则为按位取反,即 1 的"非"为 0,0 的"非"为 1。

$$\overline{1}=0$$
$$\overline{0}=1$$

例 1.24 求二进制数 10010111B 的"非"。

对 10010111 按位取反即可,运算结果为 01101000B。

4)"异或"运算(XOR)

"异或"运算的运算符号用"⊕"或"∀"来表示。其运算规则为：

$$0 \oplus 0 = 0$$
$$0 \oplus 1 = 1$$
$$1 \oplus 0 = 1$$
$$1 \oplus 1 = 0$$

即两个逻辑位进行"异或"运算时,当两个逻辑变量取值相同时,它们"异或"的结果为 0;当两个逻辑变量取值不相同时,它们"异或"的结果才为 1。

例 1.25 计算 11010011B⊕10100110B。

步骤如下：
$$11010011$$
$$\underline{\oplus 10100110}$$
$$01110101$$

结果： $11010011B \oplus 10100110B = 01110101B$

7. 十六进制数的算术运算

十六进制数运算的种类和二进制数的相同,并且所有运算都可以转化为二进制数或十进制数进行，经计算后再把所得的结果转换成十六进制数。当然，只要按照逢十六进一的规则，也可以直接用十六进制数来计算。

例 1.26 计算 0B5F0H＋0A427H。

加法过程如下：

$$
\begin{array}{r}
0B5F0H \\
+\,0A427H \\
\hline
15A17H
\end{array}
$$

结果：　　　　　　　　0B5F0H＋0A427H＝15A17H

注意：进行十六进制数加法运算时，逢 16 进 1，若两个一位数之和 M 小于 16，则和的相应位为 M 本身，若两个一位数之和 M 大于 16，则用 M－16 来取代 M，同时向高位进 1。

例 1.27 计算 0B5F0H－0A427H。

减法过程如下：

$$
\begin{array}{r}
0B5F0H \\
-\,0A427H \\
\hline
11C9H
\end{array}
$$

结果：　　　　　　　　0B5F0H－0A427H＝11C9H

注意：十六进制数减法运算与十进制数相类似，够减时，直接相减；不够减时，从高位借 1（相当于本位的十进制数 16）。

例 1.28 计算 07D5H×5CH。

乘法过程如下：

$$
\begin{array}{r}
07D5H \\
\times\,005CH \\
\hline
5DFC \\
+\ \ 2729\ \ \ \\
\hline
2D08C
\end{array}
$$

结果：　　　　　　　　07D5H×5CH＝2D08CH

注意：十六进制数乘、除法运算没有十进制数那种"乘法九九口诀表"，通常先化为二进制数比较方便，但也可直接用十进制数的乘法规则来计算，只是结果必须转化成十六进制数来表示。

1.2 计算机中数与字符的编码

计算机的基本功能是对数据进行运算和加工处理。数据有两类，一种是数值数据，如 8.9、－2.56 等；另一种是非数值数据（信息），如 A、＋、& 等。不论是哪种数据，在计算机中都必须用二进制代码来编码表示，数值数据的正、负号也用二进制代码表示。

1.2.1 数值数据的编码及运算

1. 带符号数的编码及运算规则

1）机器数与真值

计算机中的数值数据分为带符号数（有符号数）和无符号数（不带符号数）。在算术运算中，数据是有正有负的，称之为带符号数，其最高位表示正、负符号；若数据是非负的，称之为无符号数，其最高位表示数值。

在计算机内部表示二进制数的方法通常称为数值编码，由于计算机不能识别正、负号，因此计算机将正、负等符号数码化，以便运算时识别。这种连同正、负号数码化的采用二进制编码形式表示的数，在计算机中统称为机器数或机器码。机器数按一定编码方式所代表的实际数值称为该机器数的真值（简称真值），通常用＋、－前缀表示数的正、负，用十进制数表示数值的大小。简单地说，把一个数在机器中的表示形式称为机器数，而这个数本身就是该机器数的真值。

机器数的含义有以下两点：

（1）机器数所能表示的数的范围由计算机的字长来决定。字长确定后，机器数所表示的数值的范围大小被限定。例如，当计算机使用 8 位寄存器时，其字长为 8 位，所以一个无符号整数的最大值是：$(11111111)B=(255)D$，此时机器数的范围是 0～255；当使用 16 位寄存器时，字长为 16 位，所以一个无符号整数的最大值是：$(1111111111111111)B=(65535)D$，此时机器数的范围是 0～65535。

（2）机器数可以是带符号数，也可以是无符号数。带符号数是指机器数由符号位和数值位两部分组成，且都用二进制代码表示，通常规定其最高位为符号位，用来表示数的正、负号，余下位为数值位，且符号位为 0 表示正数，符号位为 1 表示负数。与带符号数对应的是无符号数，无符号数没有符号位，所有位数全部为数值位，因此不能表示负数，只能表示 0 和正数。使用 8 位二进制数 $D_7 \sim D_0$ 表示带符号数，规定 D_7 为符号位，$D_6 \sim D_0$ 为数值位。同样对于 16 位二进制数 $D_{15} \sim D_0$，规定 D_{15} 为符号位，$D_{14} \sim D_0$ 为数值位。带符号数表示如下：

$$01011011B=+91, \qquad 11011011B=-91$$

上式中等号左边为机器数，等号右边为该机器数的真值。

注意：8 位带符号数和 8 位无符号数所能表示的数的范围是不同的，8 位带符号正数的最大值是 01111111B，相当于十进制数的 127；而 8 位无符号数的最大值是 11111111B，相当于十进制数的 255。

为了简化二进制数值数据的运算，机器数在计算机中有三种常用的编码表示法：原码、反码和补码。它们共同的特点是都通过符号位来表示数的正、负，但数的大小的表示方法是不同的。由于补码编码有许多优点，因此大多数微机数字与字符采用补码进行编码。

2）原码表示法

对一个二进制数而言，若用最高位为符号位，规定正数的符号位为 0，负数的符号位为 1，其余数值位部分是其绝对值的二进制形式，则称这种表示方法为该二进制数的原码表示法，这样得到的机器数就是二进制数的原码。一个数 X 的原码记为 $[X]_{原}$。

例如，$X=+1011100$，$Y=-1011100$，则 $[X]_{原}=01011100$，$[Y]_{原}=11011100$。其中 $[X]_{原}$ 和 $[Y]_{原}$ 分别为 X 和 Y 的原码。

例 1.29 假设某机器为 8 位机，即一个数据用 8 位二进制来表示，若 $X=+23$，$Y=-23$，求 $[X]_{原}$ 和 $[Y]_{原}$。

因为 $X=+23=+0010111B$，$Y=-23=-0010111B$，根据原码表示法，有

$$[X]_{原}=\underline{0}\ \underline{0010111}B=17H \qquad\qquad [Y]_{原}=\underline{1}\ \underline{0010111}B=97H$$

↑   ↑   ↑   ↑
符号位　数值位   符号位　数值位

原码[X]$_原$和真值 X 之间的关系如下：

(1) 正数的原码表示。

设 X=$+X_{n-2}X_{n-3}\cdots X_1X_0$（即 n−1 位二进制正数），则 X 的原码表示为：

$$[X]_原 = 0\ X_{n-2}X_{n-3}\cdots X_1X_0 = X（为 n 位二进制数，其中最高位为符号位）$$

(2) 负数的原码表示。

设 X=$-X_{n-2}X_{n-3}\cdots X_1X_0$（即 n−1 位二进制负数），则 X 的原码表示为：

$$[X]_原 = 1\ X_{n-2}X_{n-3}\cdots X_1X_0 = 2^{n-1} + X_{n-2}X_{n-3}\cdots X_1X_0$$

$$= 2^{n-1} - (-X_{n-2}X_{n-3}\cdots X_1X_0)$$

$$= 2^{n-1} - X（它也是一个 n 位二进制数，其中最高位为符号位）$$

(3) 零的原码表示。

在二进制数原码表示中有正零和负零之分，即真值 0 的原码可表示为两种不同的形式，+0 和−0。具体表示为：

$$[+0]_原 = 000\cdots000B, \qquad [-0]_原 = 100\cdots000B（n 位二进制数，最高位为符号位）$$

当 n=8 时

$$[+0]_原 = 0\ 0000000B = 00H, \qquad [-0]_原 = 1\ 0000000B = 80H$$

综上所述，若二进制数 X=$X_{n-1}X_{n-2}X_{n-3}\cdots X_1X_0$，则原码表示的严格定义可用以下数学式表示：

$$[X]_原 = \begin{cases} X & 2^{n-1} > X \geqslant 0 \\ 2^{n-1} - X = 2^{n-1} + |X| & 0 \geqslant X > -2^{n-1} \end{cases} \tag{1.2}$$

原码表示法的优点是简单直观，易于理解，且与真值间的转换非常方便，只要将真值中的符号位数字化即可。它的缺点是 0 有两种表示形式，给使用带来了不便；另外，原码进行加、减运算时较麻烦，在使用原码作两数相加时，计算机必须对两个数的符号是否相同作出判断，当两数符号相同时，则进行加法运算，否则就要作减法运算；而且对于减法运算要比较出两个数的绝对值大小，然后从绝对值大的数中减去绝对值小的数而得其差值，差值的符号取决于绝对值大的数的符号。为了完成这些操作，计算机的结构，特别是控制电路随之复杂化，而且运算速度也变得较低。为此在微机中都不采用原码形式表示数，而引进了反码表示法和补码表示法。

原码表示的整数范围是：$-(2^{n-1}-1) \sim +(2^{n-1}-1)$，其中 n 为机器字长。则一个字节所表示的 8 位二进制原码表示的数据范围为−127～+127，16 位二进制原码表示的数据范围为−32767～+32767。

3) 反码表示法

反码表示的带符号数，也是把最高位规定为符号位。对于正数，它的反码与其原码相同（最高位为 0 表示正数，其余数值位是正数的绝对值）。对于负数，其反码用对应正数的原码连同符号位在内按位取反来求得，取反的含义就是将 0 变为 1，将 1 变为 0。也可以认为，负数的反码表示为负数的原码除符号位外其余各数值位按位取反。可见，正数和负数的符号位与原码定义都相同。一个数 X 的反码记为[X]$_反$。

例 1.30　假设某机器为 8 位机，若 X=+31，Y=−31，求[X]$_反$和[Y]$_反$。

因为 X=+31=+0011111B，Y=−31=−0011111B，则有

$$[X]_原 = 0\ 0011111B = 1FH$$

$$[X]_{反}=[X]_{原}=0\ 0011111B=1FH$$

$$[Y]_{原}=1\ 0011111B=9FH$$

$$[Y]_{反}=1\ 1100000B=0E0H$$

可见，若 X 为 8 位带符号二进制数的真值，则$[X]_{反}+[-X]_{反}=11111111B=FFH$。即对于 n 位带符号二进制数，有$[X]_{反}+[-X]_{反}=2^n-1$。

反码$[X]_{反}$和真值 X 之间的关系如下：

（1）正数的反码表示。

设 $X=+X_{n-2}X_{n-3}\cdots X_1X_0$（即 n-1 位二进制正数），则 X 的反码表示为：

$$[X]_{反}=[X]_{原}=0\ X_{n-2}X_{n-3}\cdots X_1X_0=X（为 n 位二进制数，其中最高位为符号位）$$

（2）负数的反码表示。

设 $X=-X_{n-2}X_{n-3}\cdots X_1X_0$（即 n-1 位二进制负数），则 X 的反码表示为：

$$[X]_{反}=1\bar{X}_{n-2}\bar{X}_{n-3}\cdots \bar{X}_1\bar{X}_0=(2^n-1)-[-X]_{反}$$

$$=(2^n-1)-(-X)=(2^n-1)-|X|$$

$$=(2^n-1)+X（为 n 位二进制数，其中最高位为符号位）$$

（3）零的反码表示。

同原码一样，在反码表示法中也有正零和负零之分，即真值 0 的反码可表示为两种不同的形式，+0 和 -0。具体表示为：

$$[+0]_{反}=000\cdots000B,\quad [-0]_{反}=111\cdots111B（为 n 位二进制数，最高位为符号位）$$

当 n=8 时

$$[+0]_{反}=0\ 0000000B=00H,\qquad [-0]_{反}=1\ 1111111B=FFH。$$

综上所述，若二进制数 $X=X_{n-1}X_{n-2}X_{n-3}\cdots X_1X_0$，则反码表示的严格定义可用以下数学式表示：

$$[X]_{反}=\begin{cases} X & 2^{n-1}>X\geqslant 0 \\ (2^n-1)-|X|=(2^n-1)+X & 0\geqslant X>-2^{n-1} \end{cases} \tag{1.3}$$

反码表示的数字范围同原码相同，为$-(2^{n-1}-1)\sim +(2^{n-1}-1)$，其中 n 为机器字长。8 位二进制反码表示的真值范围为$-127\sim +127$；16 位反码表示的真值范围为$-32767\sim +32767$。由于反码中 0 的表示不唯一，使得用起来很不方便，所以在微型计算机里反码用的很少。

4）补码表示法

二进制补码表示法，是现在最普遍、最重要和应用最广泛的整数表示法。补码表示的机器数，其符号位能和有效数值部分一起参加数值计算，从而简化运算规则，节省运算时间；当进行二进制减法时，可利用补码将减法运算转换成加法运算，而乘法和除法运算通过移位和相加可实现，这样可以使运算电路结构得到简化。

在讨论补码之前先介绍模（或模数）的概念。我们把一个事物的循环周期的长度叫做这个事物的模或模数（module）。换言之，模是一个计数系统所能表示的最大量程（即最大容量），其大小 K 等于以进位计数制基数为底，以位数为指数的幂。凡是用器件进行的运算都是有模运算，运算结果超过模的部分被运算器自动丢弃（对二进制而言，即高位的进位被丢弃；对十进制而言，相当于模自动丢弃）。例如，在钟表上，指针正拨 12 小时或倒拨 12 小时，其所得时间值都和原时间相同，即在钟表上 X=X+12=X-12(mod 12)，因此 12 为钟表的模。

补码是根据同余的概念得出的。由同余的概念可知，对一个数 X，有以下关系

$$X+NK=X \text{ (mod K)} \tag{1.4}$$

式中 K 为模，N 为任意整数。在模的意义下，数 X 与该数本身加上其模的任意整数倍之和相等。当数 Z 和 Y 满足

$$Z=NK+Y$$

时，称 Z 和 Y 互为补数。通常 N 取 1，也可以取其它整数。两个互为补数的数，实际上代表同一个事物。例如，要将钟表从 8 点整调整到 6 点整，校准的方法是正拨 10 小时或倒拨 2 小时，结果都正确，用式子写出来，即：

$$8+10=6(\text{mod } 12)\text{顺拨}$$
$$8-2=6(\text{mod } 12)\text{倒拨}$$

这里 10 对模 12 来说就是 -2 的补数，因此可用 12-2=10 来求 -2 的补码，补码可以将负数转换成正数。一个数 X 的补码记为 $[X]_补$。

对一个 n 位二进制数，若 N=1 且以 2^n 为模，则它的补码叫做 2 补码，2 补码简称补码。若二进制数 $X=X_{n-1}X_{n-2}X_{n-3}\cdots X_1 X_0$，则补码表示的定义为

$$[X]_补=\begin{cases} X & 2^{n-1}>X\geqslant 0 \\ 2^n-|X|=2^n+X & 0>X\geqslant -2^{n-1} \end{cases} \tag{1.5}$$

同理，一个十进制数，若以 10^n 为模，它的补码叫做 10 补码。而一个 n 位二进制数，若以 2^n-1 为模，它的补码叫做 1 补码。2^n-1 实际上就是 n 个 1，即 111…11，这是 1 补码的由来。1 补码也称反码，即 $[X]_反=2^n-1+X$，它是以 2^n-1 为模。

根据 $[X]_补$ 及 $[X]_反$ 的定义式，可得如下关系：

当 X 为正数时，有

$$[X]_补=[X]_反=[X]_原=X$$

当 X 为负数时，有

$$[X]_补=[X]_反+1$$

用补码表示带符号数，其最高位为符号位，其余为数值位。正数的补码同其原码、反码相同，就是它所表示的数的真值。只有负数才有求补的问题，严格地说，"补码表示法"应称为"负数的补码表示法"。负数的补码就是机器数符号位保持不变，其余数值位按位取反后末位加 1；换言之，负数的补码就是其反码加 1，即在其反码的最低位上加 1 得到。负数的补码部分不是它所示的数的真值。

例 1.31　假设某机器为 8 位机，若 X=+76，Y=-76，求 $[X]_补$ 和 $[Y]_补$。

因为 X=+76=+1001100B，Y=-76=-1001100B，则有

$$[X]_补=[X]_反=[X]_原=0\ 1001100B=4CH$$
$$[Y]_补=[Y]_反+1=10110011B+1=1\ 0110100B=0B4H$$

例 1.32　假设某机器为 16 位机，若 X=+76，Y=-76，求 $[X]_补$ 和 $[Y]_补$。

因为 X=+76=+000000001001100B，Y=-76=-000000001001100B，则有

$$[X]_补=0\ 000000001001100B=004CH$$
$$[Y]_补=[Y]_反+1=1111111110110011B+1=1\ 111111110110100B=0FFB4H$$

计算机中为了扩大数的表示范围，常用两个机器字表示一个机器数，把 32 位数称为双字长数或双精度数，其表示范围是 $-2^{31}\leqslant N\leqslant 2^{31}-1$。位数扩展指一个数从较少位扩展到较多位，用补码表示的数在扩展时只需要进行符号位扩展，数值位不变。正数是在符号的前面补 0，负数是在符号的前面补 1。

在补码表示法中，数 0 的补码表示是唯一的。由补码的定义，可知

$$[+0]_{补}=[+0]_{原}=[+0]_{反}=00000000B=00H$$

$$[-0]_{补}=[-0]_{反}+1=11111111B+1=1\ 00000000B=00000000B=00H$$

对于 8 位二进制数，最高位的进位(2^8)按模 256 运算被"自然丢失"。所以

$$[+0]_{补}=[-0]_{补}=00000000B$$

另外需要注意的是，对于 8 位二进制数 10000000 这个补码编码，其真值被定义为 -128，而 10000000 在原码中表示真值 -0、在反码中表示真值 -127；对无符号数表示 128。

补码表示的数值范围和原码及反码不同，其数值范围为 $-2^{n-1}\sim +(2^{n-1}-1)$，其中 n 为机器字长。8 位二进制补码表示的真值范围为 $-128\sim +127$；16 位反码表示的真值范围为 $-32768\sim +32767$。当运算结果超出数值范围时，数据就不正确了，称为溢出。溢出和进位不同，出现溢出时，由溢出产生的进位或借位将自然丢失。

8 位二进制数的原码、反码、补码及无符号数的对应关系如表 1.2 所示。

表 1.2　8 位二进制数的原码、反码、补码及无符号数的对应关系

二进制数码	无符号	带符号十进制数(真值)		
(机器数)	十进制数	原码	反码	补码
00000000	0	$+0$	$+0$	$+0$
00000001	1	$+1$	$+1$	$+1$
00000010	2	$+2$	$+2$	$+2$
⋮	⋮	⋮	⋮	⋮
01111100	124	$+124$	$+124$	$+124$
01111101	125	$+125$	$+125$	$+125$
01111110	126	$+126$	$+126$	$+126$
01111111	127	$+127$	$+127$	$+127$
10000000	128	-0	-127	128
10000001	129	-1	-126	-127
10000010	130	-2	-125	-126
⋮	⋮	⋮	⋮	⋮
11111100	252	-124	-3	-4
11111101	253	-125	-2	-3
11111110	254	-126	-1	-2
11111111	255	-127	-0	-1

5）真值与机器数之间的转换

前面介绍了真值转换为原码、反码和补码的方法。下面将简单介绍如何用机器数求真值，以及补码如何转换成原码和反码。

（1）原码转换成真值。

根据原码的定义，将原码的数值位各位按权展开求和，由符号位决定数的正负即可由原码求出真值。

例 1.33　已知$[X]_{原}=00010111B$，$[Y]_{原}=10010001B$，求 X 和 Y 的真值。

$$X=+0010111B=1\times 2^4+1\times 2^2+1\times 2^1+1\times 2^0=+23$$

$$Y=-0010001B=-(1\times 2^4+1\times 2^0)=-17$$

（2）反码转换成真值。

若要求反码的真值，首先要求出反码对应的原码，再按上述原码转换为真值的方法即可求出其真值。

一个二进制反码表示的数，最高位为符号位，当符号位为"0"（即正数）时，它的原码同反码一样。当符号位为"1"（即负数）时，则应在反码的基础上，保持符号位不变，同时其数值位按位取反（实际上就是对表示负数的反码再次求反），这样就得到了它的原码。

例 1.34　已知 $[X]_反=00010111B$，$[Y]_反=10010001B$，求 X 和 Y 的真值。

$$[X]_原=[X]_反=00010111B$$

$$[Y]_原=11101110B$$

$$X=+0010111B=1\times2^4+1\times2^2+1\times2^1+1\times2^0=+23$$

$$Y=-1101110B=-(1\times2^6+1\times2^5+1\times2^3+1\times2^2+1\times2^1)=-110$$

（3）补码转换成真值。

同理，要求补码的真值，首先要求出补码对应的原码。正数的补码和原码相同。负数的补码求原码有两种方法：方法一是采用原码求补码的逆过程，即先将负数补码的数值位减 1（实现将补码转换为反码），然后再将数值位按位取反；方法二与原码求补码的步骤一致，即对补码 $[X]_补$ 再求一次补，就是将 $[X]_补$ 除符号位外取反加 1 可得到它的原码。这是因为对于二进制数来说，先减 1 再取反和先取反再加 1 的结果是一样的。

这种关系可以表示为：

$$[[X]_补]_补=[X]_原$$

例 1.35　已知 $[X]_补=0\ 1001100B$，$[Y]_补=1\ 0110100B$，求 X 和 Y 的真值。

$$[X]_原=[X]_补=0\ 1001100B$$

$$[Y]_原=[[Y]_补]_补=[10110100]_补=11001011+1=11001100B$$

$$X=+1001100B=1\times2^6+1\times2^3+1\times2^2=+76$$

$$Y=-1001100B=-(1\times2^6+1\times2^3+1\times2^2)=-76$$

6）补码的运算

数据在计算机中以一定的编码方式表示，不同的编码具有不同的运算规则。原码的运算类同于笔算，虽然直观，但计算机处理过程非常繁琐，要求计算机的结构极为复杂。由于浮点数的有效数字常用原码表示，所以二进制除法运算时，多用原码表示法。反码运算很不方便，已很少用在算术运算中，仅在求反逻辑运算时使用。在微型计算机中，带符号数一般都采用补码形式在机器中存放和进行运算。当两个二进制数进行补码加、减运算时无需判断数的正、负，一方面可以使符号位与数值位一起参加运算，并同时获得结果（运算的结果仍为补码，包括符号位和数值位）；另一方面还可以将两数差的补码变为减数负数的补码与被减数补码相加来实现，即补码减法运算可以转换为加法运算。因此，一般计算机中只设置加法器，减法运算都是通过适当求补，然后通过相加来实现的。然而，采用补码法表示数时，最大的缺点是其表示方法与人们习惯的表示法不一致。因而，从它的表示形式来判断一个数真值的大小很易出错。例如，若 $X=+10010B=+18$，$Y=-10010B=-18$，则 $[X]_补=010010B$，$[Y]_补=101110B$，故很容易按人们的习惯表示法判断出 101110B 大于 010010B（即 $-18>+18$）而出错。

（1）补码的加法运算。

不论两个 n 位二进制数 X 和 Y 是正数还是负数，可以证明这两个数之和的补码等于该两数的补码之和。即补码的加法运算规则为：

$$[X+Y]_{补} = [X]_{补} + [Y]_{补} \tag{1.6}$$

两个带符号数 X、Y 的补码加法运算的步骤如下：

① 将带符号数用补码表示，即将 X 变换为$[X]_{补}$，Y 变换为$[Y]_{补}$；

② 对两个补码进行加法运算。若最高位上有进位，则自然丢失不要；

③ 判断结果是否溢出。如果溢出，则这次运算结果不正确；

④ 采用补码运算的结果也是补码。若没有溢出，则对结果求补码，求出对应的真值。

例 1.36 试用补码运算求 $[+66]_{补} + [+51]_{补}$，$[+66]_{补} + [-51]_{补}$，$[-66]_{补} + [+51]_{补}$，$[-66]_{补} + [-51]_{补}$。

先将真值变成补码：

$$[+66]_{补} = 01000010B，\quad [+51]_{补} = 00110011B$$
$$[-66]_{补} = 10111110B，\quad [-51]_{补} = 11001101B$$

计算$[+66]_{补} + [+51]_{补}$：

$$
\begin{array}{rl}
01000010 & [+66]_{补} \\
+\ 00110011 & [+51]_{补} \\
\hline
01110101 & [+117]_{补}
\end{array}
$$

由于

$$[+66]_{补} + [+51]_{补} = [(+66)+(+51)]_{补} = [+117]_{补} = 01110101B$$

其结果为正数，所以可直接求原码和真值。因此，有

$$[(+66)+(+51)]_{原} = [(+66)+(+51)]_{补} = 01110101B$$

真值为

$$+1110101B = +117$$

计算结果正确。

计算$[+66]_{补} + [-51]_{补}$：

$$
\begin{array}{rl}
01000010 & [+66]_{补} \\
+\ 11001101 & [-51]_{补} \\
\hline
1\quad 00001111 & [+15]_{补}
\end{array}
$$

进位自然丢失——↑

由于

$$[+66]_{补} + [-51]_{补} = [(+66)+(-51)]_{补} = [+15]_{补} = 00001111B$$

其结果为正数，所以可直接求原码和真值。因此，有

$$[(+66)+(-51)]_{原} = [(+66)+(-51)]_{补} = 00001111B$$

真值为

$$+0001111B = +15$$

计算结果正确。

计算$[-66]_{补} + [+51]_{补}$：

$$
\begin{array}{rl}
10111110 & [-66]_{补} \\
+\ 00110011 & [+51]_{补} \\
\hline
11110001 & [-15]_{补}
\end{array}
$$

由于

$$[-66]_补+[+51]_补=[(-66)+(+51)]_补=[-15]_补=11110001B$$

其结果为负数，所以可求出原码为

$$[(-66)+(+51)]_原=[[(-66)+(+51)]_补]_补=10001110B+1=10001111B$$

真值为

$$-0001111B=-15$$

计算结果正确。

计算 $[-66]_补+[-51]_补$：

$$
\begin{array}{r}
10111110 \quad [-66]_补 \\
+\ 11001101 \quad [-51]_补 \\
\hline
1\quad 10001011 \quad [-117]_补
\end{array}
$$

进位自然丢失————↑

由于

$$[-66]_补+[-51]_补=[(-66)+(-51)]_补=[-117]_补=10001011B$$

其结果为负数，所以可求出原码为

$$[(-66)+(-51)]_原=[[(-66)+(-51)]_补]_补=11110100B+1=11110101B$$

真值为

$$-1110101B=-117$$

计算结果正确。

可见，不论被加数、加数是正是负，只要用它们的补码直接相加，当结果不超出补码所表示的范围时，计算结果便是正确的补码形式。当计算结果超出补码表示的范围时，结果就不正确，这种情况称为溢出。

在计算中，当最高位向更高位产生进位时，由于机器字长的限制使符号位产生的进位自然丢失，但其结果不受影响，依然是正确的。

（2）补码的减法运算。

两个 n 位二进制数之差的补码等于该两数的补码之差。即补码的减法运算规则是：

$$[X-Y]_补=[X]_补-[Y]_补=[X]_补+[-Y]_补 \tag{1.7}$$

由式（1.7）可见，补码减法运算时，也可以利用加法的基本公式，这样就可以将补码的减法运算转化成加法运算。已知 $[Y]_补$，求 $[-Y]_补$ 的方法是将 $[Y]_补$ 各位按位取反（包括符号位在内）后末位加 1。

两个带符号数 X、Y 的补码减法运算的步骤如下：

① 将带符号数用补码表示，即将 X 变换为 $[X]_补$，Y 变换为 $[Y]_补$；

② 对两个补码进行减法运算。若最高位上有进位（或借位），则自然丢失不要；

③ 判断结果是否溢出。如果溢出，则这次运算结果不正确；

④ 采用补码运算的结果也是补码。若没有溢出，则对结果求补码，求出对应的真值。

例 1.37　试用补码运算求 $[+76]_补-[+51]_补$，$[+76]_补-[-51]_补$，$[-76]_补-[+51]_补$，$[-76]_补-[-51]_补$。

先将真值变成补码：

$$[+76]_补=01001100B，[+51]_补=00110011B$$

$$[-76]_补=10110100B，[-51]_补=11001101B$$

计算$[+76]_补-[+51]_补$：

$$
\begin{array}{r}
01001100 \quad [+76]_补 \\
+\ 11001101 \quad [-51]_补 \\
\hline
1\quad 00011001 \quad [+25]_补
\end{array}
$$

进位自然丢失————↑

由于

$$[+76]_补-[+51]_补=[+76]_补+[-51]_补=[(+76)-(+51)]_补$$
$$=[+25]_补$$
$$=00011001B$$

其结果为正数，所以可直接求原码和真值。因此，有

$$[(+76)-(+51)]_原=[(+76)-(+51)]_补=00011001B$$

真值为

$$+0011001B=+25$$

计算结果正确。

计算$[+76]_补-[-51]_补$：

$$
\begin{array}{r}
01001100 \quad [+76]_补 \\
-\ 11001101 \quad [-51]_补 \\
\hline
1\quad 01111111 \quad [+127]_补
\end{array}
$$

借位自然丢失————↑

由于

$$[+76]_补-[-51]_补=[(+76)-(-51)]_补$$
$$=[+127]_补$$
$$=01111111B$$

其结果为正数，所以可直接求原码和真值。因此，有

$$[(+76)-(-51)]_原=[(+76)-(-51)]_补=01111111B$$

真值为

$$+1111111B=+127$$

计算结果正确。

计算$[-76]_补-[+51]_补$：

$$
\begin{array}{r}
10110100 \quad [-76]_补 \\
+\ 11001101 \quad [-51]_补 \\
\hline
1\quad 10000001 \quad [-127]_补
\end{array}
$$

进位自然丢失————↑

由于

$$[-76]_补-[+51]_补=[-76]_补+[-51]_补=[(-76)-(+51)]_补$$
$$=[-127]_补$$
$$=10000001B$$

其结果为负数，所以可求出原码为

$$[(-76)-(+51)]_原=[[(-76)-(+51)]_补]_补$$
$$=11111110B+1=11111111B$$

真值为

$$-1111111B = -127$$

计算结果正确。

计算 $[-76]_{补} - [-51]_{补}$：

$$
\begin{array}{rl}
10110100 & [-76]_{补} \\
+\ 00110011 & [+51]_{补} \\
\hline
11100111 & [-25]_{补}
\end{array}
$$

由于

$$
\begin{aligned}
[-76]_{补} - [-51]_{补} &= [-76]_{补} + [+51]_{补} \\
&= [(-76) - (-51)]_{补} \\
&= [-25]_{补} = 11100111B
\end{aligned}
$$

其结果为负数，所以可求出原码为

$$
\begin{aligned}
[(-76) - (-51)]_{原} &= [[(-76) - (-51)]_{补}]_{补} \\
&= 10011000B + 1 = 10011001B
\end{aligned}
$$

真值为

$$-0011001B = -25$$

计算结果正确。

可见，不论被减数、减数是正是负，补码的减法运算规则都正确，可将减法转换成加法来运算，也可以直接进行二进制减法运算。在计算中，当最高位向更高位产生进位（或借位）时，进位（或借位）会自然丢失而不影响其结果的正确性。

7）溢出及其判断方法

（1）进（借）位和溢出。

两个 n 位带符号二进制数的补码在进行加减运算时，既存在进（借）位问题，也存在溢出问题。进（借）位和溢出是两个不同的概念，有进位不一定有溢出，有溢出不一定有进位。

进位是指在加法运算过程中，运算结果的最高位（符号位）向更高位的进位；借位是指在减法运算过程中，最高位（符号位）向更高位的借位。两个 n 位无符号二进制数相加，如果和大于或者等于 2^n，超出了 n 位二进制无符号数的最大表示范围，那么这时要向 n+1 位进位。可见，进（借）位可用来判断无符号数运算结果是否超出计算机所能表示的无符号数的范围。

如果计算机的字长为 n 位，采用补码表示法可表示的数 X 的范围为 $-2^{n-1} \sim 2^{n-1} - 1$。两个带符号数进行补码加减运算时，如果运算结果超出可表示的带符号数的有效范围，就会发生补码溢出，简称溢出。当运算结果大于允许的最大值，称为正溢出；当运算结果小于允许的最小值，称为负溢出。溢出将导致计算结果出错，因此，采用补码做运算时必须对运算结果做"溢出"检查，从而确定补码运算结果是否超出补码表示的范围。很显然，溢出只能出现在两个同符号数相加或两个异符号数相减的情况下。

在无符号数运算里面，只有进（借）位问题而无溢出问题。

（2）溢出的判断。

任何一种运算都不允许发生溢出，除非是只利用溢出作为判断而不使用所得的结果。所以，当溢出产生时，应使计算机停机或输入检查程序找出溢出原因，然后作相应处理。

判断补码运算是否有溢出的方法很多，常见的有三种方法。

方法一：溢出标志法。当计算机自动进行溢出判断时，为了使用户知道带符号数运算的结果是否发生了溢出，专门设置了溢出标志位 OF。当寄存器的溢出标志位 OF＝0 时，则无溢出；当 OF＝1 时，则有溢出。指令系统中有两条条件转移指令就是依据 OF 的值确定程序走向的。

方法二：符号法。即通过看参加运算的两个数的符号及运算结果的符号进行判断。两个补码进行运算，若为同号相加或异号相减，就有可能发生溢出；若为同号相减或异号相加，则肯定不会发生溢出。实际判断时，若两数符号位相同（同为正数或负数），但两数和的符号位与两数符号位相反，即两个正数相加得到负数或两个负数相加得到正数时，发生溢出；若两数符号位相异，则两者相减后差的符号位与减数符号位相同时，发生溢出。这种方法常用于编制程序时快速判断。例如，01001111B 和 01100000 相加，使用心算就可判断必有正溢出。

方法三：双进位法。也称双高位判别法，是微型机中常用的溢出判别法，该方法通过符号位和数值部分最高位的进位状态来判断结果是否溢出。若最高位（符号位）的进位状态用 CF 来表示，当符号位向前有进位时，CF＝1；否则，CF＝0；次高位（数值部分最高位）的进位状态用 DF 来表示，当该位向前有进位时，DF＝1；否则，DF＝0。实际判断时，要看 CF 和 DF 的值。若 CF＝DF，则无溢出；若 CF≠DF，则有溢出。微机中常用"CF 异或 DF"线路来判断有无溢出。

$$OF = CF \oplus DF \tag{1.8}$$

若 CF＝DF，则 OF＝0，说明运算结果无溢出；若 CF≠DF，则 OF＝1，说明运算结果溢出。具体地讲，对于加法运算，如果次高位形成进位加入最高位，而最高位相加（包括次高位的进位）却没有进位输出时，将发生溢出；反过来，次高位没有进位加入最高位，但最高位却有进位输出时，将发生溢出。对于减法运算，当次高位不需从最高位借位，但最高位却需向更高位借位时，会出现溢出；反过来，次高位需从最高位借位，但最高位不需借位时，也会出现溢出。

溢出问题限制了数的运算和使用，尤其是在处理一个大数时，不能依靠增加二进制数的位数来扩大数的表示范围，只能改用十进制数的 BCD 码形式存放和运算。

例 1.38 用二进制补码计算（＋72）＋（＋98）。

$$+72 = +1001000B, \quad [+72]_补 = 01001000B,$$
$$+98 = +1100010B, \quad [+98]_补 = 01100010B$$

$$
\begin{array}{r}
01001000 \quad [+72]_补 \\
+ \; 01100010 \quad [+98]_补 \\
\hline
10101010 \quad [-86]_补
\end{array}
$$

两个正数相加，其结果（补码）却变成了负数。实际上若两正数数值部分之和大于 2^{n-1}，则数值部分必有进位，即 DF＝1，而符号位却无进位，即 CF＝0，因此 OF＝1，表示有溢出，运算结果错误。这种双进位状态为"01"时的溢出称为"正溢出"。

例 1.39 用二进制补码计算（－83）＋（－80）。

$$-83 = -1010011B, \quad [-83]_补 = 10101101B,$$
$$-80 = -1010000B, \quad [-80]_补 = 10110000B$$

$$
\begin{array}{r}
10101101 \quad [-83]_补 \\
+ \; 10110000 \quad [-80]_补 \\
\hline
1 \; 01011101 \quad [+93]_补
\end{array}
$$

进位自然丢失——↑

两个负数相加，结果为正数。实际上两个负数相加，若数值部分绝对值之和大于 2^{n-1}，则数值部分补码之和必小于 2^{n-1}，数值部分进位特征是 DF＝0，而符号位肯定有进位，即 CF＝1，则 OF＝1，表示有溢出，运算结果错误。这种双进位状态为"10"时的溢出称为"负溢出"。

例 1.40 用二进制补码计算（＋83）－（－80）。

$$+83=+1010011B,\ [+83]_补=01010011B,$$
$$-80=-1010000B,\ [-80]_补=10110000B$$
$$[(+83)-(-80)]_补=[+83]_补+[+80]_补,$$
$$[+80]_补=01010000B$$

$$
\begin{array}{ll}
\ \ 01010011 & [+83]_补 \\
+\ 01010000 & [+80]_补 \\
\hline
\ \ 10100011 & [-93]_补
\end{array}
$$

一个正数减去一个负数，相当于两个数的绝对值相加。其结果超出二进制补码的表示范围，出现了溢出错误。运算中可从进位特征 DF＝1，CF＝0 来判断，结果产生了溢出。

例 1.41 用二进制补码计算（＋12）＋（＋18）和（－3）＋（－30）。

$$+12=+0001100B,\ +18=+0010010B,$$
$$-3=-0000011B,\ -30=-0011110B$$
$$[+12]_补=00001100B,\ [+18]_补=00010010B,$$
$$[-3]_补=11111101B,\ [-30]_补=11100010B$$

$$
\begin{array}{ll}
\ \ 00001100 & [+12]_补 \\
+\ 00010010 & [+18]_补 \\
\hline
\ \ 00011110 & [+30]_补
\end{array}
\qquad
\begin{array}{ll}
\ \ \ \ 11111101 & [-3]_补 \\
+\ \ \ 11100010 & [-30]_补 \\
\hline
1\ \ 11011111 & [-33]_补
\end{array}
$$

└──进位自然丢失

两个正数相加，和的绝对值小于 2^{n-1} 时，结果为正数，运算中进位特征为 DF＝0，CF＝0，则 OF＝0，无溢出发生，结果正确。两个负数相加，其和的绝对值小于 2^{n-1} 时，结果为负数，运算中进位特征为 DF＝1，CF＝1，则 OF＝0，无溢出发生，结果正确。

另外，一个正数和负数相加，和肯定不溢出。此时，若和为正数，则 DF＝1，CF＝1，OF＝0；若和为负数，则 DF＝0，CF－0，OF＝0。

8）数的定点与浮点表示

计算机中处理的数值数据多为带有小数点的数，小数点在计算机中通常有两种约定表示方法，一种是约定所有数值数据的小数点隐含在某一个固定位置上，称为定点表示法，这时的机器数简称定点数；另一种是小数点位置可以浮动，称为机器数的浮点表示法，这时的机器数简称浮点数。

（1）定点表示法。

所谓定点表示法，是指计算机中小数点位置是固定不变的。根据小数点位置的固定方法不同，又可分为定点整数及定点小数表示法。

若约定小数点的位置固定在数值部分的最低位之后，也就是把机器数表示为纯整数，这种表示法称为定点整数法。若 n 位二进制纯整数 X 的形式为 $X=X_{n-1}X_{n-2}X_{n-3}\cdots X_1X_0$，则其在计算机中的格式如图 1.1 所示。

图 1.1　定点整数的表示形式

n 位定点整数 X 所能表示的数的范围为：

$$-(2^{n-1}-1)\leqslant X\leqslant+(2^{n-1}-1)$$

它能表示的数的最大绝对值为 $2^{n-1}-1$，最小绝对值为 1，即 $1\leqslant|X|\leqslant 2^{n-1}-1$。

若约定小数点固定在在符号位之后、数值部分最高位之前，则此数据是纯小数，故这种表示法称为定点小数法。若 n 位二进制纯小数 X 的形式为 $X=X_0 X_{-1} X_{-2}\cdots X_{-(n-2)} X_{-(n-1)}$（其中 X_0 为符号位，其余是数值的有效部分，也称为尾数，X_{-1} 为最高有效位），则其在计算机中的格式如图 1.2 所示。

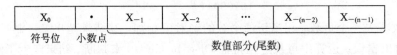

图 1.2　定点小数的表示形式

通常符号位为 0 表示正数，为 1 表示负数，尾数常用原码表示。n 位定点小数 X 所能表示的数的范围为：

$$-(1-2^{-(n-1)})\leqslant X\leqslant+(1-2^{-(n-1)})$$

如果最末位 $X_{-(n-1)}=1$，前面各位都为 0，则数的绝对值最小，为 $2^{-(n-1)}$；如果各位都为 1，则数的绝对值最大，为 $1-2^{-(n-1)}$。它的取值范围用绝对值表示为 $2^{-(n-1)}\leqslant|X|\leqslant 1-2^{-(n-1)}$。

当数据小于定点数能表示的最小值时，计算机将它们作为 0 处理，称为下溢；大于定点数能表示的最大值时，计算机将无法表示，称为上溢。上溢和下溢统称为溢出。

无论是定点整数，还是定点小数，都有原码、反码和补码三种形式。由于机器中小数点不占位置，所以无法区分是定点整数还是定点小数。实际情况下，小数点的位置是由程序员事先约定好的。

（2）浮点表示法。

如果计算机中要处理的数既有整数部分，又有小数部分，就不易采用定点数，而应当采用浮点数。所谓浮点表示法，是指计算机中的小数点位置不是固定的，或者说是"浮动"的，该表示法也称实数表示法，简称浮点数。

为了说明小数点是怎样浮动的，我们引入"阶码表示法"。对于任意一个二进制数 N，总可以写成下面的形式：

$$N=2^E\times M$$

式中，M 表示数 N 的全部有效数字，称为数 N 的尾数。尾数常为原码（也可用补码）表示的二进制纯小数，尾数前面的符号称为数符或尾符，表示数的符号，用尾数之前的一位来表示，该位为 0 表示该浮点数为正；为 1 表示该浮点数为负。E 称为数 N 的阶码，它指明了小数点的位置，阶码通常为带符号的整数。2 称为阶码的底。阶码前面的符号称为阶符，用阶码之前的一位来表示。阶符为正时，用 0 表示；阶符为负时，用 1 表示。可见，浮点数包括两部分：阶码 E 和尾数 M，它们都有各自的符号位，阶符用 E_s 表示，阶码有 E_1、E_2、$\cdots$、E_m 共 m 位。尾符用 M_s 表示，尾数有 M_1、M_2、$\cdots$、M_n 共 n 位。阶码位越多，表示的数值范围越大；尾数越多，表示的数值精度越高。

浮点数的编码格式如图 1.3 所示：

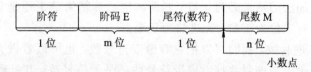

图 1.3　浮点数的编码格式

可以看出，阶符和阶码指明了小数点的位置，小数点随着 E 的符号和大小浮动。很明显，浮点数的表示不是唯一的。当小数点的位置改变时，阶码也随着相应改变，可以用多种形式来表示同一个数。

设阶码的位数为 m 位，尾数的位数为 n 位，则该浮点数表示的数值范围为：

$$2^{-n} \times 2^{-(2^m-1)} \leqslant |N| \leqslant (1-2^{-n}) \times 2^{(2^m-1)}$$

在二进制数位数相同的情况下，浮点数所能表示的数值范围比定点数大得多，且精度高。一般来说，增加尾数的位数，可提高数据的精度；增加阶码的位数，能增大可表示的数据区域。但浮点运算规则复杂，且浮点数运算后结果必须化成规格化形式。

2. 无符号数的编码及运算规则

在某些情况下，计算机要处理的数据全是正数，这时将机器数最高有效位作为数值位处理。这种将其全部数位都用来表示数值本身的二进制数叫无符号数。无符号数中没有用来表示符号位的位，因而它是正整数，其码值与数值相等。例如，无符号数 10001111B＝143。

假设机器字长为 n 位，则无符号整数的表示范围是：$0 \leqslant N \leqslant 2^n - 1$。例如，当 n＝8 位时，表示范围是：$0 \leqslant N \leqslant 255$；当 n＝16 位时，表示范围：$0 \leqslant N \leqslant 65535$。8 位和 16 位二进制无符号数和带符号数表示的数值范围如表 1.3 所示。

表 1.3　8 位和 16 位二进制无符号数和带符号数表示的数值范围

		8 位二进制数表示数的范围	16 位二进制数表示数的范围
无符号数		00H～FFH（0～255）	0000H～FFFFH（0～65 535）
带符号数	原码	FFH～7FH（－127～＋127）	FFFFH～7FFFH（－32 767～＋32 767）
	反码	80H～7FH（－127～＋127）	8000H～7FFFH（－32 767～＋32 767）
	补码	80H～7FH（－128～＋127）	8000H～7FFFH（－32 768～＋32 767）

计算机中最常见的无符号整数是地址，另外，双字长数据的低位字也是无符号整数。

对两个无符号数进行补码加减法运算，可采用下面的计算公式：

$$[X]_{补} + [\pm Y]_{补} = [X \pm Y]_{补}（X，Y 及 X \pm Y 都小于 2^n）$$

可见，计算机本身不论是对带符号数还是无符号数，总是按照补码的运算规则做运算。两个无符号数进行加法运算，只要两数和的绝对值不超过整个字长，就不进位，则和也一定为正数的补码形式，它等于和的原码；若和的绝对值超过整个字长，就有进位，自然丢弃进位后，其结果显然是错误的。两个无符号数相减，可把补码的减法运算转化成加法运算来计算。若两数 $X \geqslant Y$，则二者相减无借位，差值为正，转化后 $[X]_{补} + [-Y]_{补}$ 的值必大于 2^n，最高位将有进位，得到的和为正数 $[X-Y]$ 的补码，等于 $[X-Y]_{原}$。若 $X < Y$，则二者相减有借

位，差值为负，$[X]_\text{补}+[-Y]_\text{补}$的和必小于$2^n$，最高位无进位，得到的和为负数$[X-Y]$的补码。

对于无符号数，加法的结果必为正数。判断减法运算结果是正还是负，是以结果的最高位有无进位来判断，有进位为正数，无进位为负数。

任意给定一个二进制数，我们可以把它看做带符号数，也可以看做无符号数，其差别是如何看待最高位。不论把二进制数据看成带符号数还是无符号数，其补码运算结果都是正确的。因此，机器采用补码编码以后，无符号数和带符号数的运算是兼容的，在计算机中可采用同一个电路来实现运算，这也是采用补码的一大优点。

3. 十进制数的编码及运算规则

日常生活中人们习惯使用十进制数，但在计算机内，采用二进制表示和处理数据更方便。因此，计算机在输入和输出数据时，仍习惯使用十进制，这就需要进行二进制和十进制之间的转换。如果计算量不大而数据的输入和输出量很大，就可以采用在计算机内部直接用十进制表示和处理数据的方法，这就需要利用二进制数对每一位十进制数字进行编码（转换十进制数为其等值的二进制数，称为编码），从而让计算机能认识十进制数，并按照十进制原则计算。这种二进制编码的十进制数称为BCD(Binary - Coded Decimal)码，又称为二—十进制编码，它专门解决用二进制数表示十进数的问题。注意：BCD码是一种二进制编码，而前面所提到的二进制数则为纯二进制码。

BCD码是十进制数，有十个不同的数字符号，且逢十进位；但它的每一位是用4位二进制编码来表示的，即二—十进制的编码。BCD码比较直观，虽然它是用二进制编码方式表示的，但它与二进制之间不能直接转换，要用十进制作为中间桥梁，即先将BCD码转换为十进制数，然后再转换为二进制数；反之亦然。4位二进制代码可以有0000～1111共16种状态，而十进制数0～9只取0000～1001的10种状态，其余6种不用。用来表示0～9十个状态的BCD码可以有多种编码形式，其中常用的有8421码、余3码、2421码、5211码、余3循环码等，其中8421码、2421码、5211码为有权码，即每一位的1都代表固定权值。

8421码是最常用的二—十进制编码。它的每一位都有固定的权，从左到右的权依次为8、4、2、1。它的特点是4个二进制数码之间满足二进制规则，而十进制数位之间是十进制计数规则。8421码与十进制数之间的关系直观，只要熟记十进制数0～9与BCD码的对应关系，则它们之间的相互转换是十分方便的。例如，$(0110\ 1001\ 0101\ .\ 0010\ 0111)_\text{BCD}=695.27$。

在计算机中BCD码有两种格式：

（1）非压缩BCD码（或未组合BCD码）：1个字节（8位二进制）仅表示1位BCD码，即1位十进制数。其中高4位总为0000，低4位为8421码，用0000～1001中的一种组合表示0～9中的某一位十进制数。例如，$(0000\ 0110)_\text{BCD}=6$，$(0000\ 1001\ 0000\ 0111)_\text{BCD}=97$。

（2）压缩BCD码（或组合BCD码）：用8位二进制数表示2位BCD码。例如，$(0110\ 0110)_\text{BCD}=66$，$(1001\ 0111)_\text{BCD}=97$。

表1.4给出了8421BCD码的编码。

表1.4　8421BCD码编码表

十进制数	0	1	2	3	4	5	6	7	8	9
8421码	0000	0001	0010	0011	0100	0101	0110	0111	1000	1001

注意：同一个 8 位二进制代码表示的数，当认为它表示的是二进制数和认为它表示的是二进制编码的十进制数时，两者数值是不相同的。例如，0001 1000 作为二进制数时，其值为 24；但作为 2 位 8421BCD 码时，其值为 18。

讨论 BCD 码的加法运算。由于 BCD 编码是将每个十进制数用一组 4 位二进制数来表示，因此，若将 BCD 码直接交计算机去运算，计算机总是把数当做二进制数来运算，所以结果可能出错。这是因为十进制数相加是"逢十进一"，而计算机按二进制数运算，一组 4 位二进制数是"逢十六进一"，16 与 10 相差 6，所以当相加结果超过 9 或有进位时，将比正确结果少 6，结果出错。解决的办法是对二进制加法运算的结果采用"加 6 修正"，将二进制加法运算的结果修正为 BCD 码加法运算的结果。修正的规则是：当两个 BCD 码相加，如果任何两个对应位 BCD 数相加的结果向高一位无进位时，若得到的和等于或小于 1001（即 9H），则该位不需要修正；若和在 1010 到 1111（即 0AH~0FH）之间，则该位需要加 6 修正。如果相加的结果向高一位有进位时（即结果大于或等于 16），该位需进行加 6 修正。低位修正结果使高位大于 9 时，高位进行加 6 修正。这种修正称为 BCD 调整。

例 1.42　用 BCD 码求 32+21。

$$32=(0011\ 0010)_{8421BCD}, 21=(0010\ 0001)_{8421BCD}$$

$$
\begin{array}{rll}
 & 0011\quad 0010 & 32 \\
+ & 0010\quad 0001 & 21 \\
\hline
 & 0101\quad 0011 & 53
\end{array}
$$

结果是 $(0101\ 0011)_{8421BCD}$，即十进制数 53，结果正确，无需修正。

例 1.43　用 BCD 码求 37+26。

$$37=(0011\ 0111)_{BCD}, 26=(0010\ 0110)_{BCD}$$

$$
\begin{array}{rll}
 & 0011\quad 0111 & 37 \\
+ & 0010\quad 0110 & 26 \\
\hline
 & 0101\quad 1101 & \text{低 4 位大于 9，结果不能读，非法 BCD 码} \\
+ & 0000\quad 0110 & \text{加 6 修正，进位到十位的 1 还要与高 4 位相加} \\
\hline
 & 0110\quad 0011 & 63
\end{array}
$$

结果是 $(0110\ 0011)_{BCD}$，即十进制数 63，加 6 修正后，结果正确。

例 1.44　用 BCD 码求 68+49。

$$68=(0110\ 1000)_{BCD}, 49=(0100\ 1001)_{BCD}$$

$$
\begin{array}{rll}
 & 0110\quad 1000 & 68 \\
+ & 0100\quad 1001 & 49 \\
\hline
 & 1011\quad 0001 & \text{低 4 位小于 9，但向高位进位；高 4 位大于 9} \\
+ & 0110\quad 0110 & \text{高、低位均加 6 修正，高 4 位向百位进位 1} \\
\hline
1 & 0001\quad 0111 & 17
\end{array}
$$

结果是 $(0001\ 0111)_{BCD}$，即十进制数 17，考虑到高 4 位的进位，结果为 117，结果正确。

两个 BCD 码进行减法运算时，当低位向高位有借位时，由于"借一当十六"与"借一当十"的差别，将比正确结果多 6，所以有借位时可采用"减 6 修正"法来修正。其修正规则为：如果两个 BCD 码的差等于或小于 1001，不需要修正；如果相减时，本位产生了借位，则应减 6H 加以修正。

例 1.45 用 BCD 码求 8−4。

$$
\begin{array}{r}
1000 \quad 8 \\
-\quad 0100 \quad 4 \\
\hline
0100 \quad 4
\end{array}
$$

结果是 $(0100)_{BCD}$，即十进制数 4，结果正确，无需修正。

例 1.46 用 BCD 码求 17−9。

$$
\begin{array}{r}
0001 \quad 0111 \quad 17 \\
-\quad 0000 \quad 1001 \quad 9 \\
\hline
0000 \quad 1110 \quad 低位向高位借位 \\
-\quad 0000 \quad 0110 \quad 减 6 修正 \\
\hline
0000 \quad 1000 \quad 8
\end{array}
$$

由于低 4 位向高 4 位借位，所以要减 6 修正，调整后的结果为 $(1000)_{BCD}$，即十进制数 8，结果正确。

实际操作时，计算机中有 BCD 调整指令，两个 BCD 码进行加减时，先按二进制加减指令进行运算，再对结果用 BCD 调整指令进行调整，就可得到正确的十进制运算结果。另外，BCD 码的加减运算，也可以在运算前由程序先变换成二进制，然后由计算机对二进制数进行运算处理，运算以后再将二进制数结果由程序转换为 BCD 码。

1.2.2 非数值数据的二进制编码

计算机既要处理数值数据，还要处理大量的非数值数据（即表达各种文字信息的字母、数字和符号，简称字符），如大小英文字母、阿拉伯数字、标点符号、专用符号、汉字等。不论什么数据，都必须用二进制编码后才能存储、传送及处理，非数值数据也不例外。为了统一，人们制定了编码标准，使每个字符被赋予一个惟一固定的二进制编码。目前国际上使用的字母、数字和符号的信息编码系统种类很多。在微型计算机中最普遍采用的是美国信息交换标准代码，即 ASCII 码（American Standard Code for Information Interchange）。

1. ASCII 字符编码

ASCII 字符编码是一种标准字符码，用于西文字符编码，包括大小英文字母、数字、专用字符、控制字符等。ASCII 码可以由 6 位、7 位或 8 位二进制数组成，其中使用最普遍的是 7 位二进制数。6 位 ASCII 码是在 7 位 ASCII 码字符表中去掉 26 个英文小写字母构成的；8 位 ASCII 码是在 7 位 ASCII 码字符表基础上在字节的最高位加 1 位奇偶校验位构成的。

通常，ASCII 码采用 7 位二进制编码来表示，故可表示 $2^7=128$ 个字符，每个字符由高 3 位 B_6 B_5 B_4 和低 4 位 B_3 B_2 B_1 B_0 组成。ASCII 码用于微处理机与它的外部设备之间进行数据交换以及通过无线或有线进行数据传送，因此多用于输入/输出设备（如电传打字机）上。7 位 ASCII 码编码表如表 1.5 所示。编码表中包括了各种最常用到的字符。

ASCII 码共编码了 128 个字符，它们分别是：32 个通用控制字符，称为"功能码"，主要用于通信中的通信控制或对计算机设备的功能控制，编码值为 0～31（十进制）；94 个可打印（或显示）字符（或称图形字符），这些字符可在显示器或打印机等输出设备上输出。图形字符中包括 10 个阿拉伯数字，其 ASCII 码分别为 30H～39H，这样编码既满足正常的数值排序关系，又有利于 ASCII 码与二进制码之间的转换；52 个英文大、小写字母，其 ASCII 码是从

41H 开始依次按照 A～Z 或 a～z 正常的字母排序关系来编排，大、小写英文字母的编码仅是 B_5 位值不相同，B_5 为 1 是小写字母，这样编码有利于大、小写字母之间的编码转换；32 个专用字符，供书写程序和描述命令之用，称为"信息码"。此外，在图形字符集的首、尾还有两个字符也可归入控制字符，它们是 SP(空格字符)和 DEL(删除控制码)。

表 1.5　ASCⅡ 字符编码表(7 位代码)

$B_3 B_2 B_1 B_0$	$B_6 B_5 B_4$	0 000	1 001	2 010	3 011	4 100	5 101	6 110	7 111
0	0000	NUL	DLE	SP	0	@	P	、	p
1	0001	SOH	DC1	!	1	A	Q	a	q
2	0010	STX	DC2	″	2	B	R	b	r
3	0011	ETX	DC3	#	3	C	S	c	s
4	0100	EOT	DC4	$	4	D	T	d	t
5	0101	ENQ	NAK	%	5	E	U	e	u
6	0110	ACK	SYN	&	6	F	V	f	v
7	0111	BEL	ETB	'	7	G	W	g	w
8	1000	BS	CAN	(	8	H	X	h	x
9	1001	HT	EM	)	9	I	Y	i	y
A	1010	LF	SUB	*	:	J	Z	j	z
B	1011	VT	ESC	+	;	K	[	k	{
C	1100	FF	FS	,	<	L	\	l	|
D	1101	CR	GS	—	=	M	]	m	}
E	1110	SO	RS	.	>	N	^	n	~
F	1111	SI	US	/	?	O	—	o	DEL

2. 汉字的编码

计算机在处理汉字信息时，汉字的表示也采用二进制编码形式，称为汉字编码。汉字编码一般采用两个字节，即 16 位二进制数。由于汉字的特殊性，在汉字信息处理系统中，不同部位有着不同的编码方式。在汉字的输入、存储、输出过程中所使用的汉字编码是不同的，输入时有输入编码，存储时有汉字机内码，输出时有汉字字形编码。

1) 国标码

我国于 1981 年公布"国家标准信息交换用汉字编码基本字符集(GB2312－80)"。该标准规定，一个汉字用两个字节(256×256＝65 536 种状态)编码，同时用每个字节的最高位来区分是汉字编码还是 ASCII 字符码，这样每个字节只用低 7 位，这就是所谓的双 7 位汉字编码(128×128＝16 384 种状态)，称为该汉字的国标码(又称交换码)。国标码是汉字信息处理系统之间或通信系统之间传输信息时，对每个汉字所规定的统一编码。

国标码按汉字使用频度把汉字分为高频字(约 100 个)、常用字(约 3000 个)、次常用字(约 4000 个)、罕见字(约 8000 个)和死字(约 4500 个)，并将高频字、常用字和次常用字归结为汉字字符集(6763 个)。该字符集又分为两级，第一级汉字为 3755 个，属常用字，按汉语拼音顺序排列；第二级汉字为 3008 个，属非常用字，按部首排列。另外，还有其它符号 682 个。国标码是所有汉字编码都应遵循的标准，汉字机内码的编码、汉字字库的设计、输入码的转换、输出设备的汉字地址码等，都以此标准为基础。

2）汉字输入码

为了从外部输入汉字，就必须对汉字用键盘已有的字符设计编码，这种编码称为汉字的输入码，也称为外码。同一汉字有很多不同的输入方法，如区位、拼音、五笔字型等数百种。不同的输入法有自己的编码方案，常见的有数字码——用数字串代表一个汉字，常用的有区位码；音码——以汉语读音为基础的编码方法，常用的有智能全拼、微软拼音、紫光拼音、智能狂拼等；形码——根据汉字的字形进行编码，常用的有五笔字形、表形码等；音形码——根据汉字的读音和字形进行编码，常用的有双拼码。不论哪种输入码，在其进入机器后，必须转为机内码。

3）汉字机内码

许多机器为了在内部能区分汉字与 ASCII 字符，把两个字节汉字国标码的每个字节的最高位均规定为"1"，这样就形成了汉字的另外一种编码，称为汉字机内码（内码）。若已知国标码，则机内码唯一确定。内码是机器存储和处理汉字时采用的统一编码，它可使不同系统内汉字信息相互转换。

4）汉字输出码

汉字的输出是用汉字字形码。汉字字形码也叫汉字字模点阵码，是汉字输出时的字形点阵代码，是汉字的输出形式。常用点阵有 16×16、24×24、32×32。一个 16×16 点阵汉字要占用 32 个字节，24×24 点阵汉字要占用 72 个字节。可见，汉字字形点阵的信息量很大，占用存储空间也非常大。

3. 逻辑数据的编码

逻辑数据用来表示"是"与"否"，即"真"与"假"两个状态。在计算机中，用 1 表示"真"或"是"，用 0 表示"假"或"否"。这里的 1 和 0 没有数值和大小的概念，只用来表示逻辑含义。因而，对逻辑数据只能进行逻辑运算。例如，逻辑非、逻辑加、逻辑乘等运算，其运算结果也是逻辑数据。

1.3 微型计算机的性能分析及分类

1.3.1 微型计算机的性能分析

从工作原理和基本功能上看，微型计算机与其它计算机并无本质的区别。微型计算机具有计算机的基本特点，即运算速度快、计算精度高、具有"记忆"能力、逻辑判断能力、可自动运行并且具备人机交互功能等。此外，由于微型计算机广泛采用了集成度相当高的器件和部件，特别是把组成计算机系统的两大核心部件——运算器和控制器集成在一起，形成了微型计算机系统的中央处理器 CPU，因此微型计算机还具有以下几个特点：

（1）体积小、重量轻、价格低和耗电量小。

（2）功能强、性能优越、可靠性高。

（3）结构灵活、应用面广、维护方便。

一台微型计算机功能的强弱或性能的优劣，不是由某个指标来决定的，而是由它的系统结构、指令系统、硬件组成、外设配置以及软件配置等多方面的因素综合决定的。但对于大多数普通用户来说，可以从以下几个指标来大体分析评估计算机的性能。

1. 位(bit)、字节(Byte)、字(Word) 和字长

位(bit)是计算机中所能处理的最基本、最小的数据单位。在计算机中采用二进制表示数据和指令。因此，位是一个二进制位，只有"0"和"1"两种状态，位音译为"比特"，常用字母"b"表示。若干个二进制位可以表示各种数据和字符。

字节(Byte)是计算机中存储容量的基本单位，常用字母"B"表示。计算机中以字节为单位存储和解释信息，规定 1 个字节由 8 个二进制位组成，即一个字节等于 8 个位(1B=8b)，或说 1 个字节的长度为 8 位。

字(Word)是计算机在同一时间内处理的一组二进制数，是计算机进行数据处理的基本单位，为字节的整数倍，常用字母"W"表示。它通常与计算机内的寄存器、算术逻辑单元宽度一致。目前为表达方便，通常定义 1 个字代表 2 个字节(可分成低字节和高字节)，即相邻的 16 位二进制数为 1 个字(1 W=2 B=16 b)；双字用"DW"表示，即相邻的 32 位二进制数为 1 个双字，1DW=2W=4B=32 b。双字可分成低位字和高位字。

字长是计算机在交换、加工和存放信息时的最基本的长度，是指 CPU 一次能并行处理的二进制数据的位数。字长是由 CPU 内部的寄存器、加法器和数据总线的位数决定的，与微处理器内部寄存器、加法器和数据总线的宽度是一致的。微型计算机的字长直接影响它的功能、用途、精度和速度。字长越长，一个字所能表示的数据精度就越高，在完成同样精度的运算时，字长较长的计算机比字长短的计算机速度快；字长越长，能表示的信息就越多，机器的功能就更强。通常，微处理器内部的数据总线与微处理器的外部数据引脚宽度是相同的，但也有少数例外。

字长是微型计算机重要的性能指标，也是微机分类的一种依据。字长都是 8 的整数倍，通常所说的 8 位机、16 位机、32 位机和 64 位机就是指字长分别为 8 位、16 位、32 位和 64 位的机器。

2. 主频(时钟频率)

主频是指计算机 CPU 的时钟频率，即计算机中时钟脉冲发生器所产生的频率，它表示 CPU 在单位时间(秒)内发出的脉冲数。它在很大程度上决定了计算机的运算速度，一般主频越高，计算机的运算速度越快。主频的单位一般是兆赫兹(MHz)或吉赫兹(GHz)。如 80586 的主频为 75~266 MHz，Pentium4/2.0 GHz 的主频为 2 GHz。

3. 运算速度

通常运算速度(也称指令执行时间)是指计算机执行一条指令所需的平均时间，其长短用来衡量 CPU 工作速度的快慢，是衡量计算机性能的重要指标。另外，运算速度(平均运算速度)也指计算机每秒钟能够执行的指令条数，一般用 MIPS(Million of Instructions Per Second，即百万条指令/秒)为单位来描述。目前，微机的运算速度已达 200~300 MIPS。计算机的运算速度与主频有关，而且与内存、硬盘等的工作速度及字长有关。由于不同类型的指令执行时间的长短不同，因而同一台计算机对运算速度的描述常采用不同的方法。常用的有 CPU 时钟频率(主频)、每秒平均执行指令数(ips)等。微型计算机一般采用主频来描述运算速度，例如，PentiumⅢ/800 的主频为 800 MHz，Pentium 4 1.5G 的主频为 1.5 GHz。一般说来，主频越高，运算速度就越快。

4. 存储容量

存储容量是衡量微机内部存储器能存储二进制信息量大小的一个技术指标。存储器容量一般以字节为最基本的计量单位。一个字节记为 1B，1024 个字节记为 1 KB（千字节，KiloByte），1024 KB 字节记为 1 MB（兆字节，MegaByte），1024 MB 字节记为 1 GB（吉字节，GigaByte），而 1024 GB 字节记为 1 TB（特字节，TeraByte）。

存储容量分为内存容量和外存容量。其中，内存容量又称为主存容量。

1）内存容量

内存储器是 CPU 可以直接访问的存储器，需要执行的程序与需要处理的数据存放在内存中。内存中含有很多的存储单元，每个单元可以存放 1 个字节。通常 1 个字节可以存放 0～255 之间的 1 个无符号整数或 1 个字符的代码，而对于其它大部分数据可以用若干个连续字节按一定规则进行存放。内存中的每个字节各有一个固定的编号，这个编号称为寻址地址。CPU 在存取存储器中的数据时，是按此地址进行的。内存容量指内存储器能够存储信息的总字节数，人们常说的 1 G/2 G 内存，实际上应该是具有 1 G 字节/2 G 字节存储容量的内存。内存容量的大小反映了计算机存储程序和处理数据能力的大小。内存容量越大，运行速度越快，能直接接纳和存储的程序越长，系统功能就越强大，能处理的数据量就越庞大。

通常地址总线的根数决定了最大可寻址的内存范围。如，地址总线为 32 根，可寻址的最大存储容量为 2^{32}，即 4 GB。内存一般以 MB 为单位。目前，微型机的内存可达 64 MB～4 GB。随着操作系统的升级，应用软件的不断丰富及其功能的不断扩展，人们对计算机内存容量的需求必将不断提高。

2）外存容量

外存容量是指外存储器所能容纳的总字节数，通常是指硬盘容量（包括内置硬盘和移动硬盘）。外存容量越大，可存储的信息就越多，计算机的解题能力和规模越大，可安装的应用软件就越丰富。目前，微机硬盘容量可达 320 GB～500 GB，有的已达到 1000 GB。

5. 存取速度

把信息代码存入存储器，称为"写"，把信息代码从存储器中取出，称为"读"。存储器完成一次读或写操作所需的时间称为存储器的存取时间或访问时间。存储器连续进行两次独立的读或写操作（如连续两次读操作）所允许的最短时间间隔，称为存取周期，它是反映存储器性能的一个重要参数。存取周期越短，则存取速度越快。通常，存取速度的快慢决定了运算速度的快慢。半导体集成电路存储器的存取周期目前约为几十纳秒（ns）。

6. 输入/输出数据传输速度

输入/输出数据传输速度决定了可用的外设和与外设交换数据的速度。提高输入/输出数据传输速度可以提高计算机的整体速度。特别是硬盘的读/写速度，在很大程度上影响着整个计算机的处理速度。

7. 系统总线的传输速率

系统总线是连接微机系统各功能部件的公共数据通道，其性能直接关系到微机系统的整体性能。系统总线的性能主要表现为系统总线的传输速率，系统总线的传输速率直接影响到计算机输入/输出的性能，它与总线中的数据线宽度（即总线上并行传送的二进制位数）及总线周期（即总线工作时钟频率）有关，以 MB/s 为单位。系统总线的传输速率越高，系统总线的信息吞吐率越高，微机系统的性能越强。目前，微机系统采用了多种系统总线标准，如 ISA、EISA、VESA、PCI 和 USB 总线等。其中，早期的 ISA 总线速率仅 5 MB/s，扩充的 32 位总线 EISA 速率为 20 MB/s，现在广泛使用的 PCI 局部总线速率高达 133 MB/s 或 267 MB/s。

8. 外部设备的配置

外部设备是指计算机的输入/输出设备以及外存储器，如键盘、显示器、打印机、磁盘驱动器、鼠标等。在微机系统中，外部设备占据了重要的地位。计算机信息输入、输出、存储都必须由外设来完成。微机系统所配置的外部设备的多少与好坏，例如其速度快慢、容量大小、分辨率高低等技术指标都是衡量计算机综合性能的重要指标。

9. 系统软件的配置

系统软件包括操作系统、计算机语言、数据库管理系统、网络通信软件、汉字软件及其它各种应用软件等。系统软件是计算机系统不可缺少的组成部分。合理安装与使用丰富的系统软件可以充分地发挥微机硬件系统的作用和效率，方便用户使用。

10. 可靠性、可用性、可维护性和兼容性

可靠性指计算机在规定时间和条件下正常工作不发生故障的概率，常用平均无故障运行时间来衡量。计算机连续无故障运行时间的长度越长，可靠性越好，系统性能越好。

可用性是指计算机的使用效率。

可维护性是指计算机的维修效率，通常可维护性是以平均修复时间来衡量。平均修复时间的数值越小，系统的性能越好。

兼容性指计算机硬件设备和软件程序可用于其它多种系统的性能，分为硬件兼容性和软件兼容性。硬件兼容性是指一种计算机的目标码可以在另一种计算机上执行，且两者的执行结果完全相同。软件兼容性是指用某种语言写成的源程序可以在两种不同指令系统的计算机上分别编译并执行，且两者的执行结果基本相同。一般兼容性是单向的，常常是向上兼容的，即原来为低档机开发的软件可以不加修改的在高档机上执行和使用。

由于目前微型机的种类很多，特别是兼容机种类繁多。因此，在选购微型机时应以软件兼容比较好的微型机为首选。一般微型机之间的兼容性包括软盘格式、接口、硬件总线、键盘形式、操作系统和 I/O 规范等方面。

以上是微机的一些主要性能指标。除了这些主要性能指标外，微型计算机还有一些其它的指标，例如指令数、主机 I/O 的速度、系统的完整性、安全性以及性能价格比等。另外，各项指标之间也不是彼此孤立的。在实际应用时，不能根据一、两项指标来评定微机的优劣，而需要综合考虑。要考虑使用效率及性能价格比等多方面因素，以满足应用需求。

1.3.2　微型计算机的分类

目前，微型计算机的品种繁多，性能各异，可以从不同角度对其进行以下分类。

1. 按微处理器的位数分类

按微处理器的位数分类也就是按 CPU 的字长来分类，微型计算机可分为：1 位机、4 位机、8 位机、16 位机、32 位机和 64 位机等，即分别以 1 位、4 位、8 位、16 位、32 位、64 位处理器为核心组成的微型计算机。其中：1 位机和 4 位机用于专门设备中；8 位机包括 Z80 机、8080、6800、Apple 6502、MCS51 系列单片机；准 16 位机有 PC/XT 8086/8088 机、8098 单片机；16 位机有 80286 机、MC68000 机；32 位机有 80386/80486 机；64 位机有 Pentium 系列机。

2. 按微型计算机的档次分类

按微型计算机的档次，微型计算机可分为低档机、中档机和高档机。计算机的核心部件是 CPU，也可以按 CPU 芯片的型号将微型计算机分为 8086 机、286 机、386 机、486 机、586（Pentium）机、Pentium Ⅱ 机、Pentium Ⅲ 机和 Pentium 4 机等。

3. 按微型计算机的用途分类

按微型计算机的用途，微型计算机分为通用机和专用机两类。通用机是通用微机的简称，又称为个人计算机或 PC 机，它使用领域广泛、通用性强，适用于解决多种一般问题，例如科学计算、数据处理、过程控制、人工智能、上网等。专用机指工业控制机、单板机和单片机等系统，用于解决某个特定方面的问题，配有为解决某问题的软件和硬件，其针对性强、服务特定，例如工业过程自动控制、工业智能仪表等专门应用。

4. 按微型计算机的外形结构和使用特点分类

按微型机的外形结构和使用特点，微型计算机可分为台式个人微机、便携式个人微机和Tablet PC。

台式微机需要放置在桌面上，它的主机、键盘和显示器都相互独立，通过电缆和插头连接在一起，属于桌上型微机。

便携式个人微机又称笔记本电脑，是一种体积极小、重量极轻，但功能很强的便携式完整微机，通常装放在手提包中，可使用蓄电池供电，便于携带。

Tablet PC 即平板电脑，被称作代表 PC 产品未来发展趋势的产品。它是基于"智能墨水技术"的划时代产品，可实现多功能的手写输入，给用户提供更舒适和更方便的电脑沟通途径，必将成为便携式个人电脑的主流。

5. 按微处理器器件的制造工艺分类

按微处理器器件的制造工艺，微型计算机可分成 MOS 型器件和双极型 TTL 器件的微处理器。

6. 按微型计算机的组装形式和系统规模分类

按微型计算机的组装形式和系统规模，微型计算机可分为单片机、单板机、位片机、个人计算机、多用户系统和微型计算机网络。

1）单片机（微控制器）

单片机（SCM），全称为单片微型计算机（Single Chip Microcomputer），是将 CPU、RAM、ROM（有的单片机芯片没有）、定时/计数器、各种 I/O 接口电路、时钟电路和总线等都集成在一片大规模集成电路芯片上形成的单芯片微型计算机。它是具有独立指令系统的智能器件，可实现一台微型计算机的完整功能，是目前最简单且使用量最大的一类微型机。单片机无论从功能上还是从形态上来看都是作为控制领域应用的计算机，因此准确反映单片机本质的称谓应该是微控制器（Micro Controller Unit），即 MCU。目前，国际上基本采用 MCU来代替 SCM 的称谓，MCU 也成为单片机领域公认的、最终统一的名词，但在我国仍习惯叫单片机。由于单片机应用时，通常是处于被控系统的核心地位并嵌入其中，为了强调其"嵌入"的特点，也常常把单片机称为嵌入式微控制器 EMCU（Embedded Micro Controller Unit）。因而，单片机属于嵌入式计算机（Embedded Computer）。

单片机具有控制功能强、可靠性高、体积小、成本低、功耗小、存储量小，输入输出接口简单等特点，使它在工业实时控制、智能化仪器仪表、家用电器、通信系统、信号处理和其它各种嵌入式系统中获得了广泛的应用。因此，单片机是目前嵌入式系统工业的主流。通常，单片机将硬件和软件合理的结合起来，构成一个完整的系统装置，来完成特定的功能或任务。该系统工作在与外界发生数据交换或无人干预的情况下，进行实时的控制。如果是简单控制对象，则只需利用单片机作为控制核心，不需另外增加外部设备就能完成；但对于较复杂的系统，就需对单片机进行适当扩展，且需加入外围电路或设备。

单片机系统的设计方法和传统设计方法不同，采用的是微控制技术（即以软件取代硬件实现和提高系统性能的设计思想体系）。微控制技术最基本的研究对象是单片机，在单片机系统的设计中，系统设计和软件设计起到关键作用。

2）单板机

单板机是将 CPU 芯片、存储器芯片、I/O 接口芯片、简单外设（包括七段发光二级管显示器、小键盘、插座）等部件以及监控程序固件安装在同一块印刷电路板上所构成的微型计算机系统。单板机实际上就是嵌入式微处理器 EMPU（Embedded Micro Processor Unit），它的规模比单片机大，功能比单片机强，单片机和单板机的结合称为单片单板机。单板机具有结构紧凑、使用简单、价格低廉、性能较好、可直接在实验板上操作等特点，常常应用于工业生产过程的控制和实验教学等领域。由于单板机内部存储器容量小，所以不能使用汇编语言，只能使用机器语言进行操作。常见的单板机有 TP801 机、以 X86 架构的 PC104 系统和以 ARM 架构的单板机系统等。

3）位片机

若将 1 位或数位的算术逻辑部件等电路集成在一块芯片上，就构成了位片式微处理器。多个位片及控制电路连接而成的微型计算机叫做位片机。位片机一般采用双极型工艺制成，其运行速度比一般 MOS 芯片高 1～2 个数量级。由于用户可根据需要灵活组成各种不同字长的位片机，因此很受人们关注。

4）个人计算机

个人计算机（PC，Personal Computer）也就是人们常说的 PC 机。它是将 CPU 芯片、存储器芯片、I/O 接口芯片等分别装在多块印刷电路板上，各印刷板都插在主机板（即主板，又称系统板）的标准总线插槽上，通过系统总线连接起来。另外，主机板上有一些扩展插槽，用于插入存储板和 I/O 适配板以扩充存储器容量和增加外设。将主机板、扩展板、若干接口卡、磁盘光盘驱动器和系统电源等部件组装在一个方形机箱中，称之为主机。再配置显示器、键盘、鼠标等外部设备和系统软件就构成个人微型计算机系统，该系统供单个用户操作。通常我们所说的个人计算机有台式个人计算机和笔记本个人计算机两类，其中台式微机又称多板机。PC 机具有功能强、配置灵活、软件丰富、使用方便等特点，是最普及、应用最广泛的主流微型计算机。

5）多用户系统

多用户系统是指一个主机连着多个终端，多个用户同时使用主机，共享计算机的软、硬件资源。在一般的多用户微型计算机系统中，每个用户终端含有一个键盘和一个显示器，而不含 CPU，他们共享主机的 CPU 和软件等进行各自的工作。

6）微型计算机网络

把多个微型计算机系统联接起来，通过通信线路实现各个微型计算机系统之间的信息交换、信息处理、资源共享，这样的网络叫做微型计算机网络。

微型计算机网络和多用户系统的根本区别在于，网络的各终端用户有独立的 CPU，能独立工作和运行，而多用户系统的终端用户不含 CPU，不能离开主机系统工作。

习　　题

1. 将下列十进制数分别转换成二进制数、八进制数、十六进制数和 8421BCD 码。

(1) 35.75　　　(2) 5.75　　　　(3) 16.25　　　(4) 254

2. 把下列二进制数转换成十进制数。

(1) 1001.01　　(2) 11001.011　　(3) 110.101　　(4) 1010.11

3. 把下列八进制数转换成十进制数和二进制数。

(1) 716.07　　(2) 52.73　　　(3) 134.6　　　(4) 326.45

4. 把下列十六进制数转换成十进制数。

(1) A6.9　　　(2) 9AD.BC　　(3) A4E.6D　　(4) 17C.0F

5. 求下列带符号十进制数的 8 位二进制数补码。

(1) +127　　　(2) −1　　　　(3) −128　　　(4) +1

6. 求下列带符号十进制数的 16 位二进制数补码。

(1) +355　　　　　　　　(2) −854

7. 将下列十进制运算转换成二进制运算，并写出二进制运算结果。

(1) 43+78　　(2) 102+28　　(3) 45−14　　(4) 12−45

8. 将下列十进制运算转换成 BCD 码运算，并写出 BCD 码运算结果。

(1) 45+78　　(2) 102+38　　(3) 45−14　　(4) 12−45

9. 分别用 8 位原码、反码、补码表示下列十进制数。

(1) −127　　　(2) 127　　　(3) 55　　　　(4) −64

10. 写出下列补码表示的二进制数的真值。

(1) 10011101B　　　　　(2) 10000000B

11. 已知各数的反码，求其原码、补码和真值。

(1) $[X]_反 = 92H$　　　　　　(2) $[Y]_反 = 7BH$

12. 已知各数的补码，求其原码、反码和真值。

(1) $[X]_补 = 03H$　　　　　　(2) $[Y]_补 = 0B3H$

13. 微型计算机有哪些主要技术指标?

第 2 章　微型计算机结构

<<<<<<<<<<<<<<<<<<

　　教学提示：微型计算机、微型计算机系统都是以微处理器为核心建立的，了解微处理器结构及工作原理是学习微型计算机的基础。本章讲述微型计算机的基本模型、工作原理等，进而了解微型计算机与计算机的相同与差异。

　　教学要求：使读者了解微型计算机的工作原理和软、硬件组成，计算机的发展史，重点掌握微型计算机、微控制器与单片机之间的区别与联系。在此基础上，掌握单片机的概念、应用特点及发展趋势。

2.1　微型计算机概念

　　微型计算机是计算机的一种，是一个复杂的系统，了解它的体系结构和工作原理是一件十分困难的事情。我们首先从计算机结构入手，按照层次结构的观点，从 CPU 体系结构的第一个层次进行一些简单的分析。

2.1.1　微型计算机的历史

　　在漫长的历史长河中，人类发明和创造了许多算法与计算工具，例如我国商朝时期的算珠、唐宋时期的算盘，欧洲 16 世纪以后出现的计算圆图、对数计算尺等。

　　1642 年，法国物理学家帕斯卡(Blaise Pascal)发明了齿轮式加法器。

　　1822 年，英国剑桥大学查尔斯·巴贝奇(Charles Babbage)教授提出了"自动计算机"概念。

　　1834 年设计成一台分析机，由五个基本部件组成，即输入装置、处理装置、存储装置、控制装置和输出装置。

　　1847 年，英国数学家乔治·布尔(George Boole)创立了逻辑代数。

　　1944 年，美国哈佛大学霍华德·艾肯(Honward Aiken)设计、IBM 公司制造成 Mark Ⅰ 计算机，使用十进制齿轮组作为存储器，使巴贝奇的梦想变成了现实。

　　1946 年，美国宾夕法尼亚大学的约翰·莫克利(John Mauchly)和普雷斯普尔·埃克特(J. Presper Eckert)主持研制成世界上第一台电子数字计算机"ENIAC"。它使用 18800 多个电子管、1500 多个继电器，占地 170 mz，重 30 t，耗电 150 kW，内存储器容量 17 KB，字长 12 位，每秒可进行 5000 次加法运算。由于其存储容量小，没有完全实现"存储程序"的思想。

　　1951 年，在冯·诺依曼(John von Neumann)主持下，研制成离数变量自动电子计算机 (EDVAC)，完全实现了"存储程序"的思想，故称为冯·诺依曼计算机。

　　自从第一台电子计算机诞生以来，计算机经历了四个时期，也称为四代。现在，又在向第五代智能化计算机的方向发展。

（1）第一代计算机（1946—1958 年）：基本电子器件是电子管，主存使用延迟线，外存有穿孔纸带、穿孔卡片和磁鼓，运算速度为每秒几千到几万次，编程语言是最基本的机器语言和汇编语言，用于科学计算。特点是存储容量小，体积大，功耗大，成本高。后期使用磁芯存储器，并出现了高级语言。

（2）第二代计算机（1959—1964 年）：基本电子器件是晶体管，主存使用磁芯存储器，外存有穿孔纸带、磁鼓、磁盘和磁带等。编程语言有汇编语言和高级语言，比如 FORTRAN、COBOL、ALGOL 等，且出现了操作系统，运算速度可达到每秒 100 万次以上。与第一代计算机相比，其体积、功耗减小，可靠性提高，主要用于科学计算和自动控制。

（3）第三代计算机（1964—1971 年）：基本电子器件是集成电路，主存以磁芯存储器为主，外存有磁盘和磁带。操作系统进一步发展，高级语言种类增加，功能增强，体积减小，功耗降低，运算速度达到每秒 1000 万次以上。其产品向标准化、模块化和系列化的方向发展，且与通信技术结合，出现了计算机网络。它用于科学计算、工业自动化控制、数据信息处理和事物管理等方面。

（4）第四代计算机（1971 年到现在）：基本电子器件是大规模或超大规模集成电路，主存使用半导体存储器，外存主要有磁盘、磁带和光盘。其产品进一步向标准化、系列化和多元化发展，运算速度达到每秒几亿至千万亿次以上，在结构上产生了多处理机系统。尤其是 20世纪 80 年代以来，微型计算机、多媒体计算机迅速发展，且与通信技术结合，产生了全球Internet。在第四代计算机产生以后，人们就期待第五代智能计算机的诞生，希望计算机能够模拟人的大脑，具有逻辑思维和推理功能。随后出现了专家系统、人工智能、模糊计算机和神经网络技术的研究。如今，又开始了真实世界计算（Real world computing）的研究，这些研究标志着第五代计算机即将到来。

2.1.2 计算机的基本模型

1. 计算机的基本模型

计算机的模型分为冯·诺依曼和哈弗结构两种。目前绝大多数计算机都是基于冯·诺依曼计算机模型而开发的。它主要包括输入/输出设备、存储器、控制器、运算器五大组成部分，它们之间的关系如图 2.1 所示。

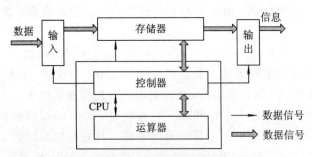

图 2.1　冯·诺依曼计算机模型

在冯·诺依曼计算机模型中，各个组成部分的功能如下：

（1）输入设备的第一个功能是将现实世界中的数据输入到计算机，如输入数字、文字、图形、电信号等，并且转换成计算机熟悉的二进制码。它的第二个功能是由用户对计算机进行操作控制。常见的输入设备有键盘、鼠标、数码相机等。还有一些设备既可以作为输入设备，也可以用作输出设备，如软盘、硬盘、网卡等。

（2）输出设备用于将计算机处理的结果转换成为用户熟悉的形式，如数字、文字、图形、声音等。常见的输出设备有显示器、打印机、硬盘、音箱等。

（3）在冯·诺依曼计算机模型中，存储器是指内存单元，主要用来存放程序和数据。

（4）控制器用于控制程序和数据的输入、输出，以及各个部件之间的协调运行。

（5）运算器用来进行算术运算和逻辑运算，并保存中间运算结果。

冯·诺依曼关于计算机模型的理论可以归纳为一下几点：

（1）计算机模型由五大部分组成。

（2）指令和数据都存储在存储器内，可以按地址进行查找。

（3）指令由操作码和地址码组成。操作码用来表示操作的性质，地址码用来表示操作数在存储器中所处的位置。

（4）指令在存储器中一般按顺序存放。

（5）通常指令是按时序执行的，但是也可以根据某些条件改变执行顺序。

（6）指令和数据均以二进制码表示。

（7）计算机以控制器和运算器（总称为 CPU）为中心。

对计算机来说，所有复杂的事物处理都可以简化成为两种最基本的操作：二进制数据传输和二进制数操作。因此，从软件运行的层次来看，冯·诺依曼计算机模型是一台指令执行机器。为了了解指令在计算机中的执行情况，我们将冯·诺依曼计算机模型简化成 CPU 和系统内存二者之间的关系，如图 2.2 所示。

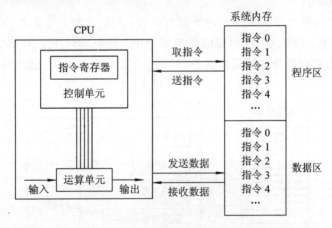

图 2.2　冯·诺依曼计算机模型中的程序执行

计算机能够执行的每一个操作称为一条指令，指令的数量和类型由 CPU 决定。在图 2.2 中，系统内存用于存放程序和数据。程序由一系列指令组成，这些指令是有序存放的，指令号表明了它们的执行顺序。什么时候执行哪一条指令由 CPU 的控制单元决定。数据表示用户需要处理的信息，它包括用户的具体数据和这个数据在内存系统中的地址。

2. CPU 指令执行

一条程序指令可以包含许多 CPU 操作。CPU 的工作就是执行指令，它的工作过程是：控制器中的指令指针给出指令存放的内存地址，指令读取器从内存读取指令并存放到指令寄存器，然后传输给指令译码器，指令译码器分析指令并决定完成指令需要多少步骤。如果有数据需要处理，算术逻辑运算单元将按指令要求工作，做加法、减法或其它操作。

指令执行流程由"取指令"、"指令译码"、"指令执行"和"指令写回"四种基本操作构成，这个过程不断重复进行，如图2.3所示。

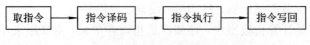

图2.3　CPU中一条指令的执行过程

1）取指令（IF）

在CPU内部有一个指令寄存器（IP），它保存着当前所处理指令的内存单元地址。当CPU开始工作时，它便按照指令寄存器地址，通过地址总线，查找到指令所在内存单元的位置，然后利用数据总线将内存单元的指令传送到CPU内部的指令高速缓存。取指令的工作过程如图2.4所示。

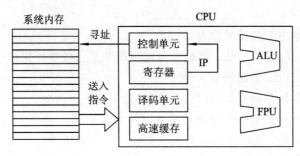

图2.4　取指令的工作过程

2）指令译码（ID）

CPU内部的译码单元将解释指令的类型与内容，判断这条指令的作用对象（操作数），并且将操作数从内存单元读入CPU内部的高速缓存中。译码实际上就是将二进制指令代码翻译成特定的CPU电路微操作，然后由控制器传送给算术逻辑单元。指令译码的工作过程如图2.5所示。

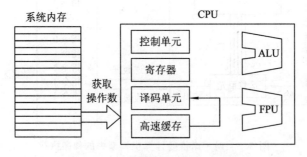

图2.5　指令译码的工作过程

3）指令执行（IE）

控制器根据不同的操作对象，将指令送入不同的处理单元。如果操作对象是整数运算、逻辑运算、内存单元存取、一般控制指令等，则送入算术逻辑单元（ALU）处理；如果操作对象是浮点数据（如三角函数运算），则送入浮点处理单元（FPU）进行处理。如果在运算过程中需要相应的用户数据，则CPU首先从数据高速缓存读取相应的数据。如果数据高速缓存没有用户需要的数据，则CPU通过数据通道接收数据。运算完成后输出运算结果。指令执行的工作过程如图2.6所示。

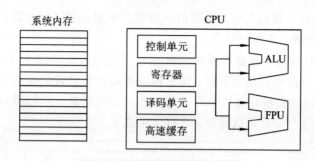

图 2.6　指令执行的工作过程

4) 指令写回(WB)

将执行单元处理结构写回到高速缓存或内存单元中。计算结果指令写回的工作过程如图2.7 所示。

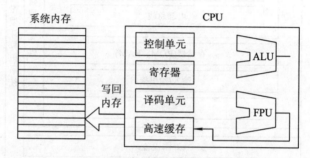

图 2.7　计算结果写回的工作过程

在 CPU 解释和执行指令之后,控制单元告诉指令读取器从内存单元中读取下一条指令。这个过程不断重复执行,最终产生用户在显示器上所看到的结果。事实上,各种程序都是由一系列的指令和数据组成的。

3. CPU 处理方法

计算机的强大威力在于 CPU 的高速运算能力。我们将所要处理的工作编制成计算机程序,然后输入到计算机中。计算机通过 CPU 将这些程序翻译成二进制代码,然后再传送给CPU 进行处理。目前在微型计算机上,CPU 每秒可以执行上亿条指令,因此计算机可以很快完成用户交给的工作。CPU 可以执行简单的算术运算和逻辑运算(加、减、乘、除、与、或、移位、循环等),这些运算都是非常基本的运算,但是通过它们可以解决复杂的问题。CPU 功能强大的另一个特征是,它具有以数值为基础的逻辑判定能力,如测试数据是否为 0、测试数据的正负、测试加法的进位或减法的借位、测试数据中为"1"的个数是奇数还是偶数、测试结果是否溢出等。通过这些简单的判定,CPU 可以改变程序的流向,达到进行逻辑控制的目的。

2.2　微型计算机的组成

微型计算机是以微处理器为核心,配上输入/输出接口电路和系统总线构成的裸机。微处理器也称为 CPU,或微处理机,它是由一片或几片大规模集成电路组成的中央处理器,其内部通常包括算术逻辑部件,累加器和通用寄存器组,程序计数器,时序和控制逻辑部件和内部总线等。

微型计算机系统是指以微型计算机为主体,再配以相应的外围设备、电源、辅助电路和所需要的软件而构成的计算机系统。常用的外围设备有显示器、打印机、键盘等，系统软件一般包括操作系统、编辑、汇编软件等。

微处理器、微型计算机和微型计算机系统三者之间的关系如图 2.8 所示。微型计算机、微型计算机系统都是以微处理器为基础，加上相应的硬件和软件组装而成的。要注意，微处理器不是计算机，单纯的微型计算机也不是完整的计算机系统，它们都不能单独工作，只有微型计算机系统才是完整的计算机系统，才有实用意义。

图 2.8　微处理器、微型计算机和微型计算机系统三者之间的关系

微型计算机系统包括硬件系统和软件系统两大部分。硬件系统是支持计算机工作的物质基础，软件系统是指挥硬件正常工作的程序。

2.2.1　微型计算机的硬件

硬件是指组成计算机的各种物理设备，也就是看得见、摸得着的实际物理设备。它包括计算机的主机和外部设备，具体由三大部分组成，即微处理器(CPU)、存储器和输入/输出设备，其中 CPU 由控制器和运算器组成。因此，微型计算机的五大功能部件为运算器、控制器、存储器、输入设备和输出设备。这五大部分相互配合，协同工作。微型计算机的工作原理为：首先由输入设备接收外界信息，控制器发出指令逐条送入(内)存储器，然后向内存储器发出取指令命令；在取指令命令下，程序指令逐条送入控制器；控制器对指令进行译码，并根据指令的操作要求，向存储器和运算器发出存数、取数命令和运算命令，经过运算器计算并把结果存入存储器内；最后，在控制器内发出的取数和输出命令的作用下，通过输出设备输出计算结果。

1. 中央处理器(CPU)

硬件系统的核心是中央处理器(CPU)，它主要由控制器和运算器等组成，是由一片或几片大规模集成电路组成的，一般也称微处理器芯片。其内部通常包括算术逻辑部件，累加器和通用寄存器组，程序计数器，时序和控制逻辑部件，内部总线等。

运算器和控制器是计算机赖以工作的核心部件。运算器主要包括加法器、指令译码器和控制电路等，用于算术运算和逻辑操作，其操作顺序受控制器控制；控制器由指令寄存器、指令译码器和控制电路组成，是整个计算机的中枢，它根据指令码指挥着运算器、存储器和外围接口相连的输入和输出设备自动协调地工作。

2. ROM 和 RAM 存储器

ROM 和 RAM 是半导体存储器，是采用大规模集成电路工艺制成的存储器芯片。ROM（Read Only Memory）存储器是一种在正常工作时只能读不能写的存储器，通常用来存放固定程序和常数。RAM（Random Access Memory）存储器是一种在正常工作时既能读也能写的存储器，通常用来存放原始数据、中间结果、最终结果和实时数据等。RAM 中存放的信息不能长久保存，停电后便立即消失，因此又称它为易失性存储器。

3. I/O 接口电路

微型计算机通过 I/O 接口电路与各种外部设备相连，而总线是 CPU 和存储器、I/O 接口电路之间信息传输的通道。一般的外部设备都是机械的或机电相结合的产物，它们对于高速的中央处理器来说，速度要慢得多。此外，不同外设的信号形式、数据格式也各不相同。因此，外部设备不能与 CPU 直接相连，需要通过相应的电路来完成它们之间的速度匹配、信号转换，并完成某些控制功能。通常把介于 CPU 和外设之间的缓冲电路称为 I/O 接口电路。对于 CPU，I/O 接口提供了外部设备的工作状态及数据；对于外部设备，I/O 接口记忆了 CPU 送给外设的一切命令和数据，从而使 CPU 与外设之间协调一致地工作。

4. 微型计算机的总线结构

微型计算机的总线结构如图 2.9 所示。任何一个微处理器都要与一定数量的部件与外围设备连接，但如果将各个部件和每一种外围设备都分别用一组线路与 CPU 直接连接，那么连线将会错综复杂，甚至难以实现。为了简化硬件电路设计和系统结构，常用一组线路，配置以适当的接口电路，与各部件和外围设备连接，这组共用的连接线路称为总线。采用总线结构便于部件与设备的扩充，尤其是制定了统一的总线标准容易使不同设备间实现互连。总线是连接 CPU 与存储器、I/O 接口的公共导线，是各部件信息传输的公共通道。

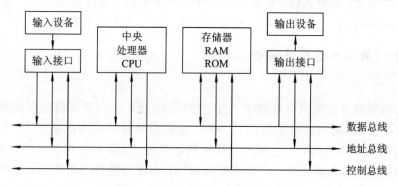

图 2.9　微型计算机的总线结构

微机中的总线一般有内部总线、系统总线和外部总线。内部总线是微机内部各外围芯片与处理器之间的总线，用于芯片一级的互连；系统总线是微机中各插线板和系统板之间的总线，用于插线板一级的互连；外部总线是微机与外部设备之间的总线，微机作为一种设备，通过该总线和其它设备进行信息与数据交换，外部总线用于设备一级的互连。

微型计算机系统有三条总线，每一条总线都有若干根，它们分别是地址总线（Address Bus，AB）、数据总线（Data Bus，DB）和控制总线（Control Bus，CB）。地址总线是传送地址信息的总线，CPU 在该总线上输出将要访问的内存单元或 I/O 端口的地址，所以地址总线为单向总线。数据总线是传送数据信息的总线，在 CPU 进行读操作时，内存或外设的数据通过数据操作送往 CPU；在 CPU 进行写操作时，CPU 数据通过数据总线送往内存或外设，所以数据总线为双向总线。控制总线是传送控制信号的总线，控制信号用于协调系统中各部件的操作。其中，有些信号将 CPU 的控制信号或状态信号送往外界；有些信号将外界的请求或联络信号送往 CPU；个别的信号线兼有以上两种情况。

2.2.2　微型计算机的软件

微型计算机的软件系统包括系统软件和应用软件两大类。

1. 系统软件

系统软件是指控制和协调计算机及其外部设备，支持应用软件的开发和运行的软件。其主要功能是进行调度、监控和维护系统。系统软件是用户和裸机的接口，主要包括：

- 操作系统软件，如 DOS、Windows XT、Windows NT、Linux、Netware 等；
- 各种语言的处理程序，如低级语言、高级语言、编译程序、解释程序等；
- 各种服务性程序，如机器的调试、故障检查和诊断程序、杀毒程序等；
- 各种数据库管理系统，如 SQL Server、Oracle、Informix、Foxpro 等。

2. 应用软件

应用软件是用户为解决各种实际问题而编制的计算机应用程序及有关资料。应用软件主要有以下几种：

- 用于科学计算方面的数学计算软件包、统计软件包；
- 文字处理软件包（如 WPS、Office）；
- 图像处理软件包（如 Photoshop、动画处理软件 3DS MAX）；
- 各种财务管理软件、税务管理软件、工业控制软件、辅助教育等专用软件。

硬件和软件是相辅相成的，硬件是计算机的物质基础，没有硬件就没有所谓的计算机。软件是计算机的灵魂，没有软件，计算机的存在就毫无价值。硬件系统的发展给软件系统提供了良好的开发环境，而软件系统的发展又对硬件系统提出了新的要求。

2.2.3　微型计算机系统的主要技术指标

1. 字长

字长是计算机内部一次可以处理的二进制数码的位数。一台计算机的字长决定于它的通用寄存器、内存储器、算术逻辑单元（ALU）的位数和内部数据总线的宽度。字长越长，一个字所能表示的数据精度越高，在完成同样精度的运算时，数据处理速度越快。然而，字长越长，计算机的硬件代价相应也增大。为了兼顾精度、速度与硬件成本等因素，有些计算机允许采用变字长运算。

一般情况下，CPU 的内、外数据总线宽度是一致的。但有的 CPU 为了改进运算性能，加宽了 CPU 的内部总线宽度，致使内部字长和对外数据总线宽度不一致，如 Intel8088/80188 的内部数据总线宽度为 16 位，外部为 8 位，这类芯片称为"准 XX 位"CPU。因此，Intel8088/80188 被称为"准 16 位"CPU，而 Pcntium CPU 的外部数据总线宽度是内部字长的 2 倍。

2. 存储器容量

存储器容量是衡量计算机存储二进制信息量大小的一个重要指标。它指的是存储设备可容纳二进制信息的最大字节数。存储二进制信息的基本单位是位(bit)。一般把 8 个二进制位组成的通用基本单元叫做字节 B(Byte 的缩写)。微型计算机中，通常以字节为单位表示存储容量，并且将 1024 B 简称为 1 KB(千字节)，1024 KB 简称为 1 MB(兆字节)，1024 MB 简称为 1 GB(吉字节)，1024 GB 简称为 1 TB(太字节)。286 以上的高档微机一般都具有 1 MB 以上的内存容量和 40 MB 以上的外存容量。目前，市场上流行的微机大多具有 8～1024 MB 的内存容量和 20～100 GB 的外存容量。

3. 运算速度

计算机的运算速度一般用每秒钟所能执行的指令条数来表示。由于不同类型的指令所需要的时间长度不同，因而运算速度的计算方法也不同。常用计算方法有：

(1) 根据不同类型的指令出现的频度，乘以不同的系数，求得统计平均值，得到平均运算速度，这时常用 MIPS (Millions of Instruction Per Second，即百万条指令/秒)为单位。

(2) 以执行时间最短的指令(如加法指令)为标准来估算速度。

(3) 直接给出 CPU 的主频和每条指令的执行所需的时钟周期。主频一般以 MHz 为单位。

主频亦称内频，为 CPU 的额定工作频率，为 CPU 工作周期的最小时序，直接反映了 CPU 的工作速度。目前，微机的主频已达 1000 MHz(1 GHz)，但与之相关的系统总线工作速率(外频)因受主板芯片组和内存工作频率的制约，提升较慢，一般为 133～200 MHz。

4. 外设扩展能力

外设扩展能力主要是指计算机系统配接各种外部设备的可能性、灵活性和适应性。一台计算机允许配接多少外部设备，对于系统接口和软件研制都有重大影响。在微型计算机系统中，打印机型号、显示屏幕分辨率、外存储器容量等，都是外设配置中需要考虑的问题。

5. 软件配置情况

软件是计算机系统必不可少的重要组成部分，它的配置是否齐全，直接关系到计算机系统性能的好、坏和效率的高、低。例如是否有功能很强且能满足应用要求的操作系统、高级语言和汇编语言，是否有丰富的、可供选用的应用软件等，都是在购置计算机系统时需要考虑的。

2.3　微处理器的结构及原理

2.3.1　中央处理器的发展过程

中央处理器(Central Processing Unit，CPU)由控制器、运算器等组成，是采用大规模集成电路工艺制成的芯片，又称微处理器芯片。控制器负责从存储器中取出指令，并对指令进行译码，根据指令的要求，按时间的先后顺序，负责向其它各部件发出控制信号，保证各部件协调一致地工作，一步一步地完成各种操作。控制器主要由指令寄存器、译码器、程序计数器、操作控制器等组成。运算器又称算术逻辑单元(Arithmetic Logic Unit，ALU)，它是计算机对数据进行加工处理的部件，包括算术运算(加、减、乘、除等)和逻辑运算(与、或、非、异或、比较等)。

CPU 是计算机中最重要的一个部分，发展非常迅速。个人电脑从 8088(XT)发展到现在的多核 CPU 时代，只经过了不到四十年的时间。从生产技术来说，最初的 8088 集成了 29000

个晶体管,而 PentiumIII 的集成度超过了 2810 万个晶体管;CPU 的运行速度,以 MIPS(百万条指令每秒)为单位,8088 是 0.75MIPS,到高能奔腾时已超过了 1000MIPS。不管是哪种 CPU,其内部结构归纳起来都可以分为控制单元、逻辑单元和存储单元三大部分,这三个部分相互协调,对命令和数据进行分析、判断、运算并控制计算机各部分协调工作。CPU 按照其处理信息的字长可以分为 4 位微处理器、8 位微处理器、16 位微处理器、32 位微处理器以及 64 位微处理器,可以说个人电脑是随着 CPU 的发展而发展的。

1971 年,英特尔公司推出了世界上第一款微处理器 4004,这是第一个可用于微型计算机的 4 位微处理器,它包含 2300 个晶体管。随后,英特尔又推出了 8008,由于运算性能很差,其市场反应十分不理想。1974 年,8008 发展成 8080,成为第二代微处理器。8080 作为代替电子逻辑电路的器件被用于各种应用电路和设备中,如果没有微处理器,这些应用就无法实现。Zilog 公司生产了 8080 的增强型 Z80,摩托罗拉公司生产了 6800,英特尔公司于 1976 年又生产了增强型 8085,但这些芯片基本没有改变 8080 的基本特点,都属于第二代微处理器。它们均采用 NMOS 工艺,集成度约 9000 只晶体管,平均指令执行时间为 $1 \sim 2~\mu s$,采用汇编语言、BASIC、Fortran 编程,使用单用户操作系统。

1978 年,英特尔公司生产的 8086 是第一个 16 位微处理器。不久,Zilog 公司和摩托罗拉公司也宣布计划生产 28000 和 68000。8086 微处理器的最高主频速度为 8MHz,具有 16 位数据通道,内存寻址能力为 1MB。同时,英特尔还生产出与之相配合的数学协处理器 i8087。这两种芯片使用相互兼容的指令集,但 Intel 8087 指令集中增加了一些专门用于对数、指数和三角函数等数学计算的指令。人们将这些指令集统一称之为 X86 指令集。虽然后来英特尔又陆续生产出第二代、第三代等更先进和更快的新型 CPU,但都仍然兼容原来的 X86 指令,而且英特尔在后续的 CPU 的命名上沿用了原先的 X86 序列,直到后来因商标注册问题,才放弃了继续用阿拉伯数字命名。1979 年,英特尔公司又开发出了 8088、8086 和 8088,在芯片内部均采用 16 位数据传输,所以都称为 16 位微处理器。但 8086 每周期能传送或接收 16 位数据,而 8088 每周期只能传送和接收 8 位数据。因为最初的大部分设备和芯片是 8 位的,因此 8088 的外部 8 位数据传送、接收能与这些设备相兼容。8088 采用 40 针的 DIP 封装,工作频率为 6.66 MHz、7.16 MHz 或 8 MHz,集成了大约 29000 个晶体管。

1981 年,美国 IBM 公司将 8088 芯片用于其研制的 PC 中,从而开创了全新的微机时代。从 8088 开始,个人电脑开始在全世界范围内发展起来,标志着一个新时代的开始。

1982 年,英特尔研制出了 80286 微处理器,该微处理器的最大主频 20MHz,内、外部数据传输均为 16 位,使用 24 位内存储器的寻址,内存寻址能力为 16MB。80286 工作于两种方式,一种是实地址模式,另一种是保护虚地址方式。在实地址模式下,微处理器可以访问的内存总量限制在 1 兆字节;在保护虚地址方式下,80286 可直接访问 16 兆字节的内存。此外,80286 工作在保护虚地址方式时,可以保护操作系统,使之不像实地址模式或 8086 等不受保护的微处理器那样,在遇到异常应用时会使系统停机。80826 集成了大约 130 000 个晶体管。

1985 年 10 月 17 日,新一代的 32 位核心的 CPU-80386DX 正式发布了,其内部包含 27.5 万个晶体管,时钟频率为 12.5 MHz,后来逐步提高到 20 MHz、25 MHz、33 MHz,最后还有少量的 40 MHz 的产品。80386DX 的内部和外部数据总线是 32 位,地址总线也是 32 位,可以寻址到 4 GB 内存,并可以管理 64TB 的虚拟存储空间。它的运算模式除了具有实地址模式和保护虚地址模式以外,还增加了一种"虚拟 86"的工作方式,可以通过同时模拟多个 8086 微处理器来提供多任务能力。为了完善和加强浮点运算,设计了 80387 协处理器,使

80386 可以完成大量浮点运算的任务。针对内存的速度瓶颈，英特尔为 80386 设计了高速缓存(Cache)，采取预读内存的方法来缓解这个速度瓶颈，从此 Cache 就和 CPU 成为了如影随形的器件。

1989 年，英特尔公司又推出准 32 位微处理器芯片 80386SX。这是 Intel 为了扩大市场份额而推出的一种较便宜的普及型 CPU，它的内部数据总线为 32 位，外部数据总线为 16 位，它可以接受为 80286 开发的 16 位输入/输出接口芯片，以降低整机成本。

英特尔在 1990 年推出了专门用于笔记本电脑的 80386SL 和 80386DL 两种型号的 386 芯片。这两个类型的芯片可以说是 80386DX/SX 的节能型。其中，80386DL 基于 80386DX 内核，而 80386SL 基于 80386SX 内核。这两种类型的芯片不但耗电少，而且具有电源管理功能，在 CPU 不工作的时候，可以自动切断电源供应。

1989 年，80486 芯片由英特尔推出，集成了 120 万个晶体管，使用 1 微米的制造工艺。80486 的时钟频率从 25 MHz 逐步提高 33 MHz、40 MHz，50 MHz。80486 将 80386 和数学协微处理器 80387 以及一个 8KB 的高速缓存集成在一个芯片内。80486 中集成的 80487 的数字运算速度是以前 80387 的两倍，内部缓存缩短了微处理器与慢速 DRAM 的等待时间。并且，在 80486 系列中首次采用了 RISC(精简指令集)技术，可以在一个时钟周期内执行一条指令。它还采用了突发总线方式，提高了与内存的数据交换速度。由于这些改进，80486 的性能比带有 80387 数学协微处理器的 80386DX 性能提高了 4 倍。

1993 年，586 CPU 问世。英特尔公司把自己的新一代产品命名为 Pentium(奔腾)，以区别 AMD 和 Cyrix 的产品。AMD 和 Cyrix 也分别推出了 K5 和 6X86 微处理器来对付芯片巨人。由于奔腾微处理器的性能最佳，英特尔逐渐占据了大部分市场。

Pentium 最初级的 CPU 是 Pentium 60 和 Pentium 66，分别工作在与系统总线频率相同的 60 MHz 和 66 MHz 两种频率下，没有倍频设置。早期的奔腾，工作频率为 75~120 MHz，使用 0.5 微米的制造工艺，后期 120 MHz 频率以上的奔腾则改用 0.35 微米工艺。经典奔腾的性能良好，整数运算和浮点运算都不错。

多能奔腾(Pentium MMx)的正式名称就是"带有 MMx 技术的 Pentium"，是在 1996 年底发布的。MMx(MultiMedia Extensions，多媒体扩展指令集)是英特尔于 1996 年发明的一项多媒体指令增强技术，包括 57 条多媒体指令，这些指令可以一次处理多个数据。MMx 技术在软件的配合下，可以得到更好的性能。从多能奔腾开始，英特尔对其生产的 CPU 引入了锁倍频技术，但 MMx 的 CPU 超外频能力特别强，还可以通过提高核心电压来超倍频。

多能奔腾是继 Pentium 后英特尔又一个成功的产品，其生命力也相当顽强。多能奔腾在原 Pentium 的基础上进行了重大的改进，增加了片内 16 KB 数据缓存、16 KB 指令缓存、4 路写缓存、分支预测单元和返回堆栈技术。特别是新增加的 57 条 MMx 多媒体指令，使得多能奔腾即使在运行非 MMx 优化的程序时，也比同主频的 Pentium CPU 要快得多。这 57 条 MMx 指令专门用来处理音频、视频等数据。这些指令可以大大缩短 CPU 在处理多媒体数据时的等待时间，使 CPU 拥有更强大的数据处理能力。

与经典奔腾不同，多能奔腾采用了双电压设计，其内核电压为 2.8 V，系统 I/O 电压仍为原来的 3.3V。如果主板不支持双电压设计，那么就无法升级到多能奔腾。多能奔腾的代号为 P55C，是第一个有 MMx 技术(整量型单元执行)的 CPU，拥有 16 KB 数据 Ll Cache。16 KB 指令 Ll Cache，兼容 SMM，64 位总线，528 MB/s 的频宽，2 时钟等待时间，450 万个晶体管，功耗 17 W，支持的工作频率有 133 MHz、150 MHz、166 MHz、200 MHz 和 233 MHz。

Pentium Pro(高能奔腾，686 级的 CPU)是 32 位数据结构设计的 CPU，所以 Pentium Pro 运行 16 位应用程序时性能一般，但仍然是 32 位的赢家，但是后来，MMx 的出现使它黯然失色。Pentium Pro 的核心架构的代号为 P6(也是未来 PII、PIII 使用的核心架构)，这是第一代产品，二级 Cache 有 256 KB 或 512 KB，最大的有 1 MB 的二级 Cache。它的工作频率有 133/66 MHz(工程样品)、150/60 MHz、166/66 MHz、180/60 MHz、200/66 MHz。

Pentium II 的中文名称为"奔腾二代"，它有 Klamath、Deschutes、Mendocino、Katmai 等几种不同核心结构的系列产品，其中第一代采用 Klamath 核心，0.35 微米工艺制造，内部集成 750 万个晶体管，核心工作电压为 2.8 V。

Pentium II 微处理器采用了双重独立总线结构，即其中一条总线连通二级缓存，另一条负责主要内存。Pentium II 使用了一种脱离芯片的外部高速 L2 Cache，容量为 512 KB，并以 CPU 主频的一半速度运行。作为一种补偿，英特尔将 Pentium II 的 L1 Cache 从 16 KB 增至 32 KB。另外，为了打败竞争对手，英特尔第一次在 Pentium II 中采用了具有专利权保护的 Slot1 接口标准和 SECC(单边接触盒)封装技术。

1998 年 4 月 16 日，英特尔第一个支持 100MHz 额定外频的、代号为 DesChutes 的 350 MHz、400 MHz CPU 正式推出。Deschutes 采用核心的 Pentium II 微处理器，不但外频提升至 100MHz，而且采用 0.25 微米工艺制造，其核心工作电压也由 2.8 V 降至 2.0 V，L1 Cache 分别是 32 KB、512 KB。支持芯片组主要是 Inter 的 440 BX。

1988～1999 年，英特尔公司推出了比 Pentium II 功能更强大的 CPU－Xeon(至强微处理器)。该款微处理器采用的核心和 Pentium II 差不多，0.25 微米制造工艺，支持 100 MHz 外频。Xeon 最大可配备 2 MB Cache，并运行在 CPU 核心频率下，它和 Pentium II 采用的芯片不同，被称为 CSRAM (Custom StaticRAM，定制静态存储器)。除此之外，它支持 8 个 CPU 系统，使用 36 位内存地址和 PSE 模式(PSE36 模式)，最大 800 MB/s 的内存带宽。Xeon主要面对性能要求更高的服务器和工作站系统，另外，Xeon 的接口形式也有所变化，采用了比 Slot 1 稍大的 Slot 2 架构(可支持四个微处理器)。

1998 年 4 月推出了一款廉价的 CPU——Celeron(中文名叫赛扬)。最初推出的 Celeron 有 266 MHz 和 300 MHz 两个版本，且都采用 Covington 核心，0.35 微米工艺制造，内部集成 1900 万个晶体管和 32KB 一级缓存，工作电压为 2.0 V，外频 66 MHz。Celeron 与 Pentium II相比，去掉了芯片上的 L2 Cache，此举虽然大大降低了成本，但也正因为没有二级缓存，该微处理器在性能上大打折扣，其整数性能甚至不如 Pentium MMx。

为弥补缺乏二级缓存的 Celeron 微处理器性能上的不足，进一步在低端市场上打击竞争对手，英特尔在 Celeron266、300 推出后不久，又发布了采用 Mendocino 核心的新 Celeron 微处理器——Celeron300A、333、366。与旧 Celeron 不同的是，新 Celeron 采用 0.25 微米工艺制造，同时采用 Slot 1 架构和 SEPP (Single Edge Processor Package)封装形式，内建 32KB Ll Cache、128KB L2 Cache，且以 CPU 相同的核心频率工作，从而大大提高了 L2 Cache 的工作效率。

1999 年春节刚过，英特尔公司就发布了采用 Katmai 核心的新一代微处理器 PentiumⅢ。该微处理器除采用 0.25 微米工艺制造，内部集成 950 万个晶体管，Slot 1 架构之外，它还具有以下新特点：系统总线频率为 100 MHz；采用第六代 CPU 核心——P6 微架构；针对 32 位应用程序进行优化，双重独立总线；一级缓存为 32 KB(16 KB 指令缓存和 6 KB 数据缓存)，二级缓存大小为 512 KB，以 CPU 核心速度的一半运行；采用 SECC2(Single Edge Contact

Cartridge 2）封装形式；新增加了能够增强音频、视频和 3D 图形效果的 SSE（Streaming SlMD Extensions，数据流单指令多数据扩展）指令集，共 70 条新指令；Pentium Ⅲ 的起始主频速度为 450 MHz。

和 Pentium II 的 Xeon 一样，英特尔同样也推出了面向服务器和工作站系统的高性能 Pentium Ⅲ 的 Xeon 至强微处理器。除前期的 Pentium II Xeon 500、550 采用 0.25 微米技术外，该款微处理器的 CPU 采用 0.18 微米工艺制造，Slot 2 架构和 SECC 封装形式，内置 32 KB 一级缓存和 512 KB 二级缓存，工作电压为 1.6 V。

2000 年 3 月 29 日，英特尔推出了采用 Coppermine 核心的 Celeron 2。该款微处理器同样采用 0.18 微米工艺制造，核心集成 1900 万个晶体管，采用 FC－PGA（反转芯片针脚栅格阵列）封装形式，它和赛扬 Mendocino 一样内建 128 KB 和 CPU 同步运行的 L2 Cache，故其内核也称为 Coppermine 128。Celeron 2 不支持多微处理器系统，但是 Celeron 2 的外频仍然只有 66 MHz，这在很大程度上限制了其性能的发挥。

2000 年 Intel Pentium 4 处理器诞生，其中 Willamette 为 P4 最早产品，其中还包括 SOCKET 423 这个跟之后都不兼容的封装，不能升级而且只能使用 Rambus 内存。

2002 年 11 月 14 日，英特尔在全新英特尔奔腾 4 处理器 3.06 GHz 上推出其创新超线程技术（HT）。超线程技术支持全新级别的高性能台式机，同时快速运行多个计算机应用，或为采用多线程的单独软件程序提供更多性能。超线程技术可将电脑性能提升达 25%。除了为台式机用户引入超线程技术外，英特尔在推出英特尔奔腾 4 处理器 3.06 GHz 时达到了一个电脑里程碑。这是第一款商用微处理器，运行速率为每秒 30 亿周期，并且采用当时业界最先进的 0.13 微米制作。

2005 年 4 月，英特尔的第一款双核处理器平台包括采用英特尔 955X 高速芯片组、主频为 3.2 GHz 的英特尔奔腾处理器至尊版 840，此款产品的问世标志着一个新时代的来临。双核和多核处理器设计用于在一枚处理器中集成两个或多个完整执行的内核，以支持同时管理多项活动。英特尔超线程技术能够使一个执行内核发挥两枚逻辑处理器的作用，因此与该技术结合使用时，英特尔奔腾处理器至尊版 840 能够充分利用以前可能被限制的资源，同时处理四个软件线程。

在微处理器发展史中，具有典型代表的 CPU 是 16 位 8086 CPU、32 位 80486 CPU 和 Pentium CPU。

1. Intel 8086 微处理器

Intel 8086 微处理器是美国 Intel 公司于 1978 年推出的一种高性能的 16 位微处理器，它采用硅栅 HMOS 工艺制造，在 1.45 cm 单个硅片上集成了 29 000 个晶体管。它一问世就显示出了强大的生命力，以它为核心组成的微机系统，其性能已达到中、高档小型计算机的水平。它具有丰富的指令系统，采用多级中断技术、多重寻址方式、多重数据处理形式、段式存储器结构和硬件乘除法运算电路，增加了预取指令的队列寄存器等，使其性能大为增强。与其它几种 16 位微处理器相比，8086 的内部结构规模较小，仍采用 40 引脚的双列直插式封装。8086 的一个突出特点是多重处理能力，用 8086 CPU 与 8087 协处理器以及 8089 I/O 处理器组成的多处理器系统，可大大提高其数据处理和输入/输出能力。另外，与 8086 配套的各种外围接口芯片非常丰富，方便用户开发各种系统。

2. Intel 80386 微处理器

1985 年，Intel 公司推出了第一个 32 位微处理器 80386DX，它是对 8086～80286 微处理器的彻底改进，它的数据总线和内存地址都是 32 位的，寻址空间可达 4 GB。1988 年，Intel 公司推出了外部总线为 16 位的微处理器 80386SX，寻址空间为 16 MB，含 16 位数据总线和 24 位地址总线。80386 还有一些版本，如 80386SL/80386SLC，寻址空间为 16 MB，含 16 位数据总线和 25 位地址总线，80386SLC 还包含了一个内部高速缓冲存储器，以便于高速处理数据。1995 年，Intel 公司推出了 80386EX，也叫嵌入式 PC，它在一个集成芯片上包囊了 AT 类 PC 的所有部件，它还有 24 根输入/输出数据线、26 位的地址总线、16 位的数据总线、一个 DRAM 刷新控制器，以及可编程的芯片选择逻辑。

80386 的指令系统和早期 8086、8088、80286 的指令系统是向下兼容的，附加的指令涉及到 32 位的寄存器，还可以管理内存系统。

3. Intel 80486 微处理器

Intel 80486 是 Intel 公司于 1989 年推出的一种与 80386 完全兼容但功能更强的 32 位微处理器，它采用了一系列新技术来增强微处理功能。如对 80386 核心硬件进行改进，采用 RISC(精简指令系统计算机)技术来加快指令的执行速度；增强总线接口部件，加快 CPU 从主存中存取信息的速度；把浮点运算协处理器部件、高速缓存及其控制器部件集成到主处理器芯片内加快信息的传送与处理性能。由于在上述功能上的各种改进，使得 80486 微处理器的速度要比带一个 80387 浮点运算协处理器的 80386DX 微处理器速度提高近 4 倍。

在 Intel 80486 微处理器系列中，拥有不同档次的产品：

(1) Intel 80486DX。它是 Intel 80486 微处理器系列的一个最初成员，具有 80486 微处理器体系结构的各种基本特点。该芯片除包含 CPU 部件外，还集成了一个浮点运算协处理器部件、一个 8 KB 的高速缓冲存储器部件及高速缓存控制器部件。

(2) Intel 80486SX。它是 80486 系列的一个低价格微处理器芯片，内部结构与 80486DX 基本相同，但不包含浮点运算协处理器部件，外部数据总线引脚也只有 16 位。

(3) Intel 80486DX2。它是一个增强型 80486 芯片，内部结构与 80486DX 相同，但内部采用了单倍频时钟技术，使得微处理器能以外部时钟振荡器频率速度来工作(而以前则为分频速度工作)。这一技术使 80486DX2 的工作频率比 80486DX 提高了近一倍。

(4) Intel 80486DX4。它也是一个增强型的 80486 芯片。它不但以 80486DX 的 4 倍工作频率来运行，而且采用了容量更大的片内高速缓冲存储器(16 KB)，芯片的工作电压也可降低为 3.3 V。这样使得 80486 的运行速度更快，Cache 的命中率更高，CPU 与主存信息的交换速度更快，而芯片功耗则大大降低。

4. Intel 奔腾(Pentium)微处理器

Pentium 微处理器是 Intel 公司 1993 年推出的 80x86 系列微处理器的第五代产品，其性能比它的前一代产品又有较大幅度的提高，但它仍保持与 8086、80286、80386、80486 兼容。Pentium 微处理器芯片规模在 80486 芯片的基础上大大提高，除了基本的 CPU 电路外，还集成了 16 KB 的高速缓存和浮点协处理器，集成度高达 310 万个晶体管。芯片管脚增加到 270 多条，其中外部数据总线为 64 位，在一个总线周期内，数据传输量比 80486 增加了一倍；地址总线为 36 位，可寻址的物理地址空间可达 64 GB。

Pentium 微处理器具有比 80486 更快的运算速度和更高的性能。微处理器的工作时钟频率可达 66～200 MHz。在 66 MHz 频率下，指令平均执行速度为 112MIPS，与相同工作频率下的 80486 相比，整数运算性能提高一倍，浮点运算性能提高近 4 倍。常用的整数运算指令与浮点运算指令采用硬件电路实现，不再使用微码解释执行，使指令的执行速度进一步加快。

5. Intel Pentium Ⅱ 微处理器

Intel Pentium Ⅱ系列 CPU 是 Intel 公司在推出 Pentium MMx 系列后又一个新的系列产品，它是 Pentium Pro 的改进型，它的核心其实就是 Pentium Pro＋MMx，它支持 MMx 技术，同时将 L1 Cache 提高到 32 KB，并采用了独立双重总线结构，在速度上大幅度提高了运行频率。Pentium Ⅱ另外一个重大改进是抛弃了原来的 Socket7 接口，采用了新的 Slot1 插槽接口、SEC 板卡封装，这不但使其获得了更大的内部总线宽度，也使其它产品无法与其兼容。Pentium Ⅱ CPU 内部的电路板上装有 CPU 核心芯片、L2 Cache 和 Cache 控制器，其中 L2 Cache 的工作频率为主频的一半，这使其性能受到一点损失。Pentium Ⅱ采用 0.25 μm、2.0 V 核心电压、4.4 ns Cache 和 100 MHz 总线等设计，其主频多是 350～450 MHz。

6. Intel Pentium Ⅲ 微处理器

Intel Pentium Ⅲ CPU 是 Intel 公司于 1999 年第一季度新产品，首批产品代号为"Katmai"，产品设计上仍保持了 0.25 μm、半速 512 KB Cache 和 Slot1 接口技术。它最重要的改进是采用了 SSE(Streaming SIMD Extensions，数据流单指令多数据扩展)指令，以增强三维和浮点的运算能力，并在设计中考虑了互联网的应用。它的另一个特点是处理器中包含了序列号，每个 Pentium Ⅲ 处理器都有一个特定的号码，用户既可以用它对机器进行认证，也可以用它进行加密，以提高应用的保密性。

在 1999 年 10 月，Intel 公司正式发布了代号为"Coppermine"的新一代 Pentium Ⅲ 处理器，在继"Katmai"CPU 特性的基础上，扩展并提供了一些新的功能。Coppermine 采用了 0.18 μm 设计，降低了发热和功耗，提高了系统的效率。由于采用了新工艺，Coppermine 的集成度大大提高，其内置有 2800 万个晶体管，而 Katmai 只有 900 万个。Coppermine 采用 133 MHz 前端总线设计，扩展了系统带宽，内置 256 KB 全速 L2 Cache，并采用了先进的缓存转换架构。总之，Coppermine 在结构技术和速度性能上都有很大地提高。

进入 2000 年后，Intel 发布了新一代代号为"Willamette"的 IA－32 系列终极处理器。该系列 CPU 采用 0.18 μm 铜技术制造工艺，其 L1 Cache 为 64 KB，L2 Cache 从 256～512 KB 不等，其主频可达 1.5 GHz。Willamette 的最大改进是使用了 SSE2 指令集。此外，Intel 出于成本和面向低端市场的考虑，还推出了以 Coppermine 为核心的 FC－PGA 封装的 Socket370 处理器。这种处理器采用 100 MHz 总线频率，使用了与 Celeron Socket370 结构类似的接口，但并不兼容 Celeron Socket370 接口，需接一个特殊的连接器转接后才能使用。

7. Intel Pentium 4 微处理器

Intel 公司于 2000 年 11 月 20 日正式推出 Pentium 4 微处理器。Pentium 4 的运行速度为 1.4 GHz 或 1.5 GHz，目前已提升到 3.0 GHz 以上。Pentium 4 采用 0.18 μm 工艺的半导体制造技术，晶体管数为 4200 万个，是 Pentium Ⅲ 的 1.5 倍。这种新型的处理器主要是针对互联网应用而设计的，其 L1 Cache 为 8 KB，L2 Cache 为 256 KB，采用 423 针的新型 PC－BGA 封装。

Pentium 4 处理器第一次改变了自 Pentium Pro 以来 Pentium Ⅱ、Pentium Ⅲ、Celeron 等处理器一直采用的"P6"结构，而采用了被称为"Net Burst"的新结构。其流水线(Pipe Line)的级数(Stage)增加到 20 级(Pentium Ⅲ 为 10 级)，使速度极限大大提高。其内部算术逻辑运算电路(ALU)的工作频率为 CPU 内核频率的两倍，通过使整数运算指令以两倍于 CPU 内核的速度运行，提高了执行时的吞吐量，缩短了等待时间。Pentium 4 新增加了 144 条称为

SSE2 的指令集，使浮点运算的准确度提高了一倍。Pentium 4 的总线速度可达到 400 MHz，而 Pentium Ⅲ 仅为 133 MHz，由于总线速度的提升可加速处理器与内存之间的数据传输，因此 Pentium 4 可以提供更好的视频、音频及三维图形功能。

2.3.2 存储系统

存储器是计算机记忆或暂存数据的部件。计算机中的全部信息，包括原始的输入数据，经过初步加工的中间数据以及最后处理完成的有用信息都存放在存储器中。而且，指挥计算机运行的各种程序，即规定对输入数据如何进行加工处理的一系列指令也都存放在存储器中。存储器分为内存储器（内存）和外存储器（外存）两种。内存储器主要包括 RAM 和 ROM，其中高速缓冲存储器是 RAM 的一种；外存储器主要包括硬盘、光盘等。计算机系统要求存储器容量大、速度快和成本低，但这三者在同一个存储器中往往不能同时取得。为了解决这一矛盾，采用了分级存储器结构。通常，把存储器分为高速缓冲存储器、主存储器和外存储器三级。其中，能被处理器直接访问的高速缓冲存储器和主存储器又统称为内存储器。

1. 对存储设备的要求

随着计算机制造技术的发展，存储器技术的发展也日新月异，各种存储器的性能都不断提高。根据存储器应用场合的不同，对存储器的要求也会有所差异，但总的来说，以下几方面必须考虑。

1）存取速度要快

存储器存取速度的快慢直接关系到整个系统的工作效率，尤其是作为直接运行程序场所的主存储器，更是希望其存取速度快，否则，处理速度再快的 CPU 也无法充分发挥其性能。因此，存取速度的快慢，应是首先要考虑的因素。

2）存储容量要大

存储器的存储容量越大，可以存储的信息越丰富，尤其是多媒体通信技术，要求存储器的容量很大。例如，一幅未经压缩的图像，就要存储数百兆字节，当然希望存储容量越大越好。因此存储容量的大小应是选用存储器要考虑的重要因素之一。

3）可靠性要好

对于易失性存储器，在供电期间数据在未修改的情况下存储要稳定；对于非易失性存储器，非易失性要好。非易失性是指当断开电源后，存储器存储的数据仍然保持完好而不丢失的性能。只要对存储的内容不进行修改就可以一直保存，能完整保存的时间越久越好，这有利于信息资料的保护。

4）存取操作要方便

对存储器中信息的存取通常是根据需要选择地进行，因此希望存储器的存取操作越方便越好，想要读取或修改存储内容，很快就能找到选中的位置。

5）体积要小和重量要轻

通常都希望存储设备尽量少占物理空间，易于移动，这对于台式 PC 来说虽然不是太大的问题，但对于便携式的微机（笔记本电脑）来说，却是一个重要因素。为了便于携带，存储器必须要尽量体积小、重量轻。

6）性价比要好

任何产品，在性能相同的情况下，其价格越低，就越受用户的欢迎，产品就越有竞争力，存储器也不例外，当然应考虑选择性能价格比高的产品。

以上对存储器的要求，可能不会各方面都能同时满足，但应根据需要综合考虑，选择适当的存储器产品。

2. 存储设备的分类

存储设备的种类很多，按不同的考虑，可以有不同的分类。按应用场合的不同，存储设备可分为内存储器与外存储器；按工作原理，存储设备可分为半导体存储器、磁介质存储器和光碟储器等；按存储特性，存储设备可分为易失性存储器和非易失性存储器；按寻址特性，存储设备可分为随机寻址存储器、顺序寻址存储器和直接寻址存储器等。

3. 半导体存储器

半导体存储器因为体积小、速度快、耗电少和价格低等优点，在微机系统中被普遍采用。目前市场上的半导体器件种类繁多、性能各异，在进行存储器及其接口设计时，必须首先了解各类存储器件的性能及结构特征。

半导体存储器根据其存储信息的功能，分为易失性存储器和非易失性存储器。易失性存储器指的是随机存储器（随意存取记忆），又称为读写存储器，是指一种在机器运行期间可读也可写的存储器，其在关闭电源后所有的信息将会全部丢失，通常用于暂存运行的程序和数据。而非易失性存储器是一种在机器运行期间，只能读出信息而不能随时写入信息的存储器，其在掉电后所存的信息不会丢失，通常用来存放固定不变的程序和数据，如引导程序和基本输入输出系统程序等。

随机访问存储器（RAM，Random Access Memory）是计算机中用来存放数据、程序及运算结果，直接与 CPU 进行信息交换的场所。易失性存储器按存储元件在运行中能否长时间保存信息，可分为静态随机存取存储器（SRAM）和动态随机存取存储器（DRAM）。

SRAM 的速度很快而且不用刷新就能保存数据不丢失。它以双稳态电路形式存储数据，结构复杂，内部需要使用更多的晶体管构成寄存器以保存数据，所以它采用的硅片面积相当大，制造成本也相当高，所以现在只能把 SRAM 用在比主内存小得多的高速缓存上。

DRAM 的结构比 SRAM 要简单得多，基本结构是由一只 MOS 管和一个电容构成的。它具有结构简单、集成度高、功耗低、生产成本低等优点，适合制造大容量存储器，所以现在用的内存大多是由 DRAM 构成的。下面主要介绍 DRAM 内存。根据内存的访问方式，内存可分为两种：同步内存和异步内存。区分的标准是看它们能不能和系统时钟同步。内存控制电路（在主板的芯片组中，一般在北桥芯片组中）发出行地址选择信号（RAS）和列地址选择信号（CAS）来指定哪一块存储体将被访问。在 SDRAM 之前的 EDO 内存就采用这种方式。读取数据所用的时间用纳秒表示。当系统的速度逐渐增加，特别是当 66MHz 频率成为总线标准时，EDO 内存的速度就显得很慢了，CPU 总要等待内存的数据，严重影响了性能，内存成了一个很大的瓶颈，因此出现了同步系统时钟频率的 SDRAM。

快页内存 FP DRAM 在 386 时代很流行，因为 DRAM 需要恒电流以保存信息，一旦断电，信息即丢失。它的刷新频率每秒钟可达几百次，但由于 FP DRAM 使用同一电路来存取数据，所以 DRAM 的存取时间有一定的时间间隔，这导致了它的存取速度并不是很快。另外，在 DRAM 中，由于存储地址空间是按页排列的，所以当访问某一页面时，切换到另一页面会占用 CPU 额外的时钟周期。其接口多为 72 线的 SIMM 类型。

EDO - RAM（Extended Date Out RAM）称为外扩充数据模式存储器。EDO - RAM 与 FPDRAM 相似，它取消了扩展数据输出内存与传输内存两个存储周期之间的时间间隔，在把数据发送给 CPU 的同时去访问下一个页面，故而速度要比普通 DRAM 快 15～30%。其工作电压一般为 5 V，接口方式多为 72 线的 SIMM 类型，但也有 168 线的 DIMM 类型。EDO - RAM 这种内存流行在 486 以及早期的奔腾电脑上。

当前的标准是 SDRAM(同步 DRAM)，它同步于系统时钟频率。SDRAM 内存访问采用突发(Burst)模式，它的原理是在现有的标准动态存储器中加入同步控制逻辑(一个状态机)，利用一个单一的系统时钟同步所有的地址数据和控制信号。使用 SDRAM 不但能提高系统表现，还能简化设计，提供高速的数据传输。在功能上，它类似常规的 DRAM，也需用时钟进行刷新。可以说，SDRAM 是一种改善了结构的增强型 DRAM。然而，SDRAM 是如何利用它的同步特性而适应高速系统的需要呢？大家知道，原先我们使用的动态存储器技术都是建立在异步控制基础上的。系统在使用这些异步动态存储器时需插入一些等待状态来适应异步动态存储器的本身需要，这时指令的执行时间往往是由内存的速度、而非系统本身能够达到的最高速率来决定的。例如，当将连续数据存入 Cache 时，一个速度为 60 ns 的快页内存需要 40 ns 的页循环时间；当系统速度运行在 100 MHz 时(一个时钟周期 10 ns)，每执行一次数据存取，即需要等待 4 个时钟周期；而使用 SDRAM，由于其同步特性，则可避免这一时间。SDRAM 结构的另一大特点是其支持 DRAM 的两列地址同时打开。两个打开的存储体间的内存存取可以交叉进行，一般的如预置或激活列可以隐藏在存储体存取过程中，即允许在一个存储体读或写的同时，令一存储体进行预置。按此进行，100 MHz 的无缝数据速率可在整个器件读或写中实现。因为 SDRAM 的速度约束着系统的时钟速度，它的速度是由 MHz 或 ns 来计算的。SDRAM 的速度至少不能慢于系统的时钟速度，SDRAM 的访问通常发生在 4 个连续的突发周期，第一个突发周期需要 4 个系统时钟周期，第二个到第四个突发周期只需要 1 个系统时钟周期，用数字表示如下：4-1-1-1。BEDO (Burst EDO)内存也是突发 EDO 内存，其原理和性能与 SDRAM 相同。

DRAM 主要有两种接口类型，即早期的 SIMM 和现在的标准 DIMM。SIMM 是 Single In - Line Memory Module 的简写，即单边接触内存模组，这是 486 和较早的 PC 中常用的内存接口方式。在更早的 PC(486)以前，多采用 30 针的 SIMM 接口，而在 Pentium 中，应用更多的是 72 针的 SIMM 接口，或者是与 DIMM 接口类型并存。DIMM 是 Dual In - Line Memory Module 的简写，即双边接触内存模组，也就是说这种类型接口内存的插板的两边都有数据接口触片。这种接口模式的内存广泛应用于现在的计算机中，通常为 84 针，但由于是双边的，所以一共有 84×2＝168 线接触，故而人们经常把这种内存称为 168 线内存，而把 72 线的 SIMM 类型内存模组直接称为 72 线内存。DRAM 内存通常为 72 线，EDO - RAM 内存既有 72 线的，也有 168 线的，而 SDRAM 内存通常为 168 线的。

内存主要有 DDR SDRAM 内存和 Rambus 内存，常见的代表产品有 PC133 SDRAM、DDR SDRAM 和 Direct Rambus - DRAM。PC133 SDRAM 基本上只是 PC100 SDAM 的延伸，两者的差别在于相同制程技术下，多一道筛选程序，将速度可达 133 MHz 的颗粒挑选出来。若搭配可支持 133 MHz 外频的芯片组，并提高 CPU 前端总线频率为 133 MHz，并能将 DRAM 带宽提高为 1 GB/s 以上，从而提高整体性能。DDR SDRAM(Double Data Rate DRAM)又称为 SDRAM2，由于 DDR 在时钟的上升和下降的边缘都可以传输资料，从而使得实际带宽个的增加两倍，大幅提升了其性能/成本比。就实际功能来看，由 PC133 所衍生的第二代 PC 266 DDR SRAM，不仅在 InQuest 最新测试报告中显示其性能平均高出 Rambus 24.4%，在 Micron 的测试中，其性能足以和 Rambus 相抗衡。Direct Rambus - DRAM 的设计与以往的 DRAM 很大的不同之处在于，它的微控制器与一般内存控制器不同，使得芯片组必须重新设计以符合要求。此外，数据通道接口也与一般内存不同，Rambus以 2 条各 8 bit 宽（含 ECC 则为 9 bit）的数据通道（Channel）传输数据，虽然比 SDRAM 的 64 bit 窄，但其时钟频率却高达 400 MHz，且在时钟的上升和下降沿都能传输数据，因而能达到 1.6 GB/s 的峰值带宽。

随着微处理器性能的不断提高，对存储器的存取速度和存储容量提出了越来越高的要求。如果全部采用高速缓存芯片构造一个大容量存储器，则系统价格将高得无法接受。而假定每次访问内存都通过存储器读/写周期插入等待状态的方法进行速度分配，则对于高速 CPU 来说无疑是一种极大的浪费。为了更好地解决这一矛盾，在一些高性能微机系统中引入了高速缓存器（Cache）。

高速缓存器（Cache）是位于 CPU 和内存之间的临时存储器，它的容量比内存小，但交换速度快，一般由高速 SRAM 构成。这种局部存储器是面向 CPU 的，引入它是为了减小以致消除 CPU 与内存之间的速度差异对系统性能带来的影响。Cache 通常保存着一份内存存储器中部分内容的副本，该内容副本是最近曾被 CPU 使用过的数据和程序代码。Cache 的有效性是利用了程序对存储器的访问在时间上和空间上具有的局部区域型，即对大多数程序来说，在某个时间片内会集中重复地访问某一个特性的区域。如 PUSH/POP 的操作都是在栈顶顺序执行，变量会重复使用，以及子程序会反复调用等，就是这种局部区域型的实际特征。因此，如果针对某个特性的时间片，用连接在局部总线上的 Cache 代替低速大容量的内存储器，作为 CPU 集中重复访问的区域，系统的性能就会明显提高。

系统开机或复位时，Cache 中无任何内容。当 CPU 送出一组地址去访问内存储器时，访问的存储器的内容才被同时"复制"到 Cache 中。此后，每当 CPU 访问存储器时，Cache 控制器要检查 CPU 送出的地址，判别 CPU 要访问的地址单元是否在 Cache 中。若在，称为 Cache 命中，CPU 可用极快的速度对它进行读/写操作；若不在，则称为 Cache 未命中，这时就需要从内存中访问，并把与本次访问相邻近存储区的内容复制到 Cache 中。未命中时，对内存访问可能比访问无 Cache 的内存要插入更多的等候周期，反而会降低系统的效率。程序中的调用和跳转等指令，会造成非区域性操作，则会使命中率降低。因此，提高命中率是 Cache 设计的主要目标。

Intel 从 Pentium 开始将 Cache 分开，通常分为一级高速缓存 L1 和二级高级缓存 L2。在 L1 中还分数据 Cache（D Cachc）和指令 Cache（I－Cache）。它们分别用来存放数据和执行这些数据的指令，而且两个 Cache 可以同时被 CPU 访问，减少了争用 Cache 所造成的冲突，提高了处理器的性能。在 P4 处理器中使用了一种先进的一级指令 Cache——动态跟踪缓存。它直接和执行单元及动态跟踪引擎相连，通过动态跟踪引擎可以很快地找到所执行的指令，并且将指令的顺序存储在追踪缓存里，这样就减少了主执行循环的解码周期，提高了处理器的运算效率。以前的 L2 Cache 没集成在 CPU 中，而是集成在主板上或与 CPU 集成在同一块电路板上，因此也被称为片外 Cache。但从 P3 开始，由于工艺的提高，L2 Cache 被集成在 CPU 内核中，以相同于主频的速度工作，结束了 L2 Cache 与 CPU 大差距分频的历史，使 L2 Cache 与 L1 Cache 在性能上平等，得到更高的传输速度。L2 Cache 只存储数据，因此不分数据 Cache 和指令 Cache。在 CPU 核心不变化的情况下，增加 L2 Cache 的容量能使性能提升，同一核心的 CPU 高低端之分往往在于 L2 Cache，可见 L2 Cache 的重要性。现在 CPU 的 L1 Cache 和 L2 Cache 的唯一区别在于读取顺序。

CPU 在 Cache 中找到有用的数据被称为命中，当 Cache 中没有 CPU 所需的数据时，

CPU 才访问内存。从理论上讲，在一颗拥有 2 级 Cache 的 CPU 中，读取 L1 Cache 的命中率为 80%。也就是说 CPU 从 L1 Cache 中找到的有用数据占数据总量的 80%，剩下的 20% 从 L2 Cache 中读取。由于不能准确地预测将要执行的数据，读取 L2 的命中率也在 80% 左右（从 L2 读到有用的数据占总数据的 16%）。那么有的数据就不得不从内存调用，但这已经是一个相当小的比例了。在一些高端领域的 CPU（如 Intel 的 Itanium）中，我们常听到 L3 Cache，它是为读取 L2 Cache 后未命中的数据设计的一种 Cache，在拥有 L3 Cache 的 CPU 中，只有约 5% 的数据需要从内存中调用，这进一步提高了 CPU 的效率。

为了保证 CPU 访问时有较高的命中率，Cache 中的内容应该按一定的算法替换。一种较常用的算法是"最近最少使用算法"（LRU 算法），它是将最近一段时间内最少被访问过的行淘汰出局。因此，需要为每行设置一个计数器。LRU 算法是把命中行的计数器清零，其它各行计数器加 1。当需要替换时淘汰行计数器计数值最大的数据行出局，这是一种高效、科学的算法，其计数器清零过程可以把一些频率调用后再不需要的数据淘汰出 Cache，提高了 Cache 的利用率。

最后需要指出的是，除了在微处理器和主存之间设置高速缓冲存储器之外，目前大多数 32 位微处理器芯片中已经包含有高速缓冲存储器和存储管理部件。如，Motorola 公司的 MC68030 和日电公司 NEC32532 等，高速缓存的容量为 256 B～1 KB。Intel 公司的 80486 微处理器的片内 Cache 的容量一般在 1～16 KB 之间。有些具有 RISC 结构的微处理器片内 Cache 已达 32 KB。有的微机为了提高性能，除了片内 Cache 之外，还增设一个片外的二级 Cache，其容量一般在 256 KB 以上。

4. ROM 存储器

DRAM 和 SRAM 均为可任意读、写的随机存储器，当掉电时，所存储的内容会立即消失，所以是易失性存储器。下面介绍的非易失性存储器，即使停电，所存储的内容也不会丢失。根据半导体制作工艺的不同，可分为 ROM、EPROM、EEPROM 和 Rlash 存储器等。

ROM（Read Only Memory）由芯片制造商在制造时写入内容，以后只能读而不能再写入。其基本存储原理是以元件的"有/无"来表示该存储单元的信息（"1"或"0"），可以用二极管或晶体管作为元件。显而易见，其存储内容是不会改变的。现在计算机中已很少使用。

为了便于对 ROM 的内容进行修改，人们推出了可以多次编程写入的只读存储器。

1）用紫外线擦除的可编程的 UV‑EPROM

UV‑EPROM 通常简称 EPROM。其基本工作原理为：每一个存储单元都是 MOS 晶体管。以 NMOS 工艺的 MOS 器件为例，当 MOS 管的浮栅上未注入电子时，源、漏极之间不导通，为"1"状态；当浮栅上注入电子时，源、漏极之间导通，呈"0"状态。未写入时，各单元的每一位都呈"1"状态。编程写入时，根据编程需要，使相关位的浮栅注入电子，使其呈"0"状态，这可通过在该位的源、漏极之间加高压并在漏极上加一定宽度的正脉冲，造成雪崩击穿来实现。当电压撤出后，注入浮栅的电荷就驻留在浮栅上，从而保持了写入的"0"。擦除时，是用紫外线通过芯片顶部的石英窗口对芯片进行照射（约 20 分钟），就可以使浮栅上注入的电子释放掉，使有关的位从"0"变为"1"，使各单元变为写入前的全"1"状态。

EPROM 芯片的可靠性和使用寿命都与其使用方法有关。不同厂家的产品对编程写入时所加电压的要求可能不同，一定要按厂家的要求来使用，否则会缩短芯片的使用寿命，甚至报废。可用专门的编程器对 EPROM 进行编程写入，写入完成后，应将芯片上的石英窗口遮盖起来，以防止被紫外线照射后丢失数据或程序。

2）电可擦除的可编程存储器 EEPROM

EEPROM 也称为 E²PROM。它不像 EPROM 那样必须脱机用紫外线来擦除，而是用电来擦除，可以直接由计算机联机进行编程和修改。它既可以整片擦除，也可以按字节进行擦除和再编程，从而克服了一般 EPROM 的缺点。E²PROM 也是用具有浮栅的 MOS 晶体管作为存储器件，存储原理与 EPROM 基本相仿。不同的是 E²PROM 的 MOS 管浮栅下面的绝缘氧化层，有局部区域较薄，称为隧道氧化层。在浮栅上面，还有一个与之绝缘的控制栅极。当栅极上加足够高的电压，使隧道氧化层中的场强超过某个数值时，就会产生隧道效应，使电子穿过隧道氧化层而注入浮栅，或从浮栅上穿过隧道氧化层而释放完。隧道效应是双向的，视电场的方向而定。电子注入浮栅使存储管是逻辑"1"状态；电子从浮栅上释放完以后，存储管是逻辑"0"，因而使器件具有电擦除和电写入的特点。

5. Flash 存储器

Flash 存储器是由 Intel 公司于 1988 年首先推出的。后来，其它一些厂家也先后推出了若干种不同体系结构的产品。所谓 Flash，可译为快闪或闪速，实际上 Flash 存储器是可用电快速擦写的非易失性存储器，简称 Flash。快速是相对于 E²PROM 而言的。从原理上看，Flash 存储器属于 ROM 型存储器，但它可以随时改写所存信息；从功能上看，它又相当于 RAM，使以前对 RAM 与 ROM 的划分变得模糊起来。但从存取速度和擦写的寿命两方面来衡量，它的性能不如 DRAM。因此，在计算机中，目前它还是作为 ROM 的一种来应用。在工业控制与办公设备等领域，Flash 可用作在线改写的 ROM。

Flash 最基本的原理是利用"热电子"注入来完成写入过程，利用 Fowier - Nordheim 隧道效应。Flash 存储器根据采用的工艺不同，有不同的体系结构。主流的两种体系结构是 NOR 型和 NAND 型，其它的可视为它们的改进型。从使用角度看，无论哪种结构，按供电电压可分为两大类：一种是需要双电源供电，即+5 V 用于芯片电路供电，+12 V 用于编程写入和擦除供电；另一种是以 EPROM 为基础的只需要单一的+5 V 供电。Intel 的早期产品都需要双电源。1993 年 AMD 公司推出了单一 5 V 电源的 Flash。近几年，Flash Memory 发展十分迅速。

在微机系统中，组成主存储器的存储芯片类型不同，其接口特性不同。

2.3.3　当前微处理器所使用的先进技术

随着微型计算应用领域的进一步扩大，微处理器的各项技术也在发生巨大的变化。当前，微处理器所使用的先进技术主要有以下几个方面。

1. Cache 技术

高速缓存(Cache)是在相对容量较慢的主存 DRAM(Dynamic Random Access Memory)与高速处理器之间设置的少量但快速的 SRAM(Static Random Access Memory)组成的存储卡。Cache 复制这个主存中的部分内容(通常是最近使用的信息)。当 CPU 试图读取主存的某个字时，Cache 控制器首先检查 Cache 中是否包含这个字。若有，则 CPU 直接读取 Cache 而不必访问主存，这种情况称为"命中"；若无，则 CPU 读取主存中包含此字的一个数据块，将此字输入 CPU，同时将此数据块传送到 Cache，这种情况称为"未命中"。

2. 流水线技术

指令流水线的思想类似于现代化工厂的生产流水线。它是指把一个复杂的指令分解成若干个步骤，每个步骤用同样的单位时间，在各自的单位时间内，完成各自步骤的工作。在简单的情况下，可以将指令执行过程分成取指令（Fetch Instruction）和执行指令（Execute Instruction）两个步骤。在执行指令时，可以利用 CPU 不使用存储器的时间取指令，实现两个步骤的并行操作，这就是所谓的"指令预取"（Instruction Prefetch）。

3. VM 技术

虚拟存储器（VM，Virtual Memory）是为满足用户对存储器空间不断扩大的要求而提出的，允许用户将外存看成是主存储器的扩充，即虚拟一个比实际主存储器大得多的存储空间。它是通过存储管理单元（MMU，Memory Manage Unit）进行虚地址和实地址的自动变换而实现的，对应用程序是透明的。

4. RISC 技术

RISC（Reduced Instruction Set Computer）技术起源于 20 世纪 70 年代初期。1982 年美国加州大学伯克利分校的 Patterson 等人成功研制了第一个 RISC 处理器芯片 RISCI-I，随后又完成了 RISC-II32 位微处理器。在此之后，RISC 技术得以推广，并在高档的工程工作站得到了广泛应用。RISC 是这样一种计算机：指令系统很简单，只有少数简单、常用的指令；指令简单可以使处理器的硬件也很简单，能够比较方便地实现优化，使每个时钟周期完成一条指令低执行，并提高了时钟频率；这样，使整个系统的总性能达到很高，有可能超过指令庞大、复杂的计算机。

RISC 技术的主要特点有以下几个方面：

- 功能简单、数量有限的指令系统；
- 大量通用的寄存器，通过编译技术优化寄存器的使用；
- 通过优化指令流水线提高性能。

5. EPIC 技术

显示并行指令计算（EPIC，Explicitly Parallel Instruction Computing）的关键技术包括三个方面，即断定式执行、推测装入和高级装入。

1）断定式执行

断定式执行（Predicated execution）是指每一条指令都（显式或隐式）包含对每 1 位断定寄存器的引用，仅当断定值为 1（真）时，执行结果才被硬件接收。

2）推测装入

推测装入也称为控制装入（Control Speculation），是指把装入指令在程序中向上移动，以便提前执行，减少访存等待时间。

3）高级装入

高级装入（Advanced Load）也称为数据推测（Data Speculation），是支持推测装入的另一种措施。当装入指令提前到存储指令之前发生时，"读超前与写"的数据相关，则产生语义异常错误，故仍需检测指令判定装入是否正确。

6. 多内核技术

多内核技术就是在单个物理处理器中包含多个处理器的内核逻辑。例如，在一枚英特尔处理器中封装两枚（或更多）英特尔处理器的所有电路和逻辑。多内核技术将多个处理器"内核"放置并封装为单个处理器。该技术旨在支持系统同时运行更多项任务，由此实现更出色的整体性能。

2.4 单 片 机 概 述

在 20 世纪 60 年代末和 70 年代初，袖珍型计算器得到了普遍应用。1971 年 11 月，美国 Intel 公司首先推出了 4 位微处理器 Intel 4004，它实现了将 4 位并行运算的单片处理器、运算器和控制器的所有元件全部集成在一片 MOS 大规模集成电路芯片上，这是世界上第一片微处理器。由此以后，微处理器开始迅速发展。在微处理器的发展过程中，人们试图在高度集成的微处理器芯片中增加存储器、I/O 接口电路、定时/计数器、串行通信接口、中断控制、系统时钟及系统总线、甚至 A/D、D/A 转换器等，以提高其功能，并赋予其专门的用途，比如数据采集、信号转换和通信控制等，因此，产生了各种具有不同功能的微处理器，称为微控制器(Microcontroller)，单片机就是其代表作。

2.4.1 单片机基本概念

单片机，它不是完成某一个逻辑功能的芯片，而是把一个计算机系统集成到一个芯片上。单片机的产生是近代计算机技术发展史上的一个重要里程碑，它的诞生标志着计算机正式形成了通用计算机系统和嵌入式计算机系统两大分支。以单片机为核心的智能化产品，将计算机技术、信息处理技术和电子测量与控制技术结合在一起，把智能赋予各种机械装置，将会对传统产品结构和应用方式产生根本性的变革。单片机单芯片的微小体积和低成本，使其可广泛地嵌入到如玩具、家用电器、机器人、仪器仪表、汽车电子系统、工业控制单元、办公自动化设备、金融电子系统、舰船、个人信息终端及通讯产品中，成为现代电子系统中最重要的智能化工具。所以，了解单片机、掌握单片机技术在电子系统设计方面的应用具有非常重要的意义。

单片机由单块集成电路芯片构成，内部包含计算机的基本功能部件：中央处理器 CPU、存储器和 I/O 接口电路等。因此，单片机只需要和适当的软件及外部设备相结合，便可成为一个计算机应用系统。以单片机为中心的计算机系统的基本结构如图 2.10 所示。

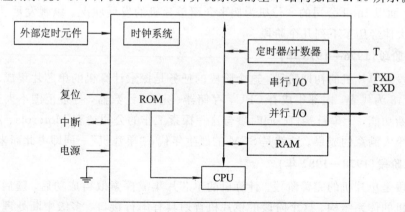

图 2.10 以单片机为中心的计算机系统的基本结构

1) 中央处理器 CPU

CPU 是单片机的核心部分，通常由运算器、控制器和中断电路等组成。CPU 进行算术运算和逻辑操作的字长同样有 4 位、8 位、16 位和 32 位之分。字长越长，运算速度越快。

2）存储器

在单片机内部，程序存储器和数据存储器是分开制造的。这样的两种存储器分别寻址的结构，称为哈佛结构。

ROM 存储器一般为 1～32KB，用于存放程序，因此又称为程序存储器。计算机系统投入使用后，用于测试和控制的应用程序通常固化在片内 ROM 中。目前，单片机根据片内 ROM 的结构，可分为无 ROM 型、ROM 型和 EPROM 型三类，常见的是新出现的具有 EEPROM 和 Flash 型 ROM 存储器的产品。

3）I/O 接口和特殊功能部件

I/O 接口电路有串行和并行两种。串行 I/O 接口电路用于串行通信，它可以把单片机内部的并行数据变成串行数据向外发送，也可以串行接收外部送来的数据并把它们转换成并行数据送给 CPU 处理。并行 I/O 接口电路可以使单片机和存储器或外设之间并行地传送数据。

特殊功能部件指单片机集成的定时/计数器、A/D 和 D/A 转换器、DMA 通道等电路。定时/计数器用于产生定时脉冲，以实现单片机的定时控制；A/D 和 D/A 转换器用于模拟量和数字量之间的相互转换，以完成实时数据的采集与控制；DMA 通道可以使单片机和外设之间实现数据的快速传送。单片微机集成的特殊功能部件及其数量与产品的型号有关，在设计时可查阅有关手册。

2.4.2　单片机的产生

单片机的发展和个人计算机中的 CPU 一样也经历了几代的过程，其更新速度大体经历了 4 位机、8 位机、16 位机和 32 位机的发展过程。由于单片机广泛的应用领域和巨大的市场空间，特别是在 1980 年 Intel 公司推出其高性能的 8 位单片机 8051，并且公布其内核技术后，引来世界很多著名的 IC 生产厂商纷纷加入并推出自己的单片机产品，如美国 AMD 公司、Atmel 公司、Winbod 公司、Philips 公司、Issi 公司、Temic 公司及韩国 LG 公司、日本 NEC、西门子公司等，使兼容系列的单片机品种已达数百。虽然单片机的品种多，但是这些产品都是和 8051 相兼容的，也就是说 MCS－51 内核实际上已经成为一个 8 位单片机的标准。因此，下面以 Intel 公司的 8 位机为例来介绍单片机的发展状况。纵观发展状况，8 位单片机的发展大体经历了下列几个阶段。

1．第一阶段(1976—1978 年)

第一阶段是单片机的初期阶段。这个阶段的任务是探索计算机的单芯片集成。以 Intel 公司的 MCS-48 为代表，内部集成有 CPU、存储器、定时/计数器，寻址范围不大于 4 KB，具有简单的中断功能，无串行接口。同时参与这一探索工作的公司还有 Motorola、Zilog 等，它们都取得了令人满意的成果。这就是 SCM 的诞生年代，"单片机"一词即由此而来。

2．第二阶段(1978—1982 年)

第二阶段是单片机的完善阶段。计算机的单芯片集成探索取得成功后，随后的任务就是要完善单片机的体系结构。这个阶段的单片机普遍具有串行接口、多级中断处理系统、16 位延时/计数器，片内集成的 RAM、ROM 容量加大，寻址范围可达 64 KB。Intel 公司在 MCS-48 基础上推出了完善的、典型的单片机系列体系结构。它在以下几个重要方面奠定了单片机的体系结构。

（1）完善的外部总线。MCS-51 设置了经典的 8 位单片机的总线结构，包括 8 位数据总线、16 位地址总线、控制总线及具有多机通信功能的串行通信接口。

（2）CPU 外围功能单元的集中管理模式。

（3）设置面向工控的位地址空间和位操作方式。

（4）指令系统趋于丰富和完善，并且增加了许多突出控制功能的指令。

3. 第三阶段（1982—1990 年）

第三个阶段是微控制器的形成阶段。8 位单片机的巩固发展及 16 位单片机的逐渐推出，是单片机向微控制器发展的重要阶段。这一阶段单片机的主要技术发展方向是满足测控对象要求的外围电路的增强，如 A/D 转换、D/A 转换、高速 I/O 口、WDT（程序监视定时器）、DMA（高速数据传输）等，强化了智能控制的特征。此时，Intel 公司推出了 MCS-96 系列单片机，将一些用于测控系统的模数转换器（A/D）、程序运行监视器、脉宽调制器（PWM）等纳入片中，体现了单片机的微控制器特征。随着 MCS-51 系列的广泛应用，许多电气厂商竞相使用 80C51 为内核，将许多测控系统中使用的电路技术、接口技术、多通道 A/D 转换部件以及可靠性技术等应用到单片机中，增强了外围电路功能，强化了智能控制的特征。

4. 第四阶段（1990—）

第四个阶段是微控制器全面发展的阶段。即当前的单片机时代，其显著特点是百家争鸣、百花齐放、技术创新。单片机正在满足各个方面的需求，随着单片机在各个领域全面深入地发展和应用，出现了高速、大寻址范围、强运算能力的 8 位/16 位/32 位通用型单片机，以及小型廉价的专用型单片机。第四阶段特点有：

（1）单片嵌入式系统的应用是面向最底层的电子技术应用的，因此面向不同的应用对象，不断推出适合不同领域要求的、从简易性能到多功能的单片机系列。

（2）大力发展专用型单片机。单片机设计生产技术的提高，推动了专用单片机的发展。

（3）致力于提高单片机的综合品质。采用更先进的技术来提高单片机的综合品质，如提高 I/O 口的驱动能力，增强抗静电和抗干扰措施。

2.4.3　单片机的应用

单片机具有体积小、成本低、运用灵活、易于产品化等优点，它可以方便地组成各种智能化的控制设备和仪表等，从而广泛地应用于民用家电、智能仪表、工业控制、航空航天、医用设备、计算机网络和通信等领域。但是，单片机的意义远不限于它的应用范畴或由此带来的经济效益，更重要的是它已经从根本上改变了传统的电子设计方法和控制策略，使科技上先前无法实现的理论技术得以实现并转化为现实的生产力，推动社会进步，改善人类生活，是技术发展史的一次革命，是科技发展史上的一座里程碑。

单片机的应用非常广泛，下面列举一些典型的应用领域。

1. 家用电器

观察我们的家庭生活，可以说现在的家用电器基本上都采用了单片机控制。例如，从洗衣机、微波炉、电冰箱、空调器、电视机和其它音响设备到电子秤、跑步机、电子收款台和银行 POS 机等，无所不在。

2. 智能仪表

单片机可用作智能仪表，主要有实验室所用的数字示波器，可以存储数据并通过 USB 接口和计算机进行连接，直接将数据传输至计算机；各种液体、气体分析仪器仪表；医疗器械，例如心电监护仪、自动血压仪等。

3. 工业控制

单片机在工业控制中的应用有工业机器人，电机电气控制，数控机床，可编程序控制器，温度、压力、流量和位移等智能型的传感器，以及相应的过程控制。

4. 航空航天

单片机在航空航天领域的应用有航海航天导航系统、智能武器装置、导弹控制和雷达导航装置等。

5. 计算机网络和通信领域

目前，所有单片机的处理速度在不断提高。例如，32 位单片机的时钟速率可以达到 300MHz，性能直追 20 世纪 90 年代中期的专用处理器。所有的单片机都具有通信接口，可以方便地与计算机进行数据通信，为计算机和网络中的通信设备间的数据交换提供了基础，为实现智能通信终端设备提供了保证。从小型程控交换机、楼宇通信对讲系统、列车无限通信到日常的工作中随处可见的手机、电话机、无线对讲电话等，都是采用单片机控制。

此外，单片机在工商、金融、科研教育等行业也都有着十分广泛的用途。

2.4.4 单片机的发展趋势

近十年来，单片机的发展出现了许多新的特点，单片机正朝多功能、多选择、高速度、低功耗、低价格、扩大存储容量和加强 I/O 功能及结构兼容等方向发展。单片机的主要发展趋势如下：

1. 多功能

在单片机中尽可能多地把应用系统中所需要的存储器、各种功能的 I/O 口都集成在一块芯片内，即外围器件内装化。如，把 LED、LCD 或 VFD 显示驱动器集成在 8 位单片机中，把 A/D、D/A、乃至多路模拟开关和采样/保持器也集成在单片机芯片中，从而成为名副其实的单片微机。

2. 高性能

为了提高速度和执行效率，在单片机中开始使用 RISC 体系结构、并行流水线操作和 DSP 等设计技术，使单片机的指令运行速度得到了大大提高，其电磁兼容等性能明显地优于同类型的微处理器。

3. 低电压和低功耗

单片机的应用场合多为便携式设备、嵌入式设备等小型系统，体积要求尽可能小，而且这些设备大多采用电池供电或系统本身有功耗限制，使得单片机也要有低电压工作性能和极小的功耗。因而，目前单片机制造普遍采用的是 CHMOS 工艺，即互补金属氧化物的 HMOS 工艺(具有高速度、高密度的特点)。它除具有 HMOS 的优点外，还具有 CMOS 工艺的低功耗特点。如采用 HMOS 工艺的 8051 的功耗为 630 mW(相对较高的功耗使得该产品已被市场淘汰)，而 Philips 公司的 80C51、Atmel 公司的 AT89C51/S51 采用 CHMOS 工艺的功耗仅为 120 mW。

4. 推行串行扩展总线

推行串行扩展总线可以显著减少引脚数量，简化系统结构。随着外围器件串行接口的发展，单片机的串行接口的普遍化、高速化，使得并行扩展接口技术日渐衰退，推出了并行总线的非总线单片微机。需要外扩器件(存储器、I/O 等)时，采用串行扩展总线，甚至用软件虚拟串行总线来实现。

由于集成度的进一步提高，有的单片机的寻址能力已突破 64 KB 的限制，8 位、16 位的单片机有的寻址能力已达到 1 MB 和 16 MB。片内 ROM 的容量可达 62 KB，RAM 的容量可达 2 KB。

综上所述，51 系列单片机及其兼容机具有发展历史长，产品成熟，功能性较强，市场供应量充足，价格低廉等特点。虽然市场上目前已经推出了 32 位单片机，但 8 位机自诞生以来由于其结构简单、价格低廉，一直占有重要的市场份额，而且近年来还在不断推出功能更强的新产品，预计这种情况还将继续发展。另外，其参考资料丰富，且目前的编译系统还支持 C 语言作为开发语言，便于初学者掌握，这也是"微控制器原理及应用"这门课程一直选用 MCS-51 单片机作为教材内容的主要原因。

2.5　单片机主要系列

自 1976 年单片机诞生以来，由于单片机广泛应用于各个领域，使其得到迅猛发展。Intel 公司推出 MCS-48 系列单片机(8 位)形成了真正意义的单片微机(它包括计算机的三个基本单元)，为单片机的发展奠定了坚实基础。多年来，已经形成了以其为代表的多制造厂商、多系列、多型号"百家争鸣"的格局。

2.5.1　主要生产制造商及其特点

在 Intel 公司彻底开放了其 8051 单片机的技术之后，引来世界上很多半导体厂商加入了开发和改造 8051 单片机的行列中。这些著名大半导体公司在兼容 MCS-51 系列功能的基础上，相继研制和发展了自己的单片机，并增添了各自特有的功能，为单片机的发展做出了极大的贡献。其中，贡献最大有 Philips、Atmel 等几家公司，下面分别作简要介绍。

1. Philips 公司

它着力发展了单片机的控制功能和外围单元，其 80C51 系列作为高性能兼容性单片机是最具有代表性的，它品种齐全，采用 CHMOS 工艺制造技术，具有高密度、高速度、低功耗的特点。比如，其典型产品 80C52 与 Intel 公司的 MCS-51 系列单片机完全兼容，同时又增加了 1 个定时/计数器和 WDT(Watchdog Timer)，串口增加了 I^2C 接口，A/D 转换器及 2 路 PWM(Pulse Width Modulator)等新功能。

2. Atmel 公司

它在单片机的内部植入了 Flash ROM，使得单片机应用变得更灵活，在中国拥有大量的用户。其单片机分为 AT89、AT90、AT91 和智能 IC 卡四个系列。其中 AT89 系列与 Intel 的 MCS-51 系列兼容，是 8 位机，有 AT89C51/52、AT89LV51/52、AT89S51/52(带 ISP 功能)三种。另外，它的 AT90 系列是增强型 RISC(精简指令集)内载 Flash8 位单片机，通称 AVR 单片机，与 MCS-51 不兼容，也是增加了许多外围设备的机型，属于高性能的单片机。

3. ADI 公司

它推出的 ADuC8xx 系列单片机，在单片机向 SOC 发展的模/数混合集成电路发展过程中扮演了很重要的角色。

4. Cygnai 公司

它采用了一种全新的流水线设计思路，使单片机的运算速度得到了极大的提高，在向

SOC 发展的过程中迈出了一大步。

在这个庞大的家族中，各生产厂商的主流产品尽管各具特色，名称各异，但其原理上都是大同小异，同样的一段程序，在各厂家的硬件上运行的结果都一样。MCS－51 是指由美国 Intel 公司生产的系列单片机的总称，这一系列单片机虽包括了很多品种，但其中 8051 是最早最典型的产品。该系列的其它单片机都是在 8051 的基础上进行功能的增、减改变而来的，故人们习惯用 8051 来表示 MCS－51 系列单片机。

2.5.2　单片机的四个主要系列

1. MCS－48 系列单片机

MCS－48 是 Intel 公司于 1976 年推出的第一代 8 位单片机系列产品。它大致分为四种类型，分别为基本型、强化型、简化型和专用型。

（1）基本型。片内集成有 8 位 CPU，1K×8 位的程序存储器（ROM），64×8 位的数据存储器（RAM），27 条 I/O 接口线，一个 8 位的定时/计数器，2 个中断源。至于基本型中的三种产品 8048/8748/8035 的差异仅在于片内程序存储器的区别。8048 内有 1K 字节的 ROM；8748 内有 1K 字节的 EPROM；而 8035 片内无程序存储器，开发产品必须外部扩展 EPROM。

（2）强化型。它的基本结构与基本型的完全相同，指令系统也是相同的。它与基本型的主要区别在于片内的程序存储器和数据存储器有不同程度的增大，处理速度加快。

（3）简化型。它的指令只是基本型的一个子集，速度较慢，但是片内集成了 2 个通道的 8 位 A/D 转换器。

（4）专用型。通常用于外设接口芯片，内部结构与指令与基本型的完全一致，只是对外应答方式上有差异，通信中只能处于从机地位。

由于 MCS－48 单片机在市场上已经很少应用，在此不再赘述。

2. MCS－51 系列单片机

MCS－51 是 Intel 公司于 1980 年推出的新一代 8 位单片机系列产品（8051）。严格意义上讲，其它所有具有 8051 指令系统的单片机不应直接称为 MCS－51 系列单片机，MCS 只是 Intel 公司专用的单片机系列符号。但是为了叙述方便，我们将不再严格区分。

MCS－51 系列单片机及其兼容产品通常分成以下几类：

（1）基本型。典型产品有：8031/8051/8751。基本型采用 HMOS 工艺，片内集成有 8 位 CPU，片内驻留 4K×8 位的 ROM（8031 片内无），128 字节的数据存储器（RAM）以及 21 个特殊功能寄存器，32 条 I/O 接口线，一个全双工的串行 I/O 口（UART），2 个 16 位的定时/计数器，5 个中断源和 2 级中断。数据存储器和程序存储器的寻址能力为 128 K 字节，指令系统除加、减、乘、除运算外，还提供了查表和位操作指令，主时钟频率为 12 MHz，运算速度增强。

（2）增强型。典型产品有：8032/8052/8752。与基本型的差异在于内部 RAM 增加到 256 字节，8052、8752 的内部程序存储器扩展到 8 KB，16 位定时/计数器增至 3 个。

（3）低功耗型。典型产品有：80C31/87C51/80C51。其基本结构和功能与基本型的相同。由于它采用 CMOS 工艺，适于电池供电或其它要求低功耗的场合。

（4）专用型。典型产品有：8044/8744，在基本型的基础上用一个 HDLC/SDLC 通信控制器取代了基本型的 UART。它适用于总线分布式多机测控系统。

(5) 超 8 位型。典型产品有：PHILIPS 公司 80C552/87C552/83C552 系列单片机。其基本结构与功能与 MCS-51 系列完全相同，但又将 MCS-96 系列(16 位单片机)I/O 部件如高速输入/输出(HSI/HSO)、A/D 转换器、脉冲宽度调制(PWM)、看门狗定时器(WDT)等移植进来构成新一代 MCS-51 产品。其功能介于 MCS-51 和 MCS-96 之间，目前已得到了较广泛的使用。

(6) 片内闪烁存储器。典型产品有：ATMEL 公司的 AT89C51 单片机，其内部含有 Flash 存储器，使得存储和程序改写更加方便，从而受到应用设计者的欢迎。

MCS-51 系列以及 80C51 系列单片机有多种类型，但掌握好 MCS-51 的基本型是十分必要的。它们是具有 MCS-51 内核的各种型号单片机的基础，也是各种增强型、扩展型等衍生种类的核心。

3. MCS-96 系列单片机

1983 年 Intel 公司推出的 MCS-96 系列单片机。它的问世标志着其单片机系列产品又进入了新的阶段。与以往的 MCS-51 相比，MCS-96 不但字长增加一倍，而且还具有 4 路或 8 路的 10 位 A/D、PWM 输出等功能，其典型产品有：8098，它是准 16 位的单片机。

与 8 位单片机相比，主要有如下特点：

(1) 集成度高。其内部除了常规 I/O 接口、定时/计数器、全双工的串行口外，还有高速 I/O 部件，如：高速输入口(HIS)、高速输出口(HSO)、多路 A/D 转换器、PWM 输出口以及看门狗定时器(WATCH DOG)等功能。

(2) 处理速度快。MCS-96 指令系统比 MCS-51 更加丰富，寻址方式更加灵活，还具有带符号运算等功能，使得运算速度大大提高，可以灵活的选择对字或字节的操作，还可以进行带或不带符号的乘、除运算。

4. MCS-196 系列单片机

MCS-196 系列单片机是 Intel 公司继 8X9X 之后推出的 16 位嵌入式微控制器。它除了保留 8X9X 全部功能外，在功能部件和指令支持上又有很大改进，性能上也有了显著提高，使得它适用于更复杂的实时控制场合。MCS-196 单片机有多种型号，不同型号配置有不同的功能部件，且具有不同存储器空间和寻址能力，可满足不同场合的要求。其典型的产品有：80196KB、80196KC、80196MD 等。其功能比 8098 更加强大，但因为性价比不理想并未得到很广泛的应用。

MCS-196 系列单片机与 96 系列单片机相比较，具有以下几个特点：

(1) 有 1 个基于寄存器到寄存器结构的内核。这种结构消除了累加器的瓶颈现象，加快了数据传输的速度。

(2) 具有多种功能部件。这些功能部件除包括在 8X9X 中就有的 I/O 口、10 位 A/D 转换器、PWM、全双工串行 I/O 口、中断源、WATCH DOG 看门狗定时器、16 位定时/计数器、HSI/O(高速输入/输出口)等以外，还包括在 MCS-196 中出现的 PTS(外围事务服务器)、EPA(事件处理器阵列)、WG(波形发生器)等。与其它系列(如 MCS-51 系列、PIC 系列等)单片机相比，HSI/O、PTS、EPA、WG 是 MCS-196 最具特色的特点。

(3) 具有可编程的等待状态发生器。MCS-196 单片机总线控制器还具有可编程的等待状态发生器，可方便地与慢速外设接口。在运行中可动态选择 8 位或者 16 位的总线宽度，并能通过 HOLD/HLDA 协议方便地实现多处理器通信。

习 题

1. 微处理器、微型计算机和微型计算机系统三者之间的关系是什么？

2. 在冯·诺依曼计算机模型中，计算机由几部分组成？各部分的功能是什么？

3. 微型计算机系统的主要技术指标有哪些？

4. 半导体存储器的主要类型有哪些？各有什么特点？

5. 什么是单片机？单片机又称为什么？

6. 单片机与普通计算机的不同之处是什么？

7. 单片机的发展大致分为哪几个阶段？

8. MCS-51 系列单片机的基本芯片分别为哪几种？它们的差别是什么？

9. 单片机主要应用在哪些领域？

第 3 章　MCS - 51 系列单片机结构

≪≪≪≪≪≪≪≪≪≪≪≪≪≪≪≪

教学提示：单片机的结构及工作原理是单片机系统的基础资源，本章主要讲述 MCS - 51 单片机芯片的组成、内部各功能模块的逻辑框图、电路结构和工作原理。学习中，一是要注意理解各功能模块的结构和原理，二是要注意 CPU 与各功能模块间的联系，形成单片机的整体概念。只有清楚了解单片机已有的硬件资源，才能通过程序利用硬件资源实现、完成功能。

教学要求：本章让学生了解单片机内部功能模块的组成，重点掌握 CPU、RAM、ROM、特殊功能寄存器、I/O 接口、时钟电路和复位电路的结构与原理。

3.1　MCS - 51 单片机的结构和引脚

MCS - 51 系列单片机包括 51、52 两个子系列，其指令系统和引脚完全相同。51 子系列有 80C31、80C51、87C51 和 89C51 这 4 个机型，它们的区别是 80C31 无 ROM，80C51 有掩膜 ROM，87C51 有可紫外线擦除的 EPROM 和 89C51 有电可擦除的 FPEROM。52 子系列也有 4 种机型，分别为 80C32、80C52、87C52 和 89C52。52 子系列 ROM 的区别与 51 子系列相同。两子系列的其它区别是，51 子系列有 128B 的片内 RAM，4 KB 的 ROM（不包括 80C31），2 个定时/计数器及 5 个中断源。52 子系列有 256 B 的片内 RAM，8 KB 的 ROM（不包括 80C32），3 个定时/计数器及 6 个中断源。

MCS - 51 系列单片机的典型芯片是 8051，其结构框图如图 3.1 所示。

由图 3.1 可知各功能部件均连接在内部总线上，按功能可划分为 8 个部分，即中央处理机 CPU、数据存储器 RAM、程序存储器 ROM、特殊功能寄存器 SFR、输入/输出（I/O）接口、定时/计数器、中断源和串行通信口。本章介绍前五个部分，其余部分将在后续章节中介绍。

3.1.1　单片机的内部结构及功能部件

MCS - 51 系列单片机的内部结构由 8 部分组成，以 80C51 单片机为例，其内部按功能可划分为 CPU、存储器、I/O 端口、时钟振荡电路等模块。各功能简述如下：

1. 一个 8 位中央处理机（CPU）

中央处理器（CPU）是整个单片机的核心部件，是 8 位数据宽度的处理器，能处理 8 位二进制数据或代码。CPU 负责控制、指挥和调度整个单元系统协调工作，完成运算与控制输入/输出功能等操作。51 单片机的 CPU 由运算器、控制器及位处理器等组成。

• 运算器：包括算术/逻辑单元（ALU）、累加器（ACC）、寄存器（B）、暂存器（TEMP）及程序状态寄存器（PSW）等。运算器的功能是进行算术运算和逻辑运算，可以对单字节、半字

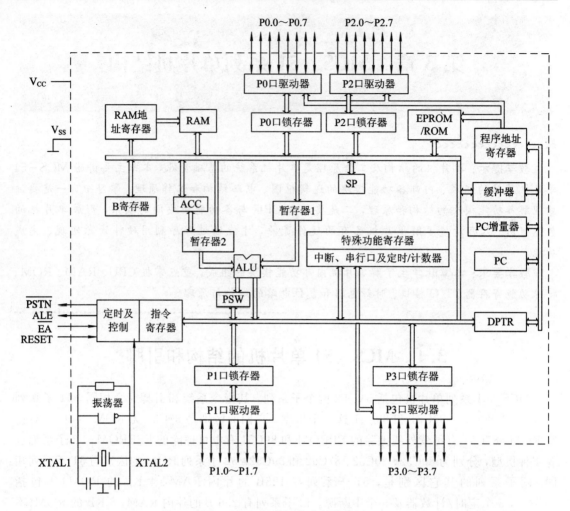

图 3.1　8051 单片机内部结构图

节(4 位)等数据进行操作。如，能完成加、减、乘、除、加"1"、减"1"、BCD 码十进制调整、比较等算术运算，还能实现与、或、异或、取反、左右循环等逻辑操作。操作结果一般存放在累加器(Acc)中，结果的状态信息呈现在程序状态寄存器(PSW)中。

• 控制器：是控制单片机工作的神经中枢，它包括程序计数器(PC)、指令寄存器(IR)、指令译码器(ID)、数据指针(DPTR)、堆栈指针(SP)、RAM 地址寄存器、时钟发生器、定时控制逻辑等。控制器以主振频率为基准，发出 CPU 的控制时序，从程序存储器取出指令，放在指令寄存器，然后对指令进行译码，并通过定时和控制逻辑电路，在规定的时刻发出一定序列的微操作控制信号，协调 CPU 各部分的工作，以完成指令所规定的操作。其中，一些控制信号通过芯片的引脚送到片外，控制扩展芯片的工作。

• 位处理器(布尔处理器)：MCS-51 的 CPU 内部有一个 1 位处理器子系统，它相当于一个完整的位单片机，每次处理的数据只有 1 位。它有自己的累加器(CY)和数据存储器(可位寻址空间)。它能完成逻辑与、或、非、异或等逻辑操作，用于逻辑电路的仿真、开关量的控制及设置状态标志位等。

2. 存储器

MCS-51 系列单片机的存储器包括：数据存储器(RAM)和程序存储器(ROM)两部分。

· 数据存储器：51/52 系列单片机片内有 128/256 个字节的片内数据存储器和 21/26 个特殊功能寄存器。数据存储器是通用存储器，用于存放运算中间结果或临时数据等。特殊功能寄存器(SFR)是 CPU 运行和片内功能模块专业的寄存器。一般不能作为通用数据存储器使用。

当片内数据存储器不够使用时，可扩展片外数据存储器，MCS - 51 对外有 64 KB 的数据存储器的寻址能力。

· 程序存储器：51/52 系列单片机有 4 KB/8 KB 的掩膜 ROM，用于存放用户程序和常数(如原始数据或表格)等。当需要扩展片外程序存储器时，MCS - 51 对片外有 64 KB 程序存储器的寻址能力。

3. I/O 端口

MCS - 51 单片机有 4 个 8 位宽度的并行输入/输出(I/O)端口，分别称为 P0 口、P1 口、P2 口、P3 口(共 32 线)。单片机输出的控制信号和采集外部的输入信号，都是通过这 32 个 I/O 线进行传输的。

4. 时钟振荡电路

单片机工作时，从取指令到译码再进行微操作，必须在时钟信号控制下才能有序地进行，时钟电路就是为单片机工作提供基本时钟的。51/52 内置一个振荡器和时钟电路，用于产生整个单片机运行的脉冲时序，最高频率可达 12 MHz。振荡器实际是一个高增益反相器，使用时需外接一个晶振和两个匹配电容。

3.1.2　单片机外部引脚说明

MCS - 51 系列单片机芯片均为 40 个引脚，HMOS 工艺制造的芯片采用双列直插(DIP)方式封装，其引脚示意及功能分类如图 3.2 所示。COMS 工艺制造的低功耗芯片也有采用方形封装的，但为 44 个引脚，其中 4 个引脚是不使用的。

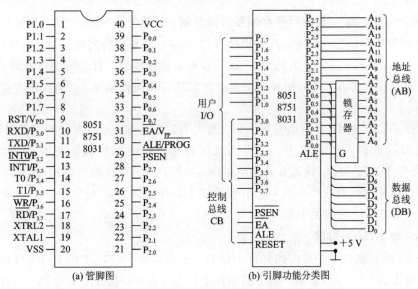

(a) 管脚图　　　　　(b) 引脚功能分类图

图 3.2　MCS - 51 系列单片机引脚及功能分类图

MCS - 51 系列单片机的 40 个引脚中有 2 个电源的引脚，2 个外接晶体引脚，4 个控制信号(或与其它电源复用)引脚，以及 32 条输入/输出(I/O)引脚。

下面按引脚功能分 4 部分来叙述各引脚的功能。

1. 电源引脚

(1) Vcc(40 脚)：接＋5 V 电源正端；

(2) Vss(20 脚)：接＋5 V 电源地端。

2. 外接晶体引脚

(1) XTAL1(19 脚)：片内高增益反向放大器的输入端，接外部石英晶体的一端。在单片机内部，它是一个反相放大器的输入端，这个放大器构成了片内振荡器。当采用外部时钟时，对于 HMOS 单片机，该引脚接地；对于 CHMOS 单片机，该引脚作为外部振荡信号的输入端。

(2) XTAL2(18 脚)：片内高增益反向放大器的输出端，接外部晶体的另一端。在单片机内部，接至片内振荡器的反相放大器的输出端。当采用外部时钟时，对于 HMOS 单片机，该引脚作为外部振荡信号的输入端；对于 CHMOS 芯片，该引脚悬空不接。

3. 控制信号引脚

控制信号(或与其它电源复用)引脚有 RST/V_{PD}、ALE/$\overline{PROG}$、$\overline{PSEN}$ 和 $\overline{EA}$/V_{PP} 4 个。

(1) ALE/$\overline{PROG}$(30 脚)：地址锁存使能信号输出端。当访问外部存储器时，ALE(允许地址锁存信号)以每机器周期两次的信号输出，用于锁存出现在 P0 口的低 8 位地址。在不进行外部存储器访问时，ALE 端仍以上述不变的频率(振荡器频率的 1/6)，周期性地出现正脉冲信号，可作为对外输出的时钟脉冲或用于定时器用。值得要注意的是，在访问片外数据存储器期间，ALE 脉冲会跳过一个，此时作为时钟输出不妥当。ALE 端可以驱动 8 个 LSTTL 负载。$\overline{PROG}$ 对于 EPROM 型单片机，在 EPROM 编程期间，此引脚用于输入编程脉冲。

(2) $\overline{PSEN}$(29 脚)：片外程序存储器输出使能端。它是片外程序存储器的读选通信号，低电平有效。当从外部程序存储器读取指令或常数期间，每个机器周期 $\overline{PSEN}$ 两次有效，以通过数据总线口读回指令或常数。当访问外部数据存储器期间，$\overline{PSEN}$ 信号将不出现。$\overline{PSEN}$ 同样可以驱动 8 个 LSTTL 负载。

(3) $\overline{EA}$/V_{PP}(31 脚)：片内程序存储器屏蔽控制端，低电平有效。当 $\overline{EA}$ 端保持低电平时，将屏蔽片内的程序存储器，只访问片外程序存储器。当 $\overline{EA}$ 端保持高电平时，单片机访问片内程序存储器 4 KB(MCS-52 子系列为 8KB)。若超出该范围时，自动转去执行外部程序存储器的程序。对于片内含有 EPROM 的单片机，在 EPROM 编程期间，该引脚用于接 21 V 的编程电源 Vpp。

(4) RST/V_{PD}(9 脚)：复位信号输入端，高电平有效。当单片机振荡器工作时，在此引脚输入两个机器周期以上的高电平，就可实现复位操作，使单片机恢复到初始状态。对于 HMOS 工艺的单片机，此引脚还有备用电源 V_{PD} 功能，为单片机掉电保护端。当 Vcc 发生故障、降低到低电平规定值或掉电时，该引脚可接上备用电源 V_{PD}(＋5±0.5 V)为内部 RAM 供电，以保证 RAM 中的数据不丢失。

4. 输入/输出(I/O)引脚

MCS-51 单片机有 4 个 8 位的并行 I/O 口，分别称为 P0 口、P1 口、P2 口和 P3 口，共 32 根口线。4 个并行 I/O 口看似一样，但结构上是有区别的，在使用上也是不一样的。

(1) P0 口(32 脚～39 脚)：P0.0～P0.7 统称为 P0 口。有两种工作方式，当不接外部存储器与不扩展 I/O 接口时，它可作为准双向 8 位输入/输出接口。当接有外部存储器或扩展 I/O 接口时，P0 口为地址/数据分时复用口。它分时提供 8 位地址总线和 8 位双向数据总线。对于片内含 EPROM 的单片机，当 EPROM 编程时，从 P0 口输入指令字节；当检验程序时，则输出指令字节。

（2）P1 口（1 脚～8 脚）：P1.0～P 1.7 统称为 P1 口，可作为准双向 I/O 接口使用。对于 MCS-52 子系列单片机，P1.0 与 P1.1 还有第 2 功能：P1.0 可用作定时/计数器 2 的计数脉冲输入端 T2；P1.1 用作定时/计数器 2 的外部控制端 T2EX。对 EPROM 编程和进行程序验证时，P1 口接收输入的低 8 位地址。

（3）P2 口（21 脚～28 脚）：P2.0～P2.7 统称为 P2 口，一般可作为准双向 I/O 接口。当接有外部存储器或扩展 I/O 接口且寻址范围超过 256 个字节时，P2 口用于高 8 位地址总线送出高 8 位地址。对 EPROM 编程和进行程序验证时，P2 口接收输入的高 8 位地址。

（4）P3 口（10 脚～17 脚）：P3.0～P3.7 统称为 P3 口。它为双功能口，可以作为一般的准双向 I/O 接口，也可以将每 1 位用于第 2 功能，而且 P3 口的每一条引脚均可独立定义为第 1 功能的输入、输出或第 2 功能。

综上所述，MCS-51 系列单片机的引脚作用可归纳为以下两点：

- 单片机功能多，引脚数少，因而许多引脚都具有第 2 功能；
- 单片机对外呈 3 总线形式，由 P2、P0 口组成 1 6 位地址总线；由 P0 口分时复用作为数据总线；由 ALE、PSEN、RST、EA 与 P3 口中的 INT0、INT1、T0、T1、WR、RD 共 10 个引脚组成控制总线。由于是 1 6 位地址线，因此可使外部存储器的寻址范围达到 64 KB。

3.2　中央处理器 CPU

中央处理器是单片机内部的核心部件，MCS-51 单片机的 CPU 是 8 位数据宽度的处理器，能处理 8 位二进制数据或代码。CPU 负责控制、指挥和调度整个单元系统协调工作，完成运算和控制输入/输出等操作。它决定单片机的主要功能特性，由运算器、控制器及位处理器组成。

3.2.1　运算器

运算器包括算术逻辑单元（ALU）、累加器（ACC）、寄存器（B）、暂存器（TEMP）及程序状态字（PSW）等。

（1）ALU：算术逻辑单元，可以进行加、减、乘、除四则运算以及与、或、非、异或等逻辑运算；还执行增量、减量，左移位，右移位，半字节更换，位处理等操作。

（2）ACC：累加器，8 位。51 单片机大多数指令都必须使用 ACC，它是使用最频繁的寄存器。它与 ALU 直接相连，加、减、乘、除、移位以及其它逻辑运算都要使用 ACC 作为数据的存放地址。特别地，外部数据的读、写也都必须使用 ACC。ACC 有两个名称：A 和 ACC。A 表示寄存器，ACC 表示用地址表达的寄存器（存储器）。除入栈、出栈指令使用 ACC 这个名称外，其它指令中都用 A。寄存器（B）是为 ALU 进行乘、除法而设置的。在执行乘法运算指令时，用于存放其中一个乘数和乘积的高 8 位数；执行除法运算指令时，B 中存放除数和余数；若不作乘、除运算时，则寄存器可作为通用寄存器使用。

（3）PSW（Program State Word）：程序状态字，8 位。其中存放着当前 ALU 的一些操作状态特征，详见表 3.1，其字节地址是 D0H。

表 3.1 程序状态字的内部定义

PSW 位	PSW.7	PSW.6	PSW.5	PSW.4	PSW.3	PSW.2	PSW.1	PSW.0
位地址	D7H	D6H	D5H	D4H	D3H	D2H	D1H	D0H
位符号	CY	AC	F0	RS1	RS0	OV	F1	P

① CY：进位标志位。加法运算过程中，存放结果的字节单元的最高位产生进位时，CY＝1，否则 Cy＝0；减法运算过程，被减数最高位产生借位，CY＝1；否则 CY＝0。CY 位还有一个特殊意义：它是 CPU 的布尔处理器的"累加器"，CPU 作逻辑运算时，需要 CY 作为数据的暂存、传送等。

② AC：半字节进位位。当 AC＝1 时，表明加、减运算中低 4 位向高 4 位产生了进位或有借位。AC＝0，表示没有进位或借位。

③ F0：用户标志位。由用户使用的一个标志位，可以用于存放 1 位数据。用户在编写时，可以通过程序向该位写入 1 位数据，设定为某种情况发生的标志。然后根据程序执行情况，改变标志位的数值，从而改变程序的流向。

④ RS1 和 RS0：寄存器选择位（Registers Selection）。用于选择工作寄存器组。

⑤ OV：溢出标志。对符号数的运算，当结果超出 $-128\sim+127$ 时，产生溢出。此时，OV＝1。

⑥ F1：用户标志位。用户可以用于存 1 位数据（有些品种不支持）。

⑦ P：奇偶标志位，反映 ACC 中数据的奇偶性。若 ACC 中有奇数个 1，则 P＝1。

3.2.2 控制器及振荡器

控制器是控制单片机工作的神经中枢，它包括程序计数器（PC）、指令寄存器（IR）、指令译码器（ID）、数据指针（DPTR）、堆栈指针（SP）、RAM 地址寄存器、时钟发生器、定时和控制电路以及信息传送控制等部件。它先以单片机的晶体振荡频率为基准发出 CPU 的时序，对指令进行译码，然后发出各种控制信号，完成一系列定时控制的微操作，用来协调单片机内部各功能部件之间的数据传送、数据运算等操作，并对外发出地址锁存 ALE、外部程序存储器选通 PSEN，以及通过 P3.6 和 P3.7 发出数据存储器读 $\overline{RD}$、写 $\overline{WR}$ 等控制信号，并且接收处理外接的复位 RST 信号和外部程序存储器访问控制 EA 信号。

（1）振荡电路。单片机的定时控制功能是由片内的时钟电路和定时电路来完成的，而片内的时钟产生有两种方式：一种是内部时钟方式；另一种是外部时钟方式，分别如图 3.3(a)、(b)所示。

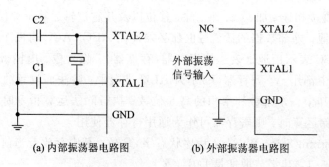

(a) 内部振荡器电路图　　　　(b) 外部振荡器电路图

图 3.3　HMOS 型 MCS-51 单片机时钟产生电路图

采用内部时钟方式时，如图 3.3(a)所示。片内的高增益反相放大器通过 XTALl、XTAL2 外接作为反馈元件的片外晶体振荡器(呈感性)与电容组成的并联谐振回路构成一个自激振荡器，向内部时钟电路提供振荡时钟。振荡器的频率主要取决于晶体的振荡频率，一般晶体可在 1.2～12 MHz 之间任选，电容 C1、C2 可在 5～30 pF 之间选择，电容的大小对振荡频率有微小的影响，可起频率微调作用。

采用外部时钟方式时，如图 3.3(b)所示。外部振荡信号通过 XTAL1 端直接接至内部时钟电路，这时内部反相放大器的输入端 XTAL2 端应接地。通常外接振荡信号为低于 12 MHz 的方波信号。

(2) PC：程序计数器，16 位。PC 中存放着 CPU 要执行的下一条指令的地址，CPU 通过它产生 ROM 地址从而读取指令。每执行一条指令，它都会自动增加。增加的数值依照已读指令的长短而变化。只有中断、跳转和调用指令才能使其作其它变化。每当开机或者复位时，它的起始值为 0000H。

(3) DPTR：16 位数据指针。它主要用于存放外部 RAM 的数据地址或 ROM 数据表的基地址。因 DPTR 是 16 位的，内存中分为两个 8 位寄存器存放数据，分别称 DPL 和 DPH，DPH 存放地址的高 8 位，DPL 存放地址的低 8 位。

(4) SP：堆栈指针，8 位。用于指出当前堆栈的顶部地址。当有入栈操作时，SP 自动加 1；出栈时，SP 自动减 1。

3.2.3　位(布尔)处理器

MCS－51 的 CPU 内有一个 1 位处理器子系统，它相当于一个完整的位单片机，每次处理的数据只有 1 位。布尔处理(即位处理)是 MCS－51 单片机 ALU 所具有的一种功能。它有自己的累加器(CY)，数据存储器(可位寻址空间)，可对直接寻址的位(bit)变量进行位处理，如置位、清零、取反、测试转移以及逻辑"与"、"或"等位操作，用于逻辑电路的仿真、开关量的控制及设置状态标志位等操作。

3.3　存　储　器

3.3.1　存储器的分类及存储空间配置

MCS－51 单片机的程序存储器和数据存储器的寻址空间是分开的，属于哈佛存储结构，从物理结构上又有片内和片外之分，因此 MCS－51 单片机的存储器共有 4 个物理上独立的空间：片内、片外数据存储器与片内、片外程序存储器。程序存储器片内和片外是统一编址的，因此从寻址空间分布，存储器可分为：程序存储器、内部数据存储器和外部数据存储器 3 大部分；从功能上，存储器可分为：程序存储器 ROM、内部数据存储器 RAM、特殊功能寄存器 SFR、位地址空间和外部数据存储器 RAM 五大部分。

MCS－51 系列单片机存储器的配置除表 3.2 所示的片内 ROM(或 EPROM)和 RAM 外，另外还有 128 个字节的 RAM 区作为特殊功能寄存器(SFR)区。片内、片外程序存储器和数据存储器各自总容量达 64 KB。MCS－51 系列单片机存储器系统的空间结构如图 3.4 所示。

表 3.2　MCS-51 系列单片机配置

| 系列 | 无ROM | 片内存储器 | | | 定时/计数器 | 并行I/O | 串行I/O | 中断源 | 制造工艺 |
		片内ROM	片内EPROM	片内RAM					
MCS-51 子系列	8031	8051 4K	8751 4K	128	2×16 位	4×8 位	1	5	HMOS
	80C31	80C51 4K	87C51 4K	128	2×16 位	4×8 位	1	5	CHMOS
MCS-52 子系列	8032	8052 8K	8752 8K	256	3×16 位	4×8 位	1	6	HMOS
	80C32	80C51 8K	87C51 8K	256	3×16 位	4×8 位	1	7	CHMOS

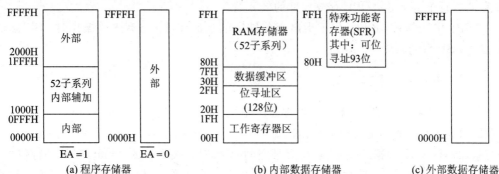

图 3.4　MCS-51 单片机存储器的空间结构图

3.3.2　内部数据存储器

数据存储器用于存放运算的中间结果、数据暂存及数据缓冲等。数据存储器分为内部数据存储器和片外数据存储器两部分。内部数据存储器集成在单片机内部，共有 128 B 和 21 个特殊功能寄存器(51 子系列)，而外部数据存储器则可扩展为 64 KB。

1. 内部数据存储器的编址

MCS-51 系列单片机的内部数据存储器由读、写存储器 RAM 组成，用于存储数据。它由 RAM 块和特殊功能寄存器(SFR)块组成，其结构如图 3.4(b)所示。对于 MCS-51 子系列，RAM 块有 128 个字节，其编址为 00H～7FH；SFR 块占用 128 个字节，其编址为 80H～FFH；对于 MCS-52 子系列，RAM 块有 256 个字节，其编址为 00H～FFH；SFR 块占128 个字节，其编址为 80H～FFH。后者比前者多 128 个字节，其编址是重叠的，但由于访问内部数据存储器各部分所用的指令不同，不会引起混淆。

内部数据存储器 RAM 是最灵活的地址空间，主要用于存放程序执行过程中产生的中间结果、最后结果或作为数据交换区、缓冲区等。系统断电后，数据就会丢失。

2. 内部数据存储器 RAM 块

由图 3.4(b)可见，内部数据存储器 RAM 分为工作寄存器区、可位寻址区和自由单元区

（数据缓冲区）3 个部分。

1）工作寄存器区

内部 RAM 块的 00H～1FH 区，共分 4 个组，每组有 8 个工作寄存器 R0～R7，共 32 个内部 RAM 单元。寄存器和 RAM 地址的对应关系如表 3.3 所示。

表 3.3　工作寄存器和 RAM 地址对照表

工作寄存器 0 组		工作寄存器 1 组		工作寄存器组 2		工作寄存器组 3	
地址	寄存器	地址	寄存器	地址	寄存器	地址	寄存器
00H	R0	08H	R0	10H	R0	18H	R0
01H	R1	09H	R1	11H	R1	19H	R1
02H	R2	0AH	R2	12H	R2	1AH	R2
03H	R3	0BH	R3	13H	R3	1BH	R3
04H	R4	0CH	R4	14H	R4	1CH	R4
05H	R5	0DH	R5	15H	R5	1DH	R5
06H	R6	0EH	R6	16H	R6	1EH	R6
07H	R7	0FH	R7	17H	R7	1FH	R7

工作寄存器共 4 组，程序运行时每次只用 1 组，其它各组不工作。哪一组寄存器工作是由程序状态字 PSW 中的 PWS.3（RS0）和 PSW.4（RSl）两位来选择，其对应关系如表 3.4 所示。CPU 通过软件修改 PSW 中 RS0 和 RSl 两位的状态，就可任选一组工作寄存器工作。

因为可以方便地选择工作寄存器组，使得 MCS‐51 单片机具有快速现场保护功能，且提高了程序的效率和响应中断的速度。若程序中并不需要 4 个工作寄存器组，那么剩下的工作寄存器组所对应的单元也可以作为一般的数据缓冲区使用。

表 3.4　工作寄存器组的选择表

PSW.4（RS1）	PSW.3（RS0）	当前使用的工作寄存器组 R0～R7
0	0	0 组（00H～07H）
0	1	1 组（08H～0FH）
1	0	2 组（10H～17H）
1	1	3 组（18H～1FH）

2）位寻址区

20H～2FH 单元为位寻址区，它们既可以以字节被寻址，也可以对字节中的任意位进行寻址。这 16 个单元（共计 128 位）的每 1 位都有一个 8 位表示的位地址，位地址范围为 00H～7FH，如表 3.5 所示。位寻址区的用途，一是作为 MCS‐51 单片机位处理器子系统的 RAM 区，二是在编程时作为某状态标志位使用。这一点，其他系列单片机大部分没有，这也是 MCS‐51 单片机优秀的一点，给编程提供了很大的方便。

表 3.5　内部 RAM 中位地址表

RAM 地址	D7	D6	D5	D4	D3	D2	D1	D0
20H	07	06	05	04	03	02	01	00
21H	0F	0E	0D	0C	0B	0A	09	08
22H	17	16	15	14	13	12	11	10
23H	1F	1E	1D	1C	1B	1A	19	18
24H	27	26	25	24	23	22	21	20
25H	2F	2E	2D	2C	2B	2A	29	28
26H	37	36	35	34	33	32	31	30
27H	3F	3E	3D	3C	3B	3A	39	38
28H	47	46	45	44	43	42	41	40
29H	4F	4E	4D	4C	4B	4A	49	48
2AH	57	56	55	54	53	52	51	50
2BH	5F	5E	5D	5C	5B	5A	59	58
2CH	67	66	65	64	63	62	61	60
2DH	6F	6E	6D	6C	6B	6A	69	68
2EH	77	76	75	74	73	72	71	70
2FH	7F	7E	7D	7C	7B	7A	79	78

3）数据缓冲区

30H～7FH 是数据缓冲区，即用户 RAM 区，共 80 个单元。MCS - 52 子系列的片内 RAM 有 256 个单元，前两个的单元数与地址都和 MCS - 51 子系列的一致。用户 RAM 区的位地址为 30H～FFH，共 208 个单元。

3. 特殊功能寄存器 SFR 块

特殊功能寄存器 SFR，又称为专用寄存器。它专用于控制、管理单片机内算术逻辑部件、并行 I/O 口锁存器、串行口数据缓冲器、定时/计数器、中断系统等功能模块的工作，SFR 的地址空间为 80H～FFH。MCS - 51 单片机中，除程序计数器 PC 外，其子系列有 18 个专用寄存器，其中 3 个为双字节寄存器，共占 21 个字节；按地址排列的各特殊功能寄存器的名称、符号、地址等如表 3.6 所示，其中，有 12 个专用寄存器支持位寻址。

表 3.6　特殊功能寄存器的名称、符号、地址一览表

寄存器符号	地址	名　　　称	可否位寻址	位地址
ACC	E0H	累加器	是	E0H～E7H
B	F0H	B 寄存器	是	F0H～F7H
PSW	D0H	程序状态字	是	D0H～D7H
SP	81H	堆栈指针	否	
DPL	82H	数据指针 0 低 8 位	否	
DPH	83H	数据指针 0 高 8 位	否	
P0	80H	I/O 口 0	是	80H～87H
P1	90H	I/O 口 1	是	90H～97H

寄存器符号	地址	名　称	可否位寻址	位地址
P2	A0H	I/O 口 2	是	A0H~A7H
P3	B0H	I/O 口 3	是	B0H~B7H
IE	A8H	中断允许控制寄存器	是	A8H~ACH, AFH 6 位
IP	B8H	中断优先级控制寄存器	是	B8H~BCH 5 位
TMOD	89H	定时器方式选择寄存器	否	
TCON	88H	定时器控制寄存器	是	88H~8FH
TL0	8AH	定时器 0 低 8 位	否	
TL1	8BH	定时器 1 低 8 位	否	
TH0	8CH	定时器 0 高 8 位	否	
TH1	8DH	定时器 1 高 8 位	否	
SCON	98H	串行口控制寄存器	是	98H~9FH
SBUF	99H	串行数据缓冲寄存器	否	
PCON	87H	电源控制及波特率选择寄存器	否	
T2CON	C8H	定时器/计数器 2 控制	是	C8H~CFH
RLDL *	CAH	定时器/计数器 2 自动重装载低字节	否	
RLDH *	CBH	定时器/计数器 2 自动重装载高字节	否	
TL2 *	CCH	定时器/计数器 2 低字节	否	
TH2 *	CDH	定时器/计数器 2 高字节	否	

注：表中带 * 的寄存器与定时器/计数器 2 有关，仅在 52 子系列芯片中存在。RLDH、RLDL 分别称为定时器/计数器 2 捕捉高字节、低字节寄存器。

从表 3.6 可以看出：特殊功能寄存器反映了单片机的状态，实际上是单片机的状态及控制字寄存器。它大体上可分为两大类：一类为芯片内部功能的控制用寄存器；一类为与芯片引脚有关的寄存器。与内部功能控制有关的寄存器有运算部件寄存器 A、B、PSW，堆栈指针 SP，数据指针 DPTR，各种定时/计数器控制，中断控制，串行口控制等。与芯片引脚有关的寄存器有 P0、P1、P2、P3，它们实际上是 4 个锁存器，每个锁存器再附加上相应的一个输出驱动器和一个输入缓冲器就构成了一个并行口。

特别一提的是，SFR 块的地址空间为 80H~FFH，但仅有 21 个（MCS-51 系列）或 26 个（MCS-52 子系列）字节作为特殊功能寄存器离散分布在这 128 个字节范围内，其余字节无定义，用户不能对这些单元进行读/写操作。

1）累加器 ACC

累计器 ACC 的助记符是 A。当对累加器的位进行操作时，常用符号是 ACC。如，累计器的 D0 位，表示为"ACC.0"。它是一个应用最广泛的专用寄存器。大部分单操作数指令的操作数取自累加器，很多双操作数指令的一个操作数也取自累加器。加、减、乘、除算术运算指令的结果都存放在累加器（A）或寄存器（B）中。

2）寄存器 B

寄存器 B 可以作为一般寄存器使用。但在乘、除指令中，寄存器 B 有专门的用途。乘法指令中，两个操作数一个是累加器 A，另一个必须是寄存器 B，其结果存放在累加器 A 和寄存器 B 中。除法指令中，被除数是累加器 A，除数是寄存器 B，商存放在累加器 A 中，余数存放在寄存器 B 中。

3）堆栈及堆栈指针 SP

堆栈是一种数据结构，即只允许在其一端进行数据的插入和删除操作的线性表。数据写入堆栈，称入栈。数据从堆栈中读出，称出栈。其最大的特点是"先进后出"。

① 堆栈的功用。

堆栈是为程序调用和中断操作而设立的，主要是保护断点和保护现场。

单片机中，CPU 无论是执行子程序调用操作还是执行中断操作（详见第 3 章中断部分），最终都要返回主程序，因此在 CPU 去执行子程序或中断服务程序之前，必须考虑返回问题。因此，需预先把主程序的被中断的地方（称为断点）保护起来，为正确返回做准备。

CPU 在执行子程序或中断服务程序后，有可能要使用单片机的某些寄存单元，这样就会破坏这些单元中原有的数据，因此使用堆栈来把单元的原有数据保存起来，等到返回主程序后恢复这些寄存单元的值，实现保护现场的功能。为了使 CPU 能进行多级中断嵌套及多重子程序调用，一般要求堆栈必须有足够容量。

② 堆栈指针 SP。

堆栈有栈顶和栈底之分。栈底地址一经设定就固定不变，它决定了堆栈在 RAM 中的物理位置。无论数据是入栈还是出栈操作，都是对栈顶单元进行写和读操作。为了指示栈顶地址，需要设置堆栈指针 SP，即 SP 的内容就是栈顶的存储单元地址。当堆栈无数据时，栈顶地址与栈底地址重合。51 单片机的堆栈指针 SP 为 8 位寄存器，系统复位后，SP 初值为 07H，实际应用中通常根据需要在主程序开始处对堆栈指针 SP 进行初始化，一般在片内 RAM 的 30H～7FH 区域中开辟堆栈区，一般将 SP 设置为 60H。

③ 堆栈的类型。

堆栈有向上生长型和向下生长型。向上生长型堆栈，如图 3.5(a) 所示。栈底在低地址单元，随着数据的入栈，地址增加，指针 SP 上移，反之，数据出栈，地址减少，指针 SP 下移。向下生长型刚好相反，如图 3.5(b) 所示，数据入栈时，指针 SP 递减；出栈时，指针 SP 递增。

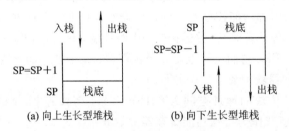

(a) 向上生长型堆栈　　　(b) 向下生长型堆栈

图 3.5　堆栈类型

MCS-51 单片机的堆栈结构属于向上生长型，其操作规则是：入栈时，先 SP 加 1，然后数据写入栈；出栈时，先读出数据，再 SP 减 1。

④ 堆栈的使用方式。

堆栈使用有两种方式：一是自动方式，即在调用子程序或断点时，断点地址自动进入栈，程序返回时，断点地址再自动弹回 PC，不需要用户干涉。二是指令方式，即使用专用的堆栈操作指令进行入、出栈操作。例如，保护现场就是一系列指令方式的入栈操作，而恢复现场是一系列指令方式的出栈操作。需要保护的数据单元量由用户自行设定。

4）数据指针 DPTR

数据指针 DPTR 是一个 16 位专用寄存器。其高位字节寄存器用 DPH 表示，低位字节寄存器用 DPL 表示。它既可以是一个 16 位专用寄存器（DPTR），有 16 位数加"1"功能，也可以将其拆开，作为两个 8 位寄存器(DPH 和 DPL)使用。DPTR 是继程序计数器(PC)以外的第二个 16 位寄存器，它的主要用途是保存 16 位地址信息，常用于基址加变址间接寄存器寻址方式使用，寻址片外 64KB 的数据存储器或程序存储器空间。

5) P0～P3 端口寄存器

专用寄存器 P0、P1、P2 和 P3 分别是 I/O 端口 P0～P3 的 8 位锁存器，均为可位寻址寄存器。详见 3.4 节。

6) 定时/计数器

51 子系列单片机有两个 16 位定时/计数器 T0 和 T1，52 子系列比 51 子系列多一个 16 位定时/计数器 T2。它们都是由两个独立的 8 位寄存器 TH 和 TL 组成的 16 位寄存器。

7) 串行数据缓冲器 SBUF

串行数据缓冲器(SBUF)用于串行通信，存放发送和接收数据。它在逻辑上是一个寄存器，而在物理上是两个寄存器，一个是发送缓冲寄存器，另一个是接收缓冲寄存器。两个物理寄存器使用同一个逻辑地址，当写入时，SBUF 指向发送数据缓冲器；当读入时，SBUF 取自接收缓冲寄存器。

SFR 中，其它 IP、TCON、TMOD 等控制寄存器将在后面有关章节中介绍。

8) 程序计数器 PC

程序计数器 PC 不属于特殊功能寄存器，编程时不能对它进行访问。它是一个 16 位程序地址寄存器，专门用于存放下一条要执行指令的地址，可寻址 0000H～FFFFH 范围 64KB 的程序存储空间。当一条指令被取出后，程序计数器 PC 的内容会自动增量，指向下一条要执行指令的地址。

4. 位寻址空间

在 MCS - 51 单片机的内部数据寄存器 RAM 块和特殊功能寄存器 SFR 块中，有一部分地址空间可以按位寻址，按位寻址的地址空间又称为位寻址空间。位寻址空间一部分在内部 RAM 的 20H～2FH 的 16 个字节内，共 128 位；另一部分在 SFR 的 80H～FFH 空间内，凡字节地址能被 8 整除的专用寄存器都有位地址，共 93 位。因此，MCS - 51 系列单片机共有 221 个可寻址位，其位地址见表 3.5 和表 3.6 所示。这些位寻址单元与布尔指令集就构成了 MCS - 51 系列单片机独有的布尔处理机系统。

3.3.3　外部数据存储器

外部数据存储器一般由静态 RAM 芯片组成。扩展存储器容量的大小，由用户根据需要决定。但 MCS - 51 单片机访问外部数据存储器可用 1 个特殊功能寄存器——数据指针寄存器 DPTR(16 位)进行寻址，其可寻址的范围达 64 KB，所以扩展外部数据存储器的最大容量是 64 KB。访问片外数据存储器有专用指令 MOVX，而访问内部数据存储器用 MOV 指令。同时，控制信号又有$\overline{PSEN}$和$\overline{RD}$，用它们来区分片外程序存储器和数据存储器的选通，所以其编址可与程序存储器全部 64 K 地址完全重叠，也可与片内数据存储器 128 个字节地址重叠(8 位二进制数编址)，其编址的范围为 0000H～FFFFH。

注意：若用户应用系统有扩展的 I/O 接口时，数据区与扩展的 I/O 口是统一编址，所有的外围接口地址均要占用外部 RAM 的地址单元。因此，要合理地分配地址空间，保证译码的唯一性。

3.3.4 程序存储器

1. 程序存储器的编址

CPU 执行程序是从程序存储器中按顺序逐条读取指令代码并执行的。程序存储器就是用来存放这些已编好的程序和表格常数，它由只读存储器 ROM 或 EPROM 组成。为有序地工作，单片机中设置了一个专用寄存器——程序计数器 PC，用以存放将要执行的指令地址。每取出指令的 1 个字节后，其内容自行加 1，指向下一字节地址，依次使 CPU 从程序存储器取指令执行，完成某种程序操作。由于 MCS - 51 单片机的程序计数器为 16 位，因此可寻址的地址空间为64 KB。与此相对应的程序存储器编址从 0000H～FFFFH，其结构如图 3.4(a)所示。

8051 和 8751 单片机内部有 4 KB ROM 或 EPROM 程序存储器，其片内编址为 0000H～0FFFH，其片外扩展编址为 1000H～FFFFH；8052 和 8752 内部有 8 KB ROM 或 EPROM程序存储器，其片内编址为 0000H～1FFFH，其片外扩展编址为 2000H～FFFFH；8031 和8032 没有片内程序存储器，只能用片外扩展程序存储器，从 0000H～FFFFH 编址。由此可见，程序存储器的编址规律为：先片内、后片外，片内、片外编址连续，两者一般不重叠。单片机要执行程序，无论是从片内程序存储器取指令，还是从片外程序存储器取指令，首先由单片机 $\overline{EA}$ 引脚电平的高低来决定，$\overline{EA}$＝1 为高电平时，先执行片内程序存储器的程序。当PC 中的内容超过 0FFFH（对 MCS - 51 子系列低 4 KB）或 1FFFH（对 MCS - 52 子系列低8 KB)时，将自动转去执行片外程序存储器中的程序；EA＝0 为低电平时，CPU 从外部程序存储器取指令执行程序。对于片内无程序存储器的 8031、8032 单片机，$\overline{EA}$ 引脚应始终保持低电平。对于片内有程序存储器的芯片，如果 $\overline{EA}$ 引脚接低电平，将强行执行片外程序存储器中的程序，此时多在片外程序存储器中存放调试程序，使单片机工作在调试状态。

可见，执行片内或片外程序存储器中的程序，由 $\overline{EA}$ 引脚的电平决定，而片内片外程序存储器的地址从 0000H～FFFFH 是连续的，因此片内片外的程序存储器同属一个逻辑空间。

2. 程序运行的入口地址

实际应用中，程序存储器的容量由用户根据需要进行扩展，而程序地址空间原则上也是由用户安排。程序最初始的入口地址是固定的，用户不能随意更改。程序存储器中有复位和中断源共 7 个固定的入口地址，见表 3.7。

表 3.7　MCS - 51 单片机复位、中断入口地址

操　　作	入口地址
复位	0000H
外部中断/INT0	0003H
定时器/计数器 0 溢出	000BH
外部中断/INT1	0013H
定时器/计数器 0 溢出	001BH
串行口中断	0023H
定时器/计数器 2 溢出或 T2EX 端负跳变（MCS - 52 子系列）	002BH

单片机复位后，程序计数器 PC 的内容为 0000FH，故必须从 0000H 单元开始取指令来执行程序。0000H 单元为系统的起始地址，一般在该单元存放一条无条件转移指令，用户设计的程序是从转移后的地址开始存放执行的。除 0000H 单元外，其它 6 个特殊单元分别对应

6 个中断源的中断服务程序的入口地址,用户也应该在这些入口地址上存放 1 条无条件转移指令,使程序转入用户设计的相应中断服务程序起始地址。

另外,当 CPU 从片外程序存储器读取指令时,要相应提供片外程序存储器的地址信号和控制信号 ALE、$\overline{PSEN}$。关于片外扩展程序存储器访问地址的送出及控制信号的作用详见第 7 章。

3.3.5　Flash 闪速存储器的编程

近年来,随着半导体工艺技术的发展,出现了闪速存储器。因其支持在线编程,所以它是单片机存储器的发展趋势。其主要产品为 89S51 系列的单片机(S 代表存储器带闪存)。在线编程的主要操作是将原始程序、数据写入内部 EPROM 中。因此,下面简单介绍闪速存储器的编程。

1. Flash 闪存的并行编程

AT89S51 内部有 4kB 的可快速编程的 Flash 存储器。采用并行编程时,就可以采用传统的 EPROM 编程器使用高电压(+12 V)和协调的控制信号进行编程。编程过程是将代码逐一写入芯片 ROM 的过程。AT89S51 还可通过对芯片上的 3 个加密位 LB1、LB2、LB3 进行编程来获得程序保护功能。但是,对 LB1 编程将禁止从外部程序存储器中执行 MOVC 指令读取内部程序存储器的代码字节。此外,复位时,$\overline{EA}$ 被采样并锁存,禁止对 Flash 再编程。对 LB1、LB2 编程会增加禁止程序校验操作。可对 3 个加密位都编程,再增加禁止外部执行。如果加密位 LB1、LB2 没有编程,则可读回已经写入芯片的代码数据进行校验。

另外,AT89S51 单片机内有 3 个签名字节,地址为 000H、100H 和 200H,用于声明该器件的厂商和型号等信息,其读签名的过程和校验过程类似,返回值的意义如下:(000H)= 1EH,声明产品由 ATMEL 公司制造;(100H)= 51H,声明产品型号是 AT89S51 单片机。以上操作在用 EPROM 编程器时,从功能操作及菜单中可进行选择。同样,利用编程器,可擦除 Flash 存储器的内容。

2. Flash 闪存的串行编程

ISP(In - System Programming),即在线系统可编程,指电路板上的空白器件可以直接在电路板上编程写入最终用户代码,而不需要从电路板上取下器件。已经编程的器件也可以用 ISP 方式擦除或再编程。Lattice 是 ISP(在线系统可编程)技术的发明者,是通过同步串行方式实现对其可编程逻辑器件的重配置。ISP 技术极大地促进了 PLD 产品的发展,单片机也不例外。Atmel 公司推出的 AT89S 系列 51 单片机也符合 ISP 特性。

ISP 技术彻底改变了传统的开发模式,它只要在电路板上留下一个接口(如 ISP Down 的十芯插座),配合 ISP Down 的下载电缆,就可在电路板上直接对芯片进行编程。AT89S51 中的 Flash 存储器增加了 ISP 编程功能。

在线系统可编程抛弃了以前单片机并行编程方式(必须在专门的编程器上进行)的缺点,大大提高了开发效率。

1) ISP 的工作原理

ISP 虽然没有正式形成标准,但是与 JTAG 的接口协议很相似,只是后者形成了标准。ISP 现在已经成为一种概念,它的提出改变了传统硬件系统开发的流程,大大方便了开发者,加快了开发速度。下载电缆是一种使用计算机的并行端口通过软件的方式实现 JTAG 或 ISP 接口协议,来访问可编程芯片的简单工具。

ISP 的工作原理比较简单，一般的做法是内部的存储器可以由上位机的软件通过外部接口来进行改写。对于单片机来讲，可以通过 SPI 或其它的串行接口接收上位机传来的数据，并写入存储器中。所以，即使将芯片焊接在电路板上，只要留出上位机接口，就可实现芯片内部存储器的改写。

2) AT89S51 的 ISP 编程

AT89S51 单片机的 ISP 接口通过 MISO、MOSI、SCK 三根信号线，以串行模式为系统提供了对 MCU 芯片的编程写入和读出功能。下载电路图如图 3.6 所示，将 RST 拉高接至 V_{CC}，使输入为高电平，程序代码存储阵列可通过串行ISP 接口进行编程，串行接口包括 SCK（串行时钟）线、MOSI（指令输入）线和 MISO（数据输出）线，将 RST 拉高后，在其它操作前必须发出编程使能指令，编程前需将芯片擦除。芯片擦除时，将存储代码阵列全写为 FFH。必须接上系统时钟，使用内部时钟或外部时钟均可。最高的串行时钟（SCK）不超过晶体时钟的 1/16。当晶体时钟为 33 MHz 时（AT89S51 的最高工作频率），最大的 SCK 频率是 2 MHz。

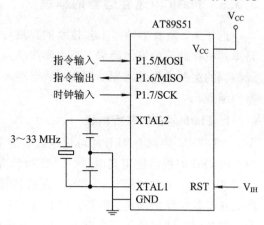

图 3.6 AT89S51Flash 串行下载电路连接图

3.4 并行输入/输出接口

3.4.1 I/O 接口电路概述

MCS-51 系列单片机有 4 个 8 位并行输入/输出接口：P0 口、P1 口、P2 口和 P3 口，共计 32 根输入/输出线。这 4 个接口可以并行输入或输出 8 位数据，也可以按位使用，即每 1 位均能独立作为输入或输出。每个接口虽然功能有所不同，但它们也有共同点：每个端口的 8 位 I/O 口线有相同电路结构；每位 I/O 接口线都具有 1 个锁存器、1 个输出驱动器和 2 个（P3 口为 3 个）三态缓冲器。

下面分别介绍各接口的结构、原理及功能。

3.4.2 P0 口

P0 口是一个三态双向、双功能的 8 位并行口，其字节地址为 80H，可位寻址，位地址为80H～87H，I/O 口的各位具有完全相同但又相互独立的电路结构。

图 3.7 画出了 P0 口的某位 P0.i（i＝0～7）结构图，它由一个输出锁存器、两个三态输入缓冲器和输出驱动电路及控制电路组成。P0.i 锁存器起输出锁存作用，8 个这样的锁存器就构成了特殊功能寄存器 P0。场效应管 Q0、Q1 组成输出驱动器以增大带负载能力。三态门 B作为输入缓冲器，三态门 A 用于读锁存器接口内容，与门、反相器及多路开关构成输出控制电路，控制输出驱动器的输入信号是来自 P0.i 锁存器的内容还是地址/数据端的内容，取决于"控制"端是高电平还是低电平。

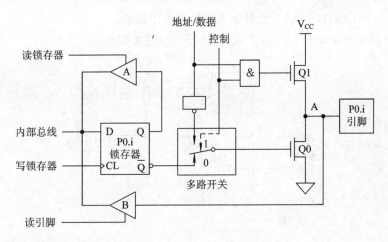

图 3.7　P0 口某位结构图

1. P0 口作为 I/O 口

如图 3.7 所示，当 P0 口作为输出口使用时，数据通过内部数据总线加在锁存器 D 端。当 CL 端的脉冲出现后（即单片机发出的给 P0 口的写控制信号），锁存器 D 端数据被传递到 Q 及 $\overline{Q}$ 端，Q 端数据经三态缓冲器反馈回 D 端（接在内部数据总线上），$\overline{Q}$ 端接到二选一多路数据开关的一个数据输入端上。多路开关被来自 CPU 的控制信号控制。若控制信号为 0，即多路开关接到下面的触点，则开关输出 $\overline{Q}$，同时场效应管 Q1 截止，$\overline{Q}$ 经场效应管 Q0 反向输出到 P0.i 的引脚上，经过两次反向后到达引脚上的值已经恢复为原数据值。由于输出为漏极开路式，需要外接上拉电阻，阻值一般取 5～10 kΩ。

当 P0 口作为输入口时，端口中的两个缓冲器用于读操作。输入时，应先向锁存器写 1，令 Q1、Q0 管截止，读引脚打开三态缓冲门 B，外部引脚信号经输入缓冲器送到内部数据总线。若不向锁存器写 1，当锁存器输出状态为 0 时，Q0 管导通，引脚电平为 0 状态，无法读入外部的高电平信号。

2. P0 口作为数据/地址线

当控制信号线为高电平时，与门打开，多路开关接通数据/地址线，此时 P0 口作为外部扩展存储器的数据/地址线。在此情况下，输出驱动电路和外部引脚与内部的锁存器完全断开，场效应管 Q0、Q1 构成推拉式的输出电路。在数据/地址线信号作用下，Q0、Q1 管交替导通和截止，将数据反映到外部引脚。外部数据输入时，经三态缓冲器 B 进入到内部总线。此时，P0 口不能再作 I/O 口使用。

3.4.3　P1 口

P1 口某位电路的组成如图 3.8 所示。8 个 P1.i 锁存器构成了特殊功能寄存器 P1。与 P0 口相比，三态缓冲器 A、B 的功能与 P0 口功能相似。输出驱动只由一个场效应管 Q0 和内部上拉电阻组成。P1 口是 4 个 I/O 口中电路结构和功能最简单的一个接口。它只能作通用 I/O 口使用，也是最常用的 I/O 端口。

P1 口的输出驱动部分与 P0 口不同，从图 3.8 可以看到 P1 口内部有上拉电阻与电源相连。当 P1 口输出高电平时，能向外提供拉电流负载，所以不必在外部电路接上拉电阻。端口功能由输出端转为输入端时，必须先向内部的锁存器写入"1"，锁存器 $\overline{Q}$ 端输出是"0"，使 Q0 截止。外部引脚上的信号由下方的读缓冲器送至内部总线，完成读引脚操作。由于片内负载电阻较大，约 $20\sim40$ kΩ，所以不会对输入的数据产生影响。

由于 P1.i 的输出驱动器是单管方式，所以 P1 口是准双向口。

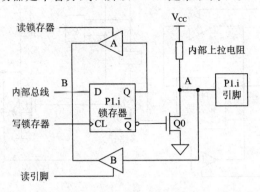

图 3.8　P1 口某位结构图

3.4.4　P2 口

P2 口某位电路的组成如图 3.9 所示。8 个 P2.i 锁存器构成特殊功能寄存器 P2。P2 口的锁存器 P2.i、三态缓冲器的功能与 P0 口相同。场效应管和上拉电阻构成的输出驱动与 P1 口的功能一样。所以 P2 口也是一个准双向口。

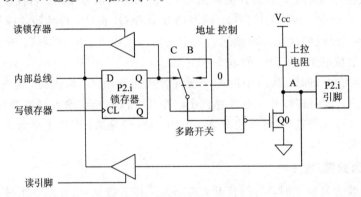

图 3.9　P2 口某位结构图

从图 3.9 可以看到，P2 口输出驱动电路是上拉电阻式。当 P2 口用作通用 I/O 口时，多路开关转向锁存器输出 Q 端，构成输出驱动电路，其功能和 P1 口一样。

在系统扩展片外程序存储器时，由 P2 口输出高 8 位地址（低 8 位由 P0 口输出）。此时，多路开关在 CPU 的控制下转向内部地址线的一端，因为访问片外程序存储器的操作频繁发生，P2 口要不断送出高 8 位地址，所以此时 P2 口无法再作通用 I/O 口。P2.i 引脚只能驱动 4 个 LSTTL 负载。

3.4.5　P3 口

P3 口某位电路的结构如图 3.10 所示。8 个 P3.i 锁存器构成特殊功能寄存器 P3。和 P1 口比较，P3 口增加了一个与非门和一个缓冲器，使其各端口线有两种功能选择。当处于第一功能时，第二输出功能线为 1，此时输出与 P1 口相同，内部总线信号经锁存器和场效应管输出。当作输入时，"读引脚"信号有效，下面的三态缓冲器打开，数据通过缓冲器送到 CPU 内部总线。

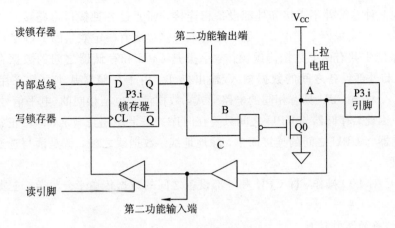

图 3.10　P3 口某位结构图

当处于引脚的第二功能时，锁存器由硬件自动置 1，使与非门对第二功能信号畅通。此时，"读引脚"信号无效，左下的三态缓冲器不通，引脚上的第二输入功能信号经右下的缓冲器输入"第二功能输入端"。作为输出，通过图中的"第二功能输出端"输出，可以为表 3.8 中的 TXD、$\overline{RD}$、$\overline{WR}$；作为输入，通过图中的"第二功能输入端"输入，可以为表 3.8 中的 RXD、$\overline{INT0}$、$\overline{INT1}$、T0、T1。

表 3.8　P3 口引脚第二功能说明

引脚名	第二功能描述	引脚名	第二功能描述
P3.0	RXD(串行口输入)	P3.4	T0(定时器 0 外部输入)
P3.1	TXD(串行口输出)	P3.5	T1(定时器 1 外部输入)
P3.2	$\overline{INT0}$(外部中断 0，低电平有效)	P3.6	$\overline{WR}$(外部 RAM 写信号，低电平有效)
P3.3	$\overline{INT1}$(外部中断 1，低电平有效)	P3.7	$\overline{RD}$(外部 RAM 读信号，低电平有效)

3.4.6　I/O 端口负载能力

通过对 I/O 端口位结构的了解可以知道，P1～P3 口的输出驱动级相同，P0 口的输出驱动级与 P1～P3 口的不同，因此它们的负载能力和接口要求也各不相同。

P0 口每一位输出可以驱动 8 个 LSTTL 负载，当作为地址/数据输出时，是标准的三态双向口；当作为通用 I/O 接口使用时，是开漏输出，只有灌负载能力没有拉负载能力。要想得到拉负载能力需外接一个上拉电阻才行。

P1～P3 口每一个可驱动 4 个 LSTTL 负载，是一个准双向口。作为输出时，输出低电平时，负载能力较强；输出高电平时，负载能力很差，约几十微安。所以，使用时要合理设计电路，才能有效发挥端口有限的负载能力。

3.5　I/O 接口电路的作用与 I/O 接口的编址方式

一个典型系统的组成包括 CPU、存储器外，还必须有外部设备。CPU 通过输入/输出设备和外界进行联系。所用的数据以及现场采集的各种信息都要通过输入设备送到计算机，而计算的结果和计算机产生的各种控制信号又需通过输出设备输出到外部设备。但是，通常来讲，计算机的 3 种总线并不直接和外部设备相连接，而通过各种接口电路接至外部设备。接口电路通常为一些大规模集成电路，而单片机本身就集成有一定数量的 I/O 接口电路。

计算机系统中共有两类数据传送操作：一类是 CPU 和存储器之间的数据存取操作；另一类是 CPU 和外部设备之间的数据输入/输出操作。由于存储器基本上都采用半导体电路（指内存而言），它与 CPU 具有相同的电路形式，数据信号也是相同的（电平信号），能相互兼容直接使用。因此，存储器与 CPU 之间只要在时序关系上能相互满足，即可正常工作。正因为如此，存储器与 CPU 之间的连接简单，除地址线、数据线之外，就是读写选通信号，实现起来非常方便。

但是 CPU 对 I/O 操作，即 CPU 和外部设备之间的数据传送十分复杂。主要表现在以下几个方面：

1）外部设备的工作速度

外部设备的工作速度与计算机相比要低得多。例如，各种外部设备的工作速度快慢差异很大，慢速设备如开关、继电器、机械传感器等，每秒几乎提供不了 1 个数据；而高速设备如磁盘、CRT 显示器等，每秒钟可传送几千位数据。面对速度差异如此之大的各类外部设备，CPU 无法按固定的时序与它们以同步方式协调工作。

2）外部设备的种类多

外部设备的种类繁多，不同种类的外部设备之间性能各异，对数据传送的要求也各不相同，无法按统一格式进行。

3）外部设备的数据信号多样性

外部设备的数据信号是多种多样的，既有电压信号，也有电流信号；既有数字量，还有模拟量。

4）外部设备的数据传送距离

外部设备的数据传送有近有远，有的使用并行数据传送，有的使用串行数据传送。

由于上述原因，使数据的 I/O 操作变得十分复杂，无法实现外部设备与 CPU 进行直接的同步数据传送，因而必须在 CPU 和外设之间设置接口电路，通过接口电路对 CPU 与外设之间的数据传送进行协调。

3.5.1 I/O 接口电路的作用

接口电路的主要功能有以下几项：

1）速度协调

由于传输速度的差异，使得数据的 I/O 传送只能以异步方式进行，即只能在确认外设已为数据传送作好准备的前提下才能进行 I/O 操作。若要知道外设是否准备好，就需要通过接口电路产生或传送外设的状态信息，以此进行 CPU 与外设之间的速度协调。

2）数据锁存

数据输出都是通过系统的数据总线进行的，但是由于 CPU 的工作速度快，数据在数据总线上保留的时间十分短暂，无法满足慢速输出设备的需要。为此，在接口电路中需设置数据锁存器，以保存输出数据直至为输出设备所接收。

3）三态缓冲

数据输入时，输入设备向 CPU 传送的数据也要通过数据总线，但数据总线是系统的公用数据通道，总线连接许多数据源，工作忙。为维护数据总线上数据传送的"有序"，因此只允许当前时刻正在进行数据传送的数据源使用数据总线,其余数据源都必须与数据总线处于隔离状态。为此要求接口电路能为数据输入提供三态缓冲功能。

4) 数据转换

CPU 只能输入或输出并行的电平数字信号,但是有些外部设备所提供或所需要的并不是这种信号形式。为此需要使用接口电路来进行数据信号的转换,其中包括 A/D 转换、D/A 转换等。

3.5.2　I/O 接口的编址方式

在计算机中,凡需进行读写操作的设备都存在着编址问题。具体来说,在计算机中有两种需要编址的器件:存储器和接口电路。存储器是对存储单元进行编址,而接口电路则是对其中的端口进行编址。对端口编址是为 I/O 操作而准备,因此也称 I/O 编址。常用的 I/O 编址有两种方式:独立编址方式和统一编址方式。

1. 独立编址方式

所谓独立编址,就是把 I/O 和存储器分开进行编址。这样在一个计算机系统中就形成了两个独立的地址空间:存储器地址空间和 I/O 地址空间,从而使存储器读写操作和 I/O 操作变成针对两个不同存储空间的数据操作。因此在使用独立编址方式的 CPU 指令系统中,除存储器读写指令之外,还有专门的 I/O 指令进行数据输入、输出操作。

此外,在硬件方面还需在计算机中定义一些专用信号,以便对存储器访问和 I/O 操作进行硬件控制。独立编址方式的优点是不占用存储器的地址空间,不会减少内存的实际容量。其缺点是需用专门的 I/O 指令和控制信号,从而增加了系统的复杂性。

2. 统一编址方式

统一编址是把系统中的 I/O 和存储器统一进行编址。在这种编址方式中,把端口当做存储单元来对待,也就是让端口占用存储器单元地址。采用这种编址方式的单片机只有 1 个统一的地址空间,这个空间既供存储器编址使用,也供 I/O 编址使用。

MCS - 51 单片机使用的就是这种统一编址的方式,因此在接口电路中的 I/O 编址也采用 16 位地址,和片外 RAM 单元的地址长度一样,而片内的 4 个 I/O 端口则与片内 RAM 统一编址。

统一编址方式的优点是不需要专门的 I/O 指令,可直接使用存储器指令进行 I/O 操作,不但简单方便、功能强,而且 I/O 地址范围不受限制。其缺点是端口占用了一部分内存空间,使内存的有效容量减少,而 16 位的端口地址太长,会使地址译码变得复杂。此外存储器指令比起专用的 I/O 指令来,指令长且执行速度慢。

3.6　CPU 的时序与复位

计算机的 CPU 是一种复杂的同步时序电路,所有工作都是在时钟信号控制下进行的,每执行一条指令,CPU 的控制器都要发出一系列特定的控制信号,这些控制信号在时间上的相互关系问题就是 CPU 的时序问题。

CPU 发出的控制信号有两类:一类是用于计算机内部的,这类信号对于用户而言可不作过多的了解;另一类信号是通过控制总线送到片外的,对于这部分信号的时序,需要用户加以学习。单片机相对于计算机而言,时序要简单得多。

3.6.1 时序的基本概念

51 单片机内部有一个用于构成振荡器的可控高增益反向放大器，具体内容参见 3.2 节。当外接晶振和匹配电容后，就构成了一个振荡器，它是单片机内部的一个振荡信号。单片机内部所有单元工作都会以此信号为基准，形成单片机时序。

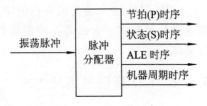

图 3.11　时序发生器框图

振荡器产生的时钟脉冲经脉冲分配器，可产生多项时序，时序发生器框图如图 3.11 所示。单片机执行指令是在时序电路的控制下逐步进行的。时序是用定时单位来说明的。本处以 Atmel 公司的 AT 89C51 为例来说明问题，AT 89C51 的时序定时单位共有 4 个：节拍、状态、机器周期和指令周期，如图 3.12 所示。

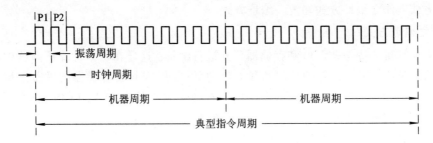

图 3.12　MCS-51 系列单片机各种周期间的关系图

1. 节拍 P

来自振荡器产生的振荡脉冲的周期称为节拍 P。CPU 在一个振荡周期内仅完成一个基本操作，振荡周期越小，单片机工作速度越快。所以，经常提及的振荡频率与振荡周期成倒数关系。注意：在选用振荡频率时，并不是越快越好。若振荡频率高，系统对单片机外围电路工作芯片的工作速度要求也高，否则系统将无法正常工作。

2. 状态周期 S

单片机的时钟信号是振荡源经过 2 分频后形成的时钟脉冲信号。因此，时钟周期是振荡周期的两倍。时钟周期的状态 S 包含两个节拍，其前半周期对应的节拍称 P1，后半周期对应的节拍称 P2。

3. 机器周期

51 系列单片机规定一个机器周期的宽度为 6 个时钟周期，并依次表示为 S1～S6。由于一个机器周期共有 12 个振荡脉冲周期，因此机器周期频率是振荡频率的 1/12。比如，单片机外接晶振为 12 MHz，即振荡脉冲频率为 12 MHZ 时，振荡周期是 $(1/12)\mu s$，约为 0.0833 μs，时钟周期是 1/6 us，约为 0.167 μs，一个机器周期约为 1 μs，指令周期为 1～4 μs；若外接晶振为 6 MHz 时，一个机器周期约为 2 μs。

机器周期是单片机的最小时间单位。

4. 指令周期

执行一条指令所需要的时间称为指令周期。它是最大的时序定时单位。单片机的指令周期根据指令的不同，可包含有一、二、四个机器周期。当振荡脉冲频率为 12 MHZ 时，单片机的一条指令执行的时间最短为 1 μs，最长为 4 μs。

3.6.2　CPU 的时序

MCS - 51 系列单片机的指令分单字节、双字节和三字节 3 种,其中乘、除法指令的执行时间为 4 个机器周期,其余全部为 1 个或 2 个机器周期,三字节指令均为 2 个机器周期指令。图 3.13 为典型指令 ADD A,♯data(这是一条加法指令)的 CPU 读指令的时序。

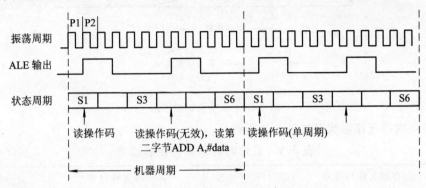

图 3.13　51 读指令周期时序图

指令的执行分取指和执行两个阶段,取指令的时间和 ALE 信号有关。如图 3.13 所示,ALE 信号在每一个机器周期出现两次,第一次在 S1P2、S2P1 期间,第二次在 S4P2、S5P1 期间,其频率为时钟频率的 1/6。每当 ALE 信号出现时,CPU 取指令一次。对于单字节单周期的指令,第一次 ALE 信号时取指,第二次 ALE 信号时仍取指,但此次所取数据丢弃不用,到一个机器周期结束时执行完毕。

3.6.3　复位电路与复位状态

单片机在启动后要从复位状态开始运行,因此上电时要完成复位工作,称为上电复位。上电复位电路如图 3.14(a)所示,上电复位时序如图 3.15 所示,从时序图中可以看见,上电瞬间电容两端的电压不能发生跃变,RST 端为高电平 5 V,上电后电容通过 RC 电路放电,RST 端电位逐渐下降直至低电平 0 V,适当选择电阻 R、电容 C 的值,使 RST 端的高电平维持 2 个机器周期以上即可完成复位。

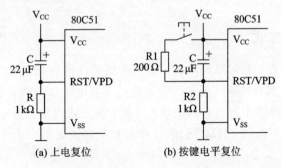

图 3.14　常见的两种单片机复位电路图

单片机在运行中由于本身或外界干扰的原因会导致出错,此时可以使用按键复位,如图 3.14(b)所示,按键复位可以分为按键脉冲复位和按键电平复位,前者与上电复位原理一致,都是利用 RC 电路放电原理,让 RST 端能保持一段时间高电平,以完成复位操作;后者的按键时间也应该保持两个机器周期以上。

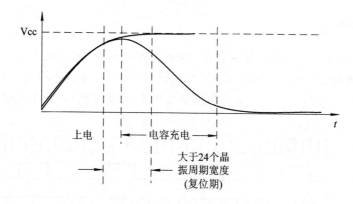

图 3.15　上电复位时序图

复位后，内部寄存器状态如表 3.9 所示。

表 3.9　复位时内部寄存器状态表

寄存器名称与符号		复位状态	寄存器名称与符号	复位状态
程序计数器	PC	0000H	定时器方式寄存器 TMOD	00H
累加器	Acc	00H	定时器控制寄存器 TCON	00H
辅助寄存器	B	00H	T0 计数器高字节 TH0	00H
程序状态字	PSW	00H	T0 计数器低字节 TL0	00H
堆栈指针	SP	07H	T1 计数器高字节 TH1	00H
数据指针	DPTR	0000H	T1 计数器低字节 TL1	00H
四个并行口	P0—P3	FFH	串行口控制寄存器 SCON	00H
中断优先级寄存器	IP	xxx00000	串行口数据寄存器 SBUF	xxH
中断允许寄存器	IE	0xx00000	电源控制寄存器 PCON	0xxx0000

　　值得注意的是在复位后程序计数器 PC 值是 0000H，说明 51 单片机的程序起始位置在程序存储器的 0000H 单元，即程序的第一条指令必须存入 0000H 单元，程序才可能在复位后直接运行。

3.6.4　掉电与节电方式

　　电子系统发展到现在，如何降低功耗一直是受到关注的问题。单片机系统也不例外，目前使用的单片机基本上都有减少功耗的操作方式——节电工作方式，不仅能节约能源，减少电磁污染，还可以防止噪声干扰引起的出错。节电工作方式通常分为空闲节电方式（待机）和掉电方式（停机）两种，下面以 CHMOS 型 51 单片机为例说明。

1. 空闲节电方式

　　在空闲节电方式时，CPU 保持睡眠状态，而片内的其它外设保持激活状态。片内 RAM 和所有 SFR 的内容保持不变。空闲节电方式可由任何允许的中断请求或硬件复位中止。

　　空闲节电方式由软件产生，SFR 中有一个 PCON 寄存器，其 IDL（PCON. 0）位和 PD（PCON. 1）位分别用来控制单片机的节电（IDLE）和掉电（Power Down）两种工作方式。

　　当编程令 IDL 位为"1"时，单片机进入空闲节电方式。此时，内部的相关控制电路关闭了进入 CPU 的时钟，CPU 停止运行，但其状态(PC、PSW、SP、ACC 等的值)仍能完好保存；中断系统，定时计数器，串行口的功能仍保留，可通过中断或硬件复位退出空闲节电方式。

2. 掉电方式

通过编程将 PD 位(PCON.1)置为"1"，可使单片机进入掉电方式。此时，振荡器停振，进入掉电方式的指令时最后一条被执行的指令，片内的 RAM 和 SFR 中的数据保持不变，在终止掉电方式前都是被冻结的。包括中断系统在内的全部电路都将处于停止工作状态。退出掉电方式，可采用硬件复位或由处于使能状态的外中断 INT0 和 INT1 激活。复位后将重新定义全部特殊功能寄存器但不改变 RAM 的内容，在 Vcc 恢复到正常工作电平前，复位应无效，且必须保持一定时间以使振荡器重启动并稳定工作。要使单片机从掉电方式退出后继续执行掉电前的程序，则必须在掉电前预先把 SFR 中的内容保存到片内 RAM 中，并在掉电方式退出后恢复 SFR 掉电前的内容。表 3.10 中列出了空闲和掉电期间外部引脚的状态。

表 3.10　空闲和掉电期间外部引脚状态

模式	程序存储器	ALE	$\overline{PSEN}$	P0	P1	P2	P3
空闲	内部	1	1	数据	数据	数据	数据
空闲	外部	1	1	浮空	数据	地址	数据
掉电	内部	0	0	数据	数据	数据	数据
掉电	外部	0	0	浮空	数据	数据	数据

习　题

1. MCS-51 单片机内部包含哪些主要逻辑功能部件？各个功能部件的主要功能是什么？

2. MCS-51 单片机存储器的组织结构是怎样的？

3. MCS-51 单片机的存储器可划分为几个空间？各自的地址范围和容量是多少？在使用上有什么不同？

4. 8051 单片机如何确定和改变当前工作寄存器组？

5. MCS-51 单片机的程序 ROM 中 0000H、0003H、000BH、0013H、001BH 和 0023H 这几个地址具有什么特殊功能？

6. 8051 单片机有哪几个特殊功能寄存器？可按位寻址的 SFR 有几个？

7. 程序状态字 PSW 的作用是什么？常用的标志位有哪些？其作用是什么？

8. MCS-51 单片机的 $\overline{EA}$ 信号有什么功能？如何正确的使用？

9. 内部 RAM 的低 128 字节划分为几个区域？各有什么功能及特点？

10. ALE 信号有何功用？一般情况下它与机器周期的关系如何？在什么条件下，ALE 信号可用作外部设备的定时信号？

11. 堆栈的作用是什么？堆栈指示器的作用又是什么？

12. MCS-51 单片机的 P0、P1、P2 和 P3 口各有什么特点？

13. 试说明 MCS-51 单片机的时钟振荡周期、机器周期和指令周期之间的关系？1 个机器周期是如何计算的？

14. 单片机有几种复位方式？复位后，机器的初始状态是怎样的？

第4章 指令系统及汇编语言程序设计

教学提示：指令是CPU按照人们的意图来完成某种操作的命令，所有指令的集合就是指令系统，它体现了计算机的性能，是计算机的重要组成部分，也是应用计算机进行程序设计的基础。单片机应用系统的运行，是依靠合理的硬件电路设计和用户程序设计的完美结合实现的，所以掌握单片机需要学习它的指令系统和多样的汇编程序设计方法实现运算和控制功能。

教学要求：本章主要介绍MCS-51单片机的汇编指令的基础知识，包括指令格式、寻址方式、数据传送指令、算术运算指令、逻辑运算指令、位操作指令等。通过本章学习，学生能掌握指令的功能及使用，学会程序设计的基本方法，对于一般的题目要求，能够提出解题办法，画出流程图，编写出汇编语言源程序。

一台计算机只有硬件（称为裸机）是不能工作的，必须配备各种功能的软件，才能发挥其运算、测控等功能，而软件中最基本的就是指令系统。不同类型的CPU有不同的指令系统。本章将介绍MCS-51系列单片机的指令系统和汇编语言程序设计。

4.1 程序设计概述

4.1.1 指令和程序设计语言

前面已经讲述了单片机的几个主要组成部分，这些部分构成了单片机的硬件。所谓硬件，就是看得到、摸得到的实体。但是，只有这样的硬件，只是有了实现计算和控制功能的可能性。单片机要真正地能进行计算和控制，还必须有软件的配合。软件主要指的是各种程序。只有将各种正确的程序"灌入"（存入）单片机，它才能有效地工作。单片机之所以能自动地进行运算和控制，正是由于人把实现计算和控制的步骤一步步地用命令的形式，即一条条指令预先存入到存储器中，单片机在CPU的控制下，将指令一条条地取出来，并加以翻译和执行。把要求计算机执行的各种操作用命令的形式写下来，这就是指令。一条指令，对应着一种基本操作。单片机所能执行的全部指令，就是该单片机的指令系统，不同种类的单片机，其指令系统也不同。用户为解决自己的问题用指令系统内的指令所编写的指令集合（程序）称为源程序。

程序是若干指令的有序集合，单片机的运行就是执行这一指令序列的过程，编写这一指令序列的过程称为程序设计。目前，用于程序设计的语言基本上分为三种：机器语言、汇编语言和高级语言。下面对这三种语言进行简单介绍。

1. 机器语言

机器语言是面向计算机系统的。它是指计算机能直接识别和执行的二进制代码形式的指令，也称机器指令。用机器语言组成的程序，常称为目标程序，它是能被计算机直接执行的唯一的一种程序。通常，无论是用何种语言编写的计算机程序，都必须经过编译将它翻译成机器语言程序才能在计算机中运行。

例如：要做"10＋20"的加法，机器语言（指令）如下：

机器码		注释
01110100	00001010	；把 10 放到累加器 A 中
00100100	00010100	；A 加 20，结果仍放在 A 中

现在 A 中为"10＋20"的结果，为了便于书写和记忆，可采用十六进制表示指令。以上两条指令可写成：

74　0AH

24　14H

显然用机器语言（二进制代码）编写程序不易记忆、不易查错、不易修改。故一般不采用机器语言来编写程序。

2. 汇编语言

为了克服机器语言难懂、难编、难记和易出错的缺点，人们就用与机器语言实际含义相近的英文缩写、字母和数字等助记符号来取代二进制的机器语言。如，用 MOV 表示数据传送，用 ADD 表示运算符号"＋"等，于是就产生了汇编语言。

用汇编语言编写程序，每条指令的意义清晰，给程序的编写、阅读和修改都带来很大的方便。汇编指令与机器指令是一一对应的，即一条汇编语言的可执行指令对应着一条机器语言指令，反之亦然。因此，汇编语言可直接利用和发挥机器硬件系统的许多特性，如寄存器、标志位以及一些特殊指令等，这样能提高编程的质量和程序的运行速度，而且占用内存量少。一般来说，某些对时间和存储器容量要求较高的程序常用汇编语言来书写，如系统软件、实时控制系统、智能化仪器、仪表软件等。MCS－51 系列单片机是用 51 系列单片机的指令系统来编程的，其汇编语言的语句格式，也就是单片机的指令格式，即：

【标号：】操作码【目的操作数】【，源操作数】【；注释】

例如：要做"10＋20"的加法，汇编语言（指令）如下：

指令	注释
MOV A，♯0AH	；把 10 放到累加器 A 中
ADD A，♯14H	；A 加 20，结果仍放在 A 中

汇编语言是面向机器的程序设计语言，与具体的计算机硬件有着密切的关系。然而，汇编语言也有它的缺点，在用它编写程序时，必须熟悉机器的指令系统、寻址方式、寄存器设置和使用方法，而编出的程序也只适用于某一系列的计算机。因此，汇编语言可移植性差，不能直接移植到不同类型的计算机系统。

3. 高级语言

高级语言（如 C 语言）克服了汇编语言的缺点，是一种面向问题或过程的语言。它是一种接近于自然语言和数学算法的语言，与机器的硬件无关，用户编程时不必仔细了解所用计算机的具体性能和指令系统。高级语言不但直观、易学、易懂，而且通用性强，可以在不同的计算机上运行，因此可移植性好。

用高级语言编写的程序需要由编译程序或解释程序将它们翻译成对应的目标程序，机器才能接受。由于高级语言指令与机器语言指令不是一一对应的，往往一条高级语言指令对应着多条机器语言指令。因此，这个翻译过程要比将汇编源程序翻译成目标程序花费的时间要长得多，产生的目标程序也较冗长，占用存储空间也较大，执行的速度也较汇编语言慢。采用高级语言编写程序可以节省软件开发的时间，但它不允许程序员直接利用寄存器、标志位等这些计算机硬件特性，因而也影响了许多程序设计的灵活性。

4.1.2 汇编概念

用汇编语言编写的源程序，还必须经过从汇编源程序到机器语言目标程序的"翻译"，才能在单片机上运行，这种翻译的过程称为汇编。汇编可分为手工汇编和机器汇编两类。

1. 手工汇编

在汇编语言源程序设计中，简单的程序可用手工编程，即采用键盘输入的编写方式。首先把程序用助记符指令写出，然后通过查指令的机器代码表，逐个把助记符指令"翻译"成机器代码，再进行调试和运行。通常将这种人工查表"翻译"指令的方法称为"手工汇编"。手工汇编都是按绝对地址对指令定位，但遇到相对转移指令偏移量的计算时，要根据转移的目标地址计算偏移量，不但麻烦，而且容易出错，通常只有小程序或条件限制时才使用手工汇编。在实际的程序设计中，多采用机器汇编来自动完成汇编。

2. 机器汇编

机器汇编是借助于计算机上的软件（汇编程序）来代替手工汇编。首先，在计算机上用编辑软件进行源程序的编辑，编辑完成后生成一个 ASCII 文件，文件的扩展名为".ASM"。然后，在计算机上运行汇编程序，把汇编语言源程序翻译成机器语言。使用计算机完成汇编后，利用计算机的串行口与单片机的通讯口把汇编成的目标代码（机器语言）传送到单片机的仿真器中去调试、执行，我们称这种方式为交叉汇编。它具有效率高，不易出错等特点。

例 4.1 表 4.1 是一段汇编源程序，可通过查指令表的方式进行手工汇编，也可直接用汇编软件进行机器汇编（设此段程序存放地址出 2000H 处并始）。

表 4.1 汇编源程序与汇编后的机器码

汇编语言源程序		汇编后的机器代码	
标号	助记符指令	地址（十六进制）	机器代码（十六进制）
START：	MOV　　A，＃08H	2000	74　　08
	MOV　　B，＃76H	2002	75　　F0　　76
	ADD　　A，A	2005	05　　E0
	ADD　　A，B	2007	05　　F0
	LJMP　　START	2009	02　　20　　00

有时，在分析某些产品的 ROM/EPROM 中的程序时，要将二进制的机器代码语言程序翻译成汇编语言程序，该过程称为反汇编。

4.2 指令格式和寻址方式

4.2.1 指令格式

MCS-51 的指令有 111 条，分别表征 30 多种基本指令功能。其汇编指令格式如下：

【标号：】操作码【目的操作数】【，源操作数】【 ；注释】

在指令的一般格式中使用了可选择符号"【】"，其包含的内容可有可无。下面分别介绍各个部分的含义。

标号：是该指令的符号地址，表明该指令在程序中的位置，在其它指令中可被引用，经常出现在转移指令中，可根据需要设置。标号后要用"："将其与操作码分隔开。标号的命名应符合字符集，即英文的大、小写字母(a～z，A～Z)、数字(0～9)。标号严禁使用保留字符，如指令助记符、伪指令、常数等语言规范中已经使用了的符号，且长度不能超过 8 个字符，首字符必须为字母。

操作码：是指令的核心部分，操作码的作用是用于指示机器执行哪种操作，如加、减、乘、除、传送等。

操作数：是操作指令的作用对象，分为目的操作数和源操作数，二者之间用"，"分开。操作数是一个具体的数据，也可以是参与运算的数据所在的地址。操作数一般有以下几种形式：

(1) 没有操作数，操作数隐含在操作码中，如 RET 指令；

(2) 只有一个操作数，如 INC A 指令；

(3) 有两个操作数，如 MOV A，30H 指令；

(4) 有 3 个操作数，如 CJNE A，♯00H，10H 指令。

注释：是对该指令功能的解释，主要是便于理解和阅读程序，可根据需要适当添加，编译器对注释是不做处理的。注释前要用"；"将其与操作指令分开。注释换行时，行前也要加分号。

从指令的二进制代码表示的角度看，指令格式是以 8 位二进制(1 字节)为基础，它可分为单字节、双字节和三字节指令。

1. 单字节指令

单字节指令的二进制代码只有一个字节。它分为两类：一类是无操作数的单字节指令，其指令码只有操作码字段，操作数隐含在操作码中；另一类是含有操作数寄存器编号的单字节指令，其指令码由操作码字段和用来指示操作数所在寄存器号的地址码组成。其格式如表4.2 所示。

表 4.2　单字节指令格式

7	0
操作码	(地址码)

2. 双字节指令

双字节指令的二进制代码有两个字节，第一个字节是操作码(或操作码加操作数所在寄存器的地址码)，第二个字节是数据或数据所在的地址码。其格式如表 4.3 所示。

表 4.3　双字节指令格式

	7	0
第一字节	操作码	(地址码)
第二字节	数据或地址码	

3. 三字节指令

三字节指令的二进制代码有三个字节，第一字节是操作码，第二和第三字节是操作数或操作数地址。其格式如表 4.4 所示。

表 4.4　三字节指令格式

	7　　　　　　0
第一字节	操作码
第二字节	数据或地址码
第三字节	数据或地址码

4.2.2　指令中常用符号

介绍各类指令前，先对描述指令的一些符号的意义进行以下说明：

(1) Ri 和 Rn：R 表示当前工作寄存器区中的工作寄存器。i 表示 0 或 1，即 R0 和 R1。n 表示 0～7，即 R0～R7。当前工作寄存器的选定是由 PSW 的 RSl 和 RS0 位决定的。

(2) ♯data：♯表示立即数，data 为 8 位常数。♯data 是指包含在指令中的 8 位立即数。

(3) ♯data16：指包含在指令中的 16 位立即数。

(4) rel：表示相对地址，以补码形式表示的地址偏移量，范围为－128～＋127，主要用于无条件相对短转移指令 SJMP 和所有的条件转移指令中。

(5) addr16：表示 16 位目的地址。目的地址可在全部程序存储器的 64 KB 空间范围内，主要用于无条件长转移指令 LJMP 和子程序长调用指令 LCALL 中。

(6) addr11：表示 11 位目的地址。目的地址应与下一条指令处于相同的 2 KB 程序存储器地址空间范围内，主要用于绝对转移指令 AJMP 和子程序绝对调用指令 ACALL 指令中。

(7) direct：表示直接寻址的地址，即 8 位内部数据存储器 RAM 的单元地址（0～255），或特殊功能寄存器 SFR 的地址。对于 SFR 可直接用其名称来代替其直接地址。

(8) bit：表示内部数据存储器 RAM 和特殊功能寄存器 SFR 中的可直接寻址位地址。

(9) @：指间接寻址寄存器或基地址寄存器的前缀，如@Ri，@DPTR，表示寄存器间接寻址。

(10)（X）：表示 X 中的内容。

(11)（（X））：表示由 X 寻址的单元中的内容，即（X）作地址，该地址的内容用（（X））表示。

(12) /和→：/表示对该位操作数取反，但不影响该位的原值。→表示指令操作流程，将箭头一方的内容，送入箭头另一方的单元中。

4.2.3　寻址方式

指令通常由操作码和操作数组成，操作数的两个重要参数为目的操作数和源操作数。它们指出参加运算的数或该数所在的单元地址。获得这些操作数所在地址的过程称为寻址。MCS-51 单片机有 7 种寻址方式，即立即寻址、直接寻址、寄存器寻址、寄存器间接寻址、变址寻址、相对寻址和位寻址。

1. 立即寻址

指令的源操作数是数值,这种操作数称做立即数,在指令中用"#"作为其前缀。含有立即数的指令的指令码中,操作码后面字节的内容就是操作数本身,不需要到其它地址单元去取,这种寻址方式称为立即寻址方式。

例如:机器码　　　　　助 记 符　　　　　注　释

74 FA　　　　　MOV A,#0FAH　　　　;(A) ← FAH

FAH 是立即数,74H 是操作码,指令功能是将立即数送入累加器 A,即(A)=FAH。程序存储器中指令以机器码形式存放(机器码由系统自动生成,实际编程不需要写出),上述指令的寻址过程如图 4.1 示。

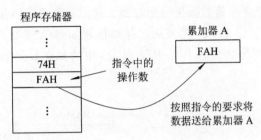

图 4.1　立即寻址方式示意图

在 MCS－51 指令系统中还有一条 16bit 立即寻址指令:

例如:机器码　　　　　助 记 符　　　　　　　　注　释

90 30 01　　　MOV DPTR,#3001H　　　;(DPH)←30H,(DPL)←01H

上述指令的功能是将 16bit 立即数 3001H 送给数据指针 DPTR,即(DPTR)=3001H。

2. 直接寻址

指令中直接给出操作数所在的存储器地址,以供寻址取数或存数的寻址方式称为直接寻址。

例如:机器码　　　　　助 记 符　　　　　注　释

E5H 50H　　　　　MOV A,50H　　　　;(A)←(50H)

该指令的功能是把内部数据存储器 RAM 的 50H 单元内的内容送到累加器 A。指令直接给出了源操作数的地址 50H。该指令的机器码为 E5H 50H。

MCS－51 系列单片机的直接寻址可用于访问内部数据存储器,也可用于访问程序存储器。直接寻址可访问内部 RAM 的低 128 个单元(00H~7FH),同时也是访问高 128 个单元的特殊功能寄存器 SFR 的唯一方法。由于 SFR 占用片内 RAM(80H~FFH)的地址,对于MCS－51 系列单片机,片内 RAM 只有 128 个单元,它与 SFR 的地址没有重叠。

为避免混淆,单片机规定:

直接寻址的指令不能访问片内 RAM 的高 128 个单元(80H~FFH),若要访问这些单元只能用寄存器间接寻址指令,而要访问 SFR 只能用直接寻址指令。另外,访问 SFR 可在指令中直接使用该寄存器的名字来代替地址,如 MOV A,80H,可以写成 MOV A,P0(因为 P0口的地址为 80H)。直接寻址还可直接访问片内 221 个位地址空间。

直接寻址访问程序存储器的指令有长转移指令 LJMP addr16 与绝对转移指令 AJMPaddr11、长调用指令 LCALL addr16 与绝对调用指令 ACALL addr11,它们都直接给出了程序存储器的 16 位地址(寻址范围覆盖 64 KB)或 11 位地址(寻址范围覆盖 2 KB)。执行这些指令后,程序计数器 PC 的全部 16 位或低 11 位地址将更换为指令直接给出的地址,机器将改为访问以所给地址为起始地址的存储器区间。

3. 寄存器寻址

指令中的操作数放在寄存器中,找到寄存器就可得到操作数,这种寻址方式称为寄存器寻址。寄存器寻址的工作寄存器包括 R0～R7、累加器 A、寄存器 B、数据指针 DPTR 和 Cy(作为位处理累加器)等。

例如:机器码　　　　　　助记符　　　　　　注　释

11101011　　　　MOV A,R3　　　　;(A) ← (R3)

这条指令的功能是寄存器将数据送给累加器,它为一条单字节指令,低 3 位 011 代表工作寄存器 R3 的地址,高 5 位 11101 代表从寄存器往累加器 A 送数据的操作。该指令的低 3 位可从 000～111 变化,则分别代表 R0～R7。设 R3 中的操作数是 B9H,该条指令的寻址过程如图 4.2 所示。

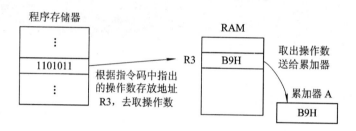

图 4.2　寄存器寻址方式示意图

4. 寄存器间接寻址

寄存器的内容不是操作数本身,而是存放操作数的地址,要获取操作数需要通过寄存器间接得到,这种寻址方式称为寄存器间接寻址。

寄存器间接寻址只能使用寄存器 R0 或 R1 作为间接地址寄存器,来寻址内部 RAM(00H～FFH)中的数据。寄存器前用符号"@"表示是采用间接寻址方式。对于内部 RAM 有256 字节的 52 系列单片机,其高 128 字节(80H～FFH)只能采用寄存器间接寻址方式,以避免和同样采用此区地址的 SFR 发生冲突。

寄存器间接寻址也适用于访问外部 RAM,用 DPTR 作为间接寻址寄存器,可寻址64 KB空间;对于外部 RAM 的低 256 字节单元,也可用 R0、R1 作为间接寻址寄存器。

值得注意的是,寄存器间接寻址方式不能用于寻址特殊功能寄存器。

例如:

MOV A,@R1　　　　;(A)←((R1))

该指令的功能是把 R1 所指的内部 RAM 单元中的内容送至累加器 A。若 R1 的内容为40H,而内部 RAM 的 40H 单元中的内容是 0A6H,则指令 MOV A,@R1 的功能是将0A6H 这个数送到累加器 A,其寻址过程如图 4.3 所示。

若 R1 的内容是 90H,则指令 MOV A,@R1 是将内部 RAM 的 90H 单元(52 子系列)的值送给 A。又因为 90H 是特殊功能寄存器 P1 的地址,所以如果要寻址 P1,需要采用直接寻址的方式,即 MOV A,90H,这才是将 P1 端口的内容送 A,请注意区别。

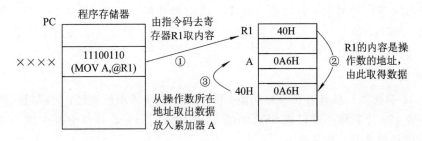

图 4.3　寄存器间接寻址示意图

5. 变址寻址

这种寻址方式常用于访问程序存储器中的数据表格，它把基址寄存器（DPTR 或 PC）和变址寄存器 A 的内容作为无符号数相加形成 16 位的地址，该地址单元中的内容才是所需的操作数。

例如：

MOVC A，@A+DPTR　　　　；(A)←((DPTR)+(A))

MOVC A，@A+PC　　　　　；(A)←((PC)+(A))

A 中为无符号数，该指令的功能是 A 的内容和 DPTR 或当前 PC 的内容相加得到程序存储器的有效地址，把该存储器单元中的内容送到 A。

MOVC A，@A+DPTR 的指令码是 93H，其寻址过程如图 4.4 所示。

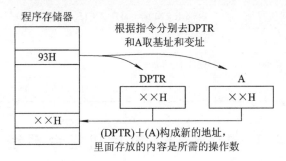

图 4.4　基址寄存器加变址寄存器间接寻址示意图

6. 相对寻址

程序的执行往往需要相对转移，即以当前指令的位置（PC 值）为基准点，加上指令中给出的相对偏移量（rel）来获得操作数所在的实际地址，这类寻址方式称为相对寻址。它是转移指令中用到的寻址方式。偏移量 rel 是符号数，其范围为 −128～+127，用补码表示为 80H～7FH，实际应用中常用符号地址代替。

例如：JC rel　　　；若 C=1，则跳转至(PC)=（PC 当前地址 ）+ rel

机器码为 40H rel。其中第一字节为操作码，第二字节是相对于程序计数器 PC 当前地址的偏移量 rel。

注意：这里的 PC 当前地址是指执行完 JC rel 指令后的 PC 值，而不是指向该条指令的 PC 值。例如：

1005H：　　　　　JC　80H

　　　　　　　；若 C=1，则跳转至(PC)=1005H+80H 处

　　　　　　　；若 C=0，则顺序执行(PC)=1007H

若这条双字节的转移指令存放在 1005H，取出操作码后，PC 指向 1006H，取出偏移量后 PC 指向 1007H，故在计算偏移量相加时，PC 已为 1007H 单元，即指向该条指令的下条指令。具体过程见后面相关指令的介绍。

7. 位寻址

MCS - 51 系列单片机具有位寻址功能，即指令中直接给出位地址，可以对内部数据存储器 RAM 中的 128 位和特殊寄存器 SFR 中的 93 个位进行寻址，并且位操作指令可对地址空间的每一位进行传送及逻辑操作。

例如：SETB　PSW.3　　；(PSW.3)←1

该指令的功能是给程序状态字 PSW 中的 RS0 置 1。该指令为双字节指令，机器代码为 D2H D3H，指令的第二字节直接给出位地址 D3H（PSW.3 的位地址）。

综上所述，在 MCS - 51 系列单片机的存储空间中，指令究竟对哪个存储器空间进行操作是由指令操作码和寻址方式确定的。7 种寻址方式及使用空间如表 4.5 所示。

表 4.5　7 种寻址方式及使用空间

寻址方式	使用的空间
立即寻址	内部 RAM、寄存器
直接寻址	内部 RAM 的 00H～7FH、SFR、程序存储器
寄存器寻址	R0～R7、A、B、PSW、DPTR 寄存器
寄存器间接寻址	内部 RAM 的 00H～FFH、外部 RAM
变址寻址	程序存储器
相对寻址	程序存储器
位寻址	内部 RAM 中 20H～2FH、SFR

4.3　MCS - 51 单片机指令系统

MCS - 51 单片机指令系统分为数据传送类指令、算术运算类指令、逻辑运算及移位类指令、控制转移类指令和位操作(布尔操作)指令 5 类，共计 111 条指令。现分别介绍各类指令的格式、功能、对状态标志的影响以及应用。

4.3.1　数据传送类指令

数据传送类指令共 29 条，它是指令系统中最活跃、使用最多的一类指令。一般的操作是把源操作数传送到目的操作数，即指令执行后目的操作数改为源操作数，而源操作数保持不变。若要求在进行数据传送时，不丢失目的操作数，则可以用交换型传送指令。

数据传送类指令不影响进位标志 CY、半进位标志 AC 和溢出标志 OV，但当传送或交换数据后影响累加器 A 的值时，奇偶标志 P 的值则按 A 的值重新设定。

按数据传送类指令的操作方式，传送类指令又可分为 3 种类型：数据传送、数据交换和堆栈操作，并使用 8 种助记符：MOV、MOVX、MOVC、XCH、XCHD、SWAP、PUSH 及POP。表 4.6 给出了各种数据传送指令的操作码助记符和对应的操作数。

表 4.6　数据传送类指令的操作码助记符与对应操作数

功　能		助记符	操作数与传送方向
数据传送	内部数据存储器传送	MOV	A 、 Rn 、 @Ri 、 direct←#data DPTR←#data16 A⇔Rn 、 @Ri 、 direct direct⇔direct 、 Rn 、 @Ri
	外部数据存储器传送	MOVX	A⇔@Ri 、 @DPTR
	程序存储器传送	MOVC	A←@A+DPTR 、 @A+PC
数据交换	字节交换	XCH	A⇔Rn 、 @Ri 、 direct
	半字节交换	XCHD	A 低四位⇔Ri 低四位
	A 高、低 4 位互换	SWAP	A 低四位⇔A 高四位
堆栈操作	压入堆栈	PUSH	SP⇔direct
	弹出堆栈	POP	

1. 内部数据存储器之间的数据传送指令

内部数据存储器 RAM 区是数据传送最活跃的区域，可用的指令也最多，共有 16 条指令，指令操作码助记符为 MOV。其汇编指令与操作如表 4.7 所示。

表 4.7　内部数据存储器之间的数据传送指令与操作

汇编指令	操作
MOV A, #data	(A)←data
MOV A, direct	(A)←(direct)
MOV A, Rn	(A)←(Rn)
MOV A, @Ri	(A)←((Ri))
MOV Rn, direct	(Rn)←(direct)
MOV Rn, A	(Rn)←(A)
MOV Rn, #data	(Rn)←data
MOV direct, A	(direct)←(A)
MOV direct, Rn	(direct)←(Rn)
MOV direct, #data	(direct)←data
MOV direct, @Ri	(direct)←((Ri))
MOV direct, direct	(direct)←(direct)
MOV @Ri, A	((Ri))←(A)
MOV @Ri, direct	((Ri))←(direct)
MOV @Ri, #data	((Ri))←data
MOV DPTR, #data16	(DPTR)←#data16

内部 RAM 之间源操作数传递关系如图 4.5 所示。为了便于理解指令功能，按对源操作

数的寻址方式逐一介绍各条指令。

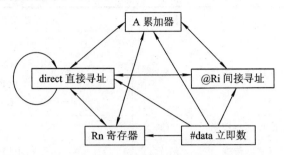

图 4.5　内部 RAM 间数据传递关系图

1) 立即寻址

该寻址方式下，内部 RAM 区的数据传送指令有以下 5 条。这里描述指令格式的次序为操作码助记符、目的操作数、源操作数、功能注释。以下类同，不再说明。

操作码助记符	目的操作数	源操作数	功能注释
MOV	@Ri	，♯data	；((Ri))←♯data
MOV	Rn	，♯data	；(Rn)←♯data
MOV	DPTR	，♯data16	；(DPTR)←♯data16
MOV	A	，♯data	；(A)←♯data
MOV	direct	，♯data	；(direct)←♯data

这组指令表明，8 位立即数可以直接传送到内部数据区 RAM 的各个位置，并且可把 16 位立即数直接装入数据指针 DPTR。其相关指令的功能及应用举例如下：

① MOV direct，♯data　　　；(direct)←♯data

该指令的功能是把立即数传送到内部数据存储器 RAM 的 00H～7FH，以及特殊功能寄存器 SFR 的各单元，它为三字节指令。

例如：把立即数 60H 传送到 RAM 的 30H 单元和 P1 口（地址为 90H），可采用如下指令：

　　　MOV 30H，♯60H　　　　；(30H)←♯60H
　　　MOV P1，♯60H　　　　　；(90H)←♯60H

② MOV @Ri，♯data　　　　；((Ri))←♯data

该指令的功能是把立即数传送到由 R0 和 R1 寄存器的内容指出的片内数据存储器 RAM 的单元（MCS-51 系列为 00H～7FH，MCS-52 系列为 00H～FFH）。当使用 R0 和 R1 寄存器时，机器代码分别为 76H 和 77H，而 R0、R1 属于片内 RAM 中哪一组工作寄存器由 PSW 中的 RS1 和 RS0 决定。

例如：要把立即数 60H 传送到 RAM 的 30H 单元，需用如下两条指令：

　　　MOV R0，♯30H　　　　；(R0)←♯30H
　　　MOV @R0，♯60H　　　　；((R0))←♯60H

由此可见，完成同样功能，所用指令不同，程序所占空间不同，执行效率不同。因此，在实际编程时要注意程序的优化。

③ MOV Rn，♯data　　　　；(Rn)←♯data

该指令的功能是把立即数传送到内部寄存器 R0～R7，该指令为双字节指令，机器代码为：

0　1　1　1　1　r　r　r	data

其中，rrr 取值为 000、001、…、110、111，对应 R0、R1、…、R6、R7 共 8 个寄存器，机器代码为 78、79、…、7E、7F。但在片内 RAM 中属于哪一组的 R0～R7 由 PSW 中 RSl 和 RS0 的设置决定。该指令共对应 8 条指令，但在 MCS－51 单片机指令系统中，该指令只统计为一条。

④ MOV DPTR，♯data16　　　；(DPTR)←♯data16

该指令的功能是把 16 位立即数装入数据指针 DPTR。它是 MCS-51 系列单片机指令系统中唯一一条 16 位数据传送指令。该指令为三字节指令，第一字节为 90H，第二字节为高 8 位立即数，第三字节为低 8 位立即数。

例如：MOV DPTR，♯5534H　　　　；(DPTR)←5534H

指令执行后，DPTR 寄存器的高 8 位寄存器 DPH 的内容为 55H，低 8 位寄存器 DPL 的内容为 34H。该指令的机器代码为 90H 55H 34H。

本条指令的等效指令可写为：

MOV DPH，♯55H

MOV DPL，♯34H

2）寄存器寻址

在该寻址方式下，内部 RAM 区的数据传送指令有以下 5 条：

MOV direct，A　　；(direct)←(A)

MOV @Ri，A　　　；((Ri))←(A)

MOV Rn，A　　　　；(Rn)←(A)

MOV A，Rn　　　　；(A)←(Rn)

MOV direct，Rn　　；(direct)←(Rn)

这组指令的功能是把累加器 A 的内容传送到内部数据区 RAM 的各个单元，或者把指定工作寄存器 R0～R7 中的内容传送到累加器 A 或 direct 所指定的片内 RAM 的 00H～7FH 单元或特殊功能寄存器 SFR。但不能用这类指令在内部工作寄存器之间直接传送。例如，不存在 MOV R1，R2 这样的指令。

3）直接寻址

在该寻址方式下，内部 RAM 区的数据传送指令有如下 4 条指令：

MOV A，direct　　　；(A)←(direct)

MOV Rn，direct　　　；(Rn)←(direct)

MOV @Ri，direct　　 ；((Ri))←(direct)

MOV direct2，directl　；(direct2)←(directl)

这组指令将直接地址规定的内部 RAM 单元(片内 RAM 的 00H～7FH，SFR 的 80H～FFH 单元)的内容传送到累加器 A、寄存器 Rn，并能实现内部数据寄存器 RAM 之间、特殊功能寄存器 SFR 之间或 SFR 与内部 RAM 之间的直接数据传递。直接传递不需要通过累加器 A 或者工作寄存器来间接传送，从而提高了数据传送的效率。

例如：MOV P2，P1　；(P2)←(P1)

该条指令的功能是不通过其它寄存器，直接把 P1 口(端口地址为 90H)的内容传送到 P2 口(端口地址为 A0H)输出，提高了效率。该指令为三字节指令，机器代码为 85H 90H A0H。

4）寄存器间接寻址

在该寻址方式下，内部 RAM 区的数据传送指令有以下两条：

  MOV A，@Ri   ;（A）←（（Ri））

  MOV direct，@Ri ;（direct）←（（Ri））

这组指令把以 Ri 的内容作为地址进行寻址所得到单元的内容，传送到累加器 A 或 direct 指定的片内 RAM 区单元。间接寻址可访问片内数据存储器的低 128 个单元（00H～7FH）和高 128 个单元（80H～FFH，对 52 子系列），但不能用于寻址特殊功能寄存器 SFR。

例 4.2 试判断下列程序的执行结果。

序号	指令
①	MOV 30H，♯40H
②	MOV 40H，♯10H
③	MOV P1，♯0CAH
④	MOV PSW，♯00H
⑤	MOV R0，♯30H
⑥	MOV A，@R0
⑦	MOV R1，A
⑧	MOV B，@R1
⑨	MOV @R1，P1
⑩	MOV P3，P1

操作过程的解释：

第①条：将 8 位立即数 01000000B＝40H 送给片内 RAM 地址为 30H 单元中。即表示成（30H）←40H 或（30H）＝40H。

第②条：将立即数 10H 送给片内 RAM 的 40H 单元中，即（40H）＝10H。

第③条：P1 是符号，代表片内 SFR 地址 90H，实际是将立即数 CAH 送给 P1，即 90H 地址中。（P1）＝CAH 等价于（90H）＝CAH。♯0CAH 中的 0 为数据 CAH 的引导零（在计算机上编译时用）。

第④条：PSW 是符号，代表片内 SFR 地址 D0H，实际是（PSW）＝00H。再将 00H 展开为二进制数 00000000（B），其中位标志（RS1）＝0（B）、（RS0）＝0（B），指通用寄存器 R0～R7 当前处在 0 组，其对应的地址为 00H～07H，即 R0＝00H（R0 不加括号表示地址），其余依此类推。

第⑤条：（R0）＝30H，结合上述第 4 条可知，此时 R0 对应 0 区的地址为 00H，即（R0）＝（00H）＝30H。故立即数 30H 最终被送到片内 RAM 地址 00H 中。

第⑥条：（A）＝（（R0））＝（30H）＝40H（结合第⑤条、第①条）。累加器 A 是符号，代表片内 SFR 地址 E0H，即（A）＝E0H，故立即数 40H 最终被送到片内 SFR 地址 E0H 中。

第⑦条：（R1）＝（A）＝40H。而已知 0 组的 R1 地址为 01H，故将累加器 A 存放的数据 40H 送到片内 RAM 地址 01H 中。

第⑧条：（B）＝（（R1））＝（40H）＝10H（结合第⑦条、第②条）。寄存器 B 是符号，代表片内 SFR 地址 F0H，即 B＝F0H，故片内 RAM 的 40H 中存放的数据 10H 最终被送到片内 SFR 地址 F0H 中。另外，该指令的实际形式是 MOV F0H，@R1。

第⑨条：（（R1））＝（40H）＝（P1）＝CAH（结合第⑧条、第③条）。即片内 SFR 地址 90H

中存放的数据 CAH 最终被送到片内 RAM 地址 40H 中。该指令的实际形式是：MOV @R1，90H。

第⑩条：(P3)＝(P1)＝CAH，P3 是符号，代表片内 SFR 地址 B0H，即 P3＝B0H，P1＝90H。故片内 SFR 地址 90H 中存放的数据 CAH 最终被送到片内 SFR 地址 B0H 中。该指令的实际形式是 MOV B0H，90H。

执行结果：(30H)＝40H，(40H)＝CAH，(P1)＝(90H)＝CAH，(P3)＝(B0H)＝CAH，(R0)＝(00H)＝30H，(R1)＝(01H)＝40H，(A)＝(E0H)＝40H，(B)＝(F0H)＝10H。

2. 外部数据存储器数据传送指令

该类指令在累加器 A 与外部数据存储器 RAM 之间传送一个字节的数据，采用间接寻址方式寻址外部数据存储器。其汇编指令与操作如表 4.8 所示。

表 4.8　外部数据存储器数据传送指令的汇编指令与操作

汇编指令	操作
MOVX A，@Ri；	$(A) \leftarrow ((Ri))$
MOVX A，@DPTR；	$(A) \leftarrow ((DPTR))$
MOVX @Ri，A；	$((Ri)) \leftarrow (A)$
MOVX @DPTR，A；	$((DPTR)) \leftarrow (A)$

前两条指令将外部 RAM 的数据传送到累加器，后两条指令是将累加器数据传送到外部 RAM。CPU 与外部 RAM 的数据交换只能通过累加器 A 进行，包括读数据和写数据两种操作，指令特征是 MOVX。其中 MOVX A，@Ri 和 MOVX @Ri，A 两条指令，隐含着外部 RAM 地址的高 8 位，而该高 8 位地址是由 P2 寄存器输出的，低 8 位地址由 Ri 寄存器的内容提供，即真正外部 RAM 地址(16 位)为(P2)(Ri)。

例 4.3　试分析以下指令的执行结果。

　　MOV DPTR，#9000H　　　；(DPTR)＝9000H

　　MOVX A，@DPTR　　　　；(A)＝((DPTR))＝(9000H)

即将外部 RAM 9000H 地址单元的内容读出传送到累加器 A 中。

例 4.4　试分析下列指令的执行结果。

　　MOV P2，#80H　　　　；(P2)＝80H，作为外部 RAM 的高 8 位地址

　　MOV R0，#20H　　　　；(R0)＝20H，作为外部 RAM 的低 8 位地址

　　MOVX A，@R0　　　　；(A)←((P2)(R0))＝(8020H)

即将外部 RAM 8020H 地址单元的内容读出传送到累加器 A 中。

例 4.5　试分析下列指令的执行结果。

　　MOV DPTR，#9000H　　　；(DPTR)＝9000H

　　MOV A，#10H　　　　　；(A)＝10H

　　MOVX @DPTR，A　　　　；((DPTR))＝(9000H)＝(A)＝10H

即将数据 10H 写入到外部 RAM 9000H 地址中。

例 4.6　试分析下列指令的执行结果。

　　MOV P2，#90H　　　　；(P2)＝90H

```
MOV R1，♯10H          ;（R1）＝10H
MOV A，♯30H           ;（A）＝30H
MOVX @R1，A           ;（(P2)(R1)）＝(9010H)＝(A)＝30H
```

即将数据 30H 写入到外部 RAM 9010H 地址中。

另外，访问外部 RAM 读/写时，相应单片机硬件使其读信号（$\overline{RD}$）或写信号（$\overline{WR}$）有效（为低电平）。

3. 程序存储器数据传送指令

程序存储器向累加器 A 传送数据指令，又称查表指令。它采用变址寻址方式，把程序存储器（ROM 或 EPROM）中存放的表格数据读出，传送到累加器 A。其汇编指令及操作如表 4.9 所示。

表 4.9 程序存储器数据传送指令的汇编指令与操作

汇编指令	操 作
MOVC A，@A+DPTR;	（A）←((A)＋(DPTR))
MOVC A，@A+PC;	（PC）←(PC)＋1，（A）←((A)＋(PC))

两条指令的功能是把作为变址寄存器的累加器 A 中的内容与基址寄存器（DPTR 或 PC）的内容进行 16 位无符号数的加法操作，得到程序存储器某单元地址，再把该地址单元的内容送入累加器 A，执行指令后基址寄存器 DPTR 的内容不变，PC 的内容为(PC)＋1。由于执行16 位加法，从低 8 位产生的进位将传送到高位去，不影响任何标志位。MOVC 的含义为传送常数，称为查表指令。该指令可以访问由（DPTR）指向表格首址，（A）作为表项序号的0～255 项表格。其中，表格可以设置在 64 KB 程序存储器的任何位置。在变址过程中，并不改变基址寄存器的内容，变址后的地址被自动装入"程序地址寄存器"。

例 4.7 试分析下列指令的执行结果（若程序存储器 9020H 的内容为 54H）。

```
MOV DPTR，♯9010H      ;（DPTR）＝9010H
MOV A，♯10H           ;（A）＝10H
MOVC A，@A+DPTR       ;（A）＝((A)＋(DPTR))＝(9020H)读程序存储器
MOVX @DPTR，A         ;（9010H）＝(9020H)写入外部数据存储器
```

即将程序存储器（地址 9020H 在 0000H 开始的 4K 空间之外，故一定是外部程序存储器而非单片机内部程序存储器）9020H 地址单元的内容读出后送到外部数据存储器 9010H 地址中（写入）。其中，程序存储器地址 9010H 是指表格的首地址，表项的序号为 10H，则实际查表的地址为 9010H＋10H＝9020H。最后结果为外部数据存储器 9010H 单元的内容，为 54H。

指令 MOVC A，@A+DPTR，以 16 位寄存器 DPTR 作为基址寄存器，因此可以很方便地把一个 16 位地址送到 DPTR，实现在整个 64 KB 个程序存储器单元到累加器 A 的数据传送。而指令 MOVC A，@A+PC，以 16 位寄存器 PC 作为基址寄存器，加上地址偏移量（累加器 A 中的 8 位内容），形成操作数的地址，从该地址取出数据或常数送入累加器 A 中。该指令的表格位置设置有一定限制，它只能设在查表指令操作码下的 256 个字节范围之内，且注意如果 MOVC 指令与表格之间有 n 个字节距离时，则需先在累加器 A 上加上相应的立即数 n（十六进制数）。

例 4.8 试分析下列指令的执行结果。

```
MOV A，♯02H           ;（A）＝02H，表明查表格中表项的序号 02H
```

　　ADD A，♯01H　　　　　；(A)＝(A)＋01H＝03H，其中 01H 为偏移量

　　　　　　　　　　　　　　；即 MOVC 指令　与表格 TAB 之间有 1 个字节距离

　　MOVC A，@A＋PC

　　RET

　　TAB：DB 30H　　　　　　；对应表格中表项序号为 00H

　　　　DB 31H　　　　　　　；对应表格中表项序号为序号为 01H

　　　　DB 32H　　　　　　　；对应表格中表项序号为序号为 02H

即查表后将程序存储器表格中表项序号为 02H 处的常数 32H 取出并送入累加器 A 中。

　　例 4.9　7 段 LED 显示码按照 0～9 的顺序放在以 TAB 标识的表首地址的数据表中，对每个要显示的十进制数码，就用其单字节 BCD 码作为偏移量，加上表首地址，就可得到各个数码的显示码。

　　设要显示的数码 6 的 BCD 码已经放在内部 RAM 的 60H 单元中，7 段显示码放在程序中以 TAB 标号的表中。以下程序段执行查表操作，将待显示的数据的 7 段显示码从字型码表中查出，并存放在 63H 单元。

　　MOV DPTR，♯TAB

　　MOV A，60H

　　MOVC A，@A＋DPTR

　　MOV 63H，A

　　……

　　TAB：DB ××H，××H，……

　　4. 数据交换指令

　　数据传送类指令一般都用来将操作数自源地址传送到目的地址，指令执行后，源地址的操作数不变，目的地址的操作数则修改为源地址的操作数。而数据交换指令的数据作双向传送，涉及传送的双方互为源地址、目的地址，指令执行后自身的操作数都已修改为对方的操作数。因此，两操作数均未冲掉、丢失。其汇编指令与操作如表 4.10 所示。

表 4.10　数据交换指令的汇编指令与操作

汇编指令	操　　作
XCH A. direct	$(A) \Leftrightarrow (direct)$
XCH A，@Ri	$(A) \Leftrightarrow ((Ri))$
XCH A，Rn	$(A) \Leftrightarrow (Rn)$
XCHD A，@Ri	$(A)_{3\sim0} \Leftrightarrow ((Ri))_{3\sim0}$
SWAP A	$(A)_{7\sim4} \Leftrightarrow (A)_{3\sim0}$

　　该类指令前 3 条是字节交换指令，表明累加器 A 的内容可以和内部 RAM 区中任何一个单元内容进行交换。第 4 条是半字节交换指令，指令执行后，只将 A 的低 4 位和 Ri 间址单元的低 4 位交换，而各自的高 4 位内容保持不变。第 5 条指令是把累加器 A 的低半字节与高半字节进行交换。有了交换指令，使许多数据传送更为高效、快捷，且不会丢失信息。

　　例 4.10　设(R0)＝30H，(30H)＝4AH，(A)＝28H，试分析下列指令的执行结果。

　　XCH A，@R0　　　　　；结果为：(A)＝4AH，(30H)＝28H

XCHD A，@R0　　　；结果为：（A）＝48H，（30H）＝2AH

SWAP A　　　　　　；结果为：（A）＝84H

5．堆栈操作类指令

前已叙述，堆栈是用户自己设定的内部 RAM 中的一块专用存储区，按照"先进后出"规律存取数据，使用时一定要先设堆栈指针，堆栈指针缺省时，默认为 SP＝07H。

堆栈类操作指令用于对堆栈执行数据传送，共有两条指令。其汇编指令与操作如表 4.11 所示。

表 4.11　堆栈操作类指令的汇编指令与操作

汇编指令	操　作
PUSH direct；	（SP）←（SP）＋1；（（SP））←（direct）
POP direct；	（direct）←（（SP））；（SP）←（SP）－1

PUSH 指令是入栈指令，也称压栈指令，将 direct 地址中的操作数传送到堆栈中。CPU 执行指令时分两步：第一步先将 SP 中的栈顶地址加 1，指向一个空的堆栈单元作为新的栈顶；第二步将 direct 单元中的数据送入该空的栈顶单元。

POP 指令是出栈指令，也称弹出指令，将堆栈中的操作数传送到 direct 单元。执行该指令同样分两步：第一步先将当前 SP 所指栈顶单元中的数据送到 direct 所指单元中；第二步将 SP 中的地址减 1，（SP）－1 成为当前的新的栈顶单元。

例 4.11　设（SP）＝60H，（ACC）＝30H，（B）＝70H，试分析下列指令的执行结果。

PUSH ACC　　　；（SP）←（SP）＋1，（SP）＝61H，（61H）←（ACC）

PUSH B　　　　；（SP）←（SP）＋1，（SP）＝62H，（62H）←（B）

结果：（61H）＝30H，（62H）＝70H，（SP）＝62H。

进栈指令用于保护 CPU 现场。

例 4.12　设（SP）＝62H，（62H）＝70H，（61H）＝30H，试分析下列指令的执行结果。

POP DPH　　　；（DPH）←（（SP）），（SP）＝（SP）－1

POP DPL　　　；（DPL）←（（SP）），（SP）＝（SP）－1

结果：（DPTR）＝7030H，（SP）＝60H。

出栈指令用于恢复 CPU 现场。

堆栈类操作指令不影响标志位。它主要应用于中断服务程序中临时保护数据及保护现场和恢复现场，即执行中断服务之前，先将必要的单元数据压入堆栈保存，执行完后，再将数据弹出。

例 4.13

……

MOV SP，＃50H　　　；以 50H 单元作为栈顶地址

……

INT0：　　　　　　　；中断服务子程序

PUSH ACC　　　⎫

PUSH B　　　　⎬　入栈操作

……

POP B
POP ACC　　　　}　出栈操作
RETI

上述程序段中，给 SP 赋值 50H，作为栈顶地址，在 INT0 子程序中，先将累加器 A、B 寄存器的数据入栈，放置时，SP 指针先加 1，指向 51H 单元，将 A 中的数据放入，然后 SP 再加 1，指向 52H，将 B 中的数据放入。程序结束时，将压入堆栈的数据弹出，记住"先进后出、后进先出"原则，先弹出 52H 的数据到 B，然后 SP 减 1，指针指向 51H，弹出数据到 A，SP 再减 1。以上指令结果不影响程序状态字寄存器 PSW 标志。

注意：堆栈操作类指令是直接寻址指令，且必须是字节操作，要特别注意指令的书写格式。比如，上例中累加器用 ACC，而工作寄存器 R0～R7 要用直接地址 00H～07H。

4.3.2　算术运算类指令

算术运算类指令包含了加、减、乘、除以及十进制调整等指令，使 51 单片机具有较强的运算能力。该类指令大多是双操作数指令，累加器 A 总是存放第一操作数，并作为目的地址存放操作结果。第二操作数可以是立即数，或某工作寄存器 Rn、内存单元、间接寻址单元的内容。运算操作将影响标志寄存器 PSW 中的某些位，如溢出标志位 OV、进位标志位 Cy、辅助进位 AC、奇偶标志位 P 等。程序中通过监视这些标志位，可方便地进行相关运算操作，如进位标志位用于多字节加法、减法运算等，溢出标志位用于实现补码运算，辅助进位用于 BCD 码运算等。

1. 加法类指令

（1）加法指令，其汇编指令与操作如表 4.12 所示。

表 4.12　加法指令的汇编指令与操作

汇编指令	操　作
ADD A，Rn；	(A) ←(A)＋(Rn)
ADD A，direct；	(A) ←(A)＋(direct)
ADD A，@Ri；	(A) ←(A)＋((Ri))
ADD A，#data；	(A)←(A)＋ data

参与运算的两个操作数都是 8 位二进制数，源地址的操作数和累加器 A 的操作数相加，和存放于 A 中。指令的执行将影响标志寄存器 PSW 的位 AC、Cy、OV、P。当和的第 3 位向第 4 位有进位时（即半字节进位），将 AC 置 1，否则为 0；当和的最高位（第 7 位）有进位时，将 Cy 置 1，否则为 0；和数中有奇数个 1 时，P 为 1，否则为 0；OV 位的值取决于最高位 D7 是否有进位和次高位 D6 位是否有进位，即 OV＝D7 $\oplus$ D6。

例 4.14　设(A)＝53H，(R5)＝FCH，执行 ADD A，R5 指令后的结果及相关标志位如图 4.6 所示。

标志位 Cy＝1，OV＝ D7 $\oplus$ D6＝0。

运算结果是否正确，则需要考虑是将操作数看作无符号数还是符号数，无符号整数相加

	D7	D6	D5	D4	D3	D2	D1	D0
A=	0	1	0	1	0	0	1	1
+) R5=	1	1	1	1	1	1	0	0
	1	1	1	1	0			
结果=	0	1	0	0	1	1	1	1

图 4.6　例 4.14 的 ADD 指令执行示意图

时，若 Cy 位为 1，说明和数有溢出（大于 255）。有符号整数相加时，若 OV 位为 1，说明和数大于+127 或小于-128，即超过一个字节（8 位）补码所能表示的范围，此时表示结果有错。否则，OV=0。

在执行加法指令中，操作数为带符号数还是不带符号数，是编程者根据参加运算数据的性质规定的。

例 4.15 试分析下列指令的执行结果。

序号	指　　令	注　　释
①	MOV PSW，♯00H	；其中标志(Cy)=0、(OV)=0、(AC)=0、(P)=0
②	MOV A，　♯41H	；(A)=41H
③	ADD A，　♯7FH	；(A)=(A)+7FH=B0H，且标志变化情况为(AC)=1，
		；(Cy)=0，(OV)=1，(P)=0

（2）带进位加法指令，其汇编指令与操作如表 4.13 所示。

表 4.13　带进位加法指令的汇编指令与操作

汇编指令	操　　作
ADDC A，Rn；	(A) ←(A)+(Rn)+(Cy)
ADDC A，direct；	(A) ←(A)+(direct)+(Cy)
ADDC A，@Ri；	(A) ←(A)+((Ri))+(Cy)
ADDC A，♯data；	(A) ←(A)+ data+(Cy)

这组指令的功能是将 A 中的操作数、另一个操作数与 Cy 相加，结果存放于 A 中。此处的 Cy 是指令执行前的值，而不是指令执行中产生的值。其对标志位的影响与不带进位加法指令的相同。此种加法指令常用于多字节相加。

例 4.16 设(A)=85H，(20H)=0FFH，CY=1，试分析下列指令的执行结果。

ADDC A，20H

$$
\begin{array}{r}
1\ 0\ 0\ 0\ 0\ 1\ 0\ 1 \\
1\ 1\ 1\ 1\ 1\ 1\ 1\ 1 \\
+\ \ \ \ \ \ \ \ \ \ \ \ \ \ \ 1 \\
\hline
(1)\ 1\ 0\ 0\ 0\ 0\ 1\ 0\ 1
\end{array}
$$

执行结果：(A)=85H，CY=1，AC=1，OV=0，P=1。

（3）加 1 指令，其汇编指令与操作如表 4.14 所示。

表 4.14　加 1 指令的汇编指令与操作

汇编指令	操　　作
INC A；	(A) ←(A)+1
INC Rn；	(Rn) ←(Rn)+1
INC direct；	(direct) ←(direct)+1
INC @Ri；	((Ri)) ←((Ri))+1
INC DPTR；	(DPTR) ←(DPTR)+1

加 1 指令使指定的单元的内容增加 1，只有第一条指令 INC A 能对奇偶标志位 P 产生影

响，其余几条不会对任何标志位产生影响。第五条指令是对数据指针进行 16 位加 1 运算，为地址加 1 提供了方便。

例 4.17　设(A)＝0FFH,(R3)＝0FH,(30H)＝0F0H,(R0)＝40H,(40H)＝00H，试分析下列指令的执行结果。

```
INC A        ;(A)← (A)+1
INC R3       ;(R3)←(R3)+1
INC 30H      ;(30H)←(30H)+1
INC @R0      ;(R0) ←((R0))+1
```

执行结果：(A)＝00H,(R3)＝10H,(30H)＝0F1H,(40H)＝01H,PSW 状态不改变。

由此例看出，加 1 指令可以非常灵活地运用于有递增需要的场合。

(4) 十进制调整指令，其汇编指令与操作如表 4.15 所示。

表 4.15　十进制调整指令的汇编指令与操作

汇编指令	操 作
DA A;	对 A 中的 BCD 码加法结果进行校正

当 BCD 码按二进制数相加后，需用该指令对结果进行校正，才能得到正确的 BCD 码的和值。一个字节可包含两个 BCD 码，称为压缩的 BCD 码，调整过程如下：

若累加器 A 的低四位字节$(A)_{0\sim3}>9$ 或(AC)＝1，则$(A)_{0\sim3}=(A)_{0\sim3}+06H$；

同时，若累加器 A 的高四位$(A)_{4\sim7}>9$ 或(Cy)＝1，则$(A)_{4\sim7}=(A)_{4\sim7}+60H$。

除此之外，累加器原数不变。

注意：① DA 指令只能与加法指令(ADD 或 ADDC)配对出现，它不能简单地把累加器中的 16 进制数变换成 BCD 码数，实际是做十进制数加法运算。

② 在调整之前参与加法运算的两个数必须是压缩 BCD 码数(一个字节存放两位 BCD 码)，和数也为压缩 BCD 码数。

③ 不能用 DA 指令对十进制减法运算结果进行调整。

④ 十进制调整指令仅对进位位 Cy 产生影响，不影响 OV 标志位。

例 4.18　两个 4 位 BCD 码相加，设加数、被加数已经按压缩 BCD 码从高位到低位存放在内存单元中，被加数存于 RAM 的 32H、31H，加数存于 38H、39H，和存于 5EH、5FH，设和不会溢出。

```
ORG 0100H
MOV A, 31H     ;被加数的 BCD 码的低 2 位送 A
ADD A, 39H     ;与加数的 BCD 码的低 2 位相加
DA A           ;作十进制调整
MOV 5FH, A     ;低 2 位和值存于 60H
MOV A, 32H     ;被加数的高 2 位送 A
ADDC A, 38H    ;与加数的高 2 位相加
DA A           ;作十进制调整
MOV 5EH, A     ;高 2 位和值存于 61H
END
```

2. 减法类指令

(1) 带借位减法指令,其汇编指令与操作如表 4.16 所示。

表 4.16　带借位减法指令的汇编指令与操作

汇编指令	操　　作
SUBB A, Rn;	(A) ←(A)−(Rn)−(Cy)
SUBB A, direct;	(A) ←(A)−(direct)−(Cy)
SUBB A, @Ri;	(A) ←(A)−((Ri))−(Cy)
SUBB A, #data;	(A) ←(A)− data −(Cy)

带借位减法指令是从累加器 A 中减去进位标志 Cy 的值和指定的变量的值,结果存放于 A 中,将影响标志位 Cy、AC、OV、P。若第 7 位有借位,则 Cy=1,否则为 0;若第 3 位有借位,则 AC=1,否则为 0;若操作数被视为符号数,当有溢出时,OV=1,否则为 0;减法结果中的 1 的个数为奇数时,P=1,否则为 0。

例 4.19　设(A)=0C9H,(R2)=54H,CY=1,试分析下列指令的执行结果。

SUBB A, R2

$$
\begin{array}{r}
1\ 1\ 0\ 0\ 1\ 0\ 0\ 1 \\
0\ 1\ 0\ 1\ 0\ 1\ 0\ 0 \\
-\quad\quad\quad\quad\quad 1 \\
\hline
0\ 1\ 1\ 1\ 0\ 1\ 0\ 0
\end{array}
$$

执行结果:(A)=74H,CY=0,AC=0,OV=1,P=0。

MCS-51 的减法指令,只有带进位减法这一种形式,没有不带进位减法的形式,但可以通过两条指令组合来实现纯减法功能。即

CLR C

SUBB A

(2) 减 1 指令,其汇编指令与操作如表 4.17 所示。

表 4.17　减 1 指令的汇编指令与操作

汇编指令	操　　作
DEC A;	(A) ←(A)−1
DEC Rn;	(Rn) ←(Rn)−1
DEC direct;	(direct) ←(direct)−1
DEC @Ri ;	(Ri)←((Ri))−1

减 1 指令是将指定的地址或单元中的内容减 1,结果仍存放于原单元中,不影响标志位。

例 4.20　试分析下列指令的执行结果。

MOV R0, #7FH　　　;(R0)=7FH

MOV 7EH, #00H　　;(7EH)=00H

MOV 7FH, #40H　　;(7FH)=40H

DEC @R0　　　　　;((R0))=(7FH)=(7FH)−1=3FH

DEC R0   ;(R0)＝(R0)－1＝7FH－1＝7EH

DEC @R0   ;((R0))＝(7EH)＝(7EH)－1＝FFH

若原字节为 00H，减 1 后将变为 FFH，不影响标志（除 DEC PSW 指令外）。

3. 乘法指令

乘法指令的汇编指令与操作如表 4.18 所示。

表 4.18　乘法指令的汇编指令与操作

汇编指令	操　作
MUL AB；	(B)(高 8 位)、(A)(低 8 位)←(A)×(B)

乘法指令是将累加器 A 和寄存器 B 中的两个无符号整数相乘，所得积的高 8 位存于 B，低 8 位存于 A。该操作将会对 OV、Cy 和 P 标志位产生影响：当乘积结果大于 255(0FFH)时，溢出标志 OV＝1，否则为 0；进位标志 Cy 总是被清零；当累加器 A 中 1 的个数为奇数时，奇偶校验标志位 P ＝1，否则为 0。

例 4.21　试编写程序完成 $100_d×55_d$，将结果存于 60H(高 8 位)、61H(低 8 位)。

ORG 0030H

MOV A，#100   ;十进制被乘数赋值给 A

MOV B，#55   ;十进制乘数赋给 B

MUL AB   ;两数相乘(A)×(B)=5500

MOV 60H，B   ;积的高 8 位送 RAM 的 60H

MOV 61H，A   ;积的低 8 位送 RAM 的 61H

END

执行结果：(60H)＝15H，(61H)＝7CH，转换为十进制是 5500。

4. 除法指令

除法指令的汇编指令与操作如表 4.19 所示。

表 4.19　除法指令的汇编指令与操作

汇编指令	操　作
DIV AB；	(B)(余数)、(A)(整数)←(A)÷(B)

除法指令是将累加器 A 中的 8 位无符号整数除以寄存器 B 中的 8 位无符号整数，所得商的整数部分存放在 A 中，余数部分存放在 B 中。该操作对 Cy 和 P 标志位的影响同乘法指令。当 B 中的值为 00H，则执行结果是不确定的值，且置溢出标志 OV 为 1，表明该次除法是无意义的；其余情况均清零 Cy。

例 4.22　试编写程序完成 $240_d÷55_d$，将结果存放于 50H(商)、51H(余数)。

ORG 0030H

MOV A，#0F0H   ;将 0F0H(240)送累加器 A

MOV B，#37H   ;将 37H(55)送寄存器 B

DIV AB   ;执行除法指令

MOV 50H，A   ;将执行除法后的商送内部 RAM 的 50H 单元

　　　　MOV 51H，B　　　　　　；余数送 51H
　　　　END
　　执行结果：(50H)＝04H(商)，(51H)＝14H(余数)。

4.3.3　逻辑运算及移位类指令

　　逻辑运算及移位类指令共有 24 条，其中逻辑指令有"与"、"或"、"异或"、累加器 A 清零和求反 20 条，移位指令 4 条。

1. 逻辑"与"运算指令

　　逻辑"与"运算指令的汇编指令与操作如表 4.20 所示。

表 4.20　"与"运算指令的汇编指令与操作

汇编指令	操　　作
ANL A，Rn ；	(A)←(A)∧(Rn)
ANL A，direct ；	(A)←(A)∧(direct)
ANL A，@Ri ；	(A)←(A)∧((Ri))
ANL A，♯data ；	(A)←(A)∧ data
ANL direct，A ；	(A)←(direct)∧(A)
ANL direct，♯data ；	(A)←(direct)∧ data

　　逻辑"与"运算指令是将两个指定的操作数按位进行逻辑"与"的操作。

　　例 4.23　设(A)＝07H，(R0)＝0FDH，试分析下列指令的执行结果。
　　　　ANL A，R0

$$
\begin{array}{r}
0\ 0\ 0\ 0\ 0\ 1\ 1\ 1 \\
\wedge\ 1\ 1\ 1\ 1\ 1\ 1\ 0\ 1 \\
\hline
0\ 0\ 0\ 0\ 0\ 1\ 0\ 1
\end{array}
$$

　　执行结果：(A)＝05H。

　　例 4.24　设(A)＝FAH＝11111010B，(R1)＝7FH＝01111111B，试分析下列指令的执行结果。
　　　　ANL A，R1 ；(A)＝11111010∧01111111
　　执行结果为：(A)＝01111010B＝7AH。

　　逻辑"与"ANL 指令常用于屏蔽(置 0)字节中某些位。若清除某位，则用"0"和该位相与；若保留某位，则用"1"和该位相与。

　　例 4.25　设(P1)＝D5H＝11010101B，屏蔽 P1 口高 4 位。
　　执行指令：ANL P1，♯0FH ；(P1)←(P1)∧00001111
　　执行结果为：(P1)＝05H＝00000101B。

2. 逻辑"或"运算指令

　　逻辑"或"运算指令的汇编指令与操作如表 4.21 所示。

表 4.21 "或"运算指令的汇编指令与操作

汇编指令	操 作
ORL A，Rn ；	(A) ←(A)∨(Rn)
ORL A，direct ；	(A) ←(A)∨(direct)
ORL A，@Ri ；	(A) ←(A)∨((Ri))
ORL A，#data ；	(A)←(A)∨ data
ORL direct，A ；	(A) ←(direct)∨(A)
ORL direct，#data ；	(A) ←(direct)∨ data

逻辑"或"运算指令将两个指定的操作数按位进行逻辑"或"操作。它常用来使字节中某些位置"1"，欲保留（不变）的位用"0"与该位相或，而欲置位的位，则用"1"与该位相或。

例 4.26 设(P1)=05H，(A)=33H，试分析下列指令的执行结果。

ORL P1，A

$$
\begin{array}{r}
0\,0\,0\,0\,0\,1\,0\,1 \\
\vee\ 0\,0\,1\,1\,0\,0\,1\,1 \\
\hline
0\,0\,1\,1\,0\,1\,1\,1
\end{array}
$$

执行结果：(P1)=37H。

例 4.27 若(A)=C0H，(R0)=3FH，(3F)=0FH，试分析下列指令的执行结果。

ORL A，@R0 ；(A)←(A)∨((R0))

执行结果为：(A)=CFH。

例如：根据累加器 A 中 4~0 位的状态，用逻辑与、或指令控制 P1 口 4~0 位的状态，P1口的高 3 位保持不变。

ANL A，#00011111B ；屏蔽 A 的高 3 位
ANL P1，#11100000B ；保留 P1 的高 3 位
ORL P1，A ；使 P1$_{4\sim0}$。按 A$_{4\sim0}$置位

若上述程序执行前：(A)=B5H=10110101B，(P1)=6AH=01101010B，则执行程序后：(A)=15H=00010101B，(P1)=75H=01110101B。

3. 逻辑"异或"运算指令

逻辑"异或"运算指令的汇编指令与操作如表 4.22 所示。

表 4.22 "异或"运算指令的汇编指令与操作

汇编指令	操 作
XRL A，Rn ；	(A) ←(A)⊕(Rn)
XRL A，direct ；	(A) ←(A)⊕(direct)
XRL A，@Ri ；	(A) ←(A)⊕((Ri))
XRL A，#data ；	(A) ←(A)⊕ data
XRL direct，A ；	(A) ←(direct)⊕(A)
XRL direct，#data ；	(A) ←(direct)⊕ data

逻辑"异或"运算指令常用来对字节中某些位进行取反操作，欲使某位取反则该位与"1"相异或；欲使某位保留，则该位与"0"相异或。还可利用异或指令对某单元自身异或，以实现

清零操作。

例 4.28 若(A)＝B5H＝10110101B，试分析下列指令的执行结果。

  XRL A，♯0F0H   ；A 的高 4 位取反，低 4 位保留

  MOV 30H，A   ；(30H)←(A)＝45H

  XRL A，30H   ；自身异或使 A 清零

执行结果：(A)＝00H。

以上逻辑"与"、"或"、"异或"各 6 条指令有如下共同的特点：

（1）逻辑"与"ANL、"或"ORL、"异或"XRL 运算指令除逻辑操作功能不同外，三者的寻址方式相同，指令字节数相同，机器周期数相同。

（2）ANL、ORL、XRL 的前两条指令的目的操作数均为直接地址方式，可很方便地对内部 RAM 的 00H～FFH 任意单元或特殊功能寄存器的指定位进行清零、置位、取反、保持等逻辑操作。当 direct 为端口 P0～P3 地址时，这些指令均为"读—修改—写"指令。

（3）ANL、ORL、XRL 的后 4 条指令，其逻辑运算的目的操作数均在累加器 A 中，且逻辑运算结果保存在 A 中。

4．累加器 A 清零与取反指令

累加器 A 清零与取反指令的汇编指令与操作见表 4.23 所示。

表 4.23 累加器 A 清零与取反指令的汇编指令与操作

汇编指令	操　作
CLR A ；	(A)← 0
CPL A ；	(A)←($\overline{A}$)

第 1 条是对累加器 A 清零指令，第 2 条是把累加器 A 的内容取反后再送入 A 中保存的对 A 求反指令，它们均为单字节指令。若用其它方法达到清零或取反的目的，则至少需用双字节指令。

5．移位指令

移位指令有循环左移、带进位循环左移、循环右移和带进位循环右移 4 条指令，移位只能对累加器 A 进行，其指令如下：

循环左移：

  RL A   ；$(A_{n+1})←(An)$，$(A_0)←(A_7)$

带进位位循环左移：

  RLC A ；$(A_{n+1})←(A_n)$，$(CY)←(A_7)$，$(A_0)←(CY)$

循环右移：

  RR A   ；$(A_n)←(A_{n+1})$，$(A_7)←(A_0)$

带进位位循环右移：

  RRC A ；$(A_n)←(A_{n+1})$，$(CY)←(A_0)$，$(A_7)←(CY)$

以上移位指令操作，可用图 4.7 表示。

另外，在前述数据传送类指令中有一条累加器 A 的内容半字节交换指令：

  SWAP A ；$(A)_{7\sim4}＝(A)_{3\sim0}$

它实际上相当于执行循环左移指令 4 次。该指令在 BCD 码的变换中非常实用。

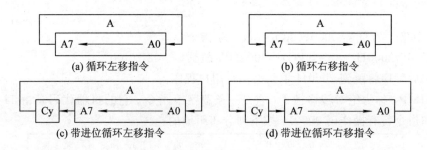

(a) 循环左移指令   (b) 循环右移指令

(c) 带进位循环左移指令   (d) 带进位循环右移指令

图 4.7 移位指令操作示意图

例 4.29 试分析以下指令的执行结果。

    MOV A，♯0C5H   ；(A)＝C5H＝1100，0101(B)
    RL A   ；循环左移后，将 1000，1011(B)送入累加器 A 中

例 4.30 试分析下列指令的执行结果。

    MOV PSW，♯00H   ；其中进位标志 C 的内容为 0，即(C)＝0(B)
    MOV A，♯0C5H   ；(A)＝C5H＝1100，0101(B)
    RLC A   ；循环带进位标志左移后，(A)＝8AH，(C)＝1(B)

例 4.31 试分析下列指令的执行结果。

    MOV PSW，♯80H   ；其中进位标志 C 的内容为 1，即(C)＝1(B)
    MOV A，♯8AH   ；(A)＝8AH＝1000，1010(B)
    RRC A   ；循环带进位标志右移后，(A)＝C5H，(C)＝0(B)

例 4.32 试分析下列指令的执行结果。

    MOV A，♯89H   ；(A)＝89H。即(A)7～4＝8，(A)3～0＝9
    SWAP A   ；互换后(A)＝98H

4.3.4 控制转移类指令

控制转移类指令共计 17 条，可分为无条件转移指令、条件转移指令、子程序调用及返回指令。采用控制转移类指令，能方便地实现程序的向前、向后跳转，并根据条件分支运行、循环运行、调用子程序等。

1. 无条件转移指令

无条件转移指令有如下 4 条指令(见表 4.24)，它们提供了不同的转移范围和寻址方式。

表 4.24 无条件转移指令的汇编指令与操作

汇编指令	操 作
LJMP addr16；	$(PC) \leftarrow addr16$
AJMP addr11；	$(PC) \leftarrow (PC)+2$，$(PC_{10} \sim PC_0) \leftarrow addr11$
SJMP rel；	$(PC) \leftarrow (PC)+2$，$(PC) \leftarrow (PC)+rel$
JMP @A+DPTR ；	$(PC) \leftarrow (A)+(DPTR)$

(1) LJMP，称为长转移指令，它是一条三字节指令，提供 16 位目标地址 addr16。执行该指令后，程序计数器 PC 的高 8 位为 $add_{15\sim8}$ 的地址值，低 8 位为 $addr_{7\sim0}$ 的地址值，程序无条件地转向指定的目标地址去执行，不影响标志位。由于可直接提供 16 位目标地址，所以执行这条指令可以使程序从当前地址转移到 64 KB 程序存储器地址空间的任意单元，故称"长

转移"。

例如：在程序存储器 0000H 单元存放一条指令：

LJMP 2000H ；(PC)←2000H，机器码：02 20 00

则上电复位后程序将跳到 2000H 单元去执行用户程序。

(2) AJMP，称为绝对转移指令，它是一条双字节指令。它的机器代码是由 11 位直接地址 addrll 和指令特有操作码 00001，按下列分布组成的：

a_{10}	a_9	a_8	0	0	0	0	1	a_7	a_6	a_5	a_4	a_3	a_2	a_1	a_0

该指令执行后，程序转移的目的地址是由 AJMP 指令所在位置的地址 PC 值加上该指令字节数 2，构成当前 PC 值。取当前 PC 值的高 5 位与指令中提供的 11 位直接地址形成转移的目的地址，即：

PC_{15}	PC_{14}	PC_{13}	PC_{12}	PC_{11}	a_{10}	a_9	a_8	a_7	a_6	a_5	a_4	a_3	a_2	a_1	a_0

由于 11 位地址的范围是 00000000000～11111111111，即 2 KB 范围，而目标地址的高 5 位是由 PC 当前值固定的，所以程序可转移的位置只能是和 PC 当前值在同一 2 KB 的范围内。本指令转移可以向前也可以向后，指令执行后不影响状态标志位。

例如：若 AJMP 指令地址(PC)=2300H，执行指令：

AJMP 0FFH ；(PC)←(PC)+2=2302H

；(PC)$_{10\sim0}$←0001 1111111

结果为：转移目的地址(PC)=20FFH，程序向前转向 20FFH 单元开始执行。

例如：若 AJMP 指令地址(PC)=2FFFH，执行指令：

AJMP 0FFH ；(PC)←(PC)+2=3001H

；(PC)$_{10\sim0}$←00011111111

结果为：转移目的地址(PC)=30FFH，程序向后转向 30FFH 单元开始执行。

值得注意的是，AJMP 的机器代码是由指令提供的直接地址 addrll 与指令特有的操作码构成的。若 addrll 相同，则 AJMP 指令的机器代码相同，其转移目的地址是由 PC 当前值的高 5 位与 addrll 共同决定的，且转移范围为 PC 当前值所指的 2 KB 地址范围内。

例 4.33 试分析下列转移指令是否正确，对正确指令译码。

序号　地址　　指令　　　　　　注释

① 37FEH AJMP 3BCDH ；(PC)←(PC)+2=3800H

；与转移地址 3BCDH 的高 5 位均为 00111，

；在同一个 2KB 内，转移正确，其指令正确

② 37FEH AJMP 3700H ；(PC)←(PC)+2=37FEH+2=3800H

；高 5 位为 00111，而转移目的地址 3700H 的高 5

；位为 00110，两者不在同一个 2KB 存储区

；内。其指令不正确

(3) SJMP，称为短转移指令，它是双字节指令，指令的操作数是相对地址 rel。由于 rel 是带符号的偏移量，所以程序可以无条件向前或向后转移，转移的范围是在 SJMP 指令所在地址 PC 值(源地址)加该指令字节数 2 的基础上，以−128～+127 为偏移量(256 个单元)的范围内实现相对短转移，即：

$$目的地址=源地址+2+rel$$

如，在 3100H 单元有 SJMP 指令，若 rel＝5AH(正数)，则转移目的地址为 315CH；若 rel＝F0H(负数)，则转移目的地址为 30F2H(3100H＋2H＋FFF0H)。该指令的执行不影响状态标志位。

这条指令的优点是，指令中只给出了相对转移地址，不具体指出地址值。当程序修改时，只要相对地址不发生改变，该指令就不需要做任何改动。而对于前两条指令(LJMP、AJMP)，由于直接给出转移地址，在程序修改时就可能需要修改该地址，所以短转移指令在子程序中应用较多。

采用汇编语言编程时，指令中的相对地址 rel 常常采用欲转移至的地址的标号(符号地址)表示，能自动算出相对地址值，rel 的计算公式如下：

$$向前转移：rel＝FE－(源地址与目的地址差的绝对值)$$
$$向后转移：rel＝(源地址与目的地址差的绝对值)－2$$

若 rel 值大于 80H，程序向前转移；若 rel 值小于 80H，则程序向后转移。

例如：设(PC)＝2100H，若转向 215CH 去执行程序，则：

$$Rel＝(215CH－2100H)－2H＝5AH$$

相应的转移指令为：2100：SJMP rel ；其指令的机器代码为：80 5AH。

若转向 20F2H 去执行程序，则：

$$rel＝FE－(2100H－20F2H)＝F0H$$

另外，若 rel 取值为 FE，则目的地址＝源地址。若在程序的最末端加上这样一条指令，则程序就不会再向后执行，而"终止"在这一指令上，造成单指令的无限循环，进入等待状态。通常表示为：

HERE：SJMP HERE   或   HERE：SJMP $ ；80 FE

(4) JMP，称为间接长转移指令，也称为散转指令，它不具有间接寻址功能，其操作为 (PC)＝(A)＋(DPTR)，即它是以数据指针 DPTR 的内容为基址，以累加器 A 的内容为相对偏移量，在 64 KB 范围内可无条件转移的单字节指令。该指令的特点是转移地址可以在程序运行中加以改变。例如，当 DPTR 为确定的值，根据 A 的不同值就可以实现多分支的转移，起到一条指令完成多条分支指令的功能。因此，该指令是一条典型的多分支选择转移指令。另外，该指令执行后不影响 DPTR 和 A 的原内容，也不影响任何状态标志。

例 4.34　编制按键值处理的键盘程序。

```
MOV DPTR，♯1000H    ；设 1000H 为散转表入口地址
MOV B，♯02H         ；AJMP 指令是 2 个字节指令，所以 A 的值必须为偶数
MUL AB             ；扩展散转子程序地址表的间隔
JMP @A＋DPTR        ；散转
ORG 1000H          ；散转子程序入口
AJMP KYE0          ；当原键值(A)＝00H 时，散转到 KYE0 标号处
AJMP KYE1          ；当原键值(A)＝01H 时，散转到 KYE1 标号处
```

2. 条件转移指令

条件转移指令是当某种条件满足时，程序转移执行；条件不满足时，程序仍按原来顺序继续执行。条件转移的条件可以是上一条指令或者更前一条指令的执行结果(体现在标志位上)，也可以是条件转移指令本身包含的某种运算结果。

该类指令共有 8 条，可以分为累加器判零条件转移指令、比较条件转移指令和减 1 条件

转移指令 3 大类。由于该类指令采用相对寻址,因此程序可在当前 PC 值为中心的 $-128 \sim +127$ 的范围内转移。

1) 累加器判零转移指令

这类指令有 2 条,其汇编指令与操作如表 4.25 所示。

表 4.25　累加器判零转移指令的汇编指令与操作

汇编指令	操　作
JZ rel ;	若(A)=0,则跳转,即(PC)←(PC)+2+rel
	若(A)≠0,则顺序执行,即(PC)←(PC)+2
JNZ rel ;	若(A)≠0,则跳转,(PC)←(PC)+2+rel
	若(A)=0,则顺序执行,即(PC)←(PC)+2

这是一组根据累加器 A 的内容是否为零作为条件的双字节转移指令。累加器的内容是否为零,是由这条指令以前的其它指令执行的结果决定的,本指令本身不作任何运算,也不影响任何标志。

例 4.35　试编程从 P2 口读入数据,若为 0,则在本地循环等待;若不为 0,则顺序执行。指令如下:

```
WAIT: MOV   A, P2    ；将 P1 口的内容送 A 中
      JZ    WAIT     ；若(A)=0,则(PC)←(PC)+2+WAIT,即程序转到
                     ；WAIT,重复读取 P2 口的数据,
                     ；若(A)≠0,则程序向下顺序执行
```

2) 比较条件转移指令

比较条件转移指令的汇编指令与操作见表 4.26。

表 4.26　比较条件转移指令的汇编指令与操作

汇编指令	操　作
CJNE A, direct, rel;	若(A)=(direct),则顺序执行,即 PC←(PC)+3;
	若(A)≠(direct),则跳转,即 PC←(PC)+3+rel
CJNE A, #data, rel;	若(A)= data,则顺序执行,即 PC←(PC)+3;
	若(A)≠ data,则跳转,即 PC←(PC)+3+rel
CJNE Rn, #data, rel;	若(Rn)= data,则顺序执行,即 PC←(PC)+3;
	若(Rn)≠ data,则跳转,即 PC←(PC)+3+rel
CJNE @Ri, #data, rel;	若((Rn))= data,则顺序执行,即 PC←(PC)+3;
	若((Rn))≠ data,则跳转,即 PC←(PC)+3+rel

这组指令是先对两个规定的操作数进行比较,根据比较的结果来决定是否转移到目的地址。若两个操作数相等,则不转移,程序继续执行;若两个操作数不相等,则转移。其中,两个操作数是按两个无符号数做减法来比较的(差不保留)。当目的操作数大于源操作数时,则进位位标志 CY=0;反之,则进位位标志 CY=1。若再选以 CY 作为条件的转移指令(后述)就可以实现进一步的分支转移。

这 4 条比较条件转移指令均为三字节指令,因此目的地址应是 PC 加 3 以后再加偏移量 rel,相对转移的范围是以 PC 当前值为中心的 $-128 \sim +127$ 的范围内转移。

这 4 条指令的含义分别为:

(1) 累加器内容与立即数比较,若不相等,则转移;

（2）累加器内容与内部 RAM（包括特殊功能寄存器）内容比较，若不相等，则转移；

（3）内部 RAM 内容与立即数比较，若不相等，则转移；

（4）工作寄存器内容与立即数比较，若不相等，则转移。

以上 4 条指令的差别仅在于操作数的寻址方式不同，均完成以下操作：

（5）若目的操作数与源操作数相等，则 $(PC) \leftarrow (PC)+3$；

（6）若目的操作数大于源操作数，则 $(PC) \leftarrow (PC)+3+rel$，$CY=0$；

（7）若目的操作数小于源操作数，则 $(PC) \leftarrow (PC)+3+rel$，$CY=1$。

偏移量 rel 的计算公式为：

$$向前转移：rel=FD-（源地址与目的地址差的绝对值）$$
$$向后转移：rel=（源地址与目的地址差的绝对值）-3$$

例 4.36　当 Pl 口输入为 3AH 时，程序继续进行，否则等待，直至 P1 口出现 3AH。指令如下：

```
         MOV A，♯3AH          ;立即数 3A 送 A
WAIT：   CJNE A，P1，WAIT      ;(P1)≠3AH，则等待
```

3）减 1 条件转移指令

减 1 条件转移指令又称循环转移指令，其汇编指令及操作见表 4.27。

表 4.27　减 1 条件转移指令的汇编指令与操作

汇编指令	操　作
DJNZ Rn，rel；	若 $(Rn)-1 \neq 0$，则跳转，即 $PC \leftarrow (PC)+2+rel$ 若 $(Rn)-1=0$，则顺序执行，即 $PC \leftarrow (PC)+2$
DJNZ direct，rel；	若 $(direct)-1 \neq 0$，则跳转，即 $PC \leftarrow (PC)+3+rel$ 若 $(direct)-1=0$，则顺序执行，即 $PC \leftarrow (PC)+3$

这组指令是把减 1 功能和条件转移相结合的一组指令。程序每执行一次该指令，就把第一操作数减 1，并把结果保存在第一个操作数中，然后判断操作数是否为零。若不为零，则转移到规定的地址单元；否则，顺序执行。转移的目标地址是在以 PC 当前值为中心的 $-128 \sim +127$ 的范围内。如果第一个操作数原为 00H，则执行该组指令后，结果为 FFH，但不影响任何状态标志。

这组指令对于构成循环程序是非常有用的，可以指定任何一个工作寄存器或者内部 RAM 单元为计数器，对其计数器赋以初值，利用上述指令进行减 1 后不为零就循环操作，构成循环程序。赋以不同的初值，可对应不同的循环次数，因此使用不同的工作寄存器或内部 RAM 单元就可派生出很多循环转移指令。

例 4.37　软件延时程序：

```
          MOV R1，♯05H          ;给 R1 赋循环初值
DELAY：   DJNZ R1，DELAY        ;(R1)←(R1)-1，若(R1)≠0，则循环
```

由于 DJNZ R1，DELAY 为双字节双周期指令，当单片机主频为 12 MHz 时，执行一次该指令需 24 个振荡周期约 2 μs。因此，R1 中置入循环次数为 5 时，执行该循环指令可产生 10 μs 的延时时间。

例 4.38　将内部 RAM 中从 DATA 单元开始的 20 个无符号数相加，相加结果送 SUM 单元保存（设相加结果不超过 8 位二进制数）。参考程序如下：

	MOV R0，#14H	；给 R0 置计数器初值
	MOV R1，#DATA	；数据块首址送 R1
	CLR A	；A 清零
LOOP：	ADD A，@R1	；加一个数
	INC R1	；修改地址，指向下一个数
	DJNZ R0，LOOP	；R0 减 1，不为零循环
	MOV SUM，A	；存 20 个数相加和

3. 子程序调用及返回指令

在编写程序过程中，常常会遇到在一个程序中反复执行某一程序段的情况，如果在程序中反复写这一段程序，会使整个程序冗长。为此，将重复的程序段写成一个独立的子程序，在需要的地方主程序通过调用而使用它，执行完毕后，再回到主程序。这样，就需要子程序调用和返回指令。子程序的调用示意图如图 4.8 所示。

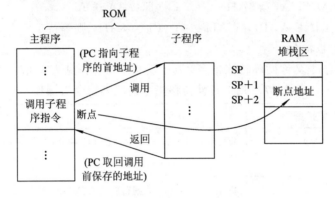

图 4.8　子程序调用说明

主程序在调用子程序时，产生了一个程序断点，在此处单片机系统自动将断点处的地址保存在堆栈中，然后将调用指令中的子程序地址赋给 PC，从而转移到子程序去执行指令。子程序的最后一条指令是返回指令，执行到它时，系统将堆栈中保存的断点地址重新装入 PC，从而可继续执行主程序。

1）绝对调用指令

绝对调用指令的汇编指令与操作见表 4.28。

表 4.28　绝对调用指令的汇编指令与操作

汇编指令	操　　作
ACALL addr11；	PC ←(PC)+2 SP ←(SP)+1，(SP)=(PC)$_{7\sim0}$ SP ←(SP)+1，(SP)=(PC)$_{15\sim8}$ PC$_{10\sim0}$ ← addr11

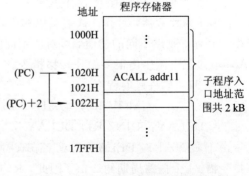

图 4.9　ACALL 指令的调用范围示意图

该指令是一条双字节指令。指令执行时，取出指令码后，将(PC)+2 的值(断点地址)压入堆栈，并保留其高 5 位，另将指令中给出的 addr11 放入 PC 的低 11 位，二者合并的新地址就是子程序的起始地址,程序转入该地址执行。一般在编程时,addr11 用标号表示。调用指令的地址 PC 加 2 后与所调用的子程序起始地址应在同一个 2KB 范围内。假设程序中有绝对调用指令,其地址是 1020H,可调用的子程序的入口地址的范围为 0001 0000 0000 0000B(1000H)～0001 0111 1111 1111B(17FFH),如图 4.9 所示。

2)长调用指令

长调用指令的汇编指令与操作见表 4.29。

表 4.29 长调用指令的汇编指令与操作

汇编指令	操作
LCALL addr16;	$PC \leftarrow (PC) + 3$ $SP \leftarrow (SP) + 1, (SP) = (PC)_{7\sim0}$ $SP \leftarrow (SP) + 1, (SP) = (PC)_{15\sim8}$ $PC \leftarrow addr16$

该指令是一条三字节指令。指令执行时,取出指令码后,将(PC)+3 的值(断点地址)压入堆栈,然后将指令中的 addr16 送入 PC,转去执行子程序,可在 64 KB 范围内调用。

3)返回指令

子程序调用指令使程序转入子程序去执行。子程序执行完毕后,应当回到原来调用处继续向下执行,完成这一功能的就是返回指令,其汇编指令与操作如表 4.30 所示。

表 4.30 返回指令的汇编指令与操作

汇编指令	操作
RET;	$PC_{15\sim8} \leftarrow ((SP)), SP \leftarrow (SP) - 1$ $PC_{7\sim0} \leftarrow ((SP)), SP \leftarrow (SP) - 1$
RETI;	$PC_{15\sim8} \leftarrow ((SP)), SP \leftarrow (SP) - 1$ $PC_{7\sim0} \leftarrow ((SP)), SP \leftarrow (SP) - 1$

RET 是子程序返回指令,用于子程序结尾处。其功能是从堆栈中取出断点地址送入程序计数器 PC,指示程序从断点处能继续向下执行。

RETI 是中断服务子程序的返回指令,用于中断服务程序的结尾处。其功能除令程序返回断点处继续执行外,还能清除中断响应时被置位的优先级状态,以允许单片机响应低优先级的中断请求。

例 4.39 若(SP)=82H,(82H)=07H,(81H)=30H,试分析下列指令的执行结果。

　　RET

执行结果:(SP)=80H,(PC)=0730H,CPU 从 0730H 开始执行程序。在子程序的结尾必须是返回指令 RET,才能从子程序返回到主程序。

例 4.40 如图 4.10 所示,在 P1.0～P1.3 分别装有两个红灯和两个绿灯,则下面就是一种红绿灯定时切换的程序。

```
MAIN:   MOV A,#03H       ;
LIGHT:  MOV P1,A         ;点亮红灯、绿灯
        ACALL DELAY      ;调用延时子程序
EX:     CPL A
        AJMP LIGHT
```

```
DELAY：MOV R7，♯0A3H        ；置延时用常数
DL1：      MOV R6，♯0FFH
DL6：      DJNZ R6，DL6         ；用循环来延时
             DJNZ R7，DL1
             RET                      ；返回主程序
```

在执行上面程序过程中，执行到 ACALL DELAY 指令时，程序转移到延时子程序 DELAY，执行到子程序中的 RET 指令后又返回到主程序中的 EX 处。这样 CPU 不断地在主程序和子程序之间转移，实现对红绿灯的定时切换。

4. 空操作指令

空操作指令的汇编指令与操作见表 4.31。

表 4.31　空操作指令的汇编指令与操作

汇编指令	操　作
NOP；	PC ←(PC)＋1

该条指令是单字节、单周期指令，控制 CPU 不进行任何操作，仅仅是程序计数器 PC 加 1。常常用作等待或极短时间的延时。

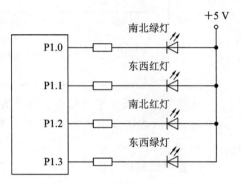

图 4.10　红绿灯和 P1 口连接图

4.3.5　位操作指令

位操作又称为布尔变量操作，它是以位(bit)为单位来进行运算和操作的。MCS-51系列单片机内设置了一个位处理器(布尔处理机)，它有自己的累加器(借用进位标志 CY)、存储器(即位寻址区中的各位)，还有支持完成位操作的运算器等。与之对应，软件上也有专门可进行位处理的位操作指令集，共 17 条。它们可以完成以位为对象的传送、运算、转移控制等操作。这一组指令的操作对象是内部 RAM 中的位寻址区，即 20H～2FH 中连续的 128 位(位地址为 00H～7FH)，以及特殊功能寄存器 SFR 中支持位寻址的各位。在指令中，位地址的表示方法主要有以下 4 种(均以程序状态字寄存器 PSW 的第五位 F0 标志为例说明)：

(1) 直接位地址表示方式：如 D5H；

(2) 点操作符表示(说明是什么寄存器的什么位)方式：如 PSW.5，说明是 PSW 的第五位；

(3) 位名称表示方法：如 F0；

(4) 用户定义名表示方式：如用户定义用 FLG 这一名称(位符号地址)来代替 F0，则在指令中允许用 FLG 表示 F0 标志。

1. 位传送指令

位传送指令在可位寻址的位和累加位 Cy 之间进行 1 位数据的传送(其汇编指令与操作见表 4.32)。

表 4.32　位传送指令的汇编指令与操作

汇编指令	操　作
MOV C, bit；	Cy ←(bit)
MOV bit, C；	bit ←(Cy)

上述指令中的操作数 C 代表累加位 Cy 的内容，操作数 bit 代表内存 RAM 中的可寻址位的内容，bit 可以是位地址，也可以是可位寻址字节的某一位。

例 4.41　试编程实现将 2FH 位的内容送到 P1.0(90H)。

```
MOV 20H，C      ；将 Cy 的内容暂存在 20H 位
MOV C，2FH      ；2FH 位的内容送 Cy
MOV 90H，C      ；Cy 的内容送 90H 位；第三句也可写成 MOV P1.0，C
MOV C，20H      ；恢复 Cy 的内容
```

例 4.42　比较"MOV 20H，A"和"MOV 20H，ACC.0"，20H 指的是同一个地址单元吗？

两条指令中的 20H 不是同一个地址单元，"MOV 20H，A"中的 20H 是 RAM 的 20H 字节单元，而"MOV 20H，ACC.0"中的 20H 是位单元，即字节单元 20H 的第 0 位(20H.0)。

2. 位置 1 和清零指令

位置 1 和清零指令的汇编指令与操作见表 4.33。

表 4.33　位置 1 和清零指令的汇编指令与操作

汇编指令	操作
SETB C ；	$Cy \leftarrow 1$
SETB bit ；	$bit \leftarrow 1$
CLR C ；	$Cy \leftarrow 0$
CLR bit ；	$bit \leftarrow 0$

这 4 条指令完成的功能是将 0 或 1 送给累加位 Cy 或可寻址位。

例 4.43　指令用法举例。

```
CLR C          ；Cy←0
CLR 27H        ；(24H).7←0
CPL 08H        ；(21H).0←(21H).0
SETB P1.7      ；P1.7←1
```

3. 位逻辑运算指令

位逻辑运算指令的汇编指令与操作见表 4.34。

表 4.34　位逻辑运算指令的汇编指令与操作

汇编指令	操作
ANL C, bit ；	$Cy \leftarrow (Cy) \wedge (bit)$，逻辑与
ANL C, /bit ；	$Cy \leftarrow (Cy) \wedge (\overline{bit})$，逻辑与
ORL C, bit ；	$Cy \leftarrow (Cy) \vee (bit)$，逻辑或
ORL C, /bit ；	$Cy \leftarrow (Cy) \vee (\overline{bit})$，逻辑或
CPL C ；	$Cy \leftarrow \overline{Cy}$，逻辑非
CPL bit ；	$bit \leftarrow \overline{bit}$，逻辑非

注：指令中的"/bit"表示对位单元内容取反。

逻辑与指令 ANL 的功能是当两个操作位的值都是 1 时，将 1 送给 C，否则送 0。

逻辑或指令 ORL 的功能是当两个操作位的值都是 0 时，将 0 送给 C，否则送 1。

取反指令 CPL 的功能是操作位的值是 1 时，将 0 送操作位；操作位的值是 0 时，将 1 送操作位。

例 4.44 试说出下列程序段实现的操作。

(1) MOV C，P1.3   ；P1.3 的值送 Cy

    ANL C，ACC.0   ；C＝(C)∧(ACC.0)

实现的是：P1.3 和 ACC.0 均为 1 时，C 等于 1。

(2) MOV C，P1.3   ；P1.7 的值送 Cy

    ORL C，ACC.7   ；C＝C∨(ACC.0)

实现的是：P1.3 或 ACC.0 为 1 时，C 等于 1。

4. 位条件转移指令

该组指令按位判决的对象及转移处理方式分为三组。

1) 判 C 转移指令

判 C 转移指令的汇编指令与操作见表 4.35。

表 4.35　判 C 转移指令的汇编指令与操作

汇编指令	操　　作
JC rel；	若(Cy)＝1，则 PC ←(PC)+2+rel 若(Cy)≠1，则 PC ←(PC)+2
JNC rel；	若(Cy)＝0，则 PC ←(PC)+2+rel 若(Cy)≠0，则 PC ←(PC)+2

这两条指令是根据 Cy 的值来判断是否进行跳转，满足条件就跳转，否则就顺序执行。同样的，rel 通常用标号地址表示，取值的范围是以指令的当前 PC 为基准在 -128～+127 字节之间。

例 4.45 试编写一段程序完成两个无符号数的比较，并将大的数放在内存 RAM 的 3FH 单元，设两个无符号数已放在 R1、R2 中。

MCS-51 指令中虽无专门的比较指令，但可利用字节比较转移指令及其对进位标志 Cy 的影响来进行判断。

```
COMP：      MOV A，R1           ；R1 的数送累加器 A
           MOV 3FH，R2         ；R2 的数送 RAM 的 3FH 单元
           CJNE A，3FH，JUDGE   ；比较 A 和 3FH 的数，若(A)≠(3FH)，
                              ；则跳到大小判决程序 JUDGE
           SJMP ENDCOMP       ；若(A)＝(3FH)，则返回
JUDGE：     JC ENDCOMP         ；若 Cy=1，表明(A)<(3FH)，返回
           MOV 3FH，A          ；Cy=0，表明(A)>(3FH)
ENDCOMP：RET
```

2) 判位变量转移指令

判位变量转移指令的汇编指令与操作见表 4.36。

表 4.36　判位变量转移指令的汇编指令与操作

汇编指令	操　作
JB bit，rel；	若(bit)＝1，则 PC ←(PC)＋3＋rel 若(bit)≠1，则 PC ←(PC)＋3
JNB bit，rel；	若(bit)＝0，则 PC ←(PC)＋3＋rel 若(Cy)≠0，则 PC ←(PC)＋3
JBC bit，rel；	若(bit)＝1，则 bit ← 0，PC ←(PC)＋3＋rel 若(bit)≠1，则 PC ←(PC)＋3

这三条指令是根据位变量 bit 的内容来确定程序的执行方向。第三条指令除使程序转移外，还有清零 bit 内容的作用。

以上介绍了 MCS-51 系列单片机的指令系统。有关 111 条指令助记符、操作数以及字节数和指令周期一览表详见附录一。有关影响标志位的指令一览表见表 4.37。

表 4.37　影响标志的指令

指令助记符	有影响的标志位			备　注
	CY	OV	AC	
ADD	×	×	×	
ADDC	×	×	×	
SUBB	×	×	×	
MUL	0	×		
DIV	0	×		
DA	×			
RRC	×			
RLC	×			"×"：表示根据运行结果使该标志置 1 或清 0
SETB C	1			"0"：表示标志清 0
CLR C	0			"1"：表示标志置 1
CPL C	×			
ANL C，bit	×			
ANL C，/bit	×			
ORL C，bit	×			
ORL C，/bit	×			
MOV C，bit	×			
CJNE	×			

4.4 汇编语言程序设计

计算机在完成一项工作时必须按顺序执行各种操作。这些操作是程序设计人员用计算机所能接受的语言把解决问题的步骤事先描述好的，也就是事先编制好计算机程序，再由计算机执行。汇编语言程序设计，要求设计人员对单片机的硬件结构有较详细的了解，编程时，数据的存放、寄存器和工作单元的使用等由设计者安排。高级语言程序设计时，这些工作都是由计算机软件完成的，程序设计人员不必考虑。

4.4.1 伪指令

程序设计者使用汇编语言编写的汇编语言源程序必须"汇编（翻译）"成机器代码，才能运行。在汇编语言源程序中应有向汇编程序发出的指示信息，告诉它如何完成汇编工作，这一任务是通过使用伪指令来实现的。即汇编语言源程序由前面所学的指令系统指令和伪指令组成。

伪指令不属于指令系统中的汇编语言指令，它是程序员发给汇编程序的命令，也称为汇编程序控制命令。只有在汇编前的源程序中才有伪指令。所以"伪"体现在汇编后，伪指令没有相应的机器码产生。

伪指令具有控制汇编程序的输入/输出、定义数据和符号、条件汇编、分配存储空间等功能。不同的汇编语言，伪指令也有所不同，但一些基本内容是相同的。

下面介绍 MCS-51 汇编语言程序中常用的伪指令。

1. ORG 伪指令（汇编起始地址命令）

ORG 伪指令通常用在源程序的开始处，用来规定目标程序的起始地址。

ORG 伪指令的格式为：

　　　　ORG addr16

其中，addr16 是 16 位绝对地址，也可以用标号或表达式表示。

当在一个源程序中碰到一条 ORG 伪指令时，汇编程序就规定了紧随其后的下一条机器指令的地址是 addr16 表达的地址。

例 4.46

　　　　　　ORG 2000H
　　　START：MOV A，♯7FH

它表明标号为 START 的目标程序是从 2000H 单元开始存放的。

注意：① 在一个源程序中，可以多次使用 ORG 指令，来规定不同的程序段的起始地址。但是，地址必须由小到大排列，且不能交叉、重叠。

② 单片机上电后，开始执行程序总是从地址 0000H 开始，所以在源程序的一开始都需要在 0000H 处用一句跳转指令，使转到主程序的开始处。

例 4.47

ORG1000H

...

ORG 1200H

...

```
        ORG 2300H
        …
```

上述程序的地址分配是由小到大排列，且未交叉、重叠，所以可正确运行。

例 4.48
```
        ORG    0000H
        JMP    START
        …
        ORG 0100H          ；将标号为 START 的程序的起始地址定为 0100H
START：CLRA
        MOVA，♯0FFH
        …
```

2．END 伪指令（汇编终止命令）

END 语句放在源程序结束的地方，用于告诉汇编程序源程序已经结束，对后面的指令都不用汇编。它的格式如下所示：

```
        END
```

注意：① END 语句不得有标号。

② 只可以在它的行上出现一个注释。

③ END 语句应当是程序的最后一行，否则，它将产生一个错误。

END 和 ORG 伪指令是控制汇编程序状态的。

3．EQU 伪指令（赋值命令）

EQU 伪指令把一个表达式或特殊的汇编符号赋予规定的名称。格式如下所示：

```
        符号名称 EQU 表达式
            或
        符号名称 EQU 特殊汇编符号
```

注意：① 符号名称必须是有效的 ASM51 符号。

② 汇编后，EQU 左边的符号名称就等同于 EQU 右边的表达式或汇编符号，这样在程序中该符号名称就可以作为立即数或地址（数据地址、代码地址、位地址或外部的数据地址）来使用。

③ 特殊汇编符号 A，R0，R2，R3，R4，R5，R6，及 R7 可以用 EQU 伪指令重新由用户定义的符号表示。

④ 由 EQU 伪指令定义的符号不能又在别的地方定义。

例 4.49
```
        ORG    0100H
        COUT   EQU  R1      ；定义 COUT 代替 R1
        N27    EQU  27       ；令 N27 等于 27
        HERE   EQU  $        ；设 HERE 为当时指令码所在地址
        …
        MOV    A，♯N27       ；A←立即数 27
        MOV    COUT，♯8      ；R1←立即数 8
        …
        SJMP   HERE          ；跳转到 HERE 所指的地址，即在本指令处
                             ；循环跳转
```

注意："＄"符号表示程序计数器的当前值。当用在转移指令 SJMP 中时，要求放在一段程序的末尾，表示程序运行至此停止，一般可直接写成 SJMP ＄，不需 EQU 定义。

4. DATA 伪指令（赋值命令）

DATA 伪指令是把片内的数据地址赋予所规定的符号名称。数据地址指的是内存 0～7FH 或位于 80H～FFH 的特殊功能寄存器。由 DATA 伪指令定义的符号就可以用在程序中，不得在程序中的其它地方重新定义。格式如下所示：

　　　符号名称 DATA 数据地址

例 4.50　下面几个例子是表示 DATA 的若干用法：

```
SERBUF   DATA   SBUF          ;定义 SERBUF 为串行口缓冲器的地址
RESULT   DATA   30H           ;定义符号 RESULT 为内存地址 30H
PORT0    DATA   80H           ;定义符号 PORT0 为 SFR 的 P0(80H)
…
MOV    SERBUF，RESULT         ;将 RESULT 的值送 SERBUF，
                              ;即 SBUF←(30H)
```

注意：DATA 伪指令与 EQU 类似。但有以下差别：

① 用 DATA 定义的标识符可以先使用后定义，而 EQU 定义的必须先定义后使用；

② 用 EQU 可以把一个汇编符号赋给字符名，而 DATA 只能把数据赋给字符名；

③ DATA 可以把一个表达式赋给字符名，只要表达式是可求值的。

5. BIT 伪指令（位地址赋值命令）

BIT 伪指令是把一个位地址赋予规定的符号名称。当一个符号定义为 BIT 后不得在程序中别的地方重新定义。格式如下所示：

　　　符号名称　BIT　位地址

例 4.51

```
MN   BIT   P1.7
G5   BIT   02H
```

经以上伪指令定义后，在编程中就可以把 MN 和 G5 作为位地址 P1.7 和 02H 来使用。

常用的伪指令还有一类是存储器初始化保留伪指令，用于对字、字节或位单位中任何一种初始化及保留其空间。被保留的空间起始于当前起作用段中由位置计数器所给出的当前值上。这些伪指令前面可以放一个标号。

6. DS 伪指令（保留存储空间命令）

DS 伪指令以字节为单位保留空间。DS 伪指令的格式如下：

　　　［标号：］　DS　表达式

DS 语句从当前标号地址处开始保留空间，单元地址逐个递增，空间的大小由表达式的值来确定。

例 4.52

```
ORG   0100H
TEMP：DS   10
```

以上指令表示从标号 TEMP 代表的地址 0100H 开始，保留连续的 10 个地址单元。

7. DB 伪指令（定义字节命令）

DB 伪指令用 8 字节形式初始化程序存储器的一段空间。格式如下所示：

〔标号：〕 DB　字节数据表

以上指令表示为从标号指定的地址单元开始，在 ROM 中存放 8 位字节数据表。将字节数据根据从左到右的顺序依次存放在指定的存储单元中，一个数据占一个存储单元。字节数据表可以是字符、十进制、十六进制、二进制等。列表中的各项是由逗号"，"分开的一个或多个字节值或串。

例 4.53　　　　ORG　1000H

　　　　SEG1：DB　53H，78H ，"2"

　　　　SEG2：DB　'DAY'

　　　　…

　　　　　　　END

执行结果：(1000H)＝53H

　　　　　　(1001H)＝78H

　　　　　　(1002H)＝32H　；32H 为"2"的 ASCII 码

　　　　　　(1003H)＝44H　；44H 为"D"的 ASCII 码

　　　　　　(1004H)＝41H　；41H 为"A"的 ASCII 码

　　　　　　(1005H)＝59H　；59H 为"Y"的 ASCII 码

注意：① 如果操作数为数值，其取值范围应为 00H～FFH；

② 如果操作数为字符串，其长度应限制在 80 个字符内。

本指令常用于存放数据表格，比如数码管显示的字形码。

8. DW 伪指令(定义字命令)

DW 伪指令用字(16 位)的表项对代码存储器初始化。格式如下所示：

　　　　〔标号：〕 DW　表达式列表

DW 伪指令与 DB 的功能类似，所不同的是 DB 用于定义一个字节(8 位二进制数)，而 DW 用于定义一个字(即两个字节，16 位二进制数)。在执行汇编程序时，机器会自动按高 8 位先存入，低 8 位后存入的格式排列，这和 MCS－51 指令中 16 位数据存放的方式一致。

例 4.54

　　　　　　ORG　1000H

　　　TAB2：DW　1234H，80H

执行结果：(1000H)＝12H，(1001H)＝34H，(1002H)＝00H，(1003H)＝80H。

4.4.2　汇编语言源程序格式

完成控制任务的汇编语言源程序基本上由主程序、子程序、中断服务子程序组成。编制汇编语言源程序根据 MCS－51 单片机 ROM 的出厂内部定义，一般按这样的主框架编制：

　　;＊＊＊＊＊＊＊＊＊＊＊＊＊＊＊＊＊＊＊＊＊＊＊＊＊＊＊＊＊＊＊＊＊

　　;程序功能描述：

　　;编写人：

　　;调试完成时间：

　　;＊＊＊＊＊＊＊＊＊＊＊＊＊＊＊＊＊＊＊＊＊＊＊＊＊＊＊＊＊＊＊＊＊

　　;程序变量定义区：

　　1　　　　SDA　BIT　P1.3　　　　;定义 SDA 位变量

2	IO EQU P0	；定义 I/O 等值 P0 口
3	ByteCon DATA 30H	；定义字节变量 ByteCon

；＊＊＊＊＊＊＊＊＊＊＊＊＊＊＊＊＊＊＊＊＊＊＊＊＊＊＊＊＊＊

；程序主体部分

4	ORG 0000H	；程序段从 0000H 单元开始存放
5	LJMP MAIN	；跳到主程 MAIN
6	ORG 0003H	；从 0003H 开始存放程序段
7	LJMP INTERUPT1	；跳到外部中断 0 处理子程序
8	ORG 0030H	；从 0030H 开始存放程序段
9	MAIN：	；主程序标号说明
10	MOV SP，♯30H	；设置堆栈指针，可以大于 30H
11	LCALL INITIATE	；调用初始化子程序
12	FCY：LCALL SUB	；控制程序循环标号，调用功能子程序
13	LJMP FCY	；跳到 FCY 构成循环

；＊＊＊＊＊＊＊＊＊＊＊＊＊＊＊＊＊＊＊＊＊＊＊＊＊＊＊＊＊＊

；功能子程序部分：

14	ORG xxxx	；以下功能子程序的存放地址
15	INITIATE：…	；初始化子程序标号
16	RET	；子程序返回
17	SUB：…	；功能子程序标号
18	RET	；子程序返回
19	INTERUPT1：…	；外部中断 0 功能程序
20	RETI	；中断返回
21	TABLE：	；表的标号
22	DB 00H，01H	；表的数据
	END	；源程序结束，停止汇编

注意：① 为了方便说明，在源程序的每一行上加了标号(行号)，实际编写程序时不能加行号。

② 连续的"＊＊＊＊＊"符号可使程序划分清晰，方便加入文字说明，便于阅读。这是一个合格的程序员必须养成的习惯。

这个源程序的第 1～3 行用于把一些符号或变量定义成通俗的符号。第 4、6、8、14 行表示程序存储的开始地址。第 5 行跳转。因为 MCS－51 单片机出厂时定义 ROM 中 0003H～002BH 分别为各中断源的入口地址，所以编程时应在 0000H 处写一跳转指令，使 CPU 在执行程序时，从 0000H 跳过各中断源的入口地址，主程序则以跳转的目标地址作为起始地址开始编写，主程序从第 9 行标号 MAIN 处开始。第 6 行为中断服务程序的存储地址。MCS－51 单片机的中断系统对 5 个中断源分别规定了入口地址，这些入口地址仅相距 8B。如果中断服务程序小于 8B，则可以直接编写程序，否则应安排跳转到目标地址编写中断服务程序，所以第 7 行有跳转指令，另外中断子程序中一般要有成对的入、出栈指令，要用到堆栈。所以第 10 行为堆栈设置指令，堆栈指针一般最小设为 30H，栈区够用还可以增大。第 9、12、15、17、19 行为程序语句标号。第 21、22 行为查表指令的表。

4.4.3 汇编语言程序的设计步骤与基本结构

程序设计就是用计算机所能接受的语言把解决问题的步骤描述出来， 也就是编制程序。

本节介绍 MCS - 51 汇编语言的程序设计方法。

1．汇编语言程序的设计步骤

用汇编语言编写一个程序的过程可分为以下 5 个步骤：分析问题、确定算法、画流程图、编写程序、程序调试。

（1）分析问题。分析题意，明确要求。首先，要对需要解决的问题进行分析，以求对问题有正确的理解。例如，解决问题的任务是什么？工作过程是什么？现有的条件、已知的数据、对运算的精度和速度方面的要求是什么？设计的硬件电路是否方便编程？

（2）确定算法。算法就是如何将实际问题转化为程序模块来处理。解决一个问题，常常有几种可选择的方法。从数学角度来描述，可能有几种不同的算法。在编制程序以前，先要对不同的算法进行分析、比较，找出最适宜的算法。

（3）画流程图。画程序流程图，就是用图解来描述和说明解题步骤。程序流程图是解题步骤及其算法进一步具体化的重要环节，是程序设计的重要依据，它直观清晰地体现了程序设计思路。流程图就是用预先约定的各种符号、图形和有向线段等来表示程序的执行过程、程序的结构以及各个程序模块之间的组织关系的直观图形。一般情况下，流程图画的越详细，则程序编写时就越容易，程序也就越严密，同时在程序检查时也就越容易。常采用的图形和符号如图 4.11 所示：

① 起止框：表示程序的开始或结束，每个程序流程图的最上面为起始框，最下面为结束框，框内填入起始内容或结束内容。

② 处理框：表示要进行的工作。

③ 判断框：表示要判断的事情，判断框内的表达式表示要判断的内容。

④ 流程线：表示程序的流向。

图 4.11　流程图常用的图形和符号

有了流程图，可以很容易地把较大的程序分成若干个模块，分别进行设计，最后合在一起调试。一个系统的软件要有总的流程图，即主程序流程图，它可以画的粗一点，侧重于反映各模块之间的相互联系。另外，还有局部的流程图，反映某个模块的具体实现方案，它要画的细一点。

（4）程序编写。程序编写通常是基于流程图的。如果一个较大的程序，先分析好了，算法也确定了，但没有流程图，只是凭脑海中的记忆来直接写程序，那么一旦程序有误或者某个地方漏了一条语句，就很难找出来。所以在编写程序时一定要按照流程图来编写，主要从两个方面编写。

首先是编写源程序。进一步合理分配存储单元和了解 I/O 接口地址；按功能设计程序，明确各程序之间的相互关系；用注释行说明程序，便于阅读和调试修改。流程图设计完成后，程序设计思路比较清晰，接下来的任务就是选用合适的汇编语言指令来实现流程图中每一个框内的要求，从而编制出一个有序的指令流，这就是源程序设计。

其次是程序优化。程序优化的目的在于缩短程序的长度，加快运算速度和节省存储单元。如，恰当地使用循环程序和子程序结构，通过改进算法和正确使用指令来节省工作单元及减少程序执行的时间。

程序质量的评判标准体现在可靠地实现了系统所要求的各种功能，本着节省存储单元、减少程序长度和加快运算时间的原则，以达到程序结构清晰、简洁，流程合理，各功能程序模块化、子程序化。

（5）程序调试。对于单片机来说，没有自开发功能，需要使用仿真器或利用仿真软件进行仿真调试，修改源程序中的错误，直至正确为止。

2. 汇编语言程序的基本结构

汇编语言程序的基本结构有 3 种：顺序结构、分支（选择）结构和循环结构。

顺序结构如图 4.12 所示，虚框内 A 框和 B 框分别代表不同的操作，而且是 A、B 顺序执行。

分支结构如图 4.13 所示，它又称为选择结构。该结构中包含一个判断框，根据给定条件 P 是否成立而选择执行 A 框操作或 B 框操作。条件 P 可以是累加器是否为零、两数是否相等，以及测试状态标志或位状态等。这里需指出的是：无论条件 P 是否成立，只能执行 A 框或者 B 框，不可能既执行 A 框又执行 B 框。无论走哪一条路径执行，都经过 b 点脱离本分支结构。

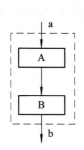

图 4.12　顺序结构图

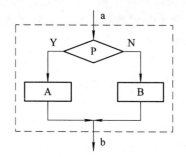

图 4.13　分支结构图

循环结构如图 4.14 所示，它在一定的条件下，反复执行某一部分的操作。循环结构又分为 While（当）型循环结构和 Until（直到）型循环结构两种方式，如图 4.14(a)、(b)所示。当型循环是先判断条件，条件成立则执行循环体 A；而直到型循环则是先执行循环体 A 一次，再判断条件，条件不成立再执行循环体 A。循环结构的两种形式可以互相转换。

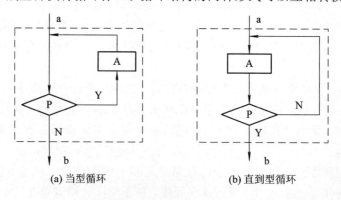

(a) 当型循环　　　　　　　　　　(b) 直到型循环

图 4.14　循环结构图

任何一个复杂问题的解决都可以最终分解成由以上 3 种基本结构顺序组成的算法结构。由这些基本结构构成我们常说的结构化算法。虽然在 3 种基本结构的操作框 A 或 B 中，可能是一些简单操作，也可能还嵌套着另一个基本结构，但是不存在无规律的转移，只在该基本结构内才存在分支和向前或向后的跳转。

　　用汇编语言编程和用高级语言编程时，两者存在一定的差别，即用汇编语言编程时，对于数据的存放位置以及工作单元的安排都由编程者自己安排；而用高级语言编程时，这些问题都是由计算机自动安排的，设计者在设计中可不考虑。例如，MCS - 51 中有 8 个工作寄存器 R0～R7，而只有 R0 和 R1 可以用于变址寻址指令。因此编程者需要考虑哪些变量存放在哪个寄存器，以及 R0 和 R1 这样可变址寻址的寄存器若不够用又如何处理等。这些问题的处理和掌握将是编程的关键。

　　下面将介绍汇编语言程序设计的一些基本结构实例。

4.4.4　顺序结构程序设计

　　顺序结构是最简单的一种基本结构。如果需要解决的某一个问题可以分解成若干个简单的操作步骤，并且可以由这些操作按一定的顺序构成一种解决问题的算法，则可用简单的顺序结构来进行程序设计。

　　例 4.55　将寄存器 R1 中的二进制数转换为 BCD 码。

　　分析：BCD 码是每 4 位二进制数表示一位十进制数，R1 中的二进制数的大小为（0～FFH），即最大值为 255，转换为 BCD 码需要 12 个 bit 来表示，超过一个字节（8bit）。因此，分配 30H 单元存放百位的 BCD 码，31H 单元存放十位的 BCD 码，32H 单元存放个位的 BCD 码。转换方法是用除法分离出百位、十位、个位。其流程图如图 4.15 所示。

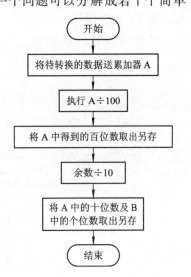

图 4.15　二制数转换为 BCD 码流程图

　　参考程序：

```
ORG   00H
JMP   MAIN
ORG   100H
MOV   A, R1      ;待转换的数值从 R1 送累加器 A
MOV   B, 100     ;B←100
DIV   AB         ;执行 A÷B
MOV   30H, A     ;30H←(A)，将 A 中的商(即取出来的百位数)另存在 30H 单元
MOV   A, B       ;A←(B)，将 B 中的余数送 A
MOV   B, 10      ;B←10
DIV   AB         ;执行 A÷B
MOV   31H, A     ;31H←(A)，取出的十位数存入 31H
MOV   32H, B     ;32H←(B)，B 中的余数是个位数，存入 32H
SJMP  $          ;停止
```

　　经过这样的连除操作，所得到的数码就已经是 BCD 码了，后续可以用查表操作获得显示码，或直接将 BCD 码送至某端口，由硬件完成译码并显示。

4.4.5　分支(选择)结构程序设计

　　在实际程序设计中，除顺序结构程序设计之外，有很多情况往往还需要程序按照给定的条件进行分支选择。这时就必须对某一个变量所处的状态进行判断，根据判断结果来决定程序的流向。这就是分支(选择)结构程序设计。

在编写分支程序时，关键是如何判断分支的条件。在 MCS-51 单片机指令系统中，有丰富的控制转移指令，它们是分支结构程序设计的基础，可以完成各种各样的条件判断、分支选择。常用指令如下：

(1) 测试条件符合转移，如 JNB　TI，　$ ；

(2) 比较不相等转移，如 CJNE　R0，♯2FH，LOOP；

(3) 减 1 不为 0 转移，如 DJNZ　R7，LOOP；

(4) 根据某些单元或寄存器的内容转移，如 JMP　@A+DPTR。

例 4.56　假设 NUM 单元中存放的是经过处理的数据，如果数值在 0～99 之间，则图 4.16 所示的电路中 P1.1 口接的 LED 亮；若在 100～180 之间，则无动作；若在 181～255 之间，则 P1.0 口接的 LED 亮。

流程图如图 4.17 所示。

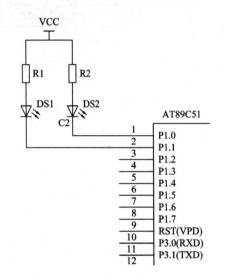

图 4.16　相关部分电路图

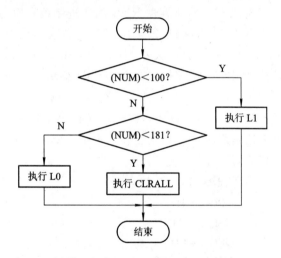

图 4.17　流程图

参考程序：

```
        ORG    0000H
        JMP    MAIN
        ORG    0100H
MAIN：   NUM    DATA   7FH        ;给数据单元 NUM 赋值为 7FH
        VAL1   EQU       100     ;设置第一个比较值 VAL1=100
        VAL2   EQU       181     ;设置第二个比较值 VAL2=181
        MOV    A，NUM             ;将数据单元 NUM 的值送累加器 A
        CLR    C                 ;清零进位位 Cy
        SUBB   A，♯VAL1           ;执行 A-100，若(A)<100，则 Cy=1，否则 Cy=0
        JC     L1                ;若 Cy=1，则转去 L1 处执行，否则向下执行
        CLR    C
        MOV    A，NUM             ;重新将数据单元 NUM 的值送累加器 A
        SUBB   A，♯VAL2           ;执行 A-181，若(A)<181，则 Cy=1，否则 Cy=0
```

```
          JNC    L0          ；若 Cy＝0，则转到 L0 处执行，否则向下执行
CLRALL：SETB   P1.0          ；清零 P1.0＝1，熄灯
          SETB   P1.1          ；清零 P1.1＝1，熄灯
          SJMP   OVER
L1：     CLR    P1.1          ；令 P1.1 口的值为 0，点亮其外部的 LED
          SETB   P1.0          ；P1.0＝1，熄灭 P1.0 口的灯
          SJMP   OVER
L0：     SETB   P1.1          ；令 P1.1 口的值为 1，熄灭其外部的 LED
          CLR    P1.0          ；P1.0＝0，点亮 P1.0 口的灯
OVER：   SJMP   $
          END
```

例 4.57 已知电路如图 4.18 所示，要求实现：S0 单独按下，只有红灯（R）亮；S1 单独按下，只有绿灯（G）亮；S0、S1 均按下，红、绿、黄灯（Y）全亮；其余情况，黄灯亮。

本例为开关量（状态）的判断，流程图如图 4.19 所示。

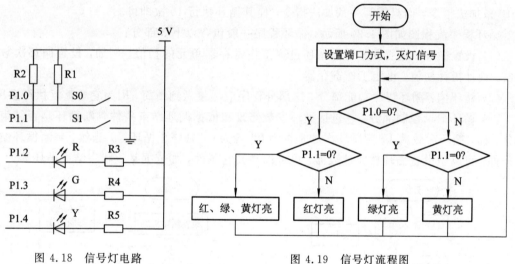

图 4.18　信号灯电路　　　　　　　　　　图 4.19　信号灯流程图

程序如下：

```
          ORG    0000H
          SJMP   START
          ORG    0030H
START：  MOV    P1,#0FFH      ；设置 P1.0、P1.1 为输入方式，红、绿、黄灯灭
LOOP：   JNB    P1.0,K1       ；查 P1.0 是否为 0
          JNB    P1.1,GREEN
          CLR    P1.4          ；亮黄灯，灭红、绿灯
          SETB   P1.2
          SETB   P1.3
          SJMP   LOOP
GREEN：  CLR    P1.3          ；亮绿灯，灭红、黄灯
          SETB   P1.2
          SETB   P1.4
```

```
              SJMP   LOOP
K1：          JNB    P1.1, ALL
RED：         CLR    P1.2              ；亮红灯，灭绿、黄灯
              SETB   P1.3
              SETB   P1.4
              SJMP   LOOP
ALL：         CLR    P1.2              ；红、绿、黄灯全亮
              CLR    P1.3
              CLR    P1.4
              SJMP   LOOP
              END
```

4.4.6 循环结构程序设计

在解决实际问题时，往往会遇到同样的一组操作需要重复多次的情况，这时应采用循环结构，以简化程序、缩短程序的长度及节省存储空间。例如，要做 1 到 10 的加法，没有必要写 10 条加法指令，而只需写一条加法指令，使其循环执行 10 次即可。

循环程序流程图如图 4.20 所示，循环程序一般包含以下 3 部分：

（1）设置循环初值：设置用于循环过程工作寄存器单元的初值。例如，设置循环次数计数器、地址指针初值、设定工作寄存器。

（2）循环体：循环程序功能部分。这部分程序应尽量做到精简，因为它要重复执行多次。

（3）循环记录控制部分：它包括循环参数修改和依据循环结束条件判断循环是否结束两部分。如，循环次数减 1，判循环次数是否为 0，若为 0，则停止循环等。当然，判断循环结束的条件，可以是设置循环次数计数器，也可以是其它条件，如依据某位状态结束循环等。

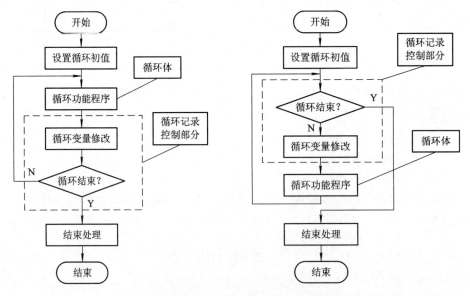

图 4.20 循环程序流程图

循环程序中不再包含循环程序，即为单循环程序。如果在循环体中还有循环程序，那么，这种现象就称为循环嵌套，又称为二重或多重循环。在多重循环中，只允许外重循环嵌套内重循环，不允许循环相互交叉，也不允许从循环程序的外部跳到循环程序的内部。

例 4.58 采用循环结构实现软件延时。

在软件执行中,常常有定时的需要,一种实现方式是采用单片机的定时器实现,另一种就是采用延时程序。延时程序就是用软件编写的一段有定时作用的程序。以下是典型程序:

    MOV R4,♯250
   LOOP: DJNZ R4,LOOP

DJNZ 指令的执行时间是 2 个机器周期。假设单片机的工作频率是 12 MHz,则一个机器周期是 $1\mu s$。上述循环过程的执行时间是:$250 \times 2\ \mu s = 500\ \mu s$。如果想延长时间,可在循环体内加几条 NOP 指令,一条 NOP 指令的执行时间是 1 个机器周期,如果加两条 NOP 指令,则循环一次的时间是 $4\ \mu s$,循环完成的时间是:$250 \times 4\ \mu s = 1\ ms$。

就一般的应用而言,若还想加大延时时间,可采用多重循环的方式。

例 4.59 设计一个延时 1 ms 的程序。

分析:延时程序的延时主要与所用晶振和延时程序中的循环次数有关。设单片机使用的晶振为 12 MHz,可知一个机器周期为 $T = 1\ \mu s$。

流程图如图 4.21 所示。

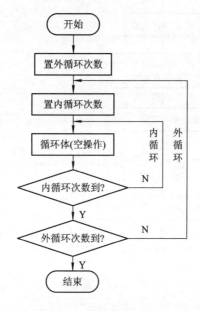

图 4.21 循环程序流程图

参考程序如下:

序号	指令	注释	指令机器周期数
	ORG 2000H		
1	DELAY:MOV R1, ♯24	;设 R1 为外循环次数指针	1
2	DL2: MOV R2, ♯10	;设 R2 为内循环次数指针	1
3	DL1: NOP	;空操作延时一个机器周期	1
4	NOP		1
5	DJNZ R2, DL1	;内循环次数控制	2
6	DJNZ R1, DL2	;外循环次数控制	2
7	NOP		1
8	RET		2

内循环的时间：$T_内 = (1T + 1T + 2T) \times 24 = 96T = 96 \ \mu s$。

外循环的时间：$T_外 = (1T + T_内 + 2T) \times 10 = 990 \ \mu s$。

延时程序的总时间：$T_总 = 1T + T_外 + 1T + 2T = 994 \ \mu s$。

由此可看出，软件延时时间与循环次数、循环体内指令执行时间有关，改变循环次数和循环体指令就可实现不同的延时时间，但不可避免地有误差。因此，需要精确定时的场合还是应该采用定时器定时实现。

例 4.60 内存中以 STRING 开始的区域有若干个字符和数字，一般称为一个字符串，末尾一个字符为"$"，试统计这些字符数字的数目，结果存入 NUM 单元。

分析：本题目为计数题目，STRING 为起始地址，每个地址单元中有一个字符或数据，连续存放，最后一个地址单元中存放的是字符"$"，统计这些字符数字的数目就是统计有多少个地址单元。本题可采用 CJNE 指令来和关键字符"$"作比较，比较时要将关键字符用其对应的 ASCII 码来表示。符号"$"的 ASCII 码是 24H。程序流程图如图 4.22 所示。

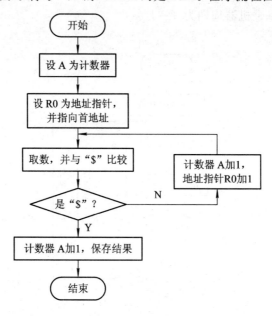

图 4.22　流程图

参考程序如下：

```
        NUM    DATA  20H
        STRING DATA  21H
COMP:   CLR   A              ;A作为计数器,先清零
        MOV   R0,#STRING     ;首地址送R0
LOP:    CJNE  @R0,#24H,LOP2  ;与$比较,不相等,则转移
        SJMP  LOP3           ;找到$,结束循环
LOP2:   INC   A              ;计数器加1
        INC   R0             ;修改地址指针
        SJMP  LOP            ;循环
LOP3:   INC   A              ;再计这个$字符
        MOV   NUM,A          ;存结果
        RET
```

4.4.7　常用子程序设计

在一个程序中，将反复出现的程序段编制成一个独立的程序段，存放在内存中，这些能够完成某一特定任务可被重复调用的独立程序段称为子程序。在汇编语言编程时，恰当地使用子程序，可使整个程序的结构清楚、阅读方便，而且还可减少源程序和目标程序的长度，减少重复书写指令的数量，提高编程效率。在汇编语言源程序中使用子程序，需要注意两个问题，即子程序中的参数传递和现场保护的问题。

在调用高级语言子程序时，参数的传递是很方便的，通过调用语句中的参数以及子程序中的参数之间的对应关系，很容易完成参数的往返传递。但在调用汇编语言子程序时会遇到一个参数如何传递的问题。如，用指令（ACALL、LCALL）调用汇编语言子程序时并不附带任何参数，参数的互相传递需要靠编程者自己安排。其实质就是如何安排数据的存放以及工作单元的选择问题。参数传递的方法很多，同一个问题可以采用不同的方法来传递参数，相应的程序也会略有差别。汇编语言中参数传递方法有以下 3 种。

（1）用累加器或工作寄存器来传递参数。即在调用子程序之前把数据送入寄存器 R0～R7 或者累加器 A。调用返回后，运算结果仍由寄存器或累加器送回。

（2）用指针寄存器传递参数。由于数据一般都存放在存储器中，故可用指针来指示数据的位置，这样可以大大节省传递数据的工作量，并可实现可变长度传递。若参数存放在内部 RAM 中，通常可用 R0 或 R1 作指针寄存器；若参数存放在外部 RAM 或程序存储器中，可用 DPTR 作指针寄存器。

（3）用堆栈来传递参数。在调用子程序前，主程序可用 PUSH 指令把参数压入堆栈中，进入子程序后，再将压入堆栈的参数弹出到指定的工作寄存器或者其它内存单元。子程序运行结束前，也可把结果送入堆栈中。子程序返回主程序后，再由主程序调用。POP 指令得到结果参数。但要注意，调用子程序时，断点处的地址也要压入堆栈，占用两个单元，故在弹出参数时，注意不要把断点地址送出去。另外，在返回主程序时，要把堆栈指针指向断点地址，以便能正确地返回。

一般把查表程序、码制转换程序、算数运算程序都设计成子程序方式。

1. 查表程序

查表就是根据变量 x，在表格中寻找 y，使 $y = f(x)$。在单片机汇编语言程序设计中，查表程序的应用非常广泛，在 LED、LCD 显示程序设计中经常用到查表程序，另外可以将单片机无法实现的一些计算（如函数的计算）直接将结果存到内部，需要时一一"对号"读取就可以了。下面介绍几种常用的查表方法。

例 4.61　片内 RAM 的 30H 单元中存放一个未知数 X，已知 $0 \leqslant X \leqslant 9$，求变量 X 的平方值，并存入片内 RAM 的 31H 单元。

分析：在程序中定义一个 0～9 的平方表，利用查表指令找出 X 的平方值。程序框图如图 4.23 所示。

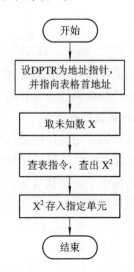

图 4.23　流程图

参考程序如下：

```
            ORG   0000H
            MOV   DPTR, ＃TABLE        ;表首地址→DPTR(数据指针)
            MOV   A, 30H               ;A←X
            MOVC  A, @A+DPTR           ;查表指令，A←X²
            MOV   31H, A
            SJMP  $                    ;程序暂停
     TABLE: DB    0, 1, 4, 9, 16, 25, 36, 49, 64, 81  ;定义0～9平方表、表内数值的位置
                                       ;与X等价
            END
```

例 4.62 设有一个巡回检测报警装置，需对 16 路输入进行测量控制，每路有一个最大允许值，它为双字节数。控制时，根据测量的路数，找出该路的最大允许值，判断输入值是否大于最大允许值。如果大于，则报警。

分析：取路数为 x(0≤x≤15)，y 为最大允许值且为双字节存放在程序存储器的常数表中。在查表之前，路数 x 存放于 R2 中，查表的结果 y 存放于 R3、R4 中，则查表程序可如下编制：

```
            MOV   A, R2
            ADD   A, R2            ;R2×2→A
            MOV   R3, A            ;保存指针
            ADD   A, ＃6           ;加偏移量，查表指令距离表首址的距离
            MOVC  A, @A+PC         ;查第1个字节，即最大允许值的高字节
            XCH   A, R3            ;单字节指令，R3存放最大允许值的高字节
            ADD   A, ＃1           ;双字节指令，A为地址指针，指向TABl的下一个单元
            MOVC  A, @A+PC         ;单字节指令，查第2个字节，即最大允许值的
                                   ;低字节
            MOV   R4, A            ;单字节指令，R4存放最大允许值的低字节
            RET                    ;单字节指令
     TABl:  DW    1520, 3721, 42645, 7850   ;最大值表，共16个
            DW    3483, 32657, 883, 9943
            DW    10000, 40511, 6758, 8931
            DW    4468, 5871, 13284, 27808
```

在这里要理解查表的原理：查表实际上是人为安排的一种巧合，程序本身没有在"查"，"对号入座"是查表程序设计的基本思想。

2. 码制转换程序

在单片机应用程序的设计中，经常涉及到各种码制的转换问题。例如，打印机要打印某字符，则需要将二进制码转换为 ASCII 码。在输入/输出中，按照人的习惯均使用十进制数，而在计算机中十进制数常采用 BCD 码(二进制编码的十进制数)表示。在计算机内部进行数据计算和存储时，经常采用二进制码，因为二进制码具有运算方便、存储量小的特点。对于各种码制，经常需要进行各种转换。本节介绍在应用程序设计中经常用到的一些码制转换子程序，以便读者查用。

例 4.63 将 1 位十六进制数(即 4 位二进制数)转换成相应的 ASCII 码。

分析："字符 0"～"字符 9"的 ASCII 码值为"30H"～"39H"，它们与 30H 之差恰好为

"00H"~"09H"，结果均小于 0AH。"字符 A"~"字符 F"的 ASCII 码值为"41H"~"46H"，它们与 37H 之差恰好为"0AH"~"0FH"，结果大于或等于 0AH。根据这个关系可以编出转换程序。设待转换的十六进制数存放在 R0 的低半字节，转换后的结果存放在 R2 中。

参考程序：

```
HASC：MOV    A，R0        ；取 4 位二进制数
      ANL    A，#0FH      ；屏蔽掉高 4 位
      PUSH   ACC          ；4 位二进制数入栈
      CLR    C            ；清进(借)位标志位
      SUBB   A，#0AH      ；用借位标志位的状态判断该数
                          ；是在 0~9 之间还是 A~F 之间
      POP    ACC          ；弹出原 4 位二进制数
      JC LOOP             ；借位位为 1，跳转至 LOOP
      ADD    A，#07H      ；借位位为 0，该数在 A~F 之间，加 37H
      MOV    R2，A        ；ASCII 码存于 R2
      SJMP   OVER
LOOP：ADD    A，#30H      ；该数在 0~9 之间，加 30H
      MOV    R2，A        ；ASCII 码存于 R2
OVER：RET
```

例 4.64　将双字节二进制数转换成 BCD 码。

分析：在计算机中，用 BCD 码来表示十进制数。BCD 码在计算机中通常又分为两种形式：一种是 1B 放 1 位 BCD 码，称为非压缩 BCD 码，适用于显示和输出；一种是 1B 放 2 位 BCD 码，称为压缩的 BCD 码适用于运算及存储。十进制数 B 与一个 8 位的二进制数的关系可以表示为：

$$B = b_7 \times 2^7 + b_6 \times 2^6 + \cdots + b_1 \times 2 + b_0$$
$$= ((\cdots(b_7 \times 2 + b_6) \times 2 + b_5) \times 2 + \cdots + b_1) \times 2 + b_0$$

只要按十进制运算法则，将 $b_i(i=7,6,\cdots,1,0)$ 按权相加，就可以得到对应的十进制数 B。程序设 (R2、R3) 为 16 位无符号二进制整数，(R4、R5、R6) 为转换完的压缩型 BCD 码。参考程序如下：

```
DCDTH：MOV   R7，#16      ；置计数初值
       CLR   A
       MOV   R6，A
       MOV   R5，A
       MOV   R4，A
LOOP：  CLR   C
       MOV   A，R3
       RLC   A
       MOV   R3，A        ；R3 左移 1 位并送回
       MOV   A，R2
       RLC   A
       MOV   R2，A        ；R2 左移 1 位并送回
       MOV   A，R6
       ADDC  A，R6
```

```
        DA   A
        MOV  R6,A            ;(R6)乘 2 并调整后送回
        MOV  A,R5
        ADDC A,R5
        DA   A
        MOV  R5,A            ;(R5)乘 2 并调整后送回
        MOV  A,R4
        ADDC A,R4
        DA   A
        MOV  R4,A            ;(R4)乘 2 并调整后送回
        DJNZ R7,LOOP
        RET
```

3. 运算程序

在大多数的单片机应用系统中都离不开数值计算,而最基本的数值计算是四则运算。

例 4.65 两个 8 位无符号数相加。将片内 RAM 的 50H、51H 地址中的内容相加后,结果送片内 RAM 的 52H 地址和进位 C 中。试通过具体指令分析程序所实现功能。

参考程序如下:

```
    AD:CLR  C            ;清除进位标志
       MOV  R1,#50H      ;设 R1 为地址指针,首先指向地址 50H
       MOV  A,@R1        ;A←((R1)),即将地址 50H 的内容送给 A
       INC  R1           ;R1←(R1+1),地址指针加 1,指向 51H
       ADD  A, @R1       ;A←(A)+((R1))
       INC  R1           ;R1←(R1+1),地址指针加 1,指向 52H
       MOV  @R1,A        ;((R1))←(A),即 52H ←(A)
       RET               ;子程序返回
       END
```

例 4.66 双字节无符号数的乘法。

分析:8051 指令系统中只有单字节乘法指令。因此,双字节相乘需分解为 4 次单字节相乘。设双字节的无符号被乘数存放在 R3、R2 中,即 R3(高)R2(低),乘数存放在 R5、R4 中,即 R5(高)R4(低),R0 为地址指针指向积的高位字节。算法与流程图如图 4.24 所示:

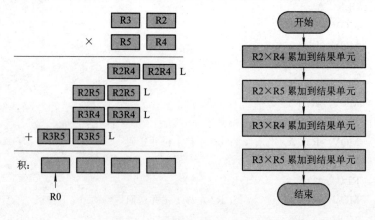

图 4.24 乘法的算法与流程图

参考程序如下：

```
    MULTB: MOV  R7，#04        ;结果单元清 0
    LOOP:  MOV  @R0，#00H
           DJNZ R7，LOOP
           MOV  A，R2           ;取被乘数低位字节
           MOV  B，R4           ;取乘数低位字节 R4
           MUL  AB             ;R4×R2
           ACALL  RADD         ;调用乘积相加子程序
           MOV  A，R2           ;取被乘数低位字节 R2
           MOV  B，R5           ;取乘数高位字节 R5
           MUL  AB             ;R5×R2
           DEC  R0             ;积字节指针减 1
           ACALL  RADD         ;调用乘积相加子程序
           MOV  A，R4
           MOV  B，R3
           MUL  AB             ;R4×R3
           DEC  R0
           DEC  R0
           ACALL  RADD
           MOV  A，R5
           MOV  B，R3
           MUL  AB             ;R5×R3
           DEC  R0
           ACALL  RADD
           DEC  R0
           RET
    RADD:  ADD  A，@R0          ;累加子程序
           MOV  @R0，A
           MOV  A，B
           INC  R0
           ADDC A，@R0
           MOV  @R0，A
           INC  R0
           MOV  A，@R0
           ADDC A，#00H         ;加进位
           MOV  @R0，A
           RET
```

在进入汇编语言子程序，特别是进入中断服务子程序时，还应注意的另一个问题是现场保护问题，即对于那些不需要进行传递的参数，包括内存单元内容、工作寄存器的内容以及各标志的状态等，都不应因调用子程序而改变。这就需要将要保护的参数，在进入子程序时压入堆栈保护起来，而空出这些数据所占用的工作单元，供子程序使用。在返回调用程序前，则将压入堆栈的数据弹出到原有的工作单元，恢复其原来的状态，使调用程序可以继续往下执行。这种现场保护的措施在中断时是非常必要的。

由于堆栈操作是"先入后出"的。因此，先压入堆栈的参数应后弹出，才能保证恢复原来的状态。至于每个具体的子程序是否需要进行现场保护，以及应该保护哪些参数，则应视具体情况而定。

4.5 汇编语言应用程序的开发与调试

前面介绍了汇编语言程序设计，这些程序所用到的各个寄存器、存储器单元都是单片机内的硬件，如果在程序存储器中放入编制好的上述程序，程序即可运行。但程序运行时一次性成功几乎是不可能的，多少会出现一些软件上的错误，这就需要通过调试来发现错误并加以改正。51单片机虽然功能很强，但只是一个芯片，既没有键盘，又没有CRT、LED显示器，也没有任何系统开发软件（如编辑、汇编、调试程序等），也就是说，51单片机本身没有对程序的开发调试能力。单片机系统完成硬件设计后，硬件或电路的连接上也有可能出现一些错误，这也需要通过对程序的运行来对硬件电路进行诊断、调试，这些仅靠51单片机本身是无能为力的，所以必须借助某种开发工具来模拟用户实际的单片机，并且能随时观察程序运行的中间过程而不改变运行中原有的数据、性能和结果，从而完成对程序的调试。完成这一调试工作的开发工具就是单片机仿真开发系统。

4.5.1 仿真开发系统简介

1. 仿真开发系统的功能

一般来说，仿真开发系统应具有以下最基本功能：

（1）用户样机硬件电路的诊断与检查。

（2）用户样机程序的输入与修改。

（3）程序的运行、调试（单步运行、设置断点运行）、排错、状态查询等。

（4）将程序写入程序存储器中。

不同的仿真开发系统都必须具备上述基本功能，但对于一个较完善的仿真开发系统还应具备：

① 有较全的开发软件。用户可用C语言编制应用程序；由开发系统编译连接生成目标文件、可执行文件。同时要求用户可用汇编语言编制应用软件；开发系统自动生成目标文件；并配有反汇编软件，能将目标程序转化成汇编语言程序；有丰富的子程序可供用户选择调用。

② 有跟踪调试、运行的能力。仿真开发系统占用单片机的硬件资源尽量最少。

2. 仿真开发系统的种类

目前国内使用较多的仿真开发系统大致分为以下两大类。

1）通用机仿真开发系统

此类仿真开发系统是目前国内使用最多的一类开发装置。这是一种通过PC机的并行口、单行口或USB口，外加在线仿真器的仿真开发系统。

在这种系统中，仿真开发系统不能独立完成开发任务，必须与PC机的并行口、串行口或USB口相连。

在调试用户样机时，仿真插头必须插入用户样机空出的单片机插座中。当仿真开发系统通过串行口（或并行口、USB口）与PC机连机后，用户可利用组合软件，在计算机上编辑、修改源程序，然后通过交叉汇编软件将其汇编成机器代码，传送到仿真器的仿真 RAM 中。这时，用户可用单步、断点、跟踪、全速等方式运行用户程序，系统状态实时地显示在屏幕上。待程序调试通过后，再使用专用的编程器，通过 PC 机把程序输入到单片机内的 Flash 储存器中或外扩的 EPROM 中。此类仿真开发系统的典型代表是南京伟福（Wave）公司的产品。配置不同的仿真插头，可以仿真各种单片机。此类仿真开发系统的典型产品为南京伟福公司的单片机仿真开发系统或江苏启东计算机厂的产品。

通用仿真机开发系统中还有另一种结构，就是采用国际上流行的独立型仿真结构，在与 PC 机联机调试用户样机时，与前面介绍的仿真开发系统的使用方法基本一样。不同的是，该仿真器采用模块化架构，配备有不同的外设，如外存板、打印机、键盘、显示板等，用户可根据需要选用。在没有通用计算机支持的场合中，利用键盘、显示板也可在工业现场完成仿真调试工作。

2）软件模拟开发系统

软件模拟开发系统，也称软件模拟器，这是一种完全用软件手段进行开发的系统。软件模拟开发系统与用户系统在硬件上无任何联系。这种系统通常是由通用 PC 加模拟开发软件构成的。用户在通用计算机上安装软件模拟器，用户可从相应网站下载该软件模拟器。

软件模拟器的工作原理是利用模拟开发软件在通用计算机上实行对单片机的硬件模拟、指令模拟、运行状态模拟，从而完成运用软件开发的全过程。单片机相应的输入端由通用键盘相应的按键设定。输出端的状态则出现在 CRT 指定的窗口区域。在软件模拟器的支持下，通过指令模拟，可方便地进行编程、单步运行、设断点运行、修改等软件调试工作。调试过程中，运行状态、各寄存器状态、端口状态等都可以在 CRT 指定的窗口区域显示出来，以确定程序运行有无错误。

用软件模拟器调试软件不需任何在线仿真器，也不需要用户硬件样机，直接就可以在 PC 机上开发和调试 51 单片机开发软件。调试完毕的软件可以将机器代码固化，完成一次初步的软件设计工作。对于实时性要求不高的应用系统，一般能直接投入运行。

软件模拟器的优点是开发效率高、不需要附加的硬件开放装置成本。软件模拟器的最大缺点是使用软件来模拟硬件，且不能准确地模拟硬件电路的实时性，因此不能进行硬件部分的诊断与实时在线仿真。

4.5.2　程序的开发调试过程

完成一个用户样机，首先要完成硬件组装工作，然后进入软件设计、调试和硬件调试阶段。硬件组装就是在设计、制作完毕的印制板上焊好元件与插座，然后就可用仿真开发工具进行软件设计、调试和硬件调试工作。

第一步，建立用户源程序。用户通过开发系统的键盘、CRT 显示器及开发系统的编辑软件 WS，按照汇编语言源程序所要求的格式、语法规定，把源程序输入到开发系统中，并存在磁盘上。

第二步，在开发系统机上，利用汇编程序对第一步输入的用户源程序进行汇编，直至语法错误全部纠正为止。如无语法错误，则进入下一个步骤。

第三步，动态在线调试。这一步是对用户的源程序进行调试。上述的第一步、第二步是一个纯粹的软件运行过程，而在这一步，不需要有在线仿真器配合，就能对用户源程序进行调试。用户程序中分为与用户样机硬件无联系的程序和与样机硬件紧密关联的程序。

对于与用户样机硬件无联系的程序，如计算程序，虽然已经没有语法错误，但可能存在逻辑错误，使计算结果不正确，此时必须借助于动态在线调试手段，如单步运行、设置断点等，发现逻辑错误，然后返回到第一步修改，直至逻辑错误纠正为止。对于与用户样机硬件紧密相关的程序段（如接口驱动程序），一定要先把在线仿真器的仿真插头插入用户样机的单片机插座中，进行在线仿真调试，仿真开发系统提供单步、设置断点等调试手段，来对用户样机进行调试。

有关程序段运行有可能不正常，可能是软件逻辑上有问题，也可能是硬件有故障，必须先通过在线仿真调试程序提供的调试手段，把硬件故障排除以后，再与硬件配合，对用户程序进行动态在线调试。对于软件的逻辑错误，则返回到第一步进行修改，直至逻辑错误消除为止。在调试这类软件时，硬件调试与软件调试是不能完全分开的。许多硬件错误是通过软件的调试而发现和纠正的。

第四步，将调试完毕的用户程序通过编程写入器（也称烧写器），固化在程序存储器中。

习　　题

1. 何谓寻址方式？MCS - 51 单片机有哪几种寻址方式？这几种寻址方式是如何寻址的？

2. 访问片内、外程序存储器有哪几种寻址方式？

3. 若要完成以下的数据传送，应如何用 MCS - 51 的指令来完成？

(1) R0 的内容送到 R1 中。

(2) 外部 RAM 的 20H 单元内容送到 R0，送到内部 RAM 的 20H 单元。

(3) 外部 RAM 的 2000H 单元内容送到 R0，送到内部 RAM 的 20H 单元，送到外部 RAM 的 20H 单元。

(4) ROM 的 2000H 单元内容送到 R0，送到内部 RAM 的 20H 单元，送到外部 RAM 的 20H 单元。

4. 判断下列指令，正确的打"√"，错误的打"×"。

(1) INC　@R1　　　　　　　　　　　　　(　　)

(2) DEC　@DPTR　　　　　　　　　　　 (　　)

(3) MOV　A，@R2　　　　　　　　　　　(　　)

(4) MOV　40H，@R1　　　　　　　　　　(　　)

(5) MOV　P1.0，0　　　　　　　　　　　(　　)

(6) MOV　20H，21H　　　　　　　　　　(　　)

(7) ANL　20H，#0F0H　　　　　　　　　(　　)

(8) RR　20H　　　　　　　　　　　　　 (　　)

(9) RLC　30H　　　　　　　　　　　　　(　　)

(10) RL　B　　　　　　　　　　　　　　(　　)

5. 分析以下程序的运行结果。

(1) 指出执行下列程序段以后，累加器 A 中的内容。

```
MOV  A，#3
MOV  DPTR，#0A000H
MOVC  A，@A+DPTR
```

ORG　0A000H

DB　′123456789ABCDEF′

（2）设（SP）＝074H，指出执行以下程序段以后，（SP）的值及 75H、76H、77H 单元的内容。

MOV　DPTR，♯0BF00H

MOV　A，♯50H

PUSH　ACC

PUSH　DPL

PUSH　DPH

（3）已知内部 RAM 中的 30H ～32H 内容分别为 12H、34H、56H，请写出下面的子程序执行后 30H～32H 的内容。

RRS：　MOV　R7，♯3

　　　　MOV　R0，♯30H

　　　　CLR　C

RRLP：MOV　A，@R0

　　　　RRC　A

　　　　MOV　@R0，A

　　　　INC　R0

　　　　DJNZ　R7，RRLP

（4）指出下面程序段功能。

MOV　C，P3.0

ORL　C，P3.4

CPL　C

MOV　F0，C

MOV　C，20H

ORL　C，50H

CPL　C

ORL　C，F0

MOV　P1.0，C

（5）指出下面子程序功能。

SSS：MOV R0，♯4FH

　　　CLR　A

SSL：XCHD　A，@R0

　　　SWAP　A

　　　XCH　A，@R0

　　　DEC　R0

　　　CJNE　R0，♯3FH，SSL

　　　SWAP　A

　　　MOV　R2，A

　　　RET

6. 试编写一段程序，将片内 RAM 的 20H、21H、22H 连续三个单元的内容依次存入 2FH、2EH 和 2DH 单元。

7. 试编写程序完成将片外数据存储器地址为 1000H～1030H 的数据块，全部搬迁到片内 RAM 的 30H ～60H 中，并将源数据块区全部清零。

8. 试编写一段程序，将片内 30H～32H 和 33H～35H 中的两个 3 字节压缩 BCD 码十进制数相加，将结果以单字节 BCD 码形式写到外部 RAM 的 1000H～1005H 单元。

9. 在片内 RAM 的 20H 开始的单元中存有 20 个无符号数，编程求出其中的最大值，并存入片外 RAM 的 50H 单元中。

10. 编程计算存放在片外 RAM 的 30H 单元开始的 64 个无符号数的平均值，结果存入片内 RAM 的 30H 单元。

11. 设计一查表程序，将从 P0 口接收的 1 位十六进制数转化为 LED 的段选码后从 P1 口输出。

12. 设在片外 RAM 的 0000H 开始的单元中存有 100 个有符号数，编程统计其中的正数、负数和零的个数，结果存入片内 RAM 的 30H、31H、32H。

13. 从片内 RAM 的 30H 单元开始的存有 5 个组合 BCD 数，编程将其转化为 ASCII 后存入片内 RAM 的 40H 开始的单元中。

14. 试分别编写延时 20 ms 和 1 s 的程序(设晶振频率为 12M)。

15. 内部 RAM 的 30H 单元开始存放着一组无符号数，其数目存放在 21H 单元中。试编写程序，求出这组无符号数中的最小数，并将其存入 20H 单元中。

第 5 章 中断、定时/计数器与串行口

教学提示：本章主要介绍 MCS-51 系列单片机的内部标准功能单元中断系统、定时/计数器和串行通信口。以这些片内标准功能模块为基础，通过简化功能部件或新增其它功能部件，即可形成 8051 系列单片机中的高档机型和低档机型。所以，掌握本章内容对了解 MCS-51 系列单片机的原理和应用是至关重要的。

教学要求：MCS-51 系列单片机片内部标准功能单元主要包括中断系统、定时/计数器和串行通信口等。通过本章的学习，使学生掌握各功能模块特有的逻辑结构和基本功能，从而进一步了解各功能模块在实际领域中的应用，为后面章节的学习奠定重要的基础。

5.1 中　　断

中断技术是计算机的重要技术之一。计算机引入中断技术，一方面可以实时处理控制现场瞬时发生的事件，提高计算机处理故障的能力；另一方面，可以解决 CPU 和外设之间的速度匹配问题，提高 CPU 的效率。计算机的中断技术，使计算机的工作更加灵活、效率更高。在某种条件下，可以说中断系统功能的强弱是衡量计算机性能的重要技术指标之一。

5.1.1 中断系统概述

计算机与外设交换信息时，存在高速的 CPU 和低速的外设之间的矛盾。若采用查询方式，不但占用 CPU 的操作时间，还降低了响应速度。另外，一般还要求 CPU 能够对外部随机或定时出现的紧急事件做到及时响应处理。为解决此类突发性问题，引入了"中断"概念。

1. 中断的概念

在日常生活中经常会出现类似中断的现象，比如在课堂教学中，当老师正在按备课教案给同学们讲课时，课堂中任何一个同学都可能突然提出问题，老师如果认为有必要马上回答这个问题，他会暂停正在讲授的课程内容，解答同学的问题，问题解决后，老师接着刚才的内容继续讲授课程。这样一个过程实质上就是一个中断过程。可以这样来理解：老师按教案讲课的是"主程序"；提问的同学是"中断源"；提问打断老师正常授课的过程可称为"中断请求"；老师认为有必要马上回答这个问题，可称为"中断允许"；暂停正在讲授的课程内容解答同学的疑问，可称为"中断响应"；解答疑问的过程可称为"中断处理"；解答完疑问继续讲授课程内容可称为"中断返回"。

相应地，单片机的"中断"是指单片机在运行某一段程序过程中，由于单片机系统内、外的某种原因，有必要中止原程序的执行，而去执行相应的处理程序，待处理结束后，再返回来继续执行被中断程序的过程。一个完整的中断处理的基本过程应包括：中断请求、中断响应、中断处理和中断返回。单片机中实现中断功能的部件称为中断系统，也就是中断管理系

统。产生中断的请求源称为中断源，中断源向 CPU 发出的请求称为中断申请，CPU 暂停当前的工作转去处理中断源事件称为中断响应，中断的地方称为断点，对中断源事件的处理过程称为中断服务，事件处理完毕 CPU 返回到被中断的地方称为中断返回。

在上面课堂教学的例子中，如果把教学、答疑和了解教学效果都定义成课堂教学的任务，显然，按照一般的纯授课模式是没有办法完成的，逐个去问学生了解教学的效果或存在什么疑问虽然可行，但效率太低。通过引入课堂提问机制，可以实时地了解学生存在的疑问和教学的效果，完成教学、答疑和了解教学效果的任务。

对于单片机也一样，有了中断机制，单片机在实际应用中将可以同时面对多项任务，快速响应并及时处理突发事件，使单片机具备实时处理的能力。尤其是当外部设备速度较慢时，如果不采用中断技术，CPU 将处于不断等待状态，效率极低；采用中断方式，CPU 将只在外部设备提出请求时才中断正在执行的任务，来执行外部设备请求任务，这样极大地提升了 CPU 的使用效率。

2. 中断的任务

单片机可以接受的中断申请一般不止一个，对于这些不止一个的中断源进行管理，就是中断系统的任务。这些任务一般包括以下几方面。

1）开中断或关中断

中断的开放或关闭可以通过指令对相关特殊功能寄存器的操作来实现，这是 CPU 能否接收中断申请的关键，只有在开中断的情况下，才有可能接收中断源申请。

2）中断排队

一般单片机系统都允许有多个中断源，当几个中断源同时向 CPU 请求中断服务时，就出现了 CPU 优先响应哪一个中断请求的问题。为此系统必须根据中断源的轻重缓急进行排队，具体实现方法为将各个中断源分成若干个优先级，再按如下原则处理：

① 不同级的中断源同时申请中断时，先响应高级，后响应低级。

② 同级的中断源同时申请中断时，按事先规定，即默认的优先顺序。

③ 处理低级中断又收到高级中断请求时，停止低级转去先执行高级。

④ 处理高级中断又收到低级中断请求时，不响应它，等待做完高级处理后再处理低级中断。

因此，面对系统中多个中断源，同时申请中断，CPU 首先响应优先级别高的中断申请，服务结束后再响应级别低的中断源。

当 CPU 响应某一中断请求并正在运行该中断服务程序时，若有优先级高的中断源发出中断申请，CPU 就中断正在处理的低级中断服务程序，保留断点，去响应高级别的中断申请，待完成了高级中断服务程序后，再继续从断点处执行被打断的低级中断服务程序，这就是中断嵌套。

注意：当发生中断嵌套时，在中断服务子程序编写中，必须注意采用堆栈或其它方式对用户数据进行保护。

3）中断响应

当某一个中断源发出中断申请时，CPU 能决定是否响应这个中断请求（当 CPU 在执行更急、更重要的工作时，可以暂不响应中断）。若允许响应这个中断请求，CPU 必须在现行的指令执行完后，把断点处的 PC 值（即下一条应执行的指令地址）压入堆栈保存起来，称为保护断点，这是由硬件自动完成的。同时，用户在编程时要注意把有关的寄存器内容和状态标志位压入堆栈保存起来,这称为保护现场。保护断点和现场之后即可执行中断服务程序,执行完毕,需恢复原保留的寄存器的内容和标志位的状态,称为恢复现场,并执行中断返回指令,中断返回指令的功能为恢复断点处的 PC 值(称为恢复断点),使 CPU 返回断点,继续执行主程序。完整的中断过程如图 5.1 所示。

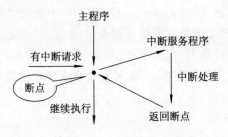

图 5.1　中断的过程

4)中断请求的撤除

在响应中断申请以后,返回主程序之前,中断请求应该撤除。否则,就等于中断申请依然存在,这将影响对其它中断申请的响应。中断请求的撤除与中断返回指令并不是同一个过程,不同的中断系统中断请求的撤除方法不同。

5.1.2　MCS-51 单片机的中断系统

为了保证系统安全可靠、使用灵活,51 系列单片机的中断系统采用了多级管理的机制。为了解决多级嵌套问题,51 系列单片机还设置了两级中断优先级。51 系列单片机的中断系统由中断源、中断标志位寄存器、中断允许寄存器(IE)、中断优先级寄存器(IP)及其它辅助电路组成,如图 5.2 所示。

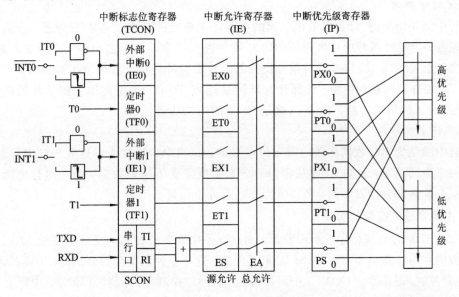

图 5.2　MCS-51 的中断系统

由图 5.2 可知,一个中断的产生受到中断标志位寄存器、中断允许寄存器(IE)、中断优先级寄存器(IP)的控制。中断标志位寄存器中有 6 个标志位,对应 6 个中断请求信号,若收到有效的请求信号,则对应标志位将硬件置"1"。中断允许寄存器(IE)中的每一位对应不同的中断源,而且每一位均可由用户软件设定为"允许(1)"或"禁止(0)"中断。值得注意的是,欲使某中断源允许中断，设置 IE 对应位的同时还必须设置 IE 中的最高位 EA，使 EA＝1，即 CPU 开放中断，EA 相当于中断允许的"总开关"。

至于中断优先级寄存器(IP)，该寄存器的每一位也同样对应不同的中断源，其复位清"0"将会把对应中断源设置为低优先级中断；置"1"将把对应中断源设置为高优先级。例如，对于外部中断请求 0 和定时器 T0 中断来说，若要使 T0 中断的优先级高于外部中断请求 0 中断，则可将 PX0 清"0"，使之处于低优先级，而将 PT0 置"1"，使之处于高优先级。

注意：单片机复位后，IE 和 IP 均被清 0。设计程序时，在程序初始化中用户应根据需要将上述寄存器中的相应位置"1"或清"0"，来实现允许或禁止优先级设置等内容，中断程序才能正常执行。

1. 中断源与中断请求信号

向单片机发出中断请求的来源称为中断源。80C51 单片机的中断源共有 5 个中断源，分别是 2 个外部中断源、2 个定时中断源和 1 个串行中断源。

1）外部中断源

外部中断是由外部原因(如打印机、键盘、控制开关、外部故障等)引起的，可以通过 $\overline{INT0}$(P3.2 引脚)和 $\overline{INT1}$(P3.3 引脚)两个固定引脚输入到单片机，分别称为外部中断 0($\overline{INT0}$)和外部中断 1($\overline{INT1}$)。

外部中断请求有两种信号触发方式，即电平触发方式和脉冲触发方式(边沿触发方式)，可通过设置有关控制位进行定义。电平触发方式的中断请求是低电平有效，只要单片机在中断请求输入端上采样到有效的低电平时，就触发外部中断。脉冲触发方式的中断请求是脉冲的下降沿有效，单片机在相邻两个机器周期中对中断请求信号进行采样，如果第一个机器周期采样到高电平，第二个机器周期采样为低电平，即得到有效的中断请求，则触发外部中断。

2）定时中断源

定时中断是由定时/计数器溢出引起的中断，51 单片机有两个定时/计数器，所以有两个定时中断源。当定时器对单片机内部的定时脉冲进行计数而发生溢出时，表明定时时间到，由硬件自动触发中断。当定时器对单片机外部的计数脉冲进行计数而发生溢出时，表明计数次数到，由硬件自动触发中断。外部计数脉冲是通过 T0 和 T1 引脚输入到单片机内的，T0 输入端是 P3.4 的第二功能，T1 输入端是 P3.5 的第二功能。

3）串行中断源

串行中断是为串行数据传送的需要而设置的。每当串口接收或发送完一帧串行数据时，就产生一个中断请求，通知 CPU 从串口取走数据或发送下一帧数据。因为串行中断请求是在单片机芯片内部自动发生的，所以不需要在芯片上设置引入端。

2. 中断系统的控制与实现

MCS-51 单片机提供了 5 个中断源，而这 5 个中断源的控制与实现是通过 MCS-51 单片机片内的 4 个特殊功能寄存器(SFR)来实现的。这 4 个控制寄存器分别为：中断标志位(定时/计数器控制)寄存器(TCON)、中断标志位(串行口控制)寄存器(SCON)、中断允许寄存器(IE)和中断优先级寄存器(IP)。下面分别介绍和中断相关的特殊功能寄存器。

1）中断标志位(定时/计数器控制)寄存器(TCON)

TCON 既称为中断标志位寄存器，又称为定时/计数器控制寄存器，其在 RAM 区的地址为 88H。它主要用来控制 2 个定时/计数器溢出中断标志及 2 个外部中断 $\overline{INT0}$ 和 $\overline{INT1}$ 请求标志。与中断相关对应位如表 5.1 所示。

表 5.1　TCON 控制寄存器对应位定义

位	D7	D6	D5	D4	D3	D2	D1	D0
TCON	TF1		TF0		IE1	IT1	IE0	IT0
位地址	8FH		8DH		8BH	8AH	89H	88H

① IT0：外部中断$\overline{INT0}$触发方式控制位。当 IT0＝0 时，外部中断 0 选择电平触发方式（低电平有效）；当 IT0＝1 时，外部中断 0 选择边沿触发方式（下降沿有效）。

② IE0：外部中断 0 中断请求标志位。

当 IT0＝0 时，外部中断 0 选择电平触发方式（低电平有效）。CPU 在每个机器周期的 S5P2 采样$\overline{INT0}$引脚电平，当采样到低电平时，将 IE0 置 1，向 CPU 请求中断。当采样到高电平时，将 IE0 清"0"。值得一提的是，在电平触发方式下，CPU 响应中断时，不能自动清除 IE0 标志，IE0 的状态完全由$\overline{INT0}$的状态决定。因此，中断返回前必须撤除$\overline{INT0}$引脚的低电平。

当 IT0＝1 时，外部中断 0 选择边沿触发方式（下降沿有效）。CPU 在每个机器周期的 S5P2 采样$\overline{INT0}$引脚电平，若在连续两个机器周期内，第一次采到$\overline{INT0}$引脚为高电平，第二个机器周期采样到$\overline{INT0}$为低电平时，则由硬件置位 IE0＝1，并向 CPU 请求中断。当 CPU 响应中断并转向中断服务程序时，IE0 标志将由硬件自动清 0。注意：$\overline{INT0}$高低电平应至少保持一个机器周期。

对于外部中断 1 的 IT1、IE1，其触发方式的控制和标志位管理完全与上述外部中断 0 类同，此处不再赘述。

③ TF0（或 TF1）：片内定时/计数器 T0（或 T1）溢出中断请求标志位。在启动 T0（或 T1）计数后，T0（或 T1）即从初值开始加 1 计数。当计数值计满后从最高位产生溢出时，由硬件置位 TF0（或 TF1），向 CPU 申请中断。CPU 响应中断时，自动复位该标志位。

④ TCON.4 和 TCON.6：即 TR0 和 TR1，是定时/计数器启动控制位，将在定时器一节详述，此处不再赘述。

2）中断标志位（串行口控制）寄存器（SCON）

SCON 既称为中断标志位寄存器，又称为串行口控制寄存器，其在 RAM 区的地址为 98H。与中断相关是 SCON 的低 2 位，用来锁存串行口的接收中断和发送中断标志，其定义如表 5.2 所示。

表 5.2　SCON 控制寄存器对应位定义

位	D7	D6	D5	D4	D3	D2	D1	D0
SCON							TI	RI
位地址	9FH	9EH	9DH	9CH	9BH	9AH	99H	98H

① TI：串行口发送中断标志。在串行口以方式 0 发送时，每当发送完 8 位数据后，由硬件置位 TI；若以方式 1、2、3 发送时，在发送停止位的开始时置位 TI。TI＝1 表示串行口发送器正在向 CPU 申请中断。值得注意的是，当 CPU 响应该中断后，转向中断服务程序时并不复位 TI，TI 必须由用户在中断服务程序中用软件清"0"。

② RI：串行口接收中断标志。若串行口接收器允许接收并以方式 0 工作，则每当接收到第 8 位数据时置位 RI；若以方式 1、2、3 工作，且 SM2＝0 时，则每当接收器接收到停止位的中间时置位 RI；当串行口以方式 2 或方式 3 工作，且 SM2＝1 时，仅当接收到的第 9 位数据 RB8 为 1 后，同时还要接收到停止位的中间时置位 RI。RI 为 1 表示串行口接收器正向 CPU

申请中断,同样 RI 必须由用户在中断服务程序中清"0"。

单片机复位后,TCON 和 SCON 寄存器各位被清"0"。

3）中断允许寄存器(IE)

IE 是中断允许寄存器,其在 RAM 区的地址为 A8H。 CPU 对中断系统所有中断以及某个中断源的"允许"和"禁止"都是由它来控制的。IE 的状态可通过程序由软件设定,某位设定为"1"表示相应的中断源被允许开放。相反,设定为"0"表示相应的中断源被禁止使用。单片机复位后,IE 寄存器各位被清"0",禁止所有中断。IE 寄存器的各位定义如表 5.3 所示。

表5.3 中断允许控制寄存器的位定义

位	D7	D6	D5	D4	D3	D2	D1	D0
IE	EA			ES	ET1	EX1	ET0	EX0
位地址	AFH	AEH	ADH	ACH	ABH	AAH	A9H	A8H

4）中断优先级寄存器(IP)

IP 是中断优先级寄存器,其在 RAM 区的地址为 B8H。MCS-51 单片机中有两个中断优先级,可实现二级中断服务嵌套。每个中断源的中断优先等级均是由中断优先级寄存器(IP)来决定的。IP 中各个位的状态可以由软件设定,当置为"1"时,则相应的中断源被置为高优先级。相反,当清为"0"时,则相应的中断源被设为低优先级。IP 寄存器的各位定义如表 5.4 所示。

表5.4 中断优先级寄存器的位定义

位	D7	D6	D5	D4	D3	D2	D1	D0
IP				PS	PT1	PX1	PT0	PX0
位地址				BCH	BBH	BAH	B9H	B8H

① PX0：外部中断 0 优先级控制位。

② PT0：定时器 0 中断优先级控制位。

③ PX1：外部中断 1 优先级控制位。

④ PT1：定时器 1 中断优先级控制位。

⑤ PS：串行口中断优先级控制位。

MCS-51 单片机中规定上述对应位,当设置为"1"时为高优先级,为"0"时为低优先级。然而在多个中断源并存的情况下,面对同一优先级中的中断源,单片机中规定了其中断优先的排队问题。同一优先级的中断优先排队,由中断系统硬件确定,其排列顺序如表 5.5 所示。

表5.5 各中断源响应优先级及中断服务程序入口地址

中断源	中断标志	入口地址	优先级顺序
外部中断 0	IE0	0003H	高
定时器 T0 中断	TF0	000BH	
外部中断 1	IE1	0013H	↓
定时器 T1 中断	TF1	001BH	
串行口中断	RI 或 TI	0023H	低

3. 中断初始化程序

中断初始化程序实质上就是对 TCON、SCON、IE 和 IP 寄存器的管理和控制。只要这些寄存器的相应位按照要求进行了状态预置，CPU 就会按照人们的意图对中断源进行管理和控制。中断服务程序一般不独立编写，而是包含在主程序中，通过编写指令对以下 5 个内容进行设置：

(1) 中断服务程序入口地址的设定。

(2) 某一中断源中断请求的允许与禁止。

(3) 对于外部中断请求，还需进行触发方式的设定。

(4) 各中断源优先级别的设定。

(5) CPU 开中断与关中断。

例 5.1　编写指令设置外部中断 0 为电平触发方式，高优先级。

分析：可用两种方法完成，即用位操作指令和字节操作指令。

① 方法 1：用位操作指令完成。

```
SETB   EA          ;开中断允许总控制位
SETB   EX0         ;外中断 0 开中断
SETB   PX0         ;外中断 0 高优先级
CLR  IT0           ;电平触发
```

② 方法 2：用其它指令也可完成同样功能。

```
MOV   IE，#81H     ;同时置位 EA 和 EX0
ORL   IP，#01H     ;置位 PX0
ANL   TCON，#0FEH  ;使 IT0 为 0
```

这两种方法都可以完成题目规定的要求。一般情况下，用方法 1 比较简单。因为在编制中断初始化程序时，只需知道控制位的名称就可以了，而不必记住它们在寄存器中的确切位置。

例 5.2　试编写设置外部中断 $\overline{INT0}$ 和串行接口中断为高优先级，外部中断 $\overline{INT1}$ 为低优先级，并屏蔽 T0 和 T1 中断请求的初始化程序段。

分析：根据题目要求，只要能将中断请求优先级寄存器 IP 的第 0、4 位置"1"，其余位置"0"，将中断请求允许寄存器的第 0、2、4、7 位置"1"，其余位置"0"就可以了。

编程如下：

```
        ORG  0000H
        SJMP  MAIN
        ORG  0003H          ;外部中断 0 的入口地址
        LJMP   INT0INT       ;跳转到外部中断 0 的中断服务程序
        ORG  0013H          ;外部中断 1 的入口地址
        LJMP   INT1INT       ;跳转到外部中断 1 的中断服务程序
        ORG  0023H          ;串口中断的入口地址
        LJMP   SIOINT        ;跳转到串口中断的中断服务程序
        ORG  0030H
MAIN：  …                   ;编写主程序
        MOV  IP，#00010001B  ;设外部中断 INT0 和串行口中断为高优先级
        MOV  IE，#10010101B  ;允许 INT0、INT1 串行口中断，开 CPU 中断
```

5.1.3 中断处理过程

不同的计算机，在具体的中断处理过程上存在一些细小的差别，但是，基本处理过程是相同的。一个完整的中断处理的基本过程应该包括：中断请求、中断响应、中断处理以及中断返回。中断处理过程如图 5.3 所示。

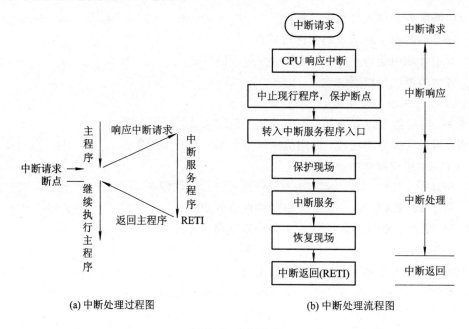

(a) 中断处理过程图　　　　　　　(b) 中断处理流程图

图 5.3　中断处理

不同的计算机由于中断系统的硬件结构不完全相同，因而中断响应的方式有所不同。在此，仅以 MCS-51 单片机为例来介绍中断处理的过程。

1. 中断请求

中断请求是中断源(或者通过接口电路)向 CPU 发出请求中断的信号，要求 CPU 中断原来执行的程序，转去为它服务。一般单片机提供有多条中断请求线，当中断源有服务要求时，可通过中断请求线向 CPU 发出信号，请求 CPU 中断。中断请求信号可以是电平信号，也可以是脉冲信号。中断请求信号应该一直保持到 CPU 做出反应为止。

2. 中断响应

中断响应是在满足 CPU 的中断响应条件之后，CPU 对中断源中断请求的回答。在这一阶段，CPU 要完成中断服务以前的所有准备工作，包括保护断点和把程序转向中断服务程序的入口地址(通常称为矢量地址)。

单片机在运行时，并不是任何时刻都会响应中断请求，而是在满足中断响应条件之后才会响应。

1) CPU 的中断响应条件

① 有中断源发出中断申请。

② 中断总允许位 EA=1，即 CPU 允许所有中断源申请中断。

③ 申请中断的中断源的中断允许位为 1，即此中断源可以向 CPU 申请中断。

以上是 CPU 响应中断的基本条件，若满足，CPU 一般会响应中断。但如果有下列任何一种情况存在，中断响应都会受到阻断。

① CPU 正在执行一个同级或高一级的中断服务程序。

② 当前的机器周期不是正在执行的指令的最后一个周期，即正在执行的指令完成前，任何中断请求都得不到响应。

③ 正在执行的指令是返回(RETI)指令或者对专用寄存器 IE、IP 进行读/写的指令，此时，在执行 RETI 或者读写 IE 或 IP 之后，不会马上响应中断请求。

若存在上述任何一种情况，则 CPU 不会马上响应中断，而把该中断请求锁存在各自的中断标志位中，在下一个机器周期再按顺序查询。

由于存在中断阻断的情况而未被及时响应，待上述阻断中断响应的条件被撤消之后，由于中断标志还存在，仍会响应。

2) 中断响应过程

如果中断响应条件满足，且不存在中断阻断的情况，则 CPU 响应中断。CPU 一旦响应中断，首先对相应的优先级有效触发器置位。然后，执行 1 条由硬件产生的长调用指令"LCALL"，自动地把断点地址压入堆栈保护(但不保护状态寄存器 PSW 和其它寄存器内容)，再把与各中断源对应的中断服务程序的入口地址送入程序计数器 PC，同时清除中断请求标志(串行口中断和外部电平触发中断除外)，从而程序便转移到中断服务程序。以上过程均由中断系统自动完成。

MCS-51 中断入口地址和中断输入引脚是一一对应的，从哪个中断输入引脚进入的中断请求，它的中断服务程序入口地址一定是某个固定值。如，从 INT0(P3.2)引脚进入的中断请求，转向的中断入口地址是 0003H 单元。

3. 中断处理

中断处理又称中断服务程序，从中断入口地址开始执行，直到返回指令"RETI"为止，这个过程(或程序)称为中断处理。此过程一般包括保护现场、处理中断源的请求及恢复现场三部分内容。因为一般主程序和中断服务程序都可能会用到累加器、PSW 寄存器和一些其它寄存器。CPU 在进入中断服务程序后，用到上述寄存器时就会破坏它原来存在寄存器中的内容，一旦中断返回，将会造成主程序的混乱。因此，在进入中断服务程序后，一般要先保护现场(即相关寄存器内容被压栈保存)，然后再执行处理中断源的请求的服务程序。执行完毕后，在返回主程序以前，要恢复现场(即相关寄存器内容被恢复)。

保护现场和恢复现场一般采用 PUSH 和 POP 指令来实现。PUSH 和 POP 指令一般成对出现，以保证寄存器的内容不会改变。要注意堆栈操作的"先进后出，后进先出"原则。

下面的例 5.3 是一个在中断服务程序中经常用到的保护现场和恢复现场的实例。

例 5.3　设在主程序中用到了寄存器 PSW、ACC、B、DPTR，而在执行中断服务程序时需要用到这些寄存器。因此，在中断服务程序里要保护 PSW、ACC、B、DPTR 的内容，以免破坏主程序中相应用到的寄存器 PSW、ACC、B、DPTR 内容。

程序如下：

```
          ORG     0003H
          AJMP    SERVICE      ;跳转到中断处理程序
SERVICE：PUSH    PSW          ;保护程序状态字
          PUSH    ACC          ;保护累加器 A
          PUSH    B            ;保护寄存器 B
```

```
    PUSH    DPL             ；保护数据指针低字节
    PUSH    DPH             ；保护数据指针高字节
    ⋮                        ；中断处理具体内容
    POP     DPH             ；恢复现场，即恢复各寄存器内容
    POP     DPL
    POP     B
    POP     ACC
    POP     PSW
    RETI
```

4. 中断返回

中断返回是指执行完中断服务程序后，程序返回到断点（即原来程序执行时被断开的位置），继续执行原来的程序。中断返回由专门的中断返回指令 RETI 实现，该指令的功能是把断点地址取出，送回到程序计数器 PC 中。另外，它还通知中断系统已完成中断处理，将清除优先级状态触发器。特别要注意，不能用子程序返回指令"RET"代替中断返回指令"RETI"。因为用 RET 指令虽然也能控制 PC 返回到原来中断的地方，但 RET 指令没有清零中断优先级状态触发器的功能，中断控制系统会认为中断仍在进行，其后果是与此同级的中断请求将不被相应。所以，中断服务程序结束时必须使用 RETI 指令。

5. 中断响应时间

所谓中断响应时间是指从查询中断请求标志位到转入中断服务程序入口地址所需的机器周期数（对单一中断源而言）。

响应中断最短需要 3 个机器周期。若 CPU 查询中断请求标志的周期正好是执行 1 条指令的最后 1 个机器周期，则不需等待就可以响应。而响应中断执行 1 条长调用指令需要 2 个机器周期，加上查询的 1 个机器周期，一共需要 3 个机器周期才开始执行中断服务程序。

中断响应的最长时间由下列情况决定：若中断查询时正在执行 RETI 或者访问 IE 或 IP 指令的第 1 个机器周期，这样连查询在内需要 2 个机器周期（以上 3 条指令均需 2 个机器周期）。若紧接着要执行的指令正好是 MUL 或 DIV 指令（两者均为 4 周期指令），则需等该指令执行完后才能进入中断响应周期，再用 2 个机器周期执行 1 条长调用指令转入中断服务程序。这样，总共需要 8 个机器周期。其它情况下的中断响应时间一般在 3～8 个机器周期之间。

5.1.4　中断请求的撤除

CPU 响应中断请求后，在中断返回前，必须撤除请求，否则会错误地再一次引起中断过程。51 单片机的 5 个中断源请求的撤除方法分别如下：

1. 定时器与串口中断请求的撤除

对于定时器 0 或 1 溢出中断，CPU 在响应中断后，中断请求将会硬件自动撤除。即当定时器 0 或 1 溢出时，中断请求标志 TF0 或 TF1 置 1，通知 CPU 响应中断，在响应条件满足且不受阻的情况下 CPU 响应中断，同时用硬件自动清除了中断请求标志位 TF0 或 TF1，无须采取其它措施。

对于串行口中断，CPU 响应中断后没有用硬件清除中断标志位，必须由用户编制的中断

服务程序来清除相应的中断标志，即用指令 CLR TI 或 CLR RI 来清除串行发送或串行接收中断标志。

2. 外部中断请求的撤除

MCS-51 单片机的中断系统的两个外部中断源有两种触发（申请）方式，即电平触发和边沿触发。可通过对 TCON 寄存器中的 IT0 位和 IT1 位清除为"0"使其工作在电平触发方式，或设置为"1"使其工作在边沿触发方式。

在边沿触发方式中，单片机在采样中断输入信号时，如果连续采样到 1 个周期的高电平和紧接着 1 个周期的低电平，则中断请求标志位就被置位，并请求中断。这种方式下，CPU 响应中断进入中断服务程序时，请求标志位会被 CPU 自动清除。所以，该方式适合于以负脉冲形式输入的外部中断请求。由于外部中断源在每个机器周期被采样 1 次，所以输入的高电平或低电平至少必须保持 12 个振荡周期，以保证能被采样到。

在电平触发方式中，单片机在每个机器周期的 S5P2 期间采样中断输入信号，若为低电平，则可直接触发外部中断。在这一触发方式中，中断源必须持续请求，直至中断产生为止，且要求在中断服务程序返回之前，必须撤除中断请求信号，否则机器将认为又发生了另一次中断请求。因此，电平触发方式适合于外部中断输入为低电平，且在中断服务程序中能清除该中断源的申请信号的情况。

对于电平触发的外部中断，由于 CPU 对外部中断 0 和 1 引脚没有控制作用，因此需要外接电路来撤除中断请求信号。

图 5.4 描述了一种外部中断撤除的可行性方案。该外部中断请求信号通过 D 触发器加到单片机外部中断 0 或 1 引脚。当外部中断信号使 D 触发器的 CLK 端发生正跳变时，由于 D 端接地，Q 端输出为 0，因此向单片机发出中断请求。CPU 响应中断后，利用 1 根口线（如 P1.0）作应答线。

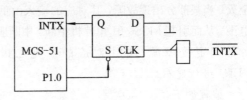

图 5.4 外部中断请求（电平触发方式）的撤除图

在中断服务程序中，用以下两条指令来撤除中断请求：

ANL P1,♯0FEH ；P1.0=0，则置位端 S 有效，D 触发器置位，Q=1

ORL P1,♯01H ；P1.0=0，则置位端 S 无效，D 触发器接收信号

第 1 条指令使 P1.0 为 0，而 P1 口的其它各位的状态不变。由于 P1.0 接至 D 触发器的置"1"端（S），故 D 触发器的 Q 为 1，从而撤除了中断请求信号。第 2 条指令又使 P1.0 为 1，即 S 为 1，使以后产生新的外部中断请求信号又能向单片机申请中断。

5.1.5 中断程序应用举例

MCS-51 共有 5 个中断源，由 4 个特殊功能寄存器 TCON、SCON、IE 和 IP 进行管理和控制。中断程序一般包含中断初始化程序和中断服务程序两部分。

中断服务程序是一种为中断源的特定情况要求服务的独立程序段，以中断返回指令 RETI 结束，中断服务完后返回到原来被中断的地方（即断点），继续执行原来的程序。

中断服务程序的固定入口：

0003H 单元——外部中断 INT0 的中断服务程序入口；

000BH 单元——内部定时器/计数器 T0 的中断服务程序入口；

0013H 单元——外部中断 INT1 的中断服务程序入口；

001BH 单元——内部定时器/计数器 T1 的中断服务程序入口；

0023H 单元——串行口的中断服务程序入口。

在编写中断服务程序时，应注意以下 4 点：

（1）各中断源入口地址之间只相隔 8 个字节。中断服务程序放在此处，一般容量是不够的。常用的方法是在中断入口地址单元处，存放一条无条件转移指令，如"LJMP Address"，使程序跳转到用户安排的中断服务程序起始地址处。

（2）在执行当前中断程序时，为了禁止更高优先级中断源的中断请求，可先用软件关闭 CPU 中断，或屏蔽更高级中断源的中断，在中断返回前再开放被关闭或被屏蔽的中断。

（3）在多级中断情况下，应在保护现场之前关掉中断，在恢复现场之后打开中断。如果在中断处理时允许有更高级的中断打断它，则在保护现场之后开中断，恢复现场之前关中断。

（4）中断时，现场保护由中断服务程序来完成。因此，在编写中断服务程序时必须考虑保护现场的问题。在 MCS‑51 单片机中，现场一般包括累加器 A、工作寄存器 R0～R7 及程序状态字 PSW 等。

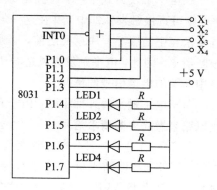

例 5.4　图 5.5 为多个故障显示电路，当系统无故障时，4 个故障源输入端 X1～X4 全为低电平，显示灯全灭；当某部分出现故障，其对应的输入由低电平变为高电平，从而引起 MCS‑51 单片机中断，中断服务程序的任务是判定故障源，并用对应的发光二极管 LED1～LED4 进行显示。

图 5.5　故障显示电路

编程如下：

```
              ORG    0000H        ；程序开始
              AJMP   MAIN         ；转主程序
              ORG    0003H        ；外部中断INT0入口地址
              AJMP   SERVICE      ；转中断服务程序
    MAIN：    ORL    P1，＃0FFH    ；灯全灭，准备读入
              SETB   IT0          ；选择边沿方式
              SETB   EX0          ；允许INT0中断
              SETB   EA           ；CPU 开中断
              AJMP   $            ；等待中断
    SERVICE： JNB    P1.3，N1      ；若 X1 无故障，转
              CLR    P1.4         ；若 X1 有故障，LED1 亮
    N1：      JNB    P1.2，N2      ；若 X2 无故障，转
              CLR    P1.5         ；若 X2 有故障，LED2 亮
    N2：      JNB    P1.1，N3      ；若 X3 无故障，转
              CLR    P1.6         ；若 X3 有故障，LED3 亮
    N3：      JNB    P1.0，N4      ；若 X4 无故障，转
              CLR    P1.7         ；若 X4 有故障，LED4 亮
    N4：      RETI
```

这个程序主要分为主程序和中断服务程序两部分。主程序主要完成初始化的工作，中断服务程序主要检测故障源是否发生，如果某故障源发生，则将相应的指示灯点亮。在此主程序和中断服务程序中，不存在使用寄存器之间的干涉问题，因此，在中断服务程序中不用保护现场和恢复现场。

例 5.5　利用单片机的定时器计数来产生中断。假定单片机晶振选择 12 MHz，选择使用 T0 每 1 ms 产生一次中断请求，用于调用动态显示程序 DISP，即显示程序在此属于中断服务程序。

分析：先安排好不同程序的入口地址，在主程序中完成定时器和中断的初始化，然后打开对应中断允许位和总中断允许位。在中断服务程序中要注意保护和恢复现场。

主程序如下：

```
        ORG   0000H
        LJMP  MAIN        ;跳转到主程序入口
        ORG   000BH
        LJMP  DISP        ;跳转到定时器 T0 中断入口地址处
        ORG   0030H
MAIN：   …
;进行定时器初始化
        MOV   TMOD，#00000001B   ;设置 T0 工作在模式 1
        MOV   TH0，#0FCH    ;
        MOV   TL0，#18H     ;设置计数初值 FC18H＝64536＝65536－1000
        SETB  TR0          ;TR0＝1，启动定时器 T0 开始计数
        SETB  ET0          ;开放定时器 T0 中断允许位
        SETB  EA           ;开放总中断允许位，等待 T0 计数满溢出
        …
```

中断服务程序代码：

```
DISP：PUSH  ACC
       PUSH  PSW           ;保护现场
       CLR   TR0           ;因为已经响应中断请求，故停止定时器 T0
       MOV   TH0，#0FCH
       MOV   TL0，#18H      ;重新赋计数初值
       SETB  TR0           ;重新启动定时器 T0
       …(显示程序代码略)…
       POP   PSW
       POP   ACC           ;按先入后出次序恢复现场
       RETI                ;中断服务程序结束，返回断点，必须用 RETI 指令
```

5.2　定时/计数器

在测量控制系统中，常常要求有实时时钟来实现定时测控或延时动作，也会要求有计数器实现对外部事件计数，如测电机转速、频率、脉冲个数等。

实现定时/计数功能，有软件定时、硬件定时和可编程定时/计数器 3 种主要方法：

1）软件定时

软件定时也称软件延时，是让机器执行一个程序段。这个程序段本身没有具体的执行目的，通过正确的挑选指令和安排循环次数实现软件延时。由于执行每条指令都需要时间，执行这一段程序所需要的时间就是延时时间。这种软件定时的特点是时间精确，且不需要外加硬件电路，但要占用 CPU 的执行时间，降低了 CPU 的工作效率。因此软件定时的时间不宜过长。此外，软件定时方法在某些情况下无法使用。

2）硬件定时

对于时间较长的定时，常采用硬件电路完成。硬件定时的特点是定时功能完全由硬件电路来完成，不占用 CPU 时间，但需要通过改变电路的原件参数来调节定时时间，在使用上不够灵活方便。例如，采用如小规模集成电路器件 555，外接必要的元器件（电阻和电容），即可构成硬件定时。这样的定时电路简单，但要改变定时范围，必须改变电阻和电容，这种定时电路在硬件连接好后，修改不方便。

3）可编程定时/计数器

可编程定时/计数器是为方便微机系统的设计和应用而研制的，它是硬件定时，又可以通过软件编程来确定定时时间。这种定时方法是通过对系统时钟脉冲的计数来实现的。计数值通过程序设定，改变计数值就改变了定时时间，使用起来既灵活又方便。此外，由于采用计数方法实现定时，所以本身就具有计数功能，可以对外来脉冲计数。

MCS-51 单片机在设计中也充分考虑了方便用户应用的问题，它的内部提供了两个 16 位可编程的定时/计数器：T0 和 T1，并且这两个定时/计数器可以通过软件的方式进行设置使其工作在不同的方式，给设计者带来极大的方便，下面将对其做详细介绍。

5.2.1　定时/计数器的结构及工作原理

1. 定时/计数器的结构

MCS-51 单片机片内集成有两个 16 位可编程的定时/计数器：T0 和 T1，其结构如图 5.6所示。

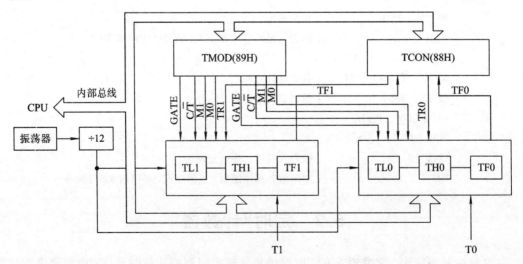

图 5.6　定时/计数器 T0、T1 的内部结构框图

它的基本部件是两个 16 位寄存器 T0 和 T1，每个 16 位寄存器分成两个 8 位寄存器（T0

由高 8 位 TH0 和低 8 位 TL0 组成，T1 由高 8 位 TH1 和低 8 位 TL1 组成）。TMOD 是定时/计数器的工作方式寄存器，由它确定定时/计数器的工作方式和功能；TCON 是定时/计数器的控制寄存器，用于控制 T0、T1 的启动和停止以及设置溢出标志。通过对这些特殊功能寄存器(SFR)的编程，可以使其工作在不同的方式和状态。

2. 定时/计数器的工作原理

图 5.7 给出了定时器/计数器 T0 或 T1 的工作(结构)原理图。由图可看出，MCS-51 单片机的定时/计数器由振荡器分频输入电路、外部计数脉冲输入电路、计数脉冲选择电路、计数启停控制电路、加 1 计数器和溢出标志位组成。图中 X＝0 或 1，代表定时/计数器 T0 或 T1 相应的信号或寄存器的相应位。

由图 5.7 可见，定时/计数器的核心是一个加 1 计数器，每输入一个脉冲，计数值加 1，当计数到计数器全为 1 时，再输入一个脉冲就使计数值回零，同时从最高位溢出一个脉冲使控制寄存器 TCON 的 TFX(X＝0 或 1)位置 1，作为计数器的溢出标志。加 1 计数器由两个 8 位特殊功能寄存器 THX 和 TLX(X＝0 或 1)组成，它们可以被编程设置为不同的组合状态(13 位、16 位、两个分开的 8 位等)，从而形成定时/计数器的 4 种工作方式。

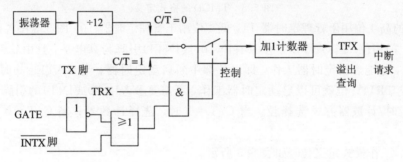

图 5.7　定时/计数器 T0 或 T1 的结构原理图

加 1 计数器计数工作的启动和停止由相应的电路控制。方式寄存器 TMOD 的 GATE 位为 0 时，由寄存器 TCON 的 TRX(X＝0 或 1)位启动(即 TRX＝1)或停止(即 TRX＝0)；GATE 位为 1，且 TRX 为 1 时，中断引脚 $\overline{INT0}$(或 $\overline{INT1}$)为高电平时，启动；为低电平时，停止。

通过方式寄存器 TMOD 的 C/T 位来选择加 1 计数器计数脉冲的来源：当 C/$\overline{T}$＝0 时，计数脉冲来自系统的时钟振荡器的 12 分频，由于这时的计数脉冲为一时间基准，脉冲数乘以脉冲间隔时间就是定时时间，这时定时/计数器工作于定时器状态；当 C/$\overline{T}$＝1 时，计数脉冲来自系统外部的脉冲源，这时定时/计数器成为外部事件计数器，工作于计数器状态。

1) 定时器状态

作定时器使用时，加 1 计数器的计数脉冲来自于内部时钟振荡器。此时输入脉冲是由内部时钟振荡器的输出经 12 分频后送来的，这就是机器周期。如果晶振频率为 12 MHz，则一个机器周期是 $1\mu s$，定时器每接收一个输入脉冲的时间为 $1\mu s$。要定一段时间，只需计算脉冲个数即可。定时时间 t 的计算公式为：t＝脉冲个数×机器周期。

2) 计数器状态

作计数器使用时，加 1 计数器的计数脉冲来自于外部引脚。此时输入脉冲是由外部引脚 P3.4(T0)或 P3.5(T1)输入到计数器的。在每个机器周期的 S5P2 期间采样 T0、T1 引脚电平。当某周期采样到一高电平输入，而下一周期又采样到一低电平时，则计数器加"1"。由于检测一个从"1"到"0"的下降沿需要2个机器周期,因此要求被采样的电平至少要维持一个机器周期,否则会出现漏计数现象,所以最高计数频率为晶振频率的1/24。当晶振频率为12 MHz时,最高计数频率不超500 kHz,即计数脉冲的周期要大于2 μs。

5.2.2　定时/计数器的控制与实现

MCS-51单片机中的定时/计数功能(状态)都是通过软件设定来控制实现的。与控制实现相关的寄存器主要有两个,分别为工作方式寄存器(TMOD)和控制寄存器(TCON)。另外,定时/计数器除了可用作定时器或计数器之外,还可用作串行接口的波特率发生器。

1. 工作方式寄存器(TMOD)

工作方式寄存器(TMOD)用于设置定时/计数器的工作方式,其格式定义如图5.8所示。

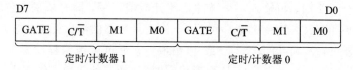

D7							D0
GATE	C/$\overline{T}$	M1	M0	GATE	C/$\overline{T}$	M1	M0

定时/计数器1　　　　　　　定时/计数器0

图 5.8　TMOD 的格式定义

TMOD的高4位用于管理定时器T1,低4位用于管理定时器T0。图5.8中各位含义如下:

GATE:门控位。当GATE＝1,只有$\overline{INT0}$(或$\overline{INT1}$)引脚为高电平,且由软件使TR0(或TR1)置1时,才能启动定时器工作,即以外部中断启动定时器;当GATE＝0时,只要用软件使TR0(或TR1)置位就可以启动定时器工作,不需要参考$\overline{INT0}$或$\overline{INT1}$的引脚状态。

C/$\overline{T}$:定时/计数器方式选择位。当C/$\overline{T}$＝1时,选择计数器;当C/$\overline{T}$＝0时,选择定时器。

M1 M0:工作模式定义位,如表5.6所示。

表 5.6　工作模式选择

M1　M0	工作方式	功 能 描 述
0　0	0	13 位定时/计数器
0　1	1	16 位定时/计数器
1　0	2	8 位自动重装载定时/计数器
1　1	3	T0 分成两个 8 位定时/计数器,T1 只能工作于模式 2 或者停止工作

2. 控制寄存器(TCON)

控制寄存器(TCON)的作用是控制定时器的启动、停止以及溢出标志位的管理,外部中断触发方式控制情况。TCON支持位寻址操作,其定义格式如表5.7所示。

表 5.7　TCON 格式定义

位地址	8FH	8EH	8DH	8CH	8BH	8AH	89H	88H
位功能	TF1	TR1	TF0	TR0	IE1	IT1	IE0	IT0

TF1:定时/计数器T1的溢出标志。T1计数满产生溢出时,由硬件使该位置1,并申请中断。若中断开放,进入中断服务程序后,由硬件自动清0。若中断被禁止,可以采取查询方式,用软件完成清0。

TR1:T1的运行控制位。用软件控制,置1时,启动T1;清0时,停止T1。

TF0：T0 的溢出标志。T0 计数溢出时，该位由内部硬件置位。若中断开放，即响应中断，进入中断服务程序后，由硬件自动清 0；若中断禁止，在查询方式下用软件清 0。

TR0：T0 的运行控制位。用软件控制，置 1 时，启动 T0；清 0 时，停止 T0。

IE1：外部中断 1 下降沿触发标志位。

IE0：外部中断 0 下降沿触发标志位。

IT1：外部中断 1 触发类型选择位。

IT0：外部中断 0 触发类型选择位。

TCON 的低 4 位与中断有关，请参见本章"中断系统"章节。注意：复位后 TCON 的所有位均清 0，T0 和 T1 均处于停止状态。

5.2.3　定时/计数器的工作方式

MCS-51 单片机的定时/计数器（以下简写为 T/C），可以通过设置工作方式寄存器（TMOD）使其工作在 4 种不同的模式。T0 有 4 种工作方式（方式 0、1、2、3），T1 有 3 种工作方式（方式 0、1、2）。此外，T1 还可以作为串行通信接口的波特率发生器。下面以定时器 T0 为例，分别对其 4 种工作模式进行介绍。

1. 方式 0

当 M1M0＝00 时，T/C 设定为工作方式 0，构成 13 位的 T/C。其逻辑结构如图 5.9 所示。在此工作方式下，T/C 为 13 位计数器，由 THX 的 8 位和 TLX 的低 5 位组成（高 3 位未用），满计数值为 2^{13}。T/C 启动后立即加 1 计数，当 TLX 的低 5 位计数溢出时，向 THX 进位，THX 计数溢出则对相应的溢出标志位 TFX 置位，以此作为定时器溢出中断标志。当单片机进入中断服务程序时，由内部硬件自动清除该标志。

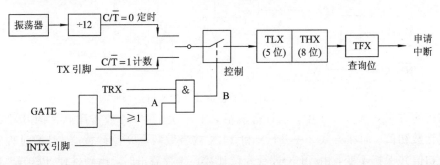

图 5.9　定时/计数器方式 0 的逻辑结构图

当 TMOD 寄存器中的 C/$\overline{\text{T}}$＝0 时，为定时方式，将振荡器 12 分频的信号作为输入脉冲计数；当 C/$\overline{\text{T}}$＝1 时，为计数方式，对外部脉冲输入端 TX 输入的脉冲进行计数。计数脉冲能否加到计数器上，由启动信号来控制。当 GATE＝0 时，或门输出为 1，与门处于开启状态，只要 TRX＝1，则与门输出为 1，T/C 启动。当 GATE＝1 时，启动信号 TRX·$\overline{\text{INTX}}$，此时 T/C 的启动受到 TRX 与 $\overline{\text{INTX}}$ 信号的双重控制。

13 位定时/计数器是为了与 Intel 公司早期的产品 MCS-48 系列单片机（该系列已过时，且计数初值装入易出错）兼容，所以在实际应用中常由 16 位的方式 1 取代。

2. 方式 1

当 M1M0＝01 时，T/C 设定为工作方式 1，构成 16 位定时/计数器。其中，THX 作为高 8 位，TLX 作为低 8 位，满计数值为 256，其余同方式 0 类似。其逻辑结构如图 5.10 所示。

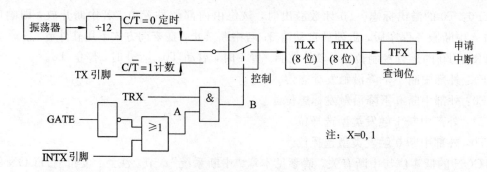

图 5.10　定时/计数器方式 1 的逻辑结构图

用方式 1 构成 16 位加 1 定时/计数器时，计数个数 M 与计数初值 X 的关系如下：

$$M=2^{16}-X$$

用于定时功能时，定时时间 t 的计算公式为：$t=M×$机器周期$=(2^{16}-X)×$机器周期；若晶振频率为 12 MHz，机器周期则为 $1\mu s$，初值 $X=0\sim65536$ 时，可定时范围为 $1\ \mu s\sim65536\ \mu s$。

3. 方式 2

当 M1M0＝10 时，T/C 工作在方式 2，构成 1 个 8 位的自动重装初值的定时/计数器。其逻辑结构如图 5.11 所示。

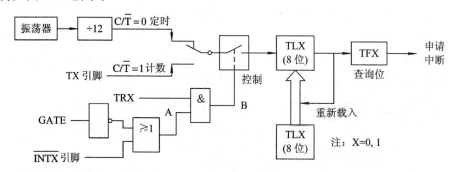

图 5.11　定时/计数器方式 2 的逻辑结构图

在前述的方式 0 和方式 1 中，当计数满后，下一次定时/计数需用软件向 THX 和 TLX 重新预置计数初值。而在方式 2 中 THX 和 TLX 被当做两个 8 位计数器，计数过程中，THX 寄存 8 位初值并保持不变，由 TLX 进行 8 位计数。计数溢出时，由硬件使 TF0 置"1"产生溢出中断标志，并向 CPU 请求中断，此时还自动将 THX 中的初值重新装到 TLX 中去，即重装初值。计数个数 M 与计数初值 X 的关系如下：

$$M=2^{8}-X$$

用于定时功能时，定时时间 t 的计算公式为：$t=M×$机器周期$=(2^{8}-X)×$机器周期；若晶振频率为 12 MHz，机器周期则为 $1\ \mu s$，初值 $X=0\sim255$ 时，可定时范围为 $1\ \mu s\sim256\ \mu s$。

除此之外，方式 2 控制也与方式 1 类似。

4. 方式 3

方式 3 只适用于定时器 T0。T0 分成为两个独立的 8 位计数器 TL0 和 TH0，在使用时应注意以下几个特点。

（1）TL0：可作为定时/计数器使用，占用了 T0 的控制位（C/$\overline{\text{T}}$、GATE、TR0、TF0 和 $\overline{\text{INT0}}$），其功能和操作与方式 0 或方式 1 完全相同；TH0：只能作定时器用，仅占据了定时器 T1 的两个控制信号 TR1 和 TF1。因此，TH0 不受外部 $\overline{\text{INT1}}$ 门控，TH0 的启、停受 TR1 控制，TH0 的溢出将置位 TF1。

（2）TH0：只能作为定时器运行，当 T0 为方式 3 时，定时器 T1 虽仍可用于方式 0、1、2，但不能使用中断方式。当作为波特率发生器使用时，只需设置好工作方式，便可自行运行。如要停止工作，只需送入 1 个把它设置为方式 3 的方式控制字就可以了。由于定时器 T1 不能在方式 3 下使用，如果硬把它设置为方式 3，就相当于停止工作。方式 3 的逻辑结构如图 5.12 所示。

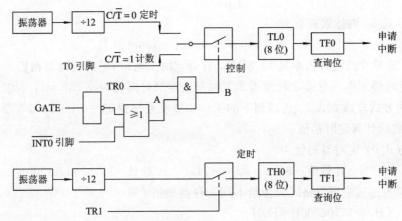

图 5.12　定时/计数器方式 3 的逻辑结构图

5.2.4　定时/计数器的应用举例

MCS‐51 单片机中的定时/计数器是可编程的，一般要求在使用之前必须进行初始化。在编程时需要注意两个事项：正确写入控制字；正确计算计数初值。

1. 初始化步骤

（1）确定工作方式：对 TMOD 各位按功能赋值。

（2）预置定时或计数初值：可以直接将初值写入 TH0、TH1 或 TL0、TL1 中。

（3）根据需要开放定时/计数器中断：直接对 IE 中的位进行位操作。

（4）启动定时/计数器，分为两种情况：

① 采用软件启动时，将对应的 TR0 或 TR1 置 1；

② 采用外部中断启动时，则需要给外部中断引脚（$\overline{\text{INT0}}$ 或 $\overline{\text{INT1}}$）加启动电平。

当实现了启动要求后，定时器就按规定的工作方式和初值进行计数或定时。

2. 定时/计数器的初值计算

由于定时/计数器有 4 种工作方式，不同工作方式下，计数器的位数不同，其最大计数模值也不同。设最大计数模值为 N，晶振频率为 12 MHz，则各方式的 N 表达式为：

方式 0：13 位计数器，$N=2^{13}=8192$，最大定时时间是 8.192 ms；

方式 1：16 位计数器，$N=2^{16}=65536$，最大定时时间是 65.536 ms；

方式 2：8 位计数器，$N=2^{8}=256$，最大定时时间是 0.256 ms；

方式 3：定时器 0 分成两个 8 位计数器，所以两个 N 都是 256；定时器 1 停止计数。

定时器/计数器工作时，是从计数初值开始加 1 计数的，并在计数到最大值（全"1"）时，溢出产生中断。定时工作时，初值 X 计算如下：

$$X = N - \frac{T_{timing}}{12T_{OSC}}$$

其中，T_{timing} 是定时时间，T_{OSC} 是单片机的晶振周期，$12T_{OSC}$ 是机器周期。

例 5.6 设单片机工作在 12 MHz 主频下，要产生 100 μs 的定时时间，请问工作于方式 2 时，计数器初值应该是多少？

分析：工作主频是 12 MHz，则机器周期是 1 μs，计数次数为

$$\frac{100 \ \mu s}{1 \ \mu s} = 100 \ \text{次}$$

工作在方式 2，则计数初值为

$$X = N - 100 = 256 - 100 = 156 = 9CH$$

例 5.7 若单片机时钟频率是 12 MHz，计算定时 1 ms 所需的定时器初值。

分析：定时器工作在方式 3 和方式 2 下时最大定时时间仅为 0.256 ms，所以该例必须选择工作方式为方式 0 或方式 1。所以剩下的工作主要就是根据定时 1 ms 得知需要加 1 的次数为 1000 次，然后计算定时初值。

若采用方式 0，定时器初值为

$$X = N - \text{计数值} = 8192 - 1000 = 7192 = 1C18H = 1110000011000B$$

在二进制表达式中用空格区分传给不同寄存器的值，即

$$TH0 = 11100000B = E0H$$

$$TL0 = 11000B = 18H（TL0 只用低 5 位，高 3 位补 0）$$

若采用方式 1，定时器初值为

$$X = N - \text{计数值} = 65536 - 1000 = 64536 = FC18H$$

即

$$TH0 = FCH, \quad TL0 = 18H$$

3. 定时/计数器应用实例

例 5.8 方式 1 应用：利用定时/计数器（T0）的方式 1，产生一个 50 Hz 的方波，此方波由 P1.0 引脚输出，晶振频率为 12 MHz。

分析：方波频率 f = 50 Hz，则周期 T = 1/50 = 0.02 s，如果让定时器计满 0.01 s，P1.0 输出"0"，再计满 0.01 s，P1.0 输出"1"，就能满足要求如图 5.13 所示。所以此题转化为由 T0 产生 0.01 s 定时的问题。

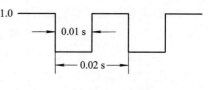

图 5.13 50 Hz 方波示意图

实现方法有两种：

（1）查询方式：通过查询 T0 的溢出标志 TF0 是否为"1"。当 TF = 1 时，定时时间已到，对 P1.0 取反操作。

（2）中断方式：CPU 正常执行主程序，一旦定时时间到，TF0 = 1 向 CPU 申请中断，CPU 响应了 T0 的中断，就执行中断程序，在中断程序里对 P1.0 取反操作。

解题步骤：

① 计数初值：由于晶振为 12 MHz，所以 1 个机器周期为 1 μs。设定时 0.01 s 的计数初值为 X，则有 $(2^{16} - X) \times 1 \times 10^{-6} \ \mu s = 0.01 \ s$，X = 55536 = D8F0H，因此在程序中应给

THX、TLX 赋值，采用定时器 T0，则(TH0)＝0D8H，(TL0)＝0F0H。

② 确定 TMOD 方式字：GATE＝0，C/$\overline{T}$＝0，M1M0＝01，可取方式控制字为 TMOD＝01H，即 T0 的方式 1。

③ 源程序如下：

查询方式：

```
        ORG   0000H
        LJMP  MAIN        ;跳转到主程序
        ORG   0100H       ;主程序
MAIN：  MOV   TMOD，#01H   ;置 T0 工作于方式 1
LOOP：  MOV   TH0，#0D8H   ;装入计数初值
        MOV   TL0，#0F0H
        SETB  TR0         ;启动定时器 T0
        JNB   TF0，$       ;TF0＝0，定时时间未到，等待
        CLR   TF0         ;TF0＝1，定时时间到，清 TF0
        CPL   P1.0        ;P1.0 取反输出
        SJMP  LOOP
        END
```

中断方式：

```
        ORG   0000H
        LJMP  MAIN        ;跳转到主程序
        ORG   000BH       ;T0 的中断入口地址
        LJMP  T0_INT      ;转向中断服务程序
        ORG   0100H
MAIN：  MOV   TMOD，#01H   ;置 T0 工作于方式 1
        MOV   TH0，#0D8H   ;装入计数初值
        MOV   TL0，#0F0H
        SETB  ET0         ;T0 开中断
        SETB  EA          ;CPU 开中断
        SETB  TR0         ;启动 T0
        …                 ;继续执行主程序其它部分
        SJMP  $           ;等待中断
T0_INT：CPL   P1.0        ;P1.0 取反输出
        MOV   TH0，#0D8H   ;重新装入计数初值
        MOV   TL0，#0F0H
        RETI              ;中断返回
        END
```

例 5.9　方式 2 应用：用 T1 方式 2 计数，要求每计满 100 次，将 P1.0 端取反。

分析：外部计数信号由 T1(P3.5)引入，每跳变一次计数器加 1，由程序查询 TF1。

① 计数初值：X＝N－计数值＝256－100＝156＝9CH，TH1＝TL1＝9CH。

② 确定 TMOD 方式字：根据题意，可设置 TMOD＝60H。

③ 源程序如下：

```
        MOV   TMOD，#60H           ;设置 T1 为方式 2 计数器
```

```
          MOV    TH1，#9CH          ;赋初值
          MOV    TL1，#9CH          ;
          SETB   TR1               ;启动计数器工作
DEL：     JBC    TF1，REP          ;查询是否计数溢出
          AJMP   DEL               ;
REP：     CPL    P1.0              ;若计数溢出，则输出取反
          AJMP   DEL
```

例 5.10　方式 3 应用：设晶振频率为 6MHz，定时/计数器 T0 工作于方式 3，TL0 和 TH0 作为两个独立的 8 位定时器，通过 TL0 和 TH0 的中断分别使 P1.0 和 P1.1 口产生 400 μs 和 800 μs 的方波。

分析：当采用方式 3 时，对于 TH0 来说，需要借用定时器 T1 的控制信号。

① 计算计数初值：

$$X0 = 2^8 - \frac{200 \times 10^{-6}}{2 \times 10^{-6}} = 156 = 9CH$$

$$X1 = 2^8 - \frac{400 \times 10^{-6}}{2 \times 10^{-6}} = 56 = 38H$$

② 确定 TMOD 方式字：对定时器 T0 来说，M1M0＝11、C/$\overline{\text{T}}$＝0、GATE＝0，定时器 T1 不用，取为全 0，则

$$\text{TMOD} = 00000011B = 03H$$

③ 程序如下：

```
          ORG    1000H             ;主程序
MAIN：    MOV    TMOD，#03H        ;T0 工作于方式 3
          MOV    TL0，#9CH         ;置计数初值
          MOV    TH0，#38H         ;
          SETB   TR0               ;启动 TL0
          SETB   ET0               ;允许 T0 中断(用于 TL0)
          SETB   TR1               ;启动 TH0
          SETB   ET1               ;允许 T1 中断(用于 TH0)
          SETB   EA                ;CPU 开中断
HALT：    SJMP   HALT              ;暂停，等待中断
          ORG    000BH             ;TL0 中断服务程序
          CPL    P1.0              ;P1.0 取反
          MOV    TL0，#9CH         ;重新装入计数初值
          RETI                     ;中断返回
          ORG    001BH             ;TH0 中断服务程序
          CPL    P1.1              ;P1.1 取反
          MOV    TH0，#38H         ;重新装入计数初值
          RETI                     ;中断返回
```

5.3　串 行 接 口

在复杂的控制系统中往往存在多个控制单元，其中控制单元之间的通信无疑是支撑整个

控制系统的重要环节。常用的通信方式有：并行通信、串行通信、以太网通信及现场总线通信等。由于串行通信具有结构简单、使用信号线少、成本低廉等优点，所以是控制系统中最简单、使用最广泛的一种通信方式。

5.3.1　串行通信的基本概念

1. 并行通信与串行通信

计算机的数据交换(传送)方式可分为两种：并行通信和串行通信。

1) 并行通信

在数据传输时，如果一个数据编码字符的所有位都同时发送、并排传输，又同时被接收，则将这种传送方式称为并行通信。并行通信要求物理信道为并行内总线或者并行外总线。

并行通信的特点是传送速度快、效率高。但由于需要的传送数据线多，因而传输成本高。并行数据传输的距离通常小于 30 米。在计算机内部的数据传送都是并行传送的。

2) 串行通信

在数据传输时，如果一个数据编码字符的所有位都不是同时发送，而是按一定顺序，一位接一位地在信道中被发送和接收，则将这种传送方式称为串行通信。串行通信的物理信道为串行总线。串行通信可借助串行 I/O 口实现数据传送，数据依次按位发送或接收，排列成队，仅用一条传输线路。因此，串行通信节省传输成本，尤其对大数据量和远距离数据通信，选用该方式最适合。

串行通信的特点是成本低，但速度慢。通常计算机与外界的数据传送大多是采用串行通信，其传送距离可以从几米直到上千公里。

2. 串行通信的种类

根据数据传输方式的不同，可将串行通信分为同步通信和异步通信。

1) 同步通信

同步通信是一种数据连续传输的串行通信方式，通信时发送方把需要发送的多个字节数据和校验信息连接起来，组成数据块，如图 5.14 所示。发送时，发送方只需在数据块前插入 1～2 个特殊的同步字符，然后按特定速率逐位输出(发送)数据块内的各位数据。接收方在接收到特定的同步字符后，也按相同速率接收数据块内的各位数据。在这种通信方式中，数据块内的各位数据之间没有间隔，传输效率高，但发送、接收双方必须保持同步(使用同一时钟信号)，且数据块长度越大，对同步要求就越高。因此，同步通信的特点是：传输效率高，但设备复杂(发送方能自动插入同步字符，接收方能自动检出同步字符，且发送和接收时钟相同，即除了数据线外，还需要时钟线)，成本高，一般只用在高速数字通信系统中。典型的同步通信格式如下：

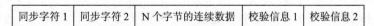

同步字符 1	同步字符 2	N 个字节的连续数据	校验信息 1	校验信息 2

图 5.14　同步通信帧格式

2) 异步通信

异步通信是以字符帧为单位进行传输。每帧数据由 4 部分组成：起始位(占 1 位)、数据位(占 5～8 位)、奇偶校验位(占 1 位，也可以没有校验位)、停止位(占 1 或 2 位)，如图 5.15 所示。图中给出的是 8 位数据位、1 位奇偶校验位、1 位停止位和 1 位起始位，共 11 位组成一个传输帧。

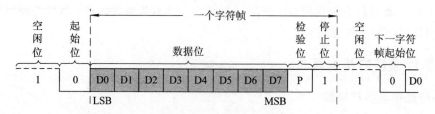

图 5.15　异步通信帧格式

对于发送方，传送时先输出起始位"0"作为联络信号，接下来的是数据位和奇偶校验位，停止位"1"表示一个字符的结束。其中，数据的低位在前，高位在后。字符之间允许有不定长度的空闲位。对于接收方，传送开始后，接收设备不断检测传输线的电平状态，当收到一系列的"1"（空闲位或停止位）之后，检测到一个"0"，说明起始位出现，就开始接收所规定的数据位和奇偶校验位以及停止位。异步通信的特点是：所需传输线少，设备开销较小，在单片机控制系统中得到广泛的应用。但每个字符要附加 2～3 位用于起止位，各帧之间还有间隔，因此传输效率不高。

3. 串行通信的数据传送方式

在串行通信中，按照信号传输的方向和同时性来分类，一般可将其分为单工方式、半双工方式和全双工方式三种，如图 5.16 所示。

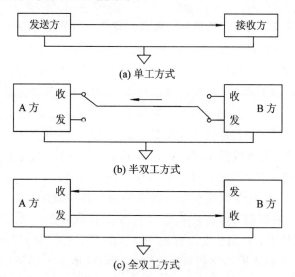

图 5.16　串行通信方式示意图

1）单工方式

信号（不包括联络信号）在信道中只能沿一个方向传送，而不能沿相反方向传送的工作方式称为单工方式。

2）半双工方式

通信的双方均具有发送和接收信息的能力，信道也具有双向传输性能，但是，通信的任何一方都不能同时既发送信息又接收信息，即在指定的时刻，只能沿某一个方向传送信息。这样的传送方式称为半双工方式。半双工方式大多采用双线制。

3）全双工方式

若信号在通信双方之间沿两个方向同时传送，任何一方在同一时刻既能发送又能接收信息，这样的工作方式称为全双工方式。

4．串行通信的数据传输速率

度量一个数据通信系统通信能力的方法有两种，即波特率和数据传输率。波特率指单位时间内线路的变化次数，反映了数据的调制信号波形变换的频繁程度，单位是"波特"（baud）。数据传输率指单位时间内传送的信息量，以每秒钟传送比特位的数量来表示，单位是"位/秒"（b/s）。波特率和数据传输两者相似但不相同，只有当采用基波传输时两者数值才相同，即

$$1 \text{ baud} = 1 \text{ b/s}$$

假设采用基波传输，数据传送速率为 120 字符/s，且每一个字符帧已规定为 10 个数据位，则传输速率应为：$120 \times 10 = 1200$ b/s，即波特率为 1200，每一位（bit）数据传送的时间为波特率的倒数：

$$T = 1 \div 1200 = 0.833 \text{ ms}$$

在串行通信中，比特位的发送和接收分别由发送时钟脉冲进行定时控制。时钟频率高，则波特率也高，通信速度就快；反之，时钟频率低，则波特率也低，通信速度就慢。串行通信可以使用的标准波特率在 RS-232C 标准中已有规定，使用时应根据速度需要、线路质量以及设备情况等因素选定。

5.3.2　MCS-51 串行口的结构与工作原理

1．串行口结构

串行数据通信主要有两个技术问题，一个是数据传送，另一个是数据转换。数据传送主要解决传送中的标准、数据帧格式及工作方式等。数据转换要解决把数据进行串、并行的转换，这种转换通常由通用异步接收和发送器（UART）来完成。在数据发送端，要把并行数据转换为串行数据；而在数据接收端，要把串行数据转换为并行数据。

MCS-51 单片机的片内集成了一个全双工的串行接口，它既可作 UART（通用异步接收和发送器）用，也可作同步移位寄存器用，其结构如图 5.17 所示。

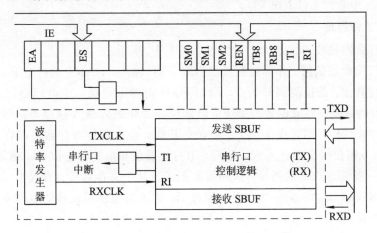

图 5.17　MCS-51 串行口结构图

1) 波特率发生器

波特率发生器主要由 T1、T2 及内部的一些控制开关和分频器组成。它为串行口提供时钟信号，即 TXCLK（发送时钟）和 RXCLK（接收时钟）。但值得注意的是，波特率发生器产生的采样脉冲须经 16 倍分频，才是串行接口的发送和接收移位时钟。MCS－51 串行接口的发送和接收时钟既可由振荡器频率 fosc 经过分频后提供，也可以由内部定时器 T1 或 T2 的溢出率经过 16 分频后提供。波特率发生器在发送时钟和接收时钟控制下，完成发送和接收过程。

串行接口的接收过程基于采样脉冲（接收时钟的 16 倍）对 RXD 线的监视。当"1 到 0 跳变检测器"连续 8 次采样到 RXD 线上为低电平时，则可确认 RXD 线上出现了接收数据的起始位。随后，接收控制器就从下一个数据位开始对第 7、8、9 三个脉冲即信号中央采样 RXD 线，并遵守三中去二的原则来决定数据值。这种方法可以有效地抑制干扰信号，提高传输的可靠性。

2) 串行口内部组成

（1）串行数据缓冲寄存器 SBUF，可分为接收缓冲器 SBUF 和发送缓冲器 SBUF，以便 CPU 能以全双工的方式进行通信。它们在物理上是隔离的，但是占用同一地址（99H）。串行发送时，从片内总线向发送缓冲器 SBUF 写入数据；串行接收时，从接收缓冲器 SBUF 中读出数据到片内总线上。

（2）串行口控制寄存器 SCON，用来控制串行通信的方式选择、接收，指示串行口的中断状态。

（3）串行数据输入/输出引脚，接收方式下，串行数据从 RXD(P3.0)引脚输入，串行口内部在接收缓冲器之前接有移位寄存器，它们共同构成了串行接收的双缓冲结构，可以避免在数据接收过程中出现帧重叠错误。所谓帧重叠是在下一帧数据来时，前一帧数据还没有被读走。在发送方式下，串行数据通过 TXD(P3.1)引脚输出。

3) 串行口控制逻辑

① 接收来自波特率发生器的时钟信号——TXCLOCK（发送时钟）和 RXCLOCK（接收时钟）。

② 控制内部的输入移位寄存器将外部的串行数据转换为并行数据。

③ 控制内部的输出移位寄存器将内部的并行数据转换为串行数据输出。

④ 控制串行中断标志（RI 和 TI）。

2. 串行口工作原理

串行口进行数据接收和发送的工作原理如图 5.18 所示。

在进行串行接收通信时，外部数据通过引脚 RXD 输入，UART 通过对 RXD 引脚信号的采样来确认串行数据。若检测到起始位，则对 RXD 引脚每间隔一定时间进行采样来确认串行数据，采样到的数据在接收时钟控制下，以移位方式先进入输入移位寄存器，当数据接收完成或检测到停止位时，则完成了一个字符帧的接收，输入移位寄存器的内容被送入接收缓冲器 SBUF。当一帧数据全部进入 SBUF 后，串行口置位相应的标志位 RI，通知 CPU 读取数据。CPU 执行一条读 SBUF 的指令，从而将数据送入某个寄存器或者存储单元，与此同时软件清除标志位 RI，接收端口准备接收下一帧数据。为了避免前后接收的数据发生重叠，接收器采用了双缓冲结构。

在进行串行发送通信时，CPU 将发送数据通过内部数据总线传到发送缓冲器 SBUF（也称为发送移位寄存器）中，在波特率发生器产生的发送时钟控制下，按照预先设置好的帧格式，移位寄存器再一位一位地把数据通过引脚 TXD 发出去。当一帧数据发送完毕(即发送缓冲器 SBUF 空)时，硬件置位发送中断标志 TI。在发送时，由于 CPU 是主动进行操作，不会产生数据重叠问题，所以只需要保持最大传送速率即可，缓冲器也不用双缓冲结构。

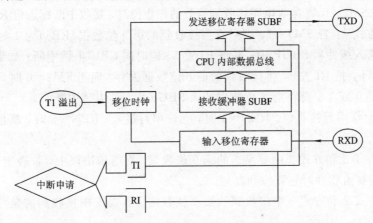

图 5.18　串行数据收发示意图

当一帧数据接收完成后(即接收缓冲器满)，硬件自动置位接收中断标志 RI(SCON.0)。该位可作为中断或查询标志，如果设置为允许中断，将引起接收中断。同样可以采用查询方式，采用查询方式接收数据的过程为

　　　　查询 RI→读入一个数据→查询 RI→读入下一个数据(先查后收)

当一帧数据发送完毕(即发送缓冲器 SBUF 空)，硬件置位发送中断标志 TI(SCON.1)。该位可作为中断或查询标志，如果设置为允许中断，将引起发送中断。同样可以采用查询方式，采用查询方式发送数据的过程为

　　　　发送一个数据→查询 TI→发送下一个数据(先发后查)

在串行通信中，收发双方的数据传输率和帧格式必须一致，否则会产生接收混乱。

5.3.3　串行口控制寄存器

1) 串行数据寄存器 SBUF

SBUF 是两个在物理上独立的接收、发送缓冲器，可同时发送、接收数据。两个缓冲器共用一个字节地址(99H)，可通过指令对 SBUF 的读、写来区别是对接收缓冲器的操作还是对发送缓冲器的操作。CPU 写 SBUF，即修改发送缓冲器；读 SBUF，即读接收缓冲器。串行口对外也有两条独立的收、发信号线 RXD 和 TXD，因此可以同时发送和接收数据，实现全双工传送。

例如：MOV A，SBUF 指令表示读 SBUF，访问接收缓冲器；MOV SBUF，A 指令表示写 SBUF，访问发送缓冲器。

2) 串行口状态控制寄存器 SCON

串行口状态控制寄存器 SCON 用来控制串行通信的方式选择、接收，指示串行口的中断状态。寄存器 SCON 支持字节寻址也支持位寻址，字节地址为 98H，位地址为 98H～9FH。其位格式如下：

D7	D6	D5	D4	D3	D2	D1	D0
SM0	SM1	SM2	REN	TB8	RB8	TI	RI

① SM0，SM1：串行口工作方式选择位。

② SM2：允许方式 2、3 中的多处理机通信位。

方式 0：SM2 不用，设置为 0。

方式 1：若 SM2＝1，在接收电路接收到有效的停止位时，接收中断标志位 RI 被硬件置 1。

方式 2 和方式 3：若 SM2＝1，则只有当接收到的第 9 位数据（RB8）为 1 时，才将接收到的前 8 位数据送入缓冲器 SBUF 中，并把 RI 置 1，同时向 CPU 申请中断；如果接收到的第 9 位数据（RB8）为 0，把 RI 置 0，将接收到的前 8 位数据丢弃。而当 SM2＝0 时，则不论接收到的第 9 位数据是 0 或 1，都将前 8 位数据装入 SBUF 中，并申请中断。

③ REN：允许串行接收位。REN＝1 时，允许串行接收；REN＝0 时，禁止串行接收。用软件置位/清零。

④ TB8：方式 2 和方式 3 中要发送的第 9 位数据。在通信协议中，常规定 TB8 作为奇偶校验位。根据需要由软件对它置位和复位。

⑤ RB8：方式 2 和方式 3 中接收到的第 9 位数据。方式 1 中接收到的是停止位；方式 0 中不使用这一位。

⑥ TI：发送中断标志位。方式 0 中，在发送第 8 位末尾置位；在其它方式时，在发送停止位开始时置位。由硬件置位，必须用软件清除。

⑦ RI：接收中断标志位。方式 0 中，在接收第 8 位末尾置位；在其它方式时，在接收停止位中间设置。由硬件置位，用软件清除。

注意：系统复位后，SCON 中所有位都被清除。

3）电源控制寄存器 PCON

PCON 主要是为 CHMOS 型单片机的电源控制而设置的专用寄存器，单元地址为 87H，不支持位寻址。在 HMOS 单片机中，该寄存器除最高位外，其它位都是虚设的。最高位 SMOD 为串行口波特率选择位。当 SMOD＝1 时，方式 1、2、3 的波特率加倍；当 SMOD＝0 时，系统复位。其格式如下：

D7	D6	D5	D4	D3	D2	D1	D0
SMOD						PD	IDL

另外，中断允许寄存器 IE 与串行通信也有关，可参阅本章有关中断的章节，此处不再赘述。

5.3.4 串行口的工作方式

MCS-51 的串行口共有四种工作方式，可以利用 SM0 和 SM1 位的设置来决定串行口的工作方式。四种方式中，方式 0 和方式 2 采用固定波特率，方式 1 和方式 3 的波特率可以变化，由定时器 T1 的溢出率控制，如表 5.8 所示。

表 5.8 串口工作方式

SM0	SM1	工作方式	特点	波特率
0	0	方式 0	8 位移位寄存器	$f_{osc}/12$（f_{osc} 是晶振频率）
0	1	方式 1	10 位 UART	由定时器控制
1	0	方式 2	11 位 UART	$f_{osc}/64$ 或 $f_{osc}/32$
1	1	方式 3	11 位 UART	由定时器控制

1. 方式 0

这种工作方式实质上是一种同步移位寄存器方式，此时串口相当于是一个并入串出（发送）或串入并出（接收）的移位寄存器。其工作特点是：数据传输波特率固定，为 $\frac{1}{12}f_{osc}$；由 RXD 引脚输入或输出数据；由 TXD 引脚输出同步移位时钟；一次接收/发送的是 8 位数据，传输时低位在前、高位在后。

方式 D 的帧格式如下：

...	D0	D1	D2	D3	D4	D5	D6	D7	...

1）方式 0 发送

数据从 RXD 引脚串行输出，TXD 引脚输出同步脉冲。发送操作在 TI＝0 的情况下开始，由指令（MOV　SBUF，A）将一个数据写入串行口发送缓冲器时启动发送，串行口将 8 位数据以 $f_{osc}/12$ 的固定波特率由低位到高位逐位从 RXD 引脚输出。当 8 位数据发送完后，硬件自动置中断标志 TI 为 1，并向 CPU 请求中断（若中断已开放）。CPU 响应中断后，先将 TI 清零，再向 SBUF 传送下一个待发送的信息，以继续发送数据。

MCS-51 单片机串口工作在方式 0 时一般总要外接一个移位寄存器。单片机发送数据时，接收对象常常使用：74HC164、CD4094、6B595 等"串—并转换"电路，图 5.19 中采用的是 74HC164，输出端接发光器件。若收到数据为高，则点亮发光器件；为低，则不点亮，以此来表示传输的数据值。74HC164 等外接电路往往可以多级串接，实现串口扩展为并口，但是会降低并行输出速度，在对传输速度要求不高的情况下可以考虑多级串接。

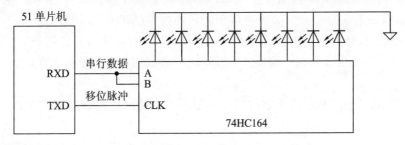

图 5.19　串行口工作方式 0 发送数据电路图

2）方式 0 接收

在满足 REN＝1 和 RI＝0 的条件下，串行口处于方式 0 输入。此时，RXD 为数据输入端，TXD 为同步信号输出端，接收器也以 $f_{osc}/12$ 的波特率对 RXD 引脚输入的数据信息进行采样。当接收器接收完 8 位数据后，硬件自动置中断标志 RI 为 1，并向 CPU 发出请求中断，CPU 响应中断（或采用查询方式）后，通过指令（MOV A，SBUF）将接收的数据传送给累加器 A。在再次接收之前，必须用软件将 RI 清零。

方式 0 接收数据时，常常使用 74LS165、CD4014 等并入串出移位寄存器完成数据的"并-串"转换。如图 5.20 所示，图中以两片 74LS165 为例，74LS165 输入端接外部并行数据，输出端逐级串接，最后接在单片机的 RXD 引脚上。

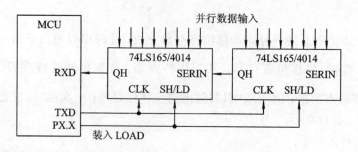

图 5.20　串行口方式 1 接收工作原理图

2. 方式 1

方式 1 的串口是 10 位通用异步 UART。发送或接收都是以一帧数据为基本单位，包括 1 位起始位"0"、8 位数据位和 1 位停止位"1"，其波特率可以变化。工作特点如下：

① 由 TXD(P3.1)引脚发送数据。

② 由 RXD(P3.0)引脚接收数据。

③ 发送或接收一帧信息为 10 位：1 位起始位"0"、8 位数据位（低位在前）和 1 位停止位"1"。

方式 1 的帧格式如下：

…	起始	D0	D1	D2	D3	D4	D5	D6	D7	停止

1) 方式 1 发送

串行口以方式 1 发送时，数据位由 TXD 端输出，发送 1 帧信息为 10 位。在 TI＝0 的条件下，CPU 执行一条数据写入发送缓冲器 SBUF 的指令（MOV　SBUF，A），发送电路自动在 8 位数据位前、后分别加 1 位起始位和 1 位停止位，就启动串行传送过程，在移位脉冲的作用下，从 TXD 线上依次发送一帧信息。当发送完数据后，置中断标志 TI 为"1"，TXD 自动维持高电平。

方式 1 所传送的波特率取决于定时器 1 的溢出率和特殊功能寄存器 PCON 中 SMOD 的值，计算方法如下：

$$方式 1 波特率 = \frac{2^{SMOD}}{32} \times 定时器 T1 的溢出率$$

2) 方式 1 接收

当串行口置为方式 1，且 REN＝1，RI＝0 时，串行口处于方式 1 的输入状态。它以所选波特率的 16 倍的速率对 RXD 引脚状态采样。当采样到由 1 到 0 的负跳变时，且接收电路连续 8 次采样均为低电平时，表明 RXD 线上已出现起始位，就启动接收器，开始接收一帧的其余的信息。一帧信息也为 10 位，1 位起始位"0"、8 位数据位（先低位后高位）和 1 位停止位"1"。接收电路开始工作时，在每位传送数据的第 7、8、9 三个脉冲进行采样，并以三取二的原则决定所采样数据的值，以保证可靠无误。在移位脉冲的作用下，逐位移入移位寄存器。

在方式 1 接收时，必须同时满足以下两个条件：① RI＝0；② 停止位为"1"或 SM2＝0时，则接收数据有效，进入 SBUF，停止位进入 RB8，并置中断请求标志 RI 为"1"，CPU 响应中断（或采用查询方式）后，通过指令（MOV A，SBUF）将接收的数据传送给累加器 A，并用软件将 RI 清零。若上述两个条件不满足，则该组数据丢失，不再恢复。

方式 1 接收波特率设计方法与方式 1 传送波特率设计方法相同。

3. 方式 2

串行口工作于方式 2 时，被定义为 11 位异步通信接口。发送或接收一帧信息为 11 位：1 位起始位（0）、8 位数据位（低位在前）、1 位可编程位和 1 位停止位（1）。发送时，可编程位 TB8 可设置为 1 或 0；接收时，可编程位进入 SCON 寄存器的 RB8 位。

方式 2 的波特率是固定的，为振荡器频率的 1/32 或 1/64。

方式 2 的帧格式如下：

……	起始	D0	D1	D2	D3	D4	D5	D6	D7	D8	停止

1）方式 2 发送

发送数据由 TXD 端输出，发送一帧信息为 11 位，其中 1 位起始位（0）、8 位数据位（先低位后高位）、1 位可控位 1 或 0 的第 9 位数据和 1 位停止位（1）。附加的第 9 位数据为 SCON 中的 TB8（SCON 中的 D3 位）的值，它由软件置位或清零，可作为多机通信中地址/数据信息的标志位，也可作为数据的奇偶校验位。

发送前，先用软件将 TI 位清零，根据通信协议将第 9 位数据写入状态控制寄存器 SCON 的 TB8 位，如设为奇偶校验位等，然后将要发送的 8 位数据写入 SBUF 就可以启动发送器。发送过程是由执行任何一条以 SBUF 为目的寄存器的指令而启动的，指令（MOV SBUF，X）（X 可以是 A，Ri，地址等）将 8 位数据装入 SBUF 中，同时还把 TB8 装到发送移位寄存器的第 9 位上，并通知发送控制器一起进行发送，则数据就从 TXD 端输出。待一帧数据发送完毕，置 TI 为 1，通知 CPU 可以发送下一帧。

2）方式 2 接收

当串行口工作于方式 2，且 REN=1，RI=0 时，串行口以方式 2 接收数据。方式 2 的接收与方式 1 基本相似。数据由 RXD 端输入，当采样到 RXD 端由 1 到 0 的负跳变，并判断起始位有效后，便开始接收一帧信息，当接收器接收到第 9 位数据后，会根据 SM2 的状态和接收到的 RB8 的状态决定此信息是否有效，并申请中断，接收数据。具体情况如下：

（1）当 SM2=0 时，无论 RB8 是 1 还是 0，串口接收发来的数据，即将收到的数据送入 SBUF（接收数据缓冲器），第 9 位数据送入 RB8，并对 RI 置 1。

（2）当 SM2=1 时，若 RB8=1，表示在多机通信下，接收的信息是地址帧，此时 RI 置"1"，串口将接收发来的地址；若 RB8=0，表示接收的是数据帧，但不是发给本机的，此时 RI 不能置 1，因而 SBUF 所接收的数据帧将丢失。

4. 方式 3

方式 3 为波特率可变的 9 位异步通信方式，除了波特率有区别之外，其余都与方式 2 相同。

$$方式 3 波特率 = \frac{2^{SMOD}}{32} \times 定时器 T1 的溢出率$$

5.3.5　MCS-51 串口的波特率

串行口的通信波特率恰好反映了串行传输数据的速率。通信波特率的选用，不仅和所选通信设备、传输距离有关，还受传输线情况制约。用户应根据实际需要加以正确选用。

1）方式 0 的波特率

在方式 0 下，串口的波特率是固定的，其值为 $f_{osc}/12$（f_{osc} 为主机频率）。

2）方式 2 的波特率

方式 2 的波特率是固定的，为振荡器频率的 1/32 或 1/64。用户可以根据 PCON 中 SMOD 位的状态来确定串行口在哪个波特率下工作。确定公式为

$$\text{方式 2 波特率} = \frac{2^{\text{SMOD}}}{64} \times \text{振荡器频率}$$

其中：若 SMOD=0，则所选波特率为 $\dfrac{f_{osc}}{64}$；若 SMOD=1，则波特率为 $\dfrac{f_{osc}}{32}$。

3）方式 1 或方式 3 的波特率

在这两种方式下，串口波特率是由定时器 T1 的溢出率决定的，因而波特率也是可变的。相应的公式为

$$\text{波特率} = \frac{2^{\text{SMOD}}}{32} \times \text{定时器 T1 的溢出率}$$

其中，

$$\text{T1 的溢出率} = \frac{1}{\text{T1 的溢出周期}}$$

下面说明如何计算 T1 的溢出率和设置波特率。

1. 计算 T1 溢出率

在方式 1 和方式 3 下，使用定时器 T1 作为波特率发生器，而 T1 可以工作在方式 0、方式 1、方式 2。其中，方式 2 是自动装入时间常数的 8 位定时器，使用时只需初始化，不用安排中断服务程序来重装时间常数，是一种常用的方式。

MCS-51 定时器定时时间为

$$T_C = \frac{(2^n - X) \times 12}{f_{osc}} \tag{5-1}$$

式(5-1)中：T_C 为定时器溢出周期；n 为定时器位数；X 为时间常数（即定时器初值）；f_{osc} 是振荡器频率。当定时器 T1 工作于方式 2 时，有：

$$\text{溢出周期} = \frac{(2^8 - X) \times 12}{f_{osc}} \tag{5-2}$$

$$\text{溢出率} = \frac{1}{\text{溢出周期}} = \frac{f_{osc}}{12 \times (2^8 - X)} \tag{5-3}$$

2. 设置波特率

假设串口均工作于方式 1 或方式 3，定时器 T1 工作于方式 2，此时波特率设置公式为

$$\text{波特率} = \frac{2^{\text{SMOD}} \times \text{T1 溢出率}}{32}$$

$$= \frac{2^{\text{SMOD}} \times f_{osc}}{32 \times 12 \times (2^8 - X)} \tag{5-4}$$

在实际通信中，一般是按照所要求的通信波特率，设定 SMOD 后，算出 T1 的时间常数，由式(5-4)可反推得定时器初值 X：

$$X = 256 - \frac{2^{\text{SMOD}} \times f_{osc}}{384 \times \text{波特率}} \tag{5-5}$$

常用的波特率及其产生条件见表 5.9。当用户需要使用时，可以直接查阅该表进行串口波特率的设定。

表 5.9　常用波特率及计算器初值

波特率/(b/s)		f/MHz	SMOD	定时器		
				C/T	方式	重新装入值
方式 0：1M		12	X	X	X	X
方式 2：375k		12	1	X	X	X
方式 2：187.5k		12	0	X	X	X
方式 1、3	62.5k	12	1	0	2	FFH
	19.2k	11.0592	1	0	2	FDH
	9.6k	11.0592	0	0	2	FDH
	1.8k	11.0592	0	0	2	FAH
	2.4k	11.0592	0	0	2	F4H
	1.2k	11.0592	0	0	2	E8H
	110	6	0	0	2	72H
	110	12	0	0	1	FEEBH

当时钟频率选用 11.0592 MHz 时，容易获得标准的波特率，因而实际应用中需要用到串口通信时，单片机的主频都是选用 11.0592MHz 的晶振。

例 5.11　要求串行通信波特率是 2400 b/s，假设晶振频率是 12 MHz，SMOD＝1，求时间常数 X。

分析：根据公式 5－5 可以直接算出

$$X = 256 - \frac{2^1 \times 12 \times 10^6}{384 \times 2400} = 229.39 = 229 = E5H$$

然后，设置定时器 T1 的工作方式、计数初值，初始化串口。

代码如下：

```
MOV    TMOD，#20H        ;设置定时器 T1 工作于方式 2
MOV    TH1，#0E5H        ;设置计数初值(即时间常数)
MOV    TL1，#0E5H
SETB   TR1              ;启动 T1 工作
ORL    PCON，#80H        ;设置串口的 PCON＝1
MOV    SCON，#50H        ;设置串口工作于方式 1
```

当单片机执行程序后，即可使串口按照设定的方式运行。

5.3.6　MCS－51 多机通信技术

MCS－51 系列单片机串行口方式 2 和方式 3 有一个专门的应用领域，即多机通信。

多机通信是指两台以上计算机之间数据传输的协调工作。随着控制系统的复杂化及计算机技术的飞速发展，多机通信也已越来越多地被人们采用。

MCS－51 的多机通信通常采用主从式多机通信方式。在这种方式中，只有一台主机，有多台从机。主机发送的信息可以传到各个从机或指定的从机,各从机发送的信息只能被主机接收。其连接电路如图 5.21 所示。

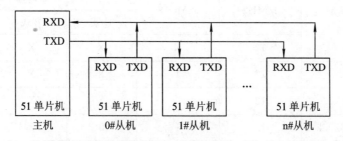

图 5.21　连接电路

多机通信中,要保证主机与所选择的从机实现可靠的通信,必须保证通信接口具有识别功能。MCS－51 串行控制寄存器中的 SM2 就是为了满足这一要求而设置的多机控制位,它的多机控制原理如下:

在串行口以方式 2 或 3 接收时,若 SM2＝1,表示置多机通信功能位,这时可能出现两种的情况:

① 当接收到第 9 位数据为 1 时,则数据装入 SBUF,并置 RI＝1,向 CPU 发出中断请求。

② 当接收到第 9 位数据为 0 时,不产生中断,信息将被丢失。

若 SM2＝0,则接收到的第 9 位信息无论是 0 还是 1,都产生 RI＝1 的中断标志,接收到的数据装人 SBUF。根据这个功能,便可实现多个 MCS－51 系统的串行通信。

在主从多机通信系统中,主机、从机均工作于方式 2 或 3。主机、从机间传送的信息有两类:一类为地址,用以确定需要和主机通信的从机,以串行传送的第 9 位数据为"1"来作为标志;另一类是数据信息,以串行传送的第 9 位数据为"0"来作为标志。多机通信的过程如下:

① 使所有从机的 SM2 为 1,处于准备接收一帧地址数据的状态。

② 主机设第 9 位数据为 1,发送一帧地址信息,与所需的从机进行联络。

③ 每个从机接收到地址信息后,各自将其与自己的地址相比较,对于地址相符的从机,使 SM2＝0,准备接收主机随后发来的所有信息;对于地址不相符的从机,仍保持 SM2＝1 状态,对主机随后发来的数据不理睬,直至发送新的一帧地址信息。

④ 主机发送控制指令与数据给被寻址的从机。一帧数据的第 9 位置 0,表示发送的是数据或控制指令。

5.3.7　串行口的应用举例

1. 串行口的初始化

串行口需初始化后,才能完成数据的输入、输出。其初始化过程如下:

(1) 按选定串行口的工作方式设定 SCON 的 SM0、SM1 两位二进制编码。

(2) 对于工作方式 2 或 3,应根据需要在 TB8　中写入待发送的第 9 位数据。

(3) 若选定的工作方式不是方式 0,还需设定接收/发送的波特率。设定 PCON 中的 SMOD 的状态,以控制波特率是否加倍。

(4) 若选定工作方式 1 或 3,则应对定时器 T1 进行初始化以设定其溢出率。

(5) 若采用中断方式,还需初始化中断系统。

2. 串行口的应用举例

1）串行口方式 0 的编程和应用

串行口的方式 0 主要用于扩展并行 I/O 口。

例 5.12　使用 74HC164 的并行输出端接 8 只发光二极管，利用它的串入并出功能，把发光二极管从左向右依次点亮，并不断循环。电路连接图如图 5.22 所示。

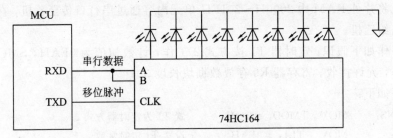

图 5.22　串行口方式 0 同步移位输出电路

分析：分析该电路，发现指定单片机是按照串口的工作方式 0 进行数据传输，故先进行串口的工作方式初始化设置，关闭串口中断；等到数据准备完成后，打开中断，然后把数据依次发出。由于 74HC164 没有输出控制端，如果不对输出数据进行处理，输出端的数据就会不停地发生变化，导致 LED 灯处于无序的状态。所以在一般情况下，每发送一次数据，均调用了一个延时子程序 DELAY，以维持 LED 灯的状态不变化。按题意，编程如下：

```
        MOV   SCON, #00H     ;设串行口为方式0
        CLR   ES             ;设置IE寄存器的ES位为0，先关闭串行口中断
        MOV   A, #80H        ;准备第一个发送的数据，即先显示最左边发光二极管
LED:    MOV   SBUF, A        ;数据送到发送缓冲器中
        JNB   TI, $          ;查询TI标志位，TI=0，则等待；TI=1，则向下执行
        CLR   TI             ;清除发送中断标志，可以开始下一次发送
        ACALL  DELAY         ;调用延时子程序
        RR    A              ;A的数据右移，即点亮相邻的一位
        AJMP   LED           ;跳转到LED处，循环执行
```

2）串行口方式 1 的编程和应用

例 5.13　试编写双机通信程序。假设使用 6 MHz 晶振，甲、乙双机均为串行口方式 1，并以定时器 T1 的方式 2 为波特率发生器，SMOD 为 0，波特率为 2400 b/s。双机连接如图 5.23 所示。

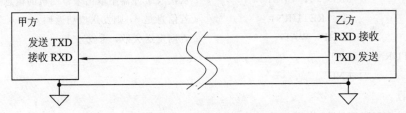

图 5.23　甲、乙双机通信示意图

分析：（1）波特率的计算：以 T1 的方式 2 设定波特率。此时，T1 相当于一个 8 位的计数器。

（2）计算定时器 T1 的计数初值：

$$TH1 = 2^8 - (2^{SMOD} \times fosc) \div (波特率 \times 32 \times 12)$$
$$= 256 - (2^0 \times 6 \times 10^6) \div (2400 \times 32 \times 12)$$
$$= 256 - 6.5 = 249.5 = FAH$$

编写程序，分为发送和接收两大模块。

甲机发送：

要求甲机将片外 RAM 中 2000H～201FH 单元内容通过串行口传至乙机，在发送前将数据块长度发送给乙机。

发送程序作如下假识：定时器 T1 按方式 2 工作，计数初值为 0FAH，SMOD＝0；串口按方式 1 工作，允许接收；寄存器 R6 存放数据块长度 20H。

发送程序如下：

```
TRANS:    MOV   TMOD, #20H        ;置 T1 为定时器方式 2
          MOV   TL1, #0FAH        ;设置 T1 定时常数
          MOV   TH1, #0FAH
          SETB  TR1               ;启动定时器 T1
          MOV   PCON, #00H        ;设置 SMOD=0，即波特率不倍增
          CLR   TI                ;清除发送中断标志
          MOV   SCON, #40H        ;设置串行口为方式 1
WAIT:     MOV   DPTR, #2000H      ;
          MOV   R6, #20H          ;长度寄存器初始化
          MOV   SBUF, R6          ;发送长度
          JNB   TI, $             ;查询发送中断标志位 TI，若为 0，则等待发送结束
          CLR   TI                ;TI=1 表示一帧数据发送完成，软件清 0，准备
                                  ;下一次传送
WAIT1:    MOVX  A, @DPTR          ;读取数据
          MOV   SBUF, A           ;发送数据
          INC   DPTR              ;修改地址指针，取下一个数据
          JNB   TI, $             ;等待发送
          CLR   TI
          DJNZ  R6, WAIT1         ;判断是否发送完 32 个数据
          JNB   RI, $             ;等待乙机回答
          CLR   RI                ;收到乙机回复信息，清除接收中断标志位
          MOV   A, SBUF           ;从接收缓冲器中取出来自乙机的信息
          JZ    RETURN1           ;若信息是 0，则发送成功返回
          AJMP  WAIT              ;否则发送失败，重发
RETURN1:  RET
          END
```

乙机接收：

乙机通过 RXD 引脚接收甲机发来的数据，接收波特率与甲机一样。接收的第 1 字节是数据块长度，第 2 字节开始是数据，接收到的数据依次存入乙机的片外数据存储器同一地址中。接收程序假设同发送一致。

接收程序如下：

```
REVE:     MOV   TMOD, #20H        ;设 T1 为定时器方式 2
```

```
            MOV   TL1, #0FAH          ；置 T1 定时常数
            MOV   TH1, #0FAH
            SETB  TR1
            MOV   SCON, #50H          ；置串行口方式 1、接收
            MOV   PCON, #00H          ；SMOD＝0
RPT：       MOV   DPTR, #2000H        ；数据指针指向片外 RAM 数据存放首地址
            JNB   RI, $               ；准备接收甲机的数据块长度信息
            CLR   RI                  ；收到数据块长度信息，软件清除标志位
            MOV   A, SBUF
            MOV   R6, A               ；把数据块长度值依照假设存入寄存器 R6 中
WTD：       JNB   RI, $               ；开始接收数据
            CLR   RI
            MOV   A, SBUF
            MOVX  @DPTR, A            ；依次存入以 2000H 地址开始的片外 RAM 中
            INC   DPTR                ；修改地址指针
            DJJNZ R6, WTD             ；接收数据未完，继续
RETURN：    MOV   SBUF, #00H          ；接收完成，回复甲机 00H
            JNB   TI, $               ；发送完，返回
            CLR   TI
            RET
            END
```

习　　题

1．MCS－51 单片机的中断源有哪些？其入口地址是什么？

2．MCS－51 单片机的中断优先级有几级，是如何设置的？

3．各个中断源的开启和关闭受哪些寄存器的什么控制位控制？

4．要使 MCS－51 能够响应定时器 T1 中断、串行接口中断，它的中断允许寄存器 IE 的内容应是什么？

5．8051 单片机内部设有几个定时/计数器？它们是由哪些特殊功能寄存器组成的？

6．定时/计数器用作定时器时，其定时时间与哪些因素有关？作计数器时，对外界计数频率有何限制？

7．简述定时器四种工作方式的特点，如何选择和设定？

8．假定某单片机系统的晶振频率是 12 MHz，定时/计数器 1 工作于定时方式 1，要求定时时间是 40 ms，试给出定时器 1 的 TH1、TL1 的值。

9．假定某单片机系统的晶振频率是 12 MHz，定时/计数器 1 工作于定时方式 1，试编程产生周期为 1 ms 的方波，占空比为 1：2(对称方波)，从 P1.3 输出。

10．试说明定时器方式寄存器 TMOD 中 GATE 位的作用。如何用 GATE 位测量外部脉冲的宽度？

11．以定时/计数器 1 进行外部事件计数。每计数 1000 个脉冲后，定时/计数器 1 转为定时工作方式。定时 10 ms 后，又转为计数方式，如此循环。假定单片机晶振频率为 6 MHz，试使用方式 1 编程实现。

12. 8051 单片机 P1 口上，经驱动器接有 8 个发光二极管，若 fosc＝6 MHz，试编写程序，使这 8 个发光管每隔 2s 循环发光（要求用 T1 定时）。

13. 设单片机的晶振频率为 6 MHz，利用定时器中断通过 P1.0 端口输出周期为 2 ms 的方波脉冲。

14. 设单片机的晶振频率为 12 MHz，要求用 T0 定时 150 μs，分别计算采用定时方式 0、方式 1、方式 2 时的定时初值。

15. 什么是串行异步通信？它有哪些特点？

16. 通信波特率是如何定义的？

17. 串行口的 4 种工作方式各有何特点？

18. 用定时器 T1 作波特率发送器，把系统设置成工作方式 1，系统时钟频率为 12 MHz，求可能产生的最高和最低波特率。

19. 假设 8051 串口工作在方式 1，晶振频率为 12 MHz，定时器 T1 工作在方式 2，作为波特率发生器，要求波特率为 1200 b/s，试计算 T1 的时间常数。

20. 试用中断法编写串口方式 1 的发送程序，设单片机主频是 11.0592 MHz，定时器 T1 作为波特率发生器，波特率为 2400 b/s，待发送的数据存放在内部 RAM 的 50H 单元为起始地址的单元内。

第 6 章　C51 语言程序设计基础

教学提示：本章在汇编语言基础上讲解 C51 的特点，介绍了 C51 的数据类型、常量、常用运算符、表达式、基本语句及 C51 函数和数组。在此基础上，采用 C51 进行单片机简单功能的应用，力求尽快实现从汇编语言到 C51 的过渡。

教学要求：在单片机上采用 C 语言开发已成为一种趋势。通过本章的学习，读者可了解 C51 与普通 C 语言及汇编语言的不同，并学会利用它进行单片机开发，这是进行后续章节学习重要的一步。

6.1　C51 语言基础

在单片机的开发中，以前基本上是使用汇编语言，也有使用 BASIC 语言进行开发的。从 90 年代中期以后，使用 C 语言开发单片机已成为一种流行的趋势。它具有使用方便、编程效率高及仿真调试容易等突出特点。

C 语言是一种源于编写 UNIX 操作系统的语言，它是一种结构化语言，能产生高效率的紧凑代码。C 语言含有许多本应由汇编语言实现的机器级函数，与汇编语言相比，C 语言又有如下优点：

- 不需要了解 51 单片机的指令系统，仅仅要求对存储器结构有初步了解；
- 程序有规范的结构，可分为不同的函数，使得程序结构化；
- 语言简洁、紧凑，使用方便、灵活；
- 运算符极其丰富；
- 提供的库包含许多标准子程序，具有较强的数据处理能力；
- 编程和程序调试效率高；
- 程序易于模块化，便于移植。

C51 的版本很多，下面就以德国 Keil Software 公司专门为 8051 单片机开发的 Keil C51 编译器为例，对 MCS - 51 单片机如何使用 C51 进行编程做一个简单的介绍。

6.1.1　C51 程序创建过程

1. C51 程序的创建过程

第一步：创建 C51 工程文件，如图 6.1 所示。

点击 project→new project→输入工程名 myproject，如图 6.2 所示。

保存文件→选择器件→Atmel，如图 6.3 所示。

AT89C51→确定，如图 6.4 所示。

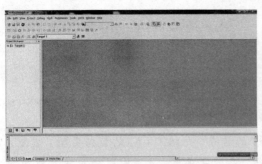

图 6.1　创建 C51 工程文件　　　　图 6.2　输入工程名

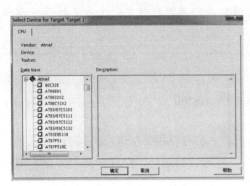

图 6.3　选择器件　　　　　　　　图 6.4　点击确定

第二步：创建源(.c)文件。

点击 File→new File，如图 6.5 所示。

点击 💾 保存→输入源文件(.c)myproject.c，如图 6.6 所示。

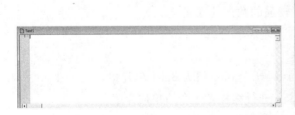

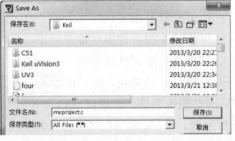

图 6.5　创建文件　　　　　　　　图 6.6　输入源文件

点击 Target1→Source Group1→点击右键→Add Files to Group′Source Group1′→添加 (.c)，如图 6.7 所示。

第三步：对生成文件进行设置。

鼠标放于 Target1 右击→Options for Target′Target1′，如图 6.8 所示。

图 6.7 添加

图 6.8 Options for Target 'Target1'

Target Output→Create HEX File HEX Format ：→确定，如图 6.9 所示。

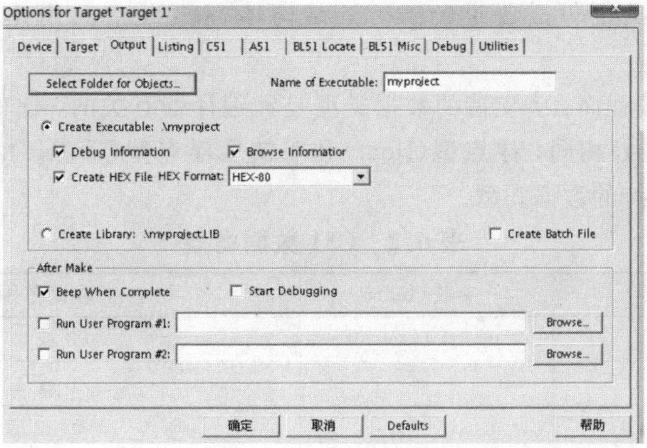

图 6.9 点击确定

2. C51 编程时常用到的头文件

absacc.h：包含允许直接访问 8051 不同存储区的宏定义。

ctype.h：字符转换和分类程序。

math.h：数学程序。

stdlib.h：存储区分配程序。

assert.h：文件定义 assert 宏，可以用来建立程序的测试条件。

reg52.h：52 的特殊寄存器。

intrins.h：包含指示编译器产生嵌入式固有代码的程序的原型。

6.1.2 存储空间定义

在 C51 中，变量存储空间有以下两种定义方式：

（1）［数据类型］［存储器类型］ 变量名

（2）［存储器类型］［数据类型］ 变量名

C51 内部只有 128B 的 RAM，因而必须根据需要指定各种变量的存放位置。C51 定义的存储器类型与存储空间如表 6.1 所示。

表 6.1　C51 定义的存储器类型与存储空间

存储器类型关健字	存储空间	说　　明
data	内部 RAM(00H～7FH)	128B，可直接寻址
bdata	内部 RAM(20H～2FH)	16B，可位寻址
idata	内部 RAM(00H～FFH)	256B，可间接寻址全部内部 RAM
pdata	外部 RAM(00H～FFH)	256B，用 MOVX @Ri 指令访问
xdata	外部 RAM(0000H～0FFFFH)	64KB，用 MOVX @DPTR 指令访问
code	程序存储器(0000H～0FFFFH)	64KB，用 MOVC @A＋DPTR 指令访问

6.1.3　C51 数据类型

C 语言数据类型包括：基本类型、构造类型、指针类型和空类型。其中，基本类型包括位（bit）、字符（char）、整型（int）、短整型（short）、长整型（long）、浮点型（float）以及双精度浮点型（double）；构造类型包括数组（array）、结构体（struct）、共用体（union）和枚举类型（enum）。

对于 51 单片机编程而言，支持的数据类型是和编译器有关的，比如在 C51 编译器中整型（int）和短整型（short）相同，浮点型（float）和双精度浮点型（double）相同。表 6.2 列出了 Keil C51 编译器所支持的数据类型。

表 6.2　C51 数据类型

类型	字长(bit)	取值范围
bit	1	0 或 1
sbit	1	0 或 1
sfr	8	0～255
sfr16	16	0～65535
*	8 或 16 或 24	
char	8	ASCⅡ 字符或 0～255
unsigned char	8	0～255
signed char	8	−128～127
int	16	−32768～32767
unsigned int	16	0～65535
signed int	16	−32768～32767
short	8	−128～127
unsigned short int	8	0～255
signed short int	8	−128～127
long int	32	−2147483648～2147483649
signed long int	32	−2147483648～2147483649
unsigned long int	32	0～4294697296
float	32	约精确到小数点后第六位
void	0	无值

6.1.4　C51 的常量

C 语言中的数据有常量与变量之分。在程序运行过程中，值不能改变的量称为常量，而变量是可以在程序运行过程中不断变化的量。

C51 常量有五种类型：位型常量、整型常量、浮点型常量、字符型常量和字符串型常量。

(1) 位型常量：位型常量是 1 位二进制值。

(2) 整型常量：可以表示为十进制，如 17，0，-33 等。若表示为十六进制，则以 0x 开头，如 0x2A，0x5D 等。长整型就在数字后面加字幕 L，如：104L，034L 等。

表 6.3　整型常量表

整型常量类型	表示形式	实例
十进制	以非 0 开头的数表示	-14，30
八进制	以 0 开头数表示	06，0104
十六进制	以 0x 开头数表示	0x11，0xfe

(3) 浮点型常量：浮点型常量可表示为十进制和指数形式。十进制由数字和小数点组成，如：0.8878，334.5 等；指数表示形式为：[±]数字[.数字]e[±]数字，方括号"[]"中的内容为可选项，其中内容根据具体情况可有可无，但其余部分必须有，如 125e3，7e9，$-3.0e-3$ 等。

在 C51 中浮点型常量默认为 float 型。对于绝对值小于 1 的浮点型常量，其小数点前的零可以省略。例如，0.34 可以写成 .34，$-0.021E-3$ 可以写成 $-.021E-3$。

(4) 字符型常量：字符型常量是单引号内的字符，如'a'，'d'等，用单个字符表示，用一对单引号括起来，其中单引号只起定界作用，并不表示字符。

转义字符用于标示 ASCII 码字符集中的格式控制字符和特定功能字符。这些字符不能打印，例如：(')，(")，(\)等。常用的转义字符如表 6.4 所示。

表 6.4　常用的转义字符

转义字符	含　义	16 进制 ASCII 码
\0	空字符（NULL）	00H
\b	退格符（BS）	08H
\t	水平制表位（HT）	09H
\n	换行符（LF）	0AH
\f	换页符（FF）	0CH
\r	回车符（CR）	0DH
\"	双引号	22H
\'	单引号	27H
\\	反斜杠	5CH

(5) 字符串型常量：字符串型常量由双引号内的字符组成，如"ERROR"，"OK"等。当双引号内没有字符时，为空字符串。在 C 语言中字符串常量是作为字符类型数据来处理的。在存储字符串时，系统会在字符串尾部加上转义字符\0，作为该字符串的结束符。

6.1.5　C51 常用的运算符

运算符表示特定的算术或逻辑操作的符号。C 语言中的运算符和表达式数量很多，这在高级语言中是少见的。正是丰富的运算符和表达式使 C 语言功能十分完善。这也是 C 语言的主要特点之一。

C51 语言有算术运算符、逻辑运算符、关系运算符、位运算符、赋值运算符、条件运算符和指针运算符 7 类运算符。

1. 算术运算符

算术运算符用于各类数值运算,包括加(+),减(-),乘(×),除(÷),求余或模运算(%),自增(++),自减(--)7 种(见表 6.5)。用算术运算符和括号将运算对象连接起来的式子称为算术表达式。其中,运算对象包括常量、变量、函数、数组、结构等。

表 6.5 算术运算符表

运算符	功 能	运算符	功 能
-	减法或取负值运算	×	乘法运算
+	加法运算	÷	除法运算
%	进行模运算	--	自减 1 运算
++	自加 1 运算		

2. 逻辑运算符

逻辑运算符用于逻辑运算,包括逻辑与(&&)、逻辑或(||)和逻辑非(!)3 种。

(1)"!"运算符:进行逻辑非运算。

(2)"||"运算符:进行逻辑或运算。

(3)"&&"运算符:进行逻辑与运算。

运算符"&&"和"||"符号是双目运算符,要求有两个运算对象,而"!"运算符为单目运算符,只要求有一个运算对象。"!"运算符的优先级高于算术运算符,算术运算符优先级高于关系运算符,关系运算符优先级高于逻辑运算符"&&"和"||","&&"和"||"的优先级高于赋值运算符。

用逻辑运算符将关系表达式或逻辑量连接起来的式子成为逻辑表达式,逻辑表达式的结合性为自左向右,其值应是一个逻辑的真或假。逻辑表达式的值和关系表达式的值相同,以 1 代表真,以 0 代表假。

3. 关系运算符

关系运算符用于比较运算,包括大于(>)、小于(<)、大于等于(>=)、小于等于(<=)、等于(==)和不等于(!=)6 种(见表 6.6)。

前四种优先级相同,后两种优先级相同,前四种的优先级高于后两种,关系运算符的优先级低于算术运算符,但高于赋值运算符。

表 6.6 关系运算符表

运算符	功能	运算符	功能
>	判断是否大于	<	判断是否小于
>=	判断是否大于等于	<=	判断是否小于等于
==	判断是否相等	!=	判断是否不等

4. 位运算符

位运算符是用来进行二进制位运算的运算符，包括逻辑位运算符和移位运算符（见表 6.7）。逻辑位运算符包括位与（&）、位或（|）、位取反（～）和位异或（^）；移位运算符包括位左移（<<）和位右移（>>）。

除了位取反（～）是单目运算符，其它位运算符均为双目运算符。

表 6.7　位运算符表

运算符	功能	运算符	功能
&	逻辑与运算	～	按位取反运算
|	逻辑或运算	>>	右移运算
^	逻辑异或运算	<<	左移运算

5. 赋值运算符

赋值运算符用于赋值运算，分为简单赋值（=）、复合算术赋值（+=，-=，*=，/=，%=）和复合位运算赋值（&=，|=，^=，>>=，<<=）。

6. 条件运算符

条件运算符是一个三目运算符。唯一的三目运算是条件运算，条件运算符是"?："，条件表达式的形式为：

<表达式 1>？<表达式 2>：<表达式 3>

其含义为：若<表达式 1>的值为"真"，则条件表达式取<表达式 2>的值；否则，取<表达式 3>的值。

7. 指针运算符

指针运算符用于取内容（*）和取地址（&）两种运算。

6.1.6　C51 的表达式

表达式由操作数和运算符组成。C51 主要有算术运算表达式、赋值表达式、逗号表达式、关系表达式和逻辑表达式 5 种表达式。

1. 算术运算表达式

算术运算表达式是指由算术运算符将操作数连接起来的式子，可以使用括号。

例如：$(a+b)*c$

2. 赋值表达式

赋值表达式是指由赋值运算符"="将一个变量和一个常量或表达式连接起来的式子。

例如：$a=23$；$c=a+b$

3. 逗号表达式

逗号表达式是指由逗号运算符"，"和括号将多个表达式连接起来的式子。一般形式为：表达式 1，表达式 2，…表达式 n。

4. 关系表达式

关系表达式是指将两个表达式用关系运算符连接起来的式子，关系运算又称比较运算。

例如：$x>y$；$x!=y$

5．逻辑表达式

逻辑表达式是指将两个表达式用逻辑运算符连接起来的式子。逻辑表达式中操作的对象可以是任意类型的数据，其值为逻辑值"真"或"假"。

6.1.7　C51 的基本语句

C51 的基本语句与 C 语言的基本语句相同，有以下几种：if(选择语句)，while(循环语句)，for(循环语句)，switch/case(分支语句)，do‐while(循环语句)。

6.2　C51 的函数和数组

6.2.1　函数的定义

1．函数

在 C51 编程语言中，一般函数的定义形式如下：

　　　　类型说明符　　函数名(形式参数列表)

　　　　{

　　　　　　语句 1；

　　　　　　语句 2；

　　　　　　⋮

　　　　　　语句 n；

　　　　　　return 语句；

　　　　}

注：形式参数可以没有，即该函数可为无形式参数的函数。

2．中断函数

C51 中断函数的形式：

　　　　void 函数名() interrupt 中断号 ［using 工作组］

　　　　　　{

　　　　　　中断服务程序内容

　　　　　　}

注意：

(1) 中断不能返回任何值，所以前面是 void；

(2) 函数名可以自己起，但不要与 C 语言的关键字相同；

(3) 中断函数不带任何参数，所以函数名后面的()内是空的；

(4) 中断号是指单片机的几个中断源的序号。这个序号是单片机识别不同中断的唯一标志，所以一定要写正确；

(5) 后面的 using 工作组是指这个中断使用单片机内存中 4 个工作寄存器的哪一组，C51 编译后会自动分配工作组，因此 using 工作组通常省略不写。

6.2.2　数组的定义

1. 一维数组的定义

一维数组的定义形式如下：

　　　　数据类型　　数组名[整型常量表达式]

（1）数据类型：规定数组元素的数据类型。

（2）数组名：表示数组的名称。

（3）整型常量表达式：规定了数组中包含元素的个数。

2. 多维数组的定义

多维数组的定义形式如下：

　　　　数据类型　　数组名[整型常量表达式 1]…[整型常量表达式 n]

6.3　C51 的编程规范

学习 C51 编程语言，应该按照一定的规范培养良好的编程习惯，良好的编程习惯有助于编程人员理清思路，整理和理解代码，有利于代码的优化。

6.3.1　注释

注释是为了解释程序代码的作用，本身并不参与编译链接。在 C51 中，注释有两种：一种用"//"用来注释一行；另一种用"/ *　　　* /"来对程序的一部分进行注释。

6.3.2　命名

在 C51 程序设计时，经常会用到自定义的一些函数或者变量，这些自定义的函数或变量应当遵循能够反映函数或变量功能的原则。

通常在表示数据的变量前面加上前缀，当看到变量时能够很容易看出其数据类型。

例如：变量 ucdata，前缀 uc 表示 unsigned char。

注：命名时不要和系统的标示符或关键字发生冲突。

6.3.3　格式

理论上，main()函数可以放在任何位置，但是为了便于程序的阅读，main() 函数尽量靠前。其顺序为：头文件，自定义函数或变量的声明，main()函数，自定义函数。

对于源程序文件，不同结构之间要留空行，以此来区分不同的结构，使程序看起来条理清晰。要求"{""}"配对对齐。程序代码使用 Table 键实现缩进和对齐。

6.4　C51 的基本运用

例 6.1　数据块传送。

例：将片内 40H～60H 单元中的内容送到以 3000H 为首地址的存储区。

程序代码：

```
#include<reg51.h>
```

```
#include<stdlib.h>
#define uchar unsigned char
#define uint unsigned int
uchar data * data_in;
uint xdata * data_out;
void main()
{
    uchar i;
    data_in=0x40;
    data_out=0x3000;
    for(i=0;i<32;i++)
    {
        * data_out= * data_in;
        data_out++;
        data_in++;
    }
}
```

例 6.2 排序。

例：任意给几个数，运用冒泡法排序，然后将排序结果通过 LED 显示出来，其电路图如图 6.10 所示。

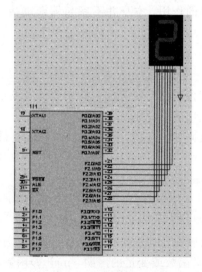

图 6.10 排序的电路图

程序代码：

```
#include<reg51.h>
#define uchar unsigned char
uchar * Min_to_max(uchar s[], uchar n);    //从小到大排序
void delay(uchar x);                        //延时 xms
void LED(uchar s[], uchar n);               //LED 显示
uchar change(uchar x);                      //将十进制数字转化的 LED 显示对应的数字
void main()
{
```

```
    uchar a[6]={4, 1, 5, 2, 7, 8};         //任意已知的 6 个数
    uchar * p;
    p=Min_to_max(a, 6);
    LED(p, 6);
}
uchar * Min_to_max(uchar s[], uchar n)
{
    uchar i, j, t;
    for(i=0;i<n;i++)
    {
       for(j=0;j<n-i-1;j++)
       {
          if(s[j]>s[j+1])
          {
             t=s[j];
             s[j]=s[j+1];
             s[j+1]=t;
          }
       }
    }
    return s;
}
void delay(uchar x)
{
    uchar i=0;
    while(x--)
    {
       for(i=0;i<125;i++)
       {
          ;
       }
    }
}
void LED(uchar s[], uchar n)
{
    uchar i;
    for(i=0;i<n;i++)
    {
       P2=change(s[i]);
       delay(250);
       delay(250);
    }
}
uchar change(uchar x)
```

```
    {
      switch(x)
      {
        case 0:   return 0x03;break;
        case 1:   return 0xf3;break;
        case 2:   return 0x25;break;
        case 3:   return 0x0d;break;
        case 4:   return 0x99;break;
        case 5:   return 0x49;break;
        case 6:   return 0x41;break;
        case 7:   return 0x1f;break;
        case 8:   return 0x01;break;
        case 9:   return 0x19;break;
      }
    }
```

例 6.3 跑马灯程序。

例：共 8 只 LED 灯，连成一排，要求：相隔 0.5 s 跑马灯跑向下一个位置，依次循环，且始终保持 8 个 LED 灯中只有一个灯在跑，其电路图如图 6.11 所示。

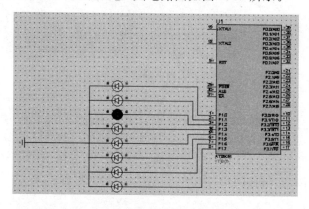

图 6.11　跑马灯的电路图

程序代码：

```
#include<reg51.h>
#define uchar unsigned char
void delay(uchar x);        //延时 xms
void light(void);           //实现跑马灯相隔0.5s跑向下一位置
void main()
{
  light();
}
void light(void)
{
  uchar i, tmp;
  while(1)
  {
```

```
        tmp＝0xfe;
        for(i＝0;i＜8;i＋＋)
        ｛ P1＝tmp;
          tmp＝(tmp＜＜1)|1;
          delay(250);
          delay(250);
        ｝
     ｝
  ｝
  void delay(uchar x)
  ｛ uchar i;
    while(x－－)
    ｛
       for(i＝0;i＜125;i＋＋)
       ｛
          ;
       ｝
    ｝
  ｝
```

例 6.4　中断实例。

例：利用 T0(或 T1)定时，外部中断 INT0(或 INT1)实现跑马灯的跑与停，其电路图如图 6.12 所示。

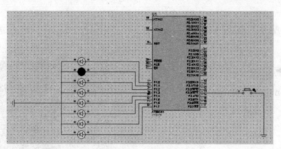

图 6.12　中断的电路图

程序代码：

```
  ＃include＜reg51.h＞
  ＃define uchar unsigned char
    void init(void);   //初始化 T1 中断，INT1 中断
    uchar tmp;
    void main()
    ｛ init();
    ｝
    void init(void)
    ｛ tmp＝0xfe;
      TMOD＝0x10;    //T1 的方式 1
      TH1＝0xff;
      TL1＝0x00;
```

```
    ET1=0;
    EA=1;
    TR1=1;
    IT1=1;         //外部中断1采用边沿触发
    EX1=1;
}
void t1( ) interrupt 3
{
if(tmp==0xff)
{   tmp=0xfe;
    P1=tmp;
}
else
{   P1=tmp;
    tmp=(tmp<<1)|1;
}
    TH1=0xff;
    TL1=0x00;
}
void rupt( ) interrupt 2         //通过控制 T1 中断的开与断来控制跑马灯的跑与停
{
    ET1=! ET1;
}
```

例6.5 利用 T0 或 T1 实现周期为 0.4 ms，占空比为 1∶2 的方波，如图 6.13 所示。

程序代码：

```
#include<reg51.h>
#define uchar unsigned char
sbit P1_0=P1^0;
void init(void);
void main()
{   init();
}
void init(void)
{
    TMOD=0x20;
    TL1=0x38;
    TR1=1;
    ET1=1;
    EA=1;
}
void time1(void) interrupt 3
{
    P1_0=! P1_0;
}
```

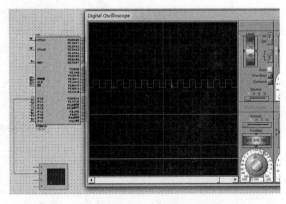

图 6.13　方波

例 6.6　键盘使用实例。

例：按下键盘的任意一个键，确定并显示按键位置，其电路图如图 6.14 所示。

程序代码：

```
#include<reg51.h>
#define uchar unsigned char
void delay(void);
uchar keyscan(void);
uchar input(void);
void main()
{
    while(1)
    {
        P2=input();
    }
}
```

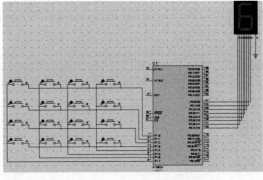

图 6.14　键盘的电路图

```
void delay(void)
{
    int i,j;
    for(i=0;i<10;i++)
    {
        for(j=0;j<50;j++)
        {
            ;
        }
    }
}
uchar keyscan(void)
{
    uchar scancode,tmpcode;
    P1=0xf0;
    if((P1&0xf0)!=0xf0)
    {
        delay();
        if((P1&0xf0)!=0xf0)
        {
            scancode=0xfe;
            while((scancode&0x10)!=0)
            {
                P1=scancode;
                if((P1&0xf0)!=0xf0)
                {
                    tmpcode=(P1&0xf0)|0x0f;
                    return ((~scancode)+(~tmpcode));
```

```
            }
            else
            {
                scancode=(scancode<<1)|0x01;
            }
        }
    }
    else
    {
        return 0;
    }
}
uchar input(void)
{
    uchar key;
    while(1)
    {
      key=keyscan();
      switch(key)
      {
            case 0x11:   return 0x03;break;
            case 0x21:   return 0xf3;break;
            case 0x41:   return 0x25;break;
            case 0x81:   return 0x0d;break;
            case 0x12:   return 0x99;break;
            case 0x22:   return 0x49;break;
            case 0x42:   return 0x41;break;
            case 0x82:   return 0x1f;break;
            case 0x14:   return 0x01;break;
            case 0x24:   return 0x19;break;
            case 0x44:   return 0x11;break;
            case 0x84:   return 0xc1;break;
            case 0x18:   return 0x63;break;
            case 0x28:   return 0x85;break;
            case 0x48:   return 0x61;break;
            case 0x88:   return 0x71;break;
      }
    }
}
```

第 7 章　单片机系统的扩展

教学提示：MCS-51 系列单片机的功能较强，但对一些较大的应用系统而言，单片机的内部资源及其所具有的功能将显得不足。因此，要想增加 I/O 口的数量和功能，提高其性能，就必须在原最小系统的基础上进行系统的扩展。本章介绍了单片机系统的总线扩展、存储器扩展、I/O 接口扩展、LED 数码显示器、键盘接口、A/D 及 D/A 转换等内容。

教学要求：通过本章学习，要求掌握单片机系统扩展的原理及技术方法，着重掌握单片机的 I/O 扩展、LED 扩展、键盘接口、A/D 及 D/A 转换等扩展电路及常用芯片。

7.1　概　　述

MCS-51 单片机芯片内集成的功能部件基本上可以满足简单应用场合的需要。因而，一块单片机电路就可以构成一个最小的微机系统。但对于一些较复杂的应用场合，最小系统往往不能满足应用系统的要求。MCS-51 单片机具有系统扩展能力，允许扩展各种外围电路以补充片内资源的不足，适应各种特定应用的需要。

MCS-51 单片机外围接口电路的设计比较灵活，对各种应用系统的适应能力较强。MCS-51 可以扩展 64 KB 的程序存储器和 64 KB 的数据存储器或输入/输出接口。外部数据存储空间可以作为扩展外围 I/O 的地址空间。这样，单片机就可以像访问外部 RAM 那样访问外部接口芯片，对其进行读/写操作。对 MCS-51 进行程序存储器或数据存储器的扩展之前，单片机本身可以提供给用户使用的输入/输出口线只有 P1 口和部分 P3 口线。因此，在大部分 MCS-51 单片机应用系统设计中都不可避免地要进行 I/O 接口的扩展。

在 MCS-51 单片机的实际应用中，对其进行系统扩展第一个遇到的问题就是存储器的扩展。单片机的内部虽然设置了存储器，但是这种存储器的容量一般较小，远远满足不了实际需要，因此需要从外部进行扩展，配置外部存储器，包括程序存储器和数据存储器。第二个要解决的问题就是 I/O 接口的扩展。在单片机内部虽然设置了若干并行的 I/O 接口电路，用来与外围设备连接，但当外围设备较多时，仅有的几个内部 I/O 接口不够用。在大多数应用系统中，MCS-51 单片机都需要扩展输入/输出接口芯片以满足实际需要。MCS-51 单片机具有可供扩展的外部地址总线和数据总线。

MCS-51 单片机芯片内部集成的功能部件基本上可以满足简单应用场合的需要，因而一块单片机电路可以构成一个最小的微机系统。但对一些较复杂的应用场合，最小系统往往不能满足应用系统的要求。

单片机系统的扩展是以最基本的最小系统为基础的，故首先应熟悉最小系统的结构。最小系统也称为最小应用系统，是指一个真正可用的单片机最小配置系统。实际上，内部带有程序存储器的 51 单片机(如 AT89C51 或 AT89S51)，只要将其接上时钟电路和复位电路，同时将$\overline{\text{EA}}$接高电平，ALE、$\overline{\text{PSEN}}$引脚不用，系统就可以工作了，如图 7.1 所示。

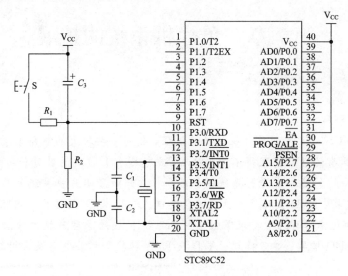

图 7.1 单片机最小应用系统

该系统有以下几个特点：

（1）系统有大量的 I/O 线可供用户使用：P0、P1、P2、P3 四个口都可以作为 I/O 口使用。

（2）内部存储器的容量有限，只有 128 B 的 RAM 和 4 KB 的程序存储器。

（3）应用系统的开发具有特殊性，由于应用系统的 P0 口、P2 口在开发时需要作为数据和地址总线。因此，这两个口上的硬件调试只能用模拟的方法进行。

单片机系统的扩展技术就是基于最小系统平台再进行扩展的各种硬件和软件功能的开发和构建。

7.2 系统总线扩展

所谓总线，就是连接计算机各部件的一组公共通路。利用总线可以实现 CPU 与主存、外设之间的数据传送与通信。在微机系统中，总线分为片内总线、片级总线和系统总线。其中，片内总线用于连接 CPU 内部各个部件，如 ALU、通用寄存器、内部 Cache 等；片级总线用以连接 CPU、存储器及 I/O 接口等电路，构成所谓的主机板；系统总线用来连接外部设备。

7.2.1 系统总线扩展简介

1. 单片机的三总线结构

MCS-51 单片机使用的是并行总线结构，按其功能通常把系统总线分为三组（见图 7.2），即：

1）地址总线（Address Bus，AB）

地址总线用于传送单片机发出的地址信号，以便进行存储单元和 I/O 端口的选择。地址总线是单向传输的。

2）数据总线（Data Bus，DB）

数据总线用于在单片机与存储器之间或单片机与 I/O 口之间传送数据。数据总线是双向的，可以进行两个方向的传送。

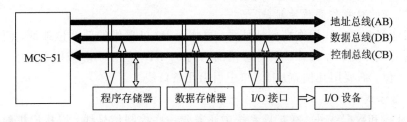

图 7.2 MCS-51 的系统扩展结构

3）控制总线（Control Bus，CB）

控制总线实际上就是一组控制信号线，包括单片机发出的信号线和从其他部件传送给单片机的信号线。

2. 构造系统总线

单片机的扩展系统是并行总线结构，因此单片机系统扩展的首要问题是构造系统总线，然后再往系统总线上"挂"存储器芯片或 I/O 接口芯片，"挂"存储器芯片就是存储器扩展，"挂"I/O 接口芯片就是 I/O 扩展。

MCS-51 单片机受引脚数目的限制，数据线和低 8 位地址线是复用的，由 P0 口线兼用。为了将它们分离出来，需要在单片机外部增加地址锁存器，从而构成与一般 CPU 相类似的片外三总线，如图 7.3 所示。

地址锁存器一般采用 74LS373，采用 74LS373 的地址总线的扩展电路如图 7.4 所示。

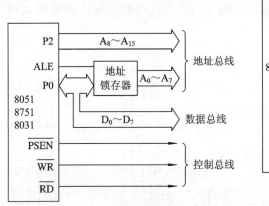

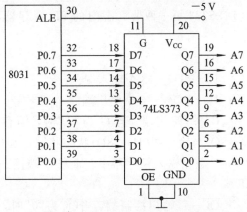

图 7.3 51 系列单片机三总线扩展结构图　　　图 7.4 MCS-51 地址总线扩展电路

由 MCS-51 的 P0 口送出的低 8 位有效地址信号是在 ALE（地址锁存允许）信号由低变高时出现的，并在 ALE 由高变低时，将出现在 P0 口的地址信号锁存到外部地址锁存器 74LS373 中。随后，P0 口又作为数据总线口。下面说明总线的具体构造方法。

1）以 P0 口作为低 8 位地址/数据总线

因为 P0 口既作低 8 位地址线，又作数据总线（分时复用），因此需要增加一个 8 位锁存器。在实际应用时，先把低 8 位地址送锁存器暂存，地址锁存器的输出给系统提供低 8 位地址，而把 P0 口线作为数据线使用。实际上，MCS-51 单片机的 P0 口的电路设计已经考虑了这种应用要求，P0 口线内部电路中的多路转接电路 MUX 以及地址/数据控制就是为此目的而设计的。

2）以 P2 口的口线作高位地址线

P2 口的全部 8 位口线用作高位地址线，再加上 P0 口提供的低 8 位地址，便形成了完整的 16 位地址总线，使单片机系统的寻址范围达到 64 KB。但在实际应用系统中，高位地址线并不固定为 8 位，需要用几位就从 P2 口中引出几条口线。

3）控制信号线

除了地址线和数据线外，在扩展系统中还需要一些控制信号线，以构成扩展系统的控制总线。这些信号有的是单片机引脚的第一功能信号，有的是 P3 口的第二功能信号。其中，包括：

- 使用 ALE 信号作为低 8 位地址的锁存控制信号。
- 以 PSEN 信号作为扩展程序存储器的读选通信号。
- 以 EA 信号作为内、外程序存储器的选择控制信号。
- 由 RD 和 WR 信号作为扩展数据存储器和 I/O 口的读、写选通信号。

可以看出，尽管 MCS-51 单片机有 4 个并行的 I/O 口（共 32 条口线），但由于系统扩展的需要，作为数据 I/O 使用的口线只剩下 P1 口和 P3 口的部分口线了。

7.2.2　常用扩展器件介绍

在单片机系统扩展中用到的扩展器件有很多种，这里我们仅简单介绍一些常用的扩展器件。关于这些器件的详细说明可查阅相关数据手册。

1. 8D 锁存器 74LS373

74LS373 是一种带三态门的 8D 锁存器，采用 20 脚 DIP 封装，其引脚排列如图 7.5 所示。

图中：

- 1D～8D——8 个输入端。
- 1Q～8Q——8 个输出端。
- G——使能端。当 G 为"1"时，锁存器输出端（1Q～8Q）与输入端（1D～8D）状态相同；当 G 由"1"变为"0"时，数据输入锁存器中。通常 G 端接到单片机的 ALE 端。
- $\overline{OC}$——输出控制端。当$\overline{OC}$为"0"时，三态门打开；当$\overline{OC}$为"1"时，三态门关闭，输出呈高阻。通常$\overline{OC}$接地，表示三态门一直打开。

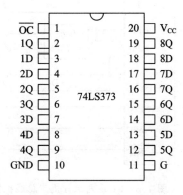

图 7.5　74LS373 的引脚排列图

2. 总线驱动器 74LS244、74LS245

总线驱动器 74LS244 和 74LS245 常用作三态数据缓冲器，其引脚排列如图 7.6 所示。

74LS244 为单向三态数据缓冲器，内部有 8 个三态驱动器，分成两组，分别由控制端$\overline{1G}$和$\overline{2G}$控制。74LS245 为双向三态数据缓冲器，有 16 个三态驱动器，每个方向 8 个，在控制端$\overline{G}$有效（低电平）时，由 DIR 端控制驱动方向。DIR 为"1"时方向从左到右（输出允许）、为"0"时方向从右到左（输入允许）。

当单片机的 P0 口需要增加驱动能力时，可根据实际情况采用上述两种总线驱动器。一般而言，74LS245 的引脚排列对于电路连线来说较为方便，并且可进行双向驱动，故使用较多。

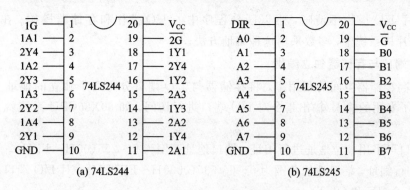

图 7.6　总线驱动器的引脚排列图

3. 3 - 8 译码器 74LS138

译码电路通常采用译码芯片，如 74LS139（双 2 - 4 译码器）、74LS138（3 - 8 译码器）和
74LS154（4 - 16 译码器）等，其中 74LS138 最为常
用。74LS138 的引脚排列如图 7.7 所示。

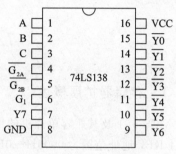

图中，G_1、$\overline{G_{2A}}$、$\overline{G_{2B}}$ 为 3 个控制端，只有 G_1 为
"1"，且 G_{2A}、G_{2B} 均为"0"时，译码器才能进行译码输
出。否则，其 8 个输出端全为高阻状态。

具体使用时，G_1、G_{2A} 与 G_{2B} 既可直接接＋5 V
端或接地，也可参与地址译码，但其译码关系必须
为"100"。必要时，也可以通过反相器使输入信号符
合要求。

图 7.7　74LS138 的引脚排列图

7.2.3　编址技术

MCS - 51 单片机的地址总线宽度为 16 位。P2
口提供高 8 位地址（A8～A15），P0 口经外部锁存后提供低 8 位地址（A0～A7）。为了唯一地
选中外部某一存储单元（I/O 接口芯片已作为数据存储器的一部分），就要用到单片机的编址
技术。

所谓编址，就是使用单片机的地址总线，通过适当的连接，最终达到一个地址唯一对应
一个选中单元的目的。

为此，一般必须进行两种选择：一是必须选择出该存储器芯片（或 I/O 接口芯片），称为
片选；二是必须选择出该芯片中的某一存储单元（或 I/O 接口芯片中的寄存器），称为字选。
相比较而言，字选的问题比较容易解决，一般是将存储器芯片的全部地址线与系统地址总线
最低的相应各线一一相连便可，而片选的问题复杂一些。对地址总线的选择所涉及到的编址
方法我们统称为编址技术。编址技术主要包括两种编址方式：独立编址和统一编址。

1. I/O 端口与存储器统一编址（存储器映像编址）

在这种编址方式中，将存储器地址空间的一部分作为 I/O 端口空间。也就是说，把 I/O
接口中可以访问的端口作为存储器的一个存储单元，统一纳入存储器地址空间，为每一个端
口分配一个存储器地址，CPU 可以用访问存储器的方式来访问 I/O 端口。

这种编址方式的优点是：不用专门设置访问端口的指令，用于访问存储器的指令都可以用
于访问端口。其缺点是：由于端口占用了存储器的一部分存储空间，使得存储器的实际存储空

间减少；程序 I/O 操作不清晰，难以区分程序中的 I/O 操作和存储器操作。在 MCS - 51、MCS - 96 单片机系统中，多数采用这种编址方法。

2. I/O 端口与存储器独立编址

为了提高存储器空间的利用率，将存储器与 I/O 端口分为两个独立的地址空间进行编址，并设置了专用的输入/输出指令对 I/O 端口进行访问，如 80X86CPU 系统就是采用这种编址方式。

I/O 端口可采用 8 位地址进行编址，端口地址范围为 0～255(00H～FFH)，也可以采用 16 位地址进行编址，端口地址范围为 0～65 535(0000H～FFFFH)，对 I/O 端口的操作使用输入/输出指令(IN 和 OUT)。

这种编址方式的优点是：不占用内存空间；使用 I/O 指令，程序清晰，很容易区分是存储器操作还是 I/O 操作。其缺点是：只能用专门的 I/O 指令，访问端口的方法没有访问存储器的方法多。

7.3 存储器的扩展

7.3.1 存储器扩展概述

MCS - 51 及其兼容单片机的地址总线宽度为 16 位，因此最大可寻址的外部存储器空间为 64 KB，地址范围为 0000H～0FFFFH。

AT89S51 单片机内部具有 4 KB 程序存储器，当程序大小超过 4 KB 时，就需要进行程序存储器的扩展。另外，其片内数据存储器空间只有 128 B，如果片内的数据存储器不够用，则需进行数据存储器的扩展。

由于 MCS - 51 及其兼容单片机对片外程序存储器的数据存储器的操作使用不同的指令和控制信号，所以允许两者的地址空间重叠，因此片外可扩展的程序存储器与数据存储器最大都分别为 64 KB。但是，为了配置外围设备而需要扩展的 I/O 口与片外数据存储器统一编址占用相同的地址空间，故片外数据存储器与 I/O 口共同占用 64 KB 的扩展空间。

存储器扩展的核心问题是存储器的编址问题，即为存储单元分配地址问题。存储器芯片种类繁多，容量不同，引脚数目也不同，但不论何种存储器芯片，其引脚都呈三总线结构，与单片机连接都是三总线对接。另外，电源引脚应接到对应的电源线上。

三总线的连接方法如下：

(1) 控制线：对于程序存储器，一般来说，具有读操作控制线(OE)，它与单片机的 PSEN 信号线相连。对于 EPROM 芯片，其编程状态线(READY/BUSY)在单片机的查询输入/输出方式下，与一根 I/O 口线相连；在单片机的中断工作方式下，与一个外部中断信号输入线相连。

(2) 数据线：数据线的数目由芯片的字长决定。对于 AT89S51 单片机来说，其字长为 8 位，故需要利用 8 根数据线分别与单片机的数据总线(P0.0～P0.7)按由低位到高位的顺序依次相接。

(3) 地址线：地址线的数目由芯片的容量决定，容量(Q)与地址线数目(N)满足关系式：$Q=2^n$。存储器芯片的地址线与单片机的地址总线(A0～A15)按由低位到高位的顺序依次相接。一般来说，存储器芯片的地址线数目总是少于单片机地址总线的数目，单片机剩余的地址线一般作为译码线，译码输出与存储器芯片的片选信号线相接。

存储器芯片有一根或几根片选信号线。访问存储器芯片时，片选信号必须有效，即选中存储器芯片。片选信号线与单片机系统的译码输出相接后，就决定了存储器芯片的地址范围。存储器芯片的选择有两种方法：线选法和译码法。

1）线选法

所谓线选法，就是直接以系统的地址线作为存储器芯片的片选信号，为此只需把用到的地址线与存储器芯片的片选端直接相连即可。线选法编址的优点是简单明了，不需要另外增加译码电路，成本低。其缺点是浪费了大量的存储空间，因此只适用于存储容量不需要很大的小规模单片机系统；在线选法中，还易产生地址重叠的问题；在应用线选法产生片选信号时，应注意在任意时刻，系统中只能有一个片选信号有效，切不可使两个或以上的片选信号同时有效，否则将导致系统混乱而出现数据传输错误。

2）译码法

所谓译码法，就是使用地址译码器对系统的片外地址进行译码，以其译码输出作为存储器芯片的片选信号。这种方法能有效地利用存储空间，适用于大容量多芯片存储器的扩展。译码有两种方法：完全译码法和部分译码法。

（1）完全译码。地址译码器使用了全部地址线，地址与存储单元一一对应，一个存储单元只占用一个地址。对于 RAM 和 I/O 容量较大的应用系统，当芯片所需的片选信号多于可利用的地址线时，采用完全地址译码法。它将低位地址线作为芯片的片内地址（取外部电路中最大的地址线位数），用译码器对高位地址进行译码，译出的信号作为片选线。一般采用74LS138 作为地址译码器。

如果译码器的输入端占用 3 根最高位地址线，则剩余的 13 根地址线可作为片内地址线。因此，译码器的 8 根输出线分别对应于一个 8 KB 的地址空间。

例 7.1　全译码法举例。

如图 7.8 所示，因 6264 是 8 KB 的 RAM，故需要 13 根低位地址线（A0～A12）进行片内寻址，其他 3 根高位地址线 A13～A15 经 3－8 译码器后作为外围芯片的片选线。图中剩余的 3 根输出线 Y5～Y7，可供扩展 3 片 8 KB 的 RAM 或 3 个外围接口电路。采用全译码时，不用的地址一般都置 0。根据图 7.8 中地址的连接方法，完全地址译码如表 7.1 所示。

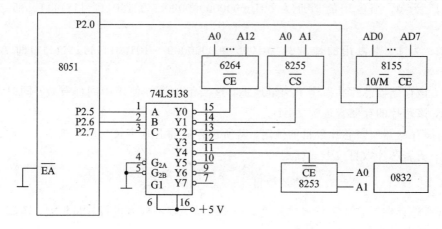

图 7.8　完全地址译码接线图

表 7.1 完全地址译码法译码

器 件		地址选择线（A15～A0）	片内地址单元数(B)	地址编码
6264		000XXXXXXXXXXXXX	8 K	0000H～1FFFH
8255		00100000000000XX	4	2000H～2003H
8155	RAM	01000000XXXXXXXX	256	4000H～40FFH
	I/O	0100000100000XXX	6	4100H～4105H
0832		0110000000000000	1	6000H
8253		10000000000000XX	4	8000H～8003H

（2）部分译码。地址译码器仅使用了部分地址线，地址与存储单元不是一一对应的，而是一个存储单元占用多个地址。如未使用的地址线数为 n，则一个存储单元将占用 2^n 个地址。

使用部分译码法和使用线选法一样，都会浪费大量的存储空间，使存储器的实际容量降低，对于要求存储器容量较大的微机系统来说，通常不会采用部分译码。但对于单片机系统而言，由于实际需要的存储器容量大大低于所能提供的容量，并且这两种方法可以简化电路，因此使用较多。

在设计存储器扩展连接或分析扩展连接电路以确定存储器芯片的地址范围时，常采用地址译码关系图，即一种用简单的符号来表示全部地址译码关系的示意图，如图 7.9 所示。假定某存储器芯片进行扩展连接时具有图 5.6 所示的译码地址线状态，我们以此为例来分析其扩展的地址范围。

A15	A14	A13	A12	A11	A10	A9	A8	A7	A6	A5	A4	A3	A2	A1	A0
·	0	1	0	0	×	×	×	×	×	×	×	×	×	×	×

图 7.9 地址译码关系图

图 7.9 中，与存储器芯片连接的低 11 位地址线（A0～A10）的地址变化范围为全"0"到全"1"。参加译码的 4 根地址线（A11～A14）的状态是唯一确定的。A15 位地址线未连接，不参与译码，故其为"0"或者为"1"均可选中该芯片。

如 A15 为 0，则占用的地址为 0010000000000000～0010011111111111，即 2000H～27FFH。

如 A15 为 1，则占用的地址为 1010000000000000～1010011111111111，即 A000H～A7FFH。

这样，该存储器芯片共占用了两组地址，这两组地址在使用中同样有效。同时，我们还可以知道，该芯片的存储容量为 2 KB。

① 扩展存储器所需芯片数目的确定。若所选存储器芯片字长与单片机字长一致，则只需扩展容量。所需芯片数目按下式确定：

$$芯片数目 = \frac{系统扩展容量}{存储器芯片容量}$$

② 若所选存储器芯片字长与单片机字长不一致，则不仅需进行容量扩展，还需进行字扩展。所需芯片数目按下式确定：

$$芯片数目 = \frac{系统扩展容量}{存储器芯片容量} \times \frac{系统字长}{存储器芯片字长}$$

7.3.2　存储器扩展应考虑的问题

1. 地址锁存器的选用

我们已经知道单片机用 P2 口作为片外存储器(包括 ROM 和 RAM 及 I/O 口)地址高 8 位输出口,用 P0 口作为地址低 8 位的输出口,并分时兼作数据传输线。为了能有效地利用 P0 口上的地址信息和数据信息,需要外接地址锁存器,将 P0 口上的地址信息进行锁存。

由访问外存储器的时序可见,ALE 信号在下降沿时 P0 口输出的地址有效。因此,在选择地址锁存器时,还应注意 ALE 信号与锁存器选通信号的配合,即应选用高电平触发或下降沿触发的锁存器,如 74LS373。ALE 信号直接加到其数据输入端 G。74LS273 或 74LS377 为上升沿触发,因此 ALE 信号要经过一个反相器才能加到其时钟端 CLK。

2. MCS-51 单片机对存储容量的要求

MCS-51 单片机所需要的存储容量由实际单片机应用系统的实时数据和应用程序的数量来决定,且受所选单片机寻址能力的限制。存储器芯片型号决定芯片本身的存储容量,且每个芯片单元的二进制位数不一定是 8 位。因此,设计系统所需要的存储器芯片数量必须从存储单元数量和位数两方面同时满足系统的要求。例如,某一单片机应用系统需要 32 KB 的 RAM 存储器,若采用 6264,需 4 块;若采用 2116,需要 16 块。

3. 地址线的连接及地址译码方式

根据需要选择存储器芯片的型号及数量。用低位地址线连接存储器的片内地址输入端,用其余地址线作为存储器的片选信号。在 MCS-51 单片机的外部存储器设计中,片内地址线通常直接或经过外部地址锁存器与对应存储器地址线相连;片选地址线通常和存储器芯片的片选端直接相连或经过地址译码器输出后和它相连,也可以悬空不用。

4. 工作速度匹配

为了使 MCS-51 单片机和外部存储器同步而可靠地工作,MCS-51 单片机的访问时间必须大于所用外部储器的最大存取时间。例如,若 8031 的主脉冲为 6 MHz,则它的访存时间至少大于 400 ns,故所选存储器芯片的最大存取时间必须小于这个数。

7.3.3　程序存储器的扩展

在单片机应用系统的扩展中,经常要进行 ROM 的扩展。其扩展方法较为简单,这是由单片机优良的扩展性能决定的。单片机的地址总线为 16 位,扩展的片外 ROM 最大容量为 64 KB,地址为 0000H～0FFFFH。扩展的片外 RAM 的最大容量也为 64 KB,地址也为 0000H～0FFFFH。由于单片机采用不同的控制信号和指令(CPU 对 ROM 的读操作由 PSEN 控制,指令用 MOVC 类;CPU 对 RAM 的读操作用 RD 控制,指令用 MOVX 类),因此尽管 ROM 与 RAM 的地址是重叠的,也不会发生混乱。另外,单片机对片内和片外 ROM 的访问使用相同的指令,两者的选择是由硬件实现的。当 $\overline{EA}=0$ 时,选择片外 ROM;当 $\overline{EA}=1$ 时,选择片内 ROM。

在单片机应用系统中,片外 ROM 和 RAM 共享数据总线和地址总线。访问片外 ROM 的时序如图 7.10 所示。

由图 7.10 可见,地址锁存控制信号 ALE 上升为高电平后,P2 口输出高 8 位地址 PCH,P0 口输出低 8 位地址 PCL;ALE 下降为低电平后,P2 口信息保持不变,而 P0 口将用来读取片外 ROM 中的指令。因此，低 8 位地址必须在 ALE 降为低电平之前由外部地址锁存器锁存起来。在$\overline{\text{PSEN}}$输出负跳变选通片外 ROM 后，P0 口转为输入状态，读入片外 ROM 的指令字节。

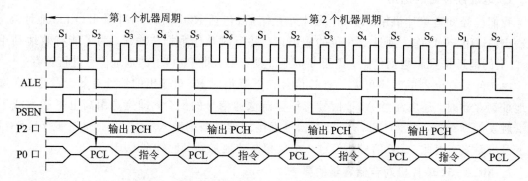

图 7.10 片外 ROM 的操作时序

从图 7.10 中还可以看出，单片机在访问片外 ROM 的一个机器周期内，信号 ALE 出现两次（正脉冲），ROM 选通信号 PSEN 也两次有效。这说明在一个机器周期内，CPU 两次访问片外 ROM，即在一个机器周期内可以处理两个字节的指令代码。所以，在指令系统中有很多单周期双字节指令。

单片机系统片外 ROM 扩展通常使用 EPROM 芯片。常用的 EPROM 芯片有 2732、2764、27128、27256、27512 等。它们的容量和引脚都有区别，但用法类似。这几种芯片的引脚定义如图 7.11 所示。

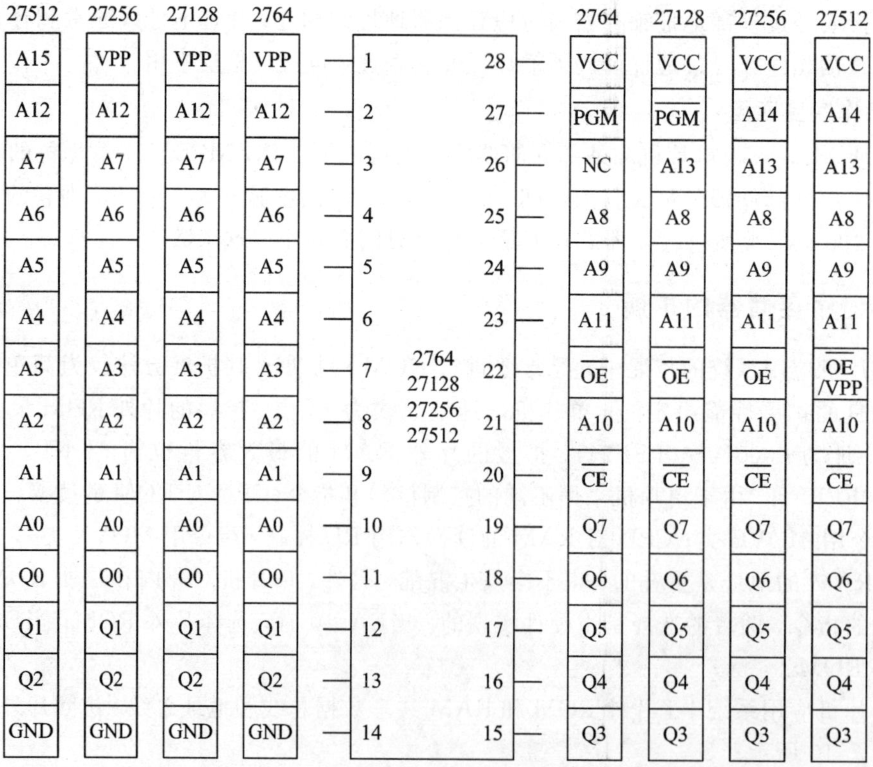

27512	27256	27128	2764			2764	27128	27256	27512
A15	VPP	VPP	VPP	1	28	VCC	VCC	VCC	VCC
A12	A12	A12	A12	2	27	$\overline{\text{PGM}}$	$\overline{\text{PGM}}$	A14	A14
A7	A7	A7	A7	3	26	NC	A13	A13	A13
A6	A6	A6	A6	4	25	A8	A8	A8	A8
A5	A5	A5	A5	5	24	A9	A9	A9	A9
A4	A4	A4	A4	6	23	A11	A11	A11	A11
A3	A3	A3	A3	7	22	$\overline{\text{OE}}$	$\overline{\text{OE}}$	$\overline{\text{OE}}$	$\overline{\text{OE}}$/VPP
A2	A2	A2	A2	8	21	A10	A10	A10	A10
A1	A1	A1	A1	9	20	$\overline{\text{CE}}$	$\overline{\text{CE}}$	$\overline{\text{CE}}$	$\overline{\text{CE}}$
A0	A0	A0	A0	10	19	Q7	Q7	Q7	Q7
Q0	Q0	Q0	Q0	11	18	Q6	Q6	Q6	Q6
Q1	Q1	Q1	Q1	12	17	Q5	Q5	Q5	Q5
Q2	Q2	Q2	Q2	13	16	Q4	Q4	Q4	Q4
GND	GND	GND	GND	14	15	Q3	Q3	Q3	Q3

中间芯片标注：2764 27128 27256 27512

图 7.11 几种 EPROM 芯片的引脚定义

图 7.11 中相关引脚的功能如下：
- A0～A15——地址线，与单片机的地址总线对应相连。
- Q0～Q7——数据线，与单片机的数据总线对应相连。
- $\overline{CE}$——片选信号，低电平有效。
- $\overline{OE}$——输出允许，当 $\overline{OE}$=0 时，输出缓冲器打开，被寻址单元的内容才能被读出。
- VPP——编程电源，当芯片编程时，该引脚加编程电压（不同厂家的芯片，其编程电压不一样）；正常使用时，该引脚加+5 V 电源。
- $\overline{PGM}$——编程脉冲输入端。使用时，先输入需编程的单元地址，在数据线上加上要写入的数据，使 CE 保持低电平，OE 为高电平。当上述信号稳定后，在 PGM 端加上（50±5）ms 的负脉冲，即可将 1 个字节的数据写到相应的地址单元中。
- NC——悬空，在 2764 中，该引脚不用。

下面我们通过一个例子来简单说明单片机扩展程序存储器的具体方法。

例 7.2　要求用 2764 芯片来扩展 AT89S51 的片外程序存储器空间，采用完全译码法，分配的地址范围为 0000H～3FFFH。

分析：本例采用完全译码法，即所有地址线全部连接，每个单元只占用一个地址。

① 确定片数。题目要求的地址范围为 16 KB，而一片 2764 的地址容量为 8 KB，显然需要两片 2764。

也可按照 7.3.1 节所述的公式计算：

$$芯片数目 = \frac{16 \text{ KB}}{8 \text{ KB}} \times \frac{8 \text{ bit}}{8 \text{ bit}} = 2$$

② 分配地址范围。根据①的分析，两片 2764 应平均分担 16 KB 的地址，每片 8 KB，故第 1 片 2764 所占用的地址范围为 0000H～1FFFH；第 2 片 2764 所占用的地址范围为 2000H～3FFFH。

③ 画出地址译码关系图。

第 1 片：

P2.7	P2.6	P2.5	P2.4					P2.0	P0.7						P0.0
A15	A14	A13	A12					A8	A7		1				A0
1	1	1	×	×	×	×	×	×	×	×	×	×	×	×	×

第 2 片：

P2.7	P2.6	P2.5	P2.4					P2.0	P0.7						P0.0
A15	A14	A13	A12					A8	A7						A0
0	0	1	×	×	×	×	×	×	×	×	×	×	×	×	×

图中打"×"部分为片内译码。对于 2764 来说有 13 位，其地址变化范围为从全"0"变到全"1"，其余部分为片外译码。

④ 设计片外译码电路。片外译码电路可采用 74LS138 构成。片外译码只有三根线，P2.7、P2.6 和 P2.5，分别接至译码器的 C、B 和 A 输入端。控制端 G_1、$\overline{G_{2A}}$ 和 $\overline{G_{2B}}$ 不参与译码，可接成常有效。当 P2.7P2.6P2.5=000 时，输出 $\overline{Y0}$ 有效，选中第 1 片 2764；当 P2.7P2.6P2.5=001 时，输出 $\overline{Y1}$ 有效，选中第 2 片 2764。

⑤ 画出存储器扩展连接图(见图 7.12)。

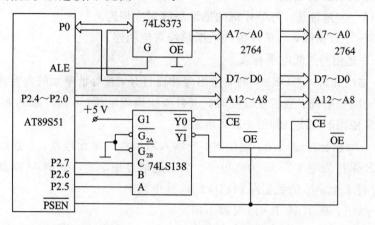

图 7.12 采用地址译码器扩展存储器

图 7.12 中,74LS138 只用了两个译码输出端,未用的输出端可以保留,以便于今后系统升级需要。

根据实际的应用系统容量要求选择 EPROM 芯片时,应用系统电路应尽可能简化。在满足容量要求的前提下,应尽可能选择大容量、高集成度的芯片,以减少芯片使用数量,最后减轻总线的负担。

7.3.4 数据存储器的扩展

由于 AT89S51 单片机片内 RAM 仅 128 B,因此系统要求较大容量的数据存储时,就需要扩展片外 RAM,最大可扩展 64 KB。

扩展 RAM 和扩展 ROM 类似,由 P2 口提供高 8 位地址,P0 口分时提供低 8 位地址和 8 位双向数据。片外 RAM 的读和写由单片机的 $\overline{RD}$ 和 $\overline{WR}$ 信号控制。所以,虽然与 ROM 的地址重叠,但不会发生混乱。CPU 对扩展的片外 RAM 进行读和写的操作时序如图 7.13、7.14 所示。

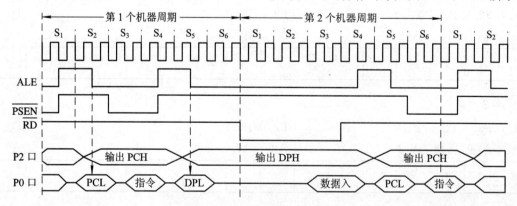

图 7.13 片外 RAM 读时序

由图 7.13、7.14 可知,P2 口输出片外 RAM 的高 8 位地址(DPH),P0 口输出片外 RAM 的低 8 位地址(DPL),并由 ALE 的下降沿锁存在地址锁存器中。若接下来是读操作,则 P0 口变为数据输入方式,在读信号 $\overline{RD}$ 有效时,片外 RAM 中相应单元的内容出现在 P0 口上,由 CPU 读入累加器 A 中;若接下来是写操作,则 P0 口变为数据输出方式,在写信号 $\overline{WR}$ 有效时,将 P0 口上出现的累加器 A 中的内容写入到相应的片外 RAM 单元中。

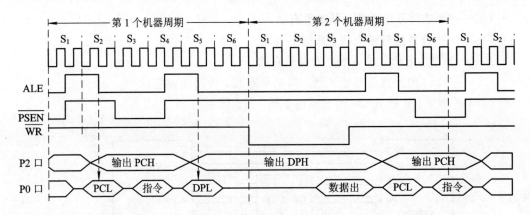

图 7.14　片外 RAM 写时序

单片机通过 16 根地址线可分别对片外（最大）64 KB 的 ROM、RAM 寻址。在对片外 ROM 操作的整个取指令周期中，$\overline{PSEN}$ 为低电平，以选通片外 ROM，而 $\overline{RD}$ 或 $\overline{WR}$ 始终为高电平，此时片外 RAM 不能进行读/写操作；在对片外 RAM 操作的周期中，$\overline{RD}$ 或 $\overline{WR}$ 为低电平，$\overline{PSEN}$ 为高电平，所以对片外 ROM 不能进行读操作，只能对片外 RAM 进行读/写操作。

单片机系统的片外 RAM 扩展通常使用 SRAM 芯片。常用的 SRAM 芯片有 6264、62128、62256 等。与 EPROM 类似，它们的容量和引脚数都不相同，但用法类似。这几种芯片的引脚定义如图 7.15 所示。

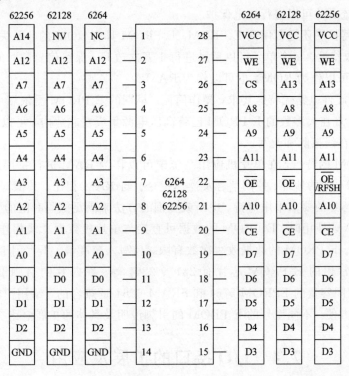

图 7.15　几种 RAM 芯片的引脚定义

图 7.15 中相关引脚的功能如下：

- A0～A14——地址输入线。
- D0～D7——三态双向数据线。

- $\overline{\text{CE}}$——片选信号输入线，低电平有效。
- $\overline{\text{OE}}$——读选通信号输入线，低电平有效。
- $\overline{\text{WE}}$——写选通信号输入线，低电平有效。
- CS——6264 的片选信号输入线，高电平有效，可用于掉电保护。

用 6264 扩展 8 KB 的 RAM 的电路图如图 7.16 所示。

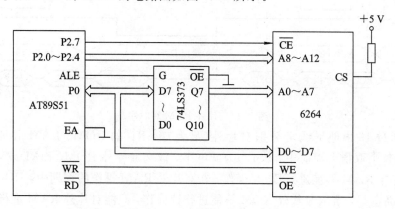

图 7.16　6264 的扩展电路

图 7.16 中，利用 P2.7 进行片选信号的选择。当 P2.7 为低电平时，6264 被选中，因此片外 RAM 的地址范围为 0000H～1FFFH。因为只有一片 6264，所以其片选线 CS 接高电平，保持一直有效状态，并可以进行掉电保护。

此外，存储器扩展还经常用到 E^2PROM。E^2PROM 具有 ROM 的非易失性，同时又具有 RAM 的随机存取特性，每个单元可以重复进行 1 万次改写，保留信息的时间长达 20 年。所以，E^2PROM 既可以作为 ROM，也可以作为 RAM。

E^2PROM 对硬件电路无特殊要求，操作简便。早期的 E^2PROM 需依靠片外高压电源（约 20 V）进行擦写，现在大多数的 E^2PROM 已将高压电源集成在芯片内，可以直接使用单片机系统的 5 V 电源在线擦除和改写。

利用 E^2PROM 的特点，在单片机应用系统中可以作为 RAM 进行扩展。E^2PROM 作为 RAM 时，使用 RAM 的地址、控制信号及操作指令。与 RAM 相比，其擦写时间较长，故在应用中，应根据芯片的要求采用等待、中断或查询的方法来满足擦写时间的要求（一般为 9～15 ms）。作为 RAM 使用时，E^2PROM 的数据可直接与单片机数据总线相连，也可以通过扩展 I/O 与之相连。E^2PROM 的数据改写次数有限，且写入速度慢，不宜用于改写频繁、存取速度高的场合。常用的 E^2PROM 芯片有 2817、2864 等。在芯片的引脚设计上，8 KB 的 E^2PROM 2864 与同容量的 EPROM 2764 和 SRAM 6264 是兼容的，给用户的硬件设计和调试带来了极大的方便。不同型号的 E^2PROM 的引脚说明及具体的扩展电路参见相关资料。

7.4　I/O 接口的扩展及应用

7.4.1　I/O 接口电路的作用

一个完整的计算机系统除了 CPU、存储器外，还必须有外部设备。计算机系统中共有两类数据传送操作：一类是 CPU 和存储器之间的数据读/写操作；另一类是 CPU 和外部设备之间的数据输入/输出(I/O)操作。CPU 和存储器之间的数据读/写操作在前面章节已叙述，这里不再赘述。此处，讨论 CPU 和外部设备之间的 I/O 操作。

计算机通过输入/输出设备与外界进行通信。计算机所用的数据以及现场采集的各种信息都要通过输入设备送到计算机进行处理；而处理的结果和计算机产生的各种控制信号又需要通过输出设备送到外部设备。一般来说，计算机的三条总线并不直接和外部设备相连接，而是通过各种接口电路和外部设备连接。在单片机内部本身就集成有一定数量的 I/O 接口电路，可以满足一些简单场合外部设备的需要。但对于一些复杂的系统，单片机内部的 I/O 不够用时，就必须对 I/O 接口进行扩展了。

单片机应用系统的设计在某种意义上可以认为是 I/O 接口芯片的选配和驱动软件的设计。

I/O 接口的功能主要有以下几点：

1. 单片机输出的数据锁存

对数据的处理速度而言，单片机往往要比 I/O 设备快得多。因此，单片机对 I/O 设备的访问时间远小于 I/O 设备对数据的处理时间。I/O 接口的数据端口要锁存数据线上瞬间出现的数据，以解决单片机与 I/O 设备的速度协调问题。

2. 对输入设备的三态缓冲

单片机系统的数据总线是双向总线，是所有 I/O 设备分时复用的。设备传送数据时要占用总线，不传送数据时必须对总线呈高阻状态。利用接口的三态缓冲功能，可以实现 I/O 设备与总线的隔离，便于其他设备的总线挂接。

3. 信号转换

由于 I/O 设备的多样性，必须利用 I/O 接口实现单片机与 I/O 设备间信号类型(模拟或数字、电流或电压)、信号电平(高或低、正或负)、信号格式(并行或串行)等的转换。

4. 时序协调

单片机输入数据时，只有在确定输入设备已向 I/O 接口提供了有效的数据后，才能进行读操作。输出数据时，只有在确定输出设备已做好了接收数据的准备后，才能进行写操作。不同的 I/O 设备的定时与控制逻辑是不同的，与 CPU 的时序往往也是不一致的，这就需要 I/O 接口进行时序的协调。

7.4.2 接口与端口

"接口"的英文是"Interface"，具有界面、相互联系等含义。接口这个术语在计算机领域中应用十分广泛。本章所述的接口特指计算机与外设之间在数据传送方面的联系。其功能主要是通过电路来实现的，因此也称为接口电路，简称接口。

为了实现接口电路在数据 I/O 传送中的界面功能，在接口电路中应该包含数据寄存器、状态寄存器和命令寄存器，以保存输入/输出数据、状态信息和来自 CPU 的有关数据传送的控制命令。由于在数据的 I/O 传送中，CPU 需要对这些寄存器进行读/写操作，因此这些寄存器都是可读/写的编址寄存器，对它们像存储单元一样进行编址。我们通常把接口电路中这些已编址并能进行读或写操作的寄存器称为端口(Port)，简称口。

一个接口电路中可能包含有多个端口，例如保存数据的数据口、保存状态的状态口和保存命令的命令口等，因此一个接口电路对应着多个口地址。口是供用户使用的，用户在编写有关数据输入/输出程序时，可能会用到接口电路中的各个口，因此要知道它们的设置和编址情况。

从应用的角度来看,接口问题的重点是如何正确地使用端口。

7.4.3 I/O 的传送方式

不同的 I/O 设备需用不同的数据传送方式。在计算机系统中,实现数据的输入/输出传送共有四种控制方式:无条件传送方式、查询传送方式、中断传送方式和直接存储器存取(DMA)方式。CPU 可以用这些方式与 I/O 设备进行数据交换。

1. 无条件传送方式

无条件传送也称为同步程序传送,类似于 CPU 和存储器之间的数据传送。这种传送方式不测试 I/O 设备的状态,只在规定的时间到来时,单片机用输入或输出指令来进行数据的输入或输出,即通过程序来定时同步传送数据。无条件传送方式适用于以下两类外设的输入/输出:

(1) 外设的工作速度非常快,足以和 CPU 同步工作。例如,当与计算机的数/模转换器 DAC 之间进行数据传送时,由于 DAC 并行工作,速度很快,因此 CPU 可以随时向其传送数据。

(2) 具有不变的或变化缓慢的数据信号的外设。例如,机械开关、指示灯、发光二极管、数码管等,可以认为它们是随时为输入/输出数据做好准备的。

2. 查询传送方式

查询传送又称为条件传送,即数据的传送是有条件的。单片机在执行输入/输出指令前,先要检测 I/O 接口的状态及端口的状态,以了解外设是否已为数据输入/输出做好了准备。只有在确认外设已"准备就绪"的情况下,CPU 才能执行数据的输入/输出操作。通常把通过程序对外设状态的检测称为"查询",所以这种方式又称为程序查询方式。查询传送方式与前述无条件的同步传送不同,它是有条件的异步传送。

为了实现查询方式的数据传送,需要由接口电路提供外设状态,并以软件方法进行状态测试,因此这是一种软、硬件相结合的数据传送方式。

当单片机工作任务较轻时,应用查询传送方式可以较好地协调中、低速 I/O 设备与单片机之间的工作,并且其电路简单、通用性强,查询软件的编制也不复杂,因此适用于各种外部设备的数据传送。其主要缺点是:单片机必须执行程序循环等待,不断测试 I/O 设备的状态,直到 I/O 设备为数据传送准备就绪为止。在等待过程中,由于 CPU 不能进行其操作,因此会浪费大量的等待时间,工作效率比较低,一般只适用于规模比较小的单片机系统。

3. 中断传送方式

由于在查询传送方式中,CPU 主动要求传送数据,而它又不能控制外设的工作速度,因此只能用等的方法来解决 CPU 和外设工作速度的匹配问题。而在一般的控制系统中,往往有大量的 I/O 设备,有些 I/O 设备还要求单片机为它们进行实时服务。如果采用查询传送方式,除浪费等待时间外,还很难及时地响应 I/O 设备的请求。这时,可以采用中断传送方式。

这里所说的中断,是指 I/O 设备暂时停止单片机当前正在执行的任务(主程序),转去执行该 I/O 设备的任务(中断服务程序)。一旦中断任务结束,再从原来停止作业的地方继续执行任务。由于 CPU 的工作速度很快,传送一次数据所需的时间很短,对外设来讲,似乎是对 CPU 发出请求的瞬间,CPU 就实现了相应功能;对主程序来讲,虽然中断了一个瞬间,但由于时间很短,也不会有什么影响。

中断传送方式完全取消了 CPU 在查询传送方式中的等待过程,大大提高了 CPU 的工作效率。在高速计算机系统中，由于采用中断传送方式，可以将多个外设同时接到 CPU 上去，实现单片机与外设的并行工作。

4. 直接存储器存取(DMA)方式

利用中断传送方式，虽然可以提高单片机的工作效率，但它仍需由单片机通过执行程序来传送数据，并在处理中断时，还要进行"保护现场"和"恢复现场"等操作，而这些操作与数据传送没有直接的关系，却依然要占用一定的时间，这对于高速外设以及成组数据交换的场合还是显得较慢。

DMA(Direct Memory Access)方式是一种采用专用硬件电路执行输入/输出的传送方式，它使 I/O 设备可以直接与内存进行高速的数据传送，而不必经过 CPU 执行传送程序，也不必进行保护现场之类的额外操作，就可实现对存储器的直接存取。这种传送方式通常采用专门的硬件，即 DMA 控制器，如 Intel 公司的 8257 和 Motorola 公司的 MC6844 等。也有一些单片机在片内集成了 DMA 通道，如 80C152J 或 83CC152J 等，在需要时可供选用。

7.4.4　用 TTL 芯片扩展 I/O 口

只要根据"输入三态，输出锁存"的原则选择 74 系列的 TTL 电路或 MOS 电路，就能组成简单的扩展电路，如输出常采用锁存器，如 74LS273、74LS373；输入常采用缓冲器，如 74LS244、74LS245。注意 P0、P2 的负载能力，如果有必要，可增加总线驱动器，如 74LS244（单向）、74LS245（双向）（芯片引脚见图 7.6）。

图 7.17 中，74LS273 是 8 位并行 I/O 锁存器，用于驱动发光二极管。74LS244 是 8 位并行 I/O 缓冲器，用于输入外部开关状态。可以注意到，两个芯片都是用 P2.0 作片选使能端，

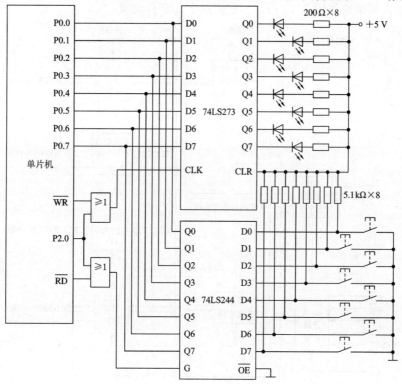

图 7.17　简单 I/O 口扩展图

因此两个芯片的有效端口地址相同(0FEFFH)。但它们分别经或门连到片选引脚，因此只有读操作时，74LS244 片选有效；只有写操作时，74LS273 片选有效。可将开关状态读入，然后用对应的指示灯反映出来。程序为：

```
MOV   DPTR, #0FEFEH        ；送入外部端口地址
MOVX  A, @DPTR            ；读入开关状态
MOVX  @DPTR, A            ；根据开关状态，驱动发光二极管
```

7.4.5 用可编程芯片扩展 I/O 口

可供单片机进行 I/O 口扩展的接口芯片很多，但按其所能实现的扩展功能可分为两类：一类是只能实现简单扩展的中、小规模集成电路芯片；另一类是能实现可编程 I/O 口扩展的可编程接口芯片。可编程 I/O 口扩展的并行接口芯片功能较强，其特点在于工作方式的确定和改变是可以用程序实现。对复杂 I/O 口的扩展，如键盘、显示器、串行口、A/D 与 D/A 转换等的扩展，可采用可编程接口芯片及其它专用芯片。

在单片机 I/O 口扩展中常常用的可编程接口芯片有可编程通用并行接口芯片 8255A、带RAM 和定时/计数器的可编程并行接口芯片 8155 等。接口芯片 8255A 是 Intel 公司生产的标准外围接口电路。它采用 NMOS 工艺制造，用单一＋5 V 电源供电，具有 40 条引脚，采用双列直插式封装。它有 A、B、C 三个端口共 24 条 I/O 线，可以通过编程的方法来设定端口的各种 I/O 功能。由于它功能较强，又能方便地与各种微机系统相接，而且在连接外部设备时，通常不需要再附加外部电路，因而得到了广泛的应用。

1. 8255A 的内部结构

8255A 的内部结构如图 7.18 所示。它由以下几部分组成：

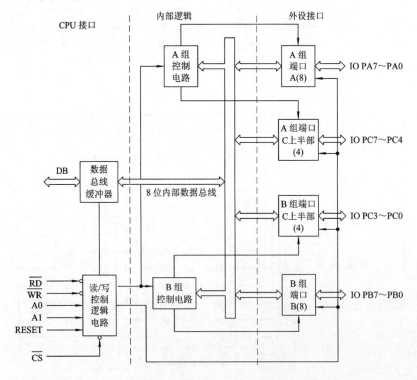

图 7.18 8255A 的内部结构图

（1）数据端口 A、B、C。8255A 有三个 8 位数据端口，即端口 A、端口 B 和端口 C。编程人员可以通过软件将它们分别作为输入端口或输出端口，这三个端口在不同的工作方式下有不同的功能及特点，如表 7.2 所示。

表 7.2　8255A 端口功能表

工作方式	A 口	B 口	C 口
0	基本输入/输出，输出锁存，输入三态	基本输入/输出，输出锁存，输入三态	基本输入/输出，输出锁存，输入三态
1	应答式输入/输出，输入/输出均锁存	应答式输入/输出，输入/输出均锁存	作为 A 口和 B 口的控制位及状态位
2	应答双向输入/输出，输入/输出均锁存		作为 A 口的控制及状态位

（2）A 组和 B 组控制电路。这是两组根据 CPU 的命令字控制 8255A 工作方式的电路。它们的控制寄存器先接收 CPU 送出的命令字，然后根据命令字分别决定两组的工作方式，也可根据 CPU 的命令字对端口 C 的每一位实现按位"复位"或"置位"。其中：

- A 组控制电路控制端口 A 和端口 C 的上半部（PC7～PC4）。
- B 组控制电路控制端口 B 和端口 C 的下半部（PC3～PC0）。

（3）数据总线缓冲器。这是一个三态双向的 8 位数据缓冲器，可直接与系统的数据总线相连，以实现 CPU 和 8255A 之间的数据、控制字的状态信息等的传送。

（4）读/写控制逻辑电路。读/写控制逻辑电路负责管理 8255A 的数据传输过程。它接收 $\overline{CS}$ 和来自系统地址总线的信号 A1、A0 和控制总线的信号 RESET、$\overline{WR}$、$\overline{RD}$，将这些信号进行组合后，得到对 A、B 两组控制部件的控制命令，并将命令发送给这两个部件，以完成对数据、状态信息和控制信息的传输。

2. 8255A 的芯片引脚

8255A 的引脚排列如图 7.19 所示。除电源（+5 V）和地外，其他信号可以分为两组：

1）与外设相连的引脚

- PA7～PA0——A 口数据线。
- PB7～PB0——B 口数据线。
- PC7～PC0——C 口数据线。

2）与 CPU 相连的引脚

- D7～D0——8255A 的数据线，和系统数据总线相连。
- RESET——复位信号，高电平有效。当 RESET 有效时，所有内部寄存器都被清除，同时，三个数据端口被自动设为输入方式。
- $\overline{CS}$——片选信号，低电平有效。只有当其有效时，芯片才被选中，允许 8255A 与

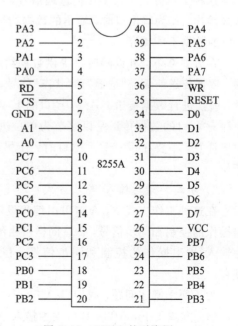

图 7.19　8255A 的引脚图

227

CPU 交换信息。

- $\overline{RD}$——读信号，低电平有效。当$\overline{RD}$有效时，CPU 可以从 8255A 中读取输入数据。
- $\overline{WR}$——写信号，低电平有效。当$\overline{WR}$有效时，CPU 可以往 8255A 中写入控制字或数据。
- A1、A0——端口选择信号。8255A 内部有三个数据端口和一个控制端口，当 A1A0＝00 时，选中端口 A；当 A1A0＝01 时，选中端口 B；当 A1A0＝10 时，选中端口 C；当 A1A0＝11 时，选中控制端口。

A1、A0 和$\overline{RD}$、$\overline{WR}$及$\overline{CS}$组合所实现的各种功能如表 7.3 所示。

表 7.3　8255A 端口选择表

A1	A0	$\overline{RD}$	$\overline{WR}$	$\overline{CS}$	操　作
0	0	0	1	0	A 口→数据总线
0	1	0	1	0	B 口→数据总线
1	0	0	1	0	C 口→数据总线
0	0	1	0	0	数据总线→A 口
0	1	1	0	0	数据总线→B 口
1	0	1	0	0	数据总线→C 口
1	1	1	0	0	数据总线→控制寄存器
×	×	×	×	1	数据总线为三态
1	1	0	1	0	非法状态
×	×	1	1	0	数据总线为三态

3. 8255A 的工作方式

8255A 有三种工作方式，即方式 0、方式 1 和方式 2，这些工作方式可用软件编程来设定。

1) 方式 0(基本输入/输出方式)

这种工作方式不需要任何选通信号，A 口、B 口及 C 口的高 4 位和低 4 位都可以设定输入或输出。作为输出口时，输出的数据均被锁存；作为输入口时，A 口的数据能锁存，B 口和 C 口的数据不能锁存。

在方式 0 下，外设随时可提供数据给微处理器，而外设也随时可接收微处理器送出的数据，数据传送前无需"选通"和"状态"信号，也不必等待中断请求信号，只要$\overline{RD}$或$\overline{WR}$信号有效，就能进行数据传送。另外，C 口的上 4 位、下 4 位在工作方式控制字中可以分别编程。但应注意 C 口的数据传送是以字节为单位进行的，不能单独地读/写上 4 位或者下 4 位。使用时应注意，不要在写一个 4 位口时，使另一个 4 位口的数据发生变化，为此编程时需加屏蔽位。

2) 方式 1(选通输入/输出方式)

在这种工作方式下，A 口可由编程设定为输入口或输出口，C 口的三位用来作为输入/输出操作的控制和同步信号，B 口同样可由编程设定为输入口或输出口，C 口的另三位用来作为输入/输出操作的控制和同步信号。在方式 1 下，A 口和 B 口的输入/输出数据都能被锁存。

为了便于阐述问题，我们以 A 口、B 口均为输入或均为输出加以说明。

(1) 方式 1 下，A 口、B 口均为输入。在方式 1 下，A 口和 B 口均工作在输入状态时，需利用 C 口的 6 条线作为控制和状态信号线，其定义如图 7.20(a)所示。

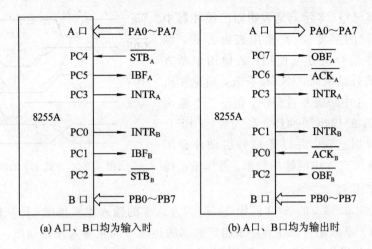

(a) A口、B口均为输入时　　　　　(b) A口、B口均为输出时

图 7.20　方式 1 下的信号定义

C 口所提供的用于输入的联络信号有：

・ $\overline{STB}$(Strobe)——选通脉冲信号(输入)，低电平有效。当外设送来 $\overline{STB}$ 信号时，输入数据装入 8255A 的输入锁存器。

・ IBF(Input Buffer Full)——输入缓冲器满信号(输出)，高电平有效。该信号有效时，表明已有一个有效的外设数据锁存于 8255A 的口锁存器中，尚未被 CPU 取走，暂时不能向接口输入数据，这是一个状态信号。

・ INTR(Interrupt Request)——中断请求信号(输出)，高电平有效。当 IBF 为高、$\overline{STB}$ 信号由低变(后沿)时，该信号有效，向 CPU 发出中断请求。

数据输入过程为：当外设准备好数据输入后，发出 $\overline{STB}$ 信号，输入的数据送入缓冲器。然后 IBF 信号有效(变为高电平)。若使用查询方式，则 IBF 作为状态信号供查询使用；若使用中断方式，当 $\overline{STB}$ 信号由低变高时，产生 INTR 信号，向单片机发出中断请求。单片机在响应中断后，执行中断服务程序时产生 $\overline{RD}$ 信号，将数据读入 CPU 中，$\overline{RD}$ 信号的下降沿使 INTR 信号变低(失效)，而 $\overline{RD}$ 信号的上升沿使 IBF 信号变低(失效)，以此通知外设准备下一次数据输入。数据输入操作的时序关系如图 7.21 所示。

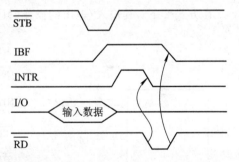

图 7.21　方式 1 下的输入时序

(2) 方式 1 下，A 口、B 口均为输出。与输入时一样，也要利用 C 口的 6 根信号线，其定义如图 7.20(b)所示。用于输出的联络信号有：

・ $\overline{ACK}$(Acknowledge)——外设响应信号(输入)，低电平有效。当外设取走 CPU 输出数据后，向 8255A 发回的响应信号，并使 $\overline{OBF}$ 为高电平(失效)。

・ $\overline{OBF}$(Output Buffer Full)——输出缓冲器满信号(输出)，低电平有效。当单片机把输出数据写入 8255A 锁存器后，该信号有效，并送去启动外设以接收数据。

・ INTR——中断请求信号(输出)，高电平有效。当外设处理完一组数据后，$\overline{ACK}$ 信号变低。当 $\overline{OBF}$ 信号变高，$\overline{ACK}$ 信号又变高后，使 INTR 有效，并向单片机申请中断，进入下一次输出过程。

数据输出过程为：外设接收并处理完一组数据后，发回 $\overline{ACK}$ 信号。该信号使 $\overline{OBF}$ 变高，表明输出缓冲器已空（实际上是表明输出缓冲器中的数据已无保留的必要）。若使用查询方式，则$\overline{OBF}$可作为状态信号供查询使用；若使用中断方式，则当$\overline{ACK}$信号结束时，INTR 有效，向单片机发出中断请求。在中断服务过程中，把下一个输出数据写入 8255A 的输出缓冲器。写入后，$\overline{OBF}$有效，表明输出数据已到，并以此信号启动外设工作，取走并处理 8255A 中的输出数据。数据输出操作的时序关系如图 7.22 所示。

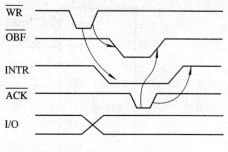

图 7.22　方式 1 下的输出时序

应当指出，当 8255A 的 A 口和 B 口同时为方式 1 的输入或输出时，需使用 C 口的 6 条线，C 口剩下的 2 条线还可以用程序来指定数据的传送方向是输入还是输出，而且也可对它们实现置位或复位操作。当只有一个口工作在方式 1 时，则 C 口剩下的 5 条线也可按上述情况工作。

3）方式 2（双向数据传送方式）

8255A 只有 A 口具有这种双向数据传送方式，实际上是在方式 1 下 A 口输入/输出的结合。在这种方式下，A 口为 8 位双向传口，C 口的 PC7～PC3 用来作为输入/输出的同步控制信号。当 A 口工作于方式 2 下时，B 口和 PC2～PC0 只能编程为方式 0 或者方式 1 工作，而 C 口剩下的 3 条线可作为输入或输出线使用或用作 B 口在方式 1 下工作时的控制线。

当 A 口工作于方式 2 时，各信号的定义如图 7.23 所示（其中的控制信号与前述相同）。

在方式 2 下，其输入/输出的操作时序如图 7.24 所示。

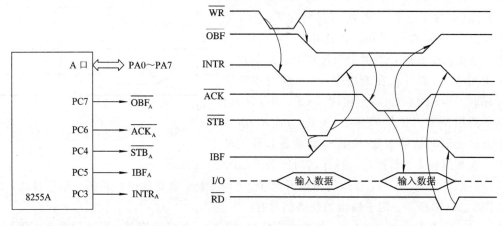

图 7.23　方式 2 下的信号定义　　　　图 7.24　方式 2 下的时序

a）输入操作

当外设向 8255A 送数据时，选通信号$\overline{STB}$也同时送到，选通信号将数据锁存到 8255A 的输入锁存器中，从而使输入缓冲器满信号 IBF 成为高电平（有效），表明外设 A 口已收到数据。选通信号结束时，使中断请求信号为高，向 CPU 请求中断。

当 CPU 响应中断进行读操作时，会发出读信号$\overline{RD}$。该信号有效后，将数据从 8255A 读到 CPU 中，于是 IBF 信号又变成低电平，且中断请求信号 INTR 也变低电平。

b）输出操作

CPU 响应中断，当用输出指令向 8255A 的 A 端口中写入一个数据时，会发出写脉冲信号 $\overline{WR}$。该信号一方面使中断请求信号 INTR 变低，另一方面使输出缓冲器满信号 $\overline{OBF}$ 变低，通知外设可从 A 口读取数据。当外设读取数据时，给 8255A 发出一个 $\overline{ACK}$ 信号，接通 A 口的三态门，将数据送至 8255A 与外设之间的数据连线上。$\overline{ACK}$ 信号同时也使 $\overline{OBF}$ 变为无效（高电平），从而开始下一个数据的传输过程。

4. 8255A 的控制字及初始化

8255A 是可编程接口芯片，以控制字形式对其工作方式以及 C 口各位的状态进行设置。因此它有两种控制字：工作方式控制字和 C 口置位/复位控制字。

1）工作方式控制字

工作方式控制字用于确定各口的工作方式及数据的传送方向，其格式如图 7.25 所示。

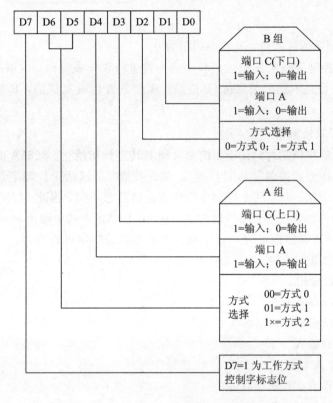

图 7.25　8255A 工作方式控制字

说明如下：

（1）A 口有三种工作方式，而 B 口只有两种工作方式。

（2）A 组包括 A 口与 C 口的高 4 位，B 组包括 B 口与 C 口的低 4 位。

（3）在方式 1 或方式 2 下，将 C 口定义为输入或输出不影响作为联络线使用的 C 口各位的功能。

（4）最高位（D7）是标志位，其值固定为 1，用于表明本字节是方式控制字。

2）C 口置位/复位控制字

在一些应用情况下，C 口用来定义控制信号和状态信号，因此 C 口的每一位都可以进行置位或复位。对 C 口各位的置位或复位是由置位/复位控制字进行控制的。该控制字的格式如图 7.26 所示。

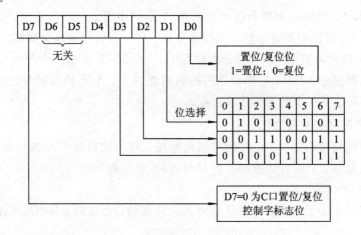

图 7.26　C 口置位/复位控制字

D7 位是该控制字的标志位，其状态固定为 0。

在使用中，该控制字每次只能对 C 口中的一位进行置位或复位。应该注意的是，作为联络线使用的 C 口各位是不能采用置位/复位操作来使其置位或复位的，其数值应视现场的具体情况而定。

5. 8255A 的初始化编程

对任何可编程的接口芯片，在使用前都必须对其进行初始化。8255A 的初始化就是向控制字寄存器写入工作方式控制字和 C 口置位/复位控制字。这两个控制字可按同一个地址写入且不受先后顺序限制。由于两个控制字的标志位的状态不同，因此 8255A 能加以区分。例如，对 8255A 各口作如下设置：A 口以方式 0 输入，B 口以方式 1 输出，C 口高 4 位输出，低 4 位输入。设控制字寄存器地址为 3AH，则其工作方式控制字可设置为：

- D1＝1：C 口低 4 位输入。
- D1＝0：B 口输出。
- D2＝1：B 口方式 1。
- D3＝0：C 口高 4 位输出。
- D4＝1：A 口输入。
- D6D5＝00：A 口方式 0。
- D7＝1：工作方式控制字标志。

因此，工作方式控制字为：10010101B，即 95H。初始化程序段为：

```
MOV     R0，  ♯3AH
MOV     A，95H
MOVX   @R0，A
```

若要使端口 C 的 D3 置位，则控制字为 00000111B，即 07H；若要使 D3 复位，则控制字为 00000110B，即 06H。依上述方法，按同一个地址再一次写入即可。

6. 8255A 与系统的连接方法

由于 8255A 是 Intel 公司专号为其主机配套设计制造的标准化外围接口芯片，因此它与 MCS-51 及其兼容单片机的连接比较简单方便。

单片机扩展的 I/O 接口均与片外 RAM 统一编址。由于单片机系统片外 RAM 的实际容量一般均不太大，远远达不到 64 KB 的范围，因此 I/O 接口芯片大多采用部分译码法或线选法。这种方法虽然要浪费大量的地址号，但译码电路比较简单。一种较常用的连接方法如图 7.27 所示。

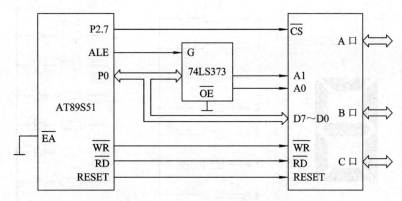

图 7.27　8255A 与单片机的连接

图 7.27 中，P0 口为地址/数据复用口。数据通过 P0 口直接传送，地址的低 8 位通过锁存器 74LS373 得到，而地址的高 8 位由 P2 口传送。系统采用线选法，利用高 8 位地址线的 P2.7 作为线选信号，直接与 8255A 的片选端 $\overline{CS}$ 相连，而 A1、A0 则与地址的最末 2 位相连。由图 7.27 中所示接法，可得到 8255A 各个端口的地址如下：

- A 口：0000H。
- B 口：0001H。
- C 口：0002H。

控制口（控制寄存器）：0003H。

由于采用部分译码方法，还有 13 根地址线未用，因此地址 0000H~0003H 只是所有可能地址中地址号最小的一组。若系统中接口芯片较多时，则应采用地址译码。

7.5　LED 数码显示器接口

为方便人们观察和监视单片机的运行情况，通常把数码显示器作为单片机的输出设备，用来显示单片机应用系统的按键输入值、中间信息及运算结果。发光二极管 LED（Light Emitting Diode）是一种通电后能发光的半导体器件，其导电性质与普通二极管类似。LED 数码显示器就是由发光二极管组合而成的一种新型显示器件，在单片机系统中应用非常普遍。

单片机应用系统中所使用的数码显示器件主要有 LED（发光二极管）数码显示器和 LCD（液晶）显示器。LED 数码显示器价格低廉，配置灵活，与单片机接口简单；LCD 显示器可进行字符或图形显示，但成本高，与单片机接口复杂。所以，本节主要讨论 LED 数码显示器的结构和原理，然后再介绍其接口技术。

7.5.1　LED 数码显示器的结构与连接方式

1. LED 数码显示器的结构

LED 数码显示器一般是由 8 个发光二极管显示字段组成的显示器件，也可称为数码管。其中，7 个二极管组成一个"8"，另一个为小数点。它可显示 0~9 及一些英文字母 A~F 或特殊字符，故通常称之为7段（也有称为8段）发光二极管数码显示器。LED有不同的大小及颜色，通常有共阴极与共阳极两种结构，其内部结构如图7.28所示。

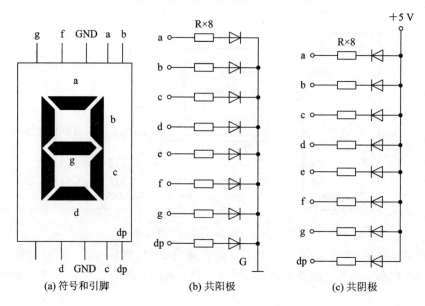

(a) 符号和引脚　　　　(b) 共阳极　　　　(c) 共阴极

图7.28　7段LED数码显示器

LED数码显示器有两种连接方法：

1）共阳极接法

共阳极接法把发光二极管的阳极连在一起构成公共阳极，使用时公共阳极接+5 V，每个发光二极管的阴极通过电阻与输入端相连。当阴极端输入低电平时，8段发光二极管就导通点亮，而输入高电平时不点亮。

2）共阴极接法

共阴极接法把发光二极管的阴极连在一起构成公共阴极，使用时公共阴极接地。每个发光二极管的阳极通过电阻与输入端相连。当阳极端输入高电平时，8段发光二极管就导通点亮，而输入低电平时则不点亮。

使用LED数码显示器时要注意区分这两种不同的接法。在器件出厂时，其内部的公共端已连接好，用户可根据自己的需要正确选用共阳极接法或共阴极接法。

2. LED数码显示器的显示段码

为了显示字符，要为LED数码显示器提供显示段码（或称字形代码），组成一个"8"字形字符的7段，再加上一个小数点位，共计8段，因此提供给LED显示器的显示段码为一个字节。用LED显示器显示十六进制数和空白字符与P的显示段码如表7.4所示。

注意：由于LED数码管为电流型器件（工作电流一般在5 mA～15 mA），因此在LED工作时电流不应超过手册中给出的最大电流，一般情况下要在各段中串入限流电阻。

在单片机系统中，如果要使LED正常显示数字或字符时，不能直接将数字送到LED显示器，而是将要显示的数字通过查表方式，查到相应的显示字模再送到LED显示器显示。

常用的数码显示字符段码如表7.4所示，显示字符段码通常顺序排列存放在存储器中的固定区域，构成段码表，当要显示某字符时，可根据地址查表。

表 7.4 7 段 LED 数码管显示字符表

显示字符	共阴极字符码	共阳极字符码	显示字符	共阴极字符码	共阳极字符码
0	3FH	C0H	C	39H	C6H
1	06H	F9H	D	5EH	A1H
2	5BH	A4H	E	79H	86H
3	4FH	B0H	F	71H	8EH
4	66H	99H	P	73H	8CH
5	6DH	92H	U	3EH	C1H
6	7DH	82H	T	31H	CEH
7	07H	F8H	Y	6EH	91H
8	7FH	80H	H	76H	89H
9	6FH	90H	L	38H	C7H
A	77H	88H	不显示	00H	FFH
B	7CH	83H			

7.5.2 LED 数码显示器的接口电路与显示方法

1. LED 数码显示器的接口方法

单片机与 LED 数码显示器有以硬件为主和以软件为主的两种接口方法。

1) 以硬件为主的接口方法

这种接口方法的电路如图 7.29 所示。

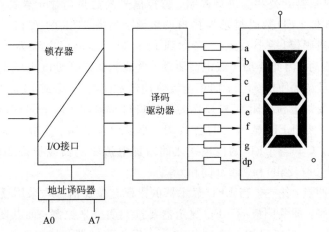

图 7.29 以硬件为主的 LED 数码显示器接口电路

从图 7.29 可看出,在数据总线和 LED 显示器之间,必须有锁存器或 I/O 接口电路,此外还应有专用的译码器和驱动器,通过译码器把一位十六进制数(4 位二进制数)或 BCD 码译码为相应的显示段码,然后由驱动器提供足够的功率去驱动发光二极管。

这种接口方法仅用一条输出指令,就可以进行 LED 显示。但它所使用的硬件电路较多,而硬件译码缺乏灵活性,只能显示十进制或十六进制数(包括空白字符)。该方法主要用于显示位数较多或对显示器的亮度有一定要求的场合。

2) 以软件为主的接口方法

这种接口方法的电路如图 7.30 所示,它是以软件查表代替硬件译码,不但省去了译码器，而且还能显示更多的字符。但是驱动器是必不可少的，因为仅靠接口提供不了较大的电流供 LED 显示器使用。

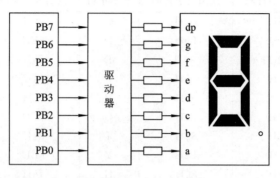

图 7.30　以软件为主的 LED 显示器接口电路

2. LED 数码显示器的接口电路

实际使用的 LED 数码显示器位数较多，为了简化线路、降低成本，大多采用以软件为主的接口方法。对于多位 LED 数码显示器，通常采用动态扫描显示方法，即逐个循环地点亮各位显示器。这样虽然在任意时刻只有一位显示器被点亮，但是由于人眼具有视觉残留效应，看起来与全部显示器持续点亮的效果基本一样（在亮度上要有差别）。

为了实现 LED 显示器的动态扫描显示，除了要给显示器提供显示段码之外，还要对显示器进行位的控制，即通常所说的"段控"和"位控"。因此对于多位 LED 数码显示器的接口电路来说，需要有两个输出口，其中一个用于输出显示段码；另一个用于输出位控信号。位控实际上就是对 LED 显示器的公共端进行控制，位控信号的数目与显示器的位数相同。图 7.31 是使用 8155 作为 6 位 LED 数码显示器接口的电路。其中 8155 的 A 口为输出口（段控口），用以输出 8 位显示段码（包括小数点）。考虑到 LED 显示器的段电流为 8 mA 左右，不能用 8155 的 A 口直接驱动，因此要加 1 级电流驱动。电流驱动器既可以用反相的，也可以用同相的。反相电流驱动器经常使用 7406；同相电流驱动器常使用 7407 或 74LS244（注意：使用 OC 门 7406 或 7407 时要加上拉电阻）。C 口作为输出口（位控口），以 PC0～PC5 输出位控信号。由于位控信号控制的是 LED 显示器的公共端，驱动电流较大，8 段全亮时需电流约 40～60 mA。因此必须在 C 口与 LED 的位控线之间增加电流驱动器以提高驱动能力，常用的有 SN75452（反相）、7406（反相）和 7407（同相）等。

这里需要说明两点：第一，当 LED 显示器的段码与位控信号均采用反相驱动以后，其控制规律也要颠倒过来，即共阳极的 LED 显示器要按共阴极来控制；而共阴极的 LED 显示器要按共阳极来控制，也可以采用一个同相和一个反相驱动器，其控制规律也应作相应的变动。第二，图 7.31 中 6 个 LED 显示器的段码是并联连接的，即在同一时刻，6 个数码管的显示段码是完全一样的，这点需要特别加以注意。

3. LED 数码显示器的显示方法

对于多位数码显示器来说，为了简化线路、降低成本，往往采用以软件为主的接口方法，即不使用专门的硬件译码器，而采用软件程序进行译码。如前所述，由于各位数码管的显示段码是互相并联的，因此在同一时刻只能显示同一种字符。对于这种接口电路来说，其显示方法有静态显示和动态显示两种。

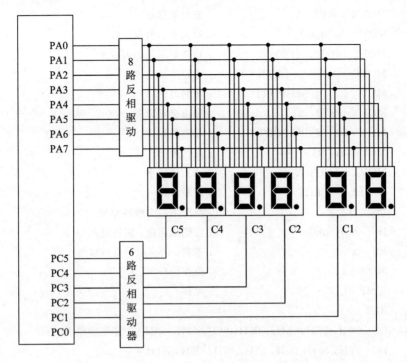

图 7.31　8155 作为 6 位 LED 数码显示器接口的电路

1）静态显示

所谓静态显示，就是在同一时刻只显示 1 种字符，或者说被显示的字符在同一时刻是稳定不变的。其显示方法比较简单，只要将显示段码送至段码口，并把位控字送至位控口即可。所用指令为：

```
        MOV   DPTR, ♯ SEGPORT      ;指向段码口
        MOV   A, ♯SEG              ;取显示段码
        MOVX  @DPTR, A             ;输出段码
        MOV   DPTR, ♯ BITPORT      ;指向位控口
        MOV   A, ♯ BIT             ;取位控字
        MOVX  @DPTR, A             ;输出位控字
```

静态显示虽然比较简单，但是用处不大。因为在同一时刻只显示同一种字符的场合是不多的。在大多数情况下，需要显示的是不同的字符，这就需要采用下述的动态显示方法。

2）动态显示

如果要在同一时刻显示不同的字符，从电路上看，这是办不到的。因此只能利用人眼对视觉的残留效应，采用动态扫描显示的方法，逐个循环地点亮各位数码管，每位显示 1 ms 左右，使人看起来就好像在同时显示不同的字符一样。在进行动态扫描显示时，往往事先并不知道应显示什么内容，这样也就无从选择被显示字符的显示段码。为此，一般采用查表的方法，由待显示的字符通过查表得到其对应的显示段码。

下面介绍一种动态扫描显示子程序：

```
DIR:    MOV  R0, ♯7AH             ;指向显示缓冲区首址
        MOV  R3, ♯01H             ;从右边第 1 位开始显示
        MOV  A, ♯00H              ;取全不亮位控字
        MOV  R1, ♯ BITPORT        ;指向位控口
```

```
          MOVX  @R1，A                ；瞬时关显示
   LD1：   MOV   A，@RO               ；取出显示数据
          MOV   DPTR，#DSEG          ；指向显示段码表首址
          MOVC  A，@A+DPTR           ；查显示段码表
          MOV   R1，# SEGPORT        ；指向段码口
          MOVX  @RI，A               ；输出显示段码
          MOV   R1，# BITPORT        ；指向位控口
          MOV   A，R3                ；取位控字
          MOVX  @R1，A               ；输出位控字
          LCALL f DELY               ；延时 1 ms
          INC   R0                   ；指向下一个缓冲单元
          JB    A.5，LD2             ；已到最高位，则转返回
          RL    A                    ；不到，向显示器高位移位
          MOV   R3，A                ；保存位控字
          SJMP  LD1                  ；循环
   LD2：   RET
   DSEG：DB C0H，F9H，A4H，B0H，99H，92H，82H   ；显示段码表
          DB   F8H，80H，90H，88H，83H，C6H，A1H
          DB   86H，84H,FFH
```

程序说明：

（1）本例的接口电路是以软件为主的接口电路，显示数据有 6 位，每位数码管对应一位有效显示数据。因此数据在存入显示缓冲区之前必须先拆开字节，以保证一个显示缓冲单元只存放一位有效显示数据。例如，数据 15 在存入显示缓冲区时，必须先拆成 01 和 05 的形式，再存入相邻的两个显示缓冲单元中。

（2）由程序可知，由于数码显示器的低位（最右边的位）显示的是显示缓冲区中的低地址单元中的数，因此数在显示缓冲区中存放的次序为低地址单元存低位，高地址单元存高位。

（3）在动态扫描显示过程中，每位数码管的显示时间约 1 ms，这由调用延时 1 ms 子程序 fDELY 来实现。实践证明，当每位显示时间偏离 1 ms 较多时，将会产生闪烁现象。

（4）程序是利用查表方法来得到显示段码的，这是一种既简便又快速的方法。由 MCS - 51 单片机具有查表指令（MOVC 指令），因此用来编制查表程序是非常方便的。

（5）由于在显示段码表中，将"空白"字符排在字母"F"的后边，因此在使用查表指令时，若要查"空白"字符的显示段码，那么在累加器 A 中应放入数据"10H"。

（6）在实际的单片机应用系统中，一般将显示程序作为一个子程序供监控程序调用执行一次本程序，相当于将 LED 数码显示器扫描显示一遍，时间约 6 ms，然后返回监控程序，经过一段时间间隔后，再调用显示扫描程序。只有这样反复调用才能实现 LED 数码显示器的稳定显示。应注意每次调用的时间间隔不能过长，以免产生闪烁现象。在多数情况下，数码显示程序应和键盘扫描程序轮流执行，这样两者都能同时兼顾。

7.5.3 LED 数码显示器应用举例

例：在 8×8 LED 点阵上显示柱形，让其先从左到右平滑移动三次，然后从右到左平滑移动三次，再从上到下平滑移动三次，最后从下到上平滑移动三次，如此循环下去。

1. 电路原理图

LED 数码显示器的电路原理图如图 7.32 所示。

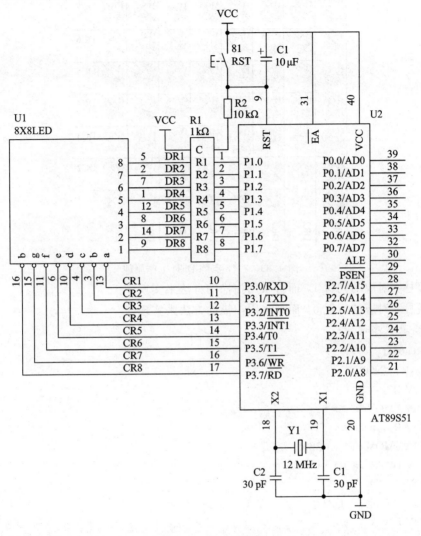

图 7.32 电路原理图

2. 硬件电路连线

(1) 把"单片机系统"区域中的 P1 端口用 8 芯排芯连接到"点阵模块"区域中的"DR1～DR8"端口上，如图 7.33 所示；

(2) 把"单片机系统"区域中的 P3 端口用 8 芯排芯连接到"点阵模块"区域中的"DC1～DC8"端口上，如图 7.33 所示。

3. 程序设计内容

8×8 LED 点阵工作原理说明如下：

从图 7.33 中可以看出，8×8 点阵共需要 64 个发光二极管组成，且每个发光二极管是放置在行线和列线的交叉点上，当对应的某一列置 1 电平，某一行置 0 电平，则相应的二极管亮；因此要实现一根柱形的亮法，如图 7.33 所示，对应的一列为一根竖柱，或者对应的一行为一根横柱，因此实现柱的亮的方法如下所述：

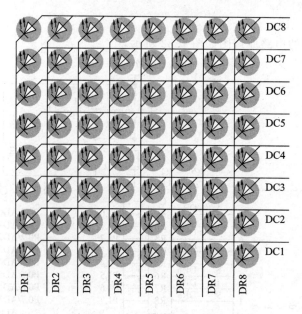

图 7.33　8×8 点阵 LED 工作原理

一根竖柱：对应的列置 1，而行采用扫描的方法来实现。

一根横柱：对应的行置 0，而列采用扫描的方法来实现。

1）汇编源程序设计

```
        ORG 00H
START: NOP
        MOV R3，#3
LOP2: MOV R4，#8
        MOV R2，#0
LOP1: MOV P1，#0FFII
        MOV DPTR，#TABA
        MOV A，R2
        MOVC A，@A+DPTR
        MOV P3，A
        INC R2
        LCALL DELAY
        DJNZ R4，LOP1
        DJNZ R3，LOP2

        MOV R3，#3
LOP4: MOV R4，#8
        MOV R2，#7
LOP3: MOV P1，#0FFH
        MOV DPTR，#TABA
        MOV A，R2
        MOVC A，@A+DPTR
        MOV P3，A
        DEC R2
```

```
        LCALL DELAY
        DJNZ R4, LOP3
        DJNZ R3, LOP4

        MOV R3, #3
LOP6: MOV R4, #8
        MOV R2, #0
LOP5: MOV P3, #00H
        MOV DPTR, #TABB
        MOV A, R2
        MOVC A, @A+DPTR
        MOV P1, A
        INC R2
        LCALL DELAY
        DJNZ R4, LOP5
        DJNZ R3, LOP6

        MOV R3, #3
LOP8: MOV R4, #8
        MOV R2, #7
LOP7: MOV P3, #00H
        MOV DPTR, #TABB
        MOV A, R2
        MOVC A, @A+DPTR
        MOV P1, A
        DEC R2
        LCALL DELAY
        DJNZ R4, LOP7
        DJNZ R3, LOP8
        LJMP START

DELAY: MOV R5, #10
D2: MOV R6, #20
D1: MOV R7, #248
        DJNZ R7, $
        DJNZ R6, D1
        DJNZ R5, D2
        RET

TABA: DB 0FEH, 0FDH, 0FBH, 0F7H, 0EFH, 0DFH, 0BFH, 07FH
TABB: DB 01H, 02H, 04H, 08H, 10H, 20H, 40H, 80H
        END
```

2) C 语言源程序设计
```
#include <AT89X52.H>
```

```
unsigned char code taba[]={0xfe, 0xfd, 0xfb, 0xf7, 0xef, 0xdf, 0xbf, 0x7f};
unsigned char code tabb[]={0x01, 0x02, 0x04, 0x08, 0x10, 0x20, 0x40, 0x80};

void delay(void)
{
unsigned char i, j;

for(i=10;i>0;i--)
for(j=248;j>0;j--);
}

void delay1(void)
{
unsigned char i, j, k;

for(k=10;k>0;k--)
for(i=20;i>0;i--)
for(j=248;j>0;j--);

}

void main(void)
{
unsigned char i, j;

while(1)
{
for(j=0;j<3;j++) //from left to right 3 time
{
for(i=0;i<8;i++)
{
P3=taba[i];
P1=0xff;
delay1();
}
}

for(j=0;j<3;j++) //from right to left 3 time
{
for(i=0;i<8;i++)
{
P3=taba[7-i];
P1=0xff;
```

```
delay1();
}
}


for(j=0;j<3;j++) //from top to bottom 3 time
{
for(i=0;i<8;i++)
{
P3=0x00;
P1=tabb[7-i];
delay1();
}
}


for(j=0;j<3;j++) //from bottom to top 3 time
{
for(i=0;i<8;i++)
{
P3=0x00;
P1=tabb[i];
delay1();
}
}


}
}
```

7.6　键 盘 接 口

键盘是一组按键的组合，是单片机应用系统中不可缺少的输入设备。通过键盘可向单片机应用系统输入数据和控制命令，是操作人员控制和干预单片机应用系统的主要手段。下面介绍键盘的工作原理，键盘按键的识别过程及识别方法，键盘与单片机的接口技术和编程。

7.6.1　键盘接口的工作原理

单片机使用的键是一种常开型的开关，平时键的两个触点处于断开状态，按下键时它们才闭合。

键盘实质上是一组按键开关的集合。通常，键盘开关利用了机械触点的合、断作用。一个电压信号通过键盘开关控制机械触点的断开、闭合，其行线电压输出波形如图 7.34 所示。

图 7.34 中，t_1 和 t_3 分别为键的闭合和断开过程中的抖动期(呈现一串负脉冲)，抖动时间的长短和开关的机械特性有关，一般为 5～10 ms，t_2 为稳定的闭合期，其时间由按键动作所确定，一般为十分之几秒到几秒，t_0、t_4 为断开期。

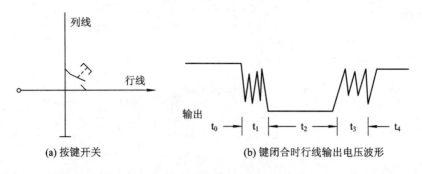

(a) 按键开关   (b) 键闭合时行线输出电压波形

图 7.34 键盘开关及其波形

1）按键的确认

键的闭合与否，反映在行线输出电压上就是呈现高电平或低电平，如果高电平表示键断开，低电平表示键闭合，则可以通过对行线电平的高低状态的检测，便可确认按键按下与否。为了确保 CPU 对一次按键动作只确认一次按键有效，必须消除抖动期 t_1 和 t_3 的影响。

2）如何消除按键的抖动

常采用软件来消除按键抖动。采用软件来消除按键抖动的基本思想是：在第一次检测到有键按下时，该键所对应的行线为低电平，执行一段延时 10 ms 的子程序后，确认该行线电平是否仍为低电平，如果仍为低电平，则认为该行确实有键按下。当按键松开时，行线的低电平变为高电平，执行一段延时 10 ms 的子程序后，检测该行线为高电平，说明按键确实已经松开。采取以上措施，躲开了两个抖动期 t_1 和 t_3 的影响，从而消除了按键抖动的影响。

根据按键的识别方法，键盘有编码键盘和非编码键盘两种。通过硬件识别的键盘称编码键盘；通过软件识别的键盘称非编码键盘。编码键盘能够由硬件逻辑自动提供与键对应的编码。此外，编码键盘一般还具有去抖动和多键、窜键保护电路。这种键盘使用方便，但需要较多的硬件，价格较贵，一般的单片机应用系统较少采用。非编码键盘只简单地提供行和列的矩阵，其他工作均由软件完成。由于其经济实用，广泛应用于单片机系统中。下面将重点介绍非编码键盘接口。

MCS-51 单片机扩展键盘接口的方法有很多。从硬件结构上，可通过单片机 I/O 接口扩展键盘，也可通过扩展 I/O 接口设计键盘，还有些使用专用的键盘芯片。

7.6.2 键盘接口电路

根据键盘组成形式，键盘可分为独立式键盘、矩阵式键盘和拨码式键盘 3 种。键盘可工作于循环扫描方式、定时扫描方式或中断扫描方式。按键较少时，一般采用独立式键盘；在按键较多时，采用矩阵式键盘。

常用的键盘接口分为独立式键盘接口和行列式键盘接口。

1. 独立式键盘接口

在由单片机组成的测控系统及智能化仪器中，用得最多的是独立式键盘。独立式键盘是指直接用 I/O 口线构成的单个键盘电路。每个独立式键盘单独占有一根 I/O 口线，每根 I/O 口线的工作状态不会影响其他 I/O 口线的工作状态。当按键的数量较多时，I/O 口线浪费较大，故只在按键数量不多或操作速度较高的场合才采用这种键盘电路。根据实际经验，当按键数量为 4 到 8 个，并且 I/O 资源较为富余时，采用独立式键盘比较合适。

此电路中，按键输入都采用低电平有效，上拉电阻保证了按键断开时，I/O 口线上有确定的高电平。当 I/O 口内部有上拉电阻时，外电路可以不配置上拉电阻。实际的 MCS - 51 独立式键盘电路，由于 IC 内部存在上拉电阻，所以不必加上拉电阻，但是如果加上这些上拉电阻，不会对线路产生消极影响。

图 7.35 为中断扫描方式的独立式键盘工作电路，只要有一个键按下，与门的输出即为低电平，向 8051 发出中断请求，在中断服务程序中，对按下的键进行识别。图 7.35(b) 为查询扫描方式的独立式键盘接口电路，按键直接与 8051 的 I/O 口线相接，通过读 I/O 口，判断各 I/O 口线的电平状态，即可以识别出按下的键。

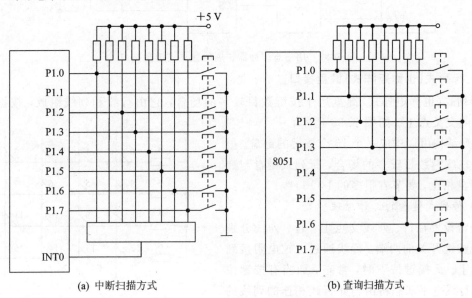

(a) 中断扫描方式　　　　　　(b) 查询扫描方式

图 7.35　独立式键盘接口电路

此外，也可以用扩展的 I/O 口作为独立式键盘接口电路，图 7.36 为采用 8255A 扩展的 I/O 口，图 7.37 为用三态缓冲器扩展的 I/O 口。这两种接口电路，都是把按键当做外部 RAM 某一工作单元的位来对待，通过读片外 RAM 的方法，识别按键的状态。

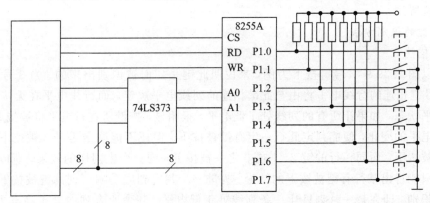

图 7.36　用 8255A 扩展的独立式键盘接口

上述各种独立式键盘接口电路中，各按键均采用了上拉电阻，这是为了保证在按键断开时，各 I/O 口有确定的高电平。当然如果输入口线内部已有上拉电阻，则外电路的上拉电阻可省去。独立式键盘接口电路的识别和编程比较简单，常用在按键数目较少的场合。

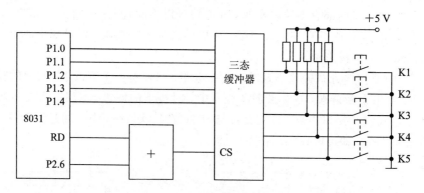

图 7.37　用三态缓冲器扩展的独立式键盘接口

2. 行列式(也称矩阵式)键盘接口

行列式(也称矩阵式)键盘用于按键数目较多的场合,它由行线和列线组成,按键位于行、列的交叉点上。如图 7.38 所示,一个 4×4 的行、列结构可以构成一个 16 个按键的键盘。很明显,在按键数目较多的场合,行列式键盘与独立式键盘相比,要节省很多的 I/O 口线。

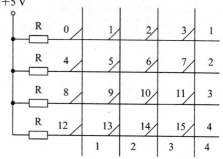

图 7.38　4×4 行列式键盘结构

1) 行列式键盘的工作原理

按键设置在行、列线交点上,行、列线分别连接到按键开关的两端。行线通过上拉电阻接到 +5 V 上。无按键按下时,常态,而当有按键按下时,行线电平状态将由与此行线相连的列线的电平决定。如果列线的电平为低,则行线电平为低;如果列线的电平为高,则行线的电平亦为高。这一点是识别行列式键盘按键是否按下的关键。由于行列式键盘中行、列线为多键共用,各按键均影响该键所在行和列的电平。因此,各按键彼此将相互发生影响,所以必须将行、列线信号配合起来并作适当的处理,才能确定闭合键的位置。

2) 按键的识别方法

· 扫描法

下面以图 7.39 中 3 号键按下为例,来说明此键是如何被识别出来的。当 3 号键被按下时,与 3 号键相连的行线电平将由与此键相连的列线电平决定,而行线电平在无按键按下时处于高电平状态。如果让所有的列线处于低电平,很明显,按键所在行电平将被接成低电平,根据此行电平的变化,便能判定此行一定有键被按下。但还不能确定是键 3 被按下,因为如果键 3 不被按下,而同一行的键 2、1 或 0 之一被按下,均会产生同样的效果。所以,行线处于低电平只能得出某行有键被按下的结论。为进一步判定到底是哪一列的键被按下,可采用扫描法来识别。即在某一时刻只让一条列线处于低电平,其余所有列线处于高电平。当第 1 列为低电平,其余各列为高电平时,因为是键 3 被按下,所以第 1 行仍处于高电平状态;而当第 2 列为低电平,而其余各列为高电平时,同样我们会发现第 1 行仍处于高电平状态;直到让第 4 列为低电平,其余各列为高电平时,因为此时 3 号键被按下,所以第 1 行的电平将由高电平转换到第 4 列所处的低电平,因此可判断第 1 行第 4 列交叉点处的按键,即 3 号键被按下。

　　根据上面的分析,很容易得到识别键盘有无键被按下的方法,此方法分两步进行:第一步,识别键盘有无键按下;第二步,如有键被按下,识别出具体的按键。

　　首先把所有的列线均置为 0 电平,检查各行线电平是否有变化,如果有变化,则说明有键被按下,如果没有变化,则说明无键被按下。

　　上述识别具体按键的方法也称为扫描法,即先把某一列置低电平,其余各列置为高电平,检查各行线电平的变化,如果某行线电平为低电平,则可确定此行此列交叉点处的按键被按下。

　　· 线反转法

　　扫描法要逐列扫描查询,当被按下的键处于最后一列时,则要经过多次扫描才能最后获得此按键所处的行列值。而线反转法则显得很简练,无论被按键是处于第 1 列或最后一列,均只需经过两步便能获得此按键所在的行列值,线反转法的原理如图 7.39 所示。

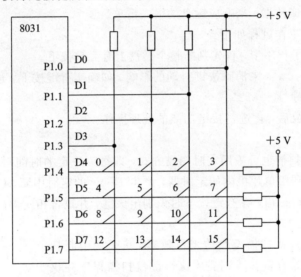

图 7.39　线反转法原理图

　　图中用一个 8 位 I/O 口构成一个 4×4 的矩阵键盘,采用查询方式进行工作,下面介绍线反转法的两个具体操作步骤。

　　第一步,让行线编程为输入线,列线编程为输出线,并使输出线输出为全低电平,则行线中电平由高变低的所在行为按键所在行。

　　第二步,再把行线编程为输出线,列线编程为输入线,并使输出线输出为全低电平,则列线中电平由高变低所在列为按键所在列。

　　结合上述两步的结果,可确定按键所在的行和列,从而识别出所按的键。

　　假设 3 号键被按下,那么第一步让 D0～D3 输出全为 0,然后读入 D4～D7 位,结果 D4=0,而 D5、D6 和 D7 均为 1。第一行出现电平的变化,说明第一行有键按下;第二步让 D4～D7 输出全为 0,然后读入 D0～D3 位,结果 D0=0,而 D1、D2 和 D3 均为 1。第 4 列出现电平的变化,说明第 4 列有键按下。综合上述分析,即第 1 行第 4 列按键被按下,此按键即是 3 号键。因此,线反转法非常简单适用。当然,实际编程中要考虑采用软件延时进行消抖处理。

　　3) 键盘的编码

　　对于独立式键盘,由于按键的数目比较少,可根据实际需要灵活编码。对于行列式键盘,按键的位置由行号和列号唯一确定，所以常常采用依次排列键号的方式对键盘进行编码。以 4×4 键盘为例，键号可以编码为 01H，02H，03H，……，0EH，0FH，10H（共 16 个）。

7.6.3 键盘扫描程序

单片机应用系统中，键盘扫描只是单片机的工作内容之一。单片机在忙于各项工作任务时，如何兼顾键盘的输入，取决于键盘的工作方式。键盘的工作方式的选取应根据实际应用系统中 CPU 工作的忙、闲情况决定。其原则是既要保证能及时响应按键操作，又不要过多地占用 CPU 的工作时间。通常，键盘的工作方式有 3 种，即编程扫描方式、定时扫描方式和中断扫描方式。

1）编程扫描方式

这种方式就是只有当单片机空闲时，才调用键盘扫描子程序，反复地扫描键盘，等待用户从键盘上输入命令或数据，来响应键盘的输入请求。

编程扫描方式的工作过程如下：

(1) 在键盘扫描子程序中，首先判断整个键盘上有无键按下。

(2) 用软件延时 10 ms 来消除按键抖动的影响。如确实有键按下，进行下一步。

(3) 求按下键的键号。

(4) 等待按键释放后，再进行按键功能的处理操作。

2）定时扫描方式

单片机对键盘的扫描也可采用定时扫描方式，即每隔一定的时间对键盘扫描一次。在这种扫描方式中，通常利用单片机内的定时器，产生 10 ms 的定时中断，CPU 响应定时器溢出中断请求，对键盘进行扫描，在有键按下时识别出该键，并执行相应键的处理功能程序。

3）中断扫描方式

为进一步提高单片机扫描键盘的工作效率，可采用中断扫描方式，即只有在键盘有键按下时，才执行键盘扫描程序并执行该按键的功能程序，如果无键按下，单片机将不理睬键盘。因此，我们可把键盘扫描的程序分层，如图 7.40 所示。

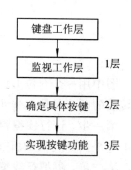

图 7.40　键盘的工作层次

第 1 层：监视键盘的输入。体现在键盘的工作方式上，有：① 编程扫描方式；② 定时扫描方式；③ 中断扫描方式。

第 2 层：确定具体按键的键号。体现在按键的识别方法，有：① 扫描法；② 线反转法。

第 3 层：实现按键的功能，执行键处理程序。

7.6.4 键盘接口设计实例

如图 7.42 所示，用 AT89S51 的并行口 P1 接 4×4 矩阵键盘，以 P1.0～P1.3 作输入线，以 P1.4～P1.7 作输出线；在数码管上显示每个按键的"0～F"序号。对应的按键的序号排列如图 7.41 所示。

1. 硬件电路原理图

键盘接口设计的硬件电路原理图如图 7.42 所示。

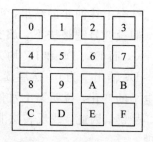

图 7.41　4×4 矩阵键盘

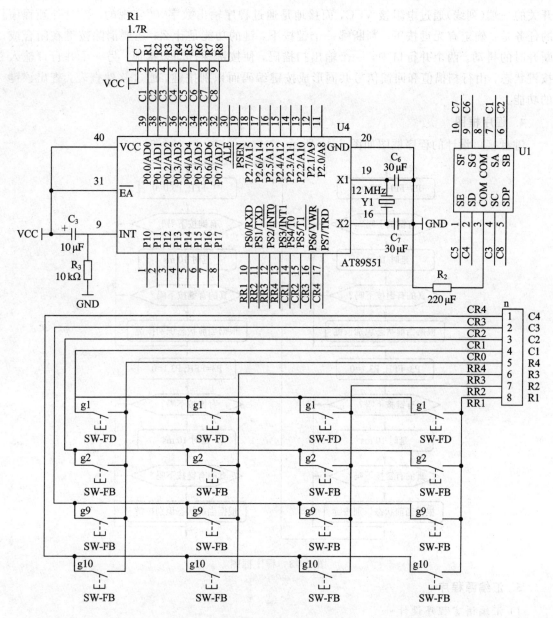

图 7.42　硬件电路原理图

2. 系统板上硬件连线

（1）把"单片机系统"区域中的 P3.0～P3.7 端口用 8 芯排线连接到"4×4 行列式键盘"区域中的 C1～C4、R1～R4 端口上；

（2）把"单片机系统"区域中的 P0.0/AD0～P0.7/AD7 端口用 8 芯排线连接到"四路静态数码显示模块"区域中的任意一个 a～h 端口上；要求：P0.0/AD0 对应 a，P0.1/AD1 对应 b，……，P0.7/AD7 对应 h。

3. 程序设计内容

（1）4×4 矩阵键盘识别处理。

（2）每个按键有它的行值和列值，行值和列值的组合就是识别这个按键的编码。矩阵的行线和列线分别通过两并行接口和 CPU 通信。每个按键的状态同样需变成数字量"0"和"1"，开关的一端(列线)通过电阻接 VCC,而接地是通过程序输出数字"0"实现的。键盘处理程序的任务是:确定有无键按下,判断哪一个键按下,键的功能是什么;还要消除按键在闭合或断开时的抖动。两个并行口中,一个输出扫描码,使按键逐行动态接地,另一个并行口输入按键状态,由行扫描值和回馈信号共同形成按键编码而识别按键,通过软件查表,查出该键的功能。

4. 程序框图

键盘接口设计的程序框图如图 7.43 所示。

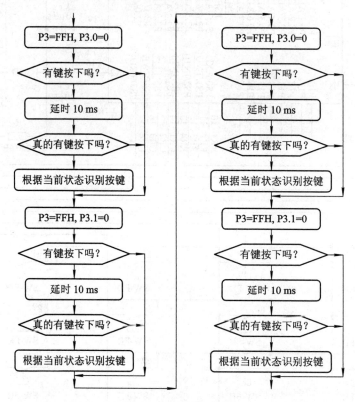

图 7.43 程序框图

5. 汇编源程序

1) 汇编语言程序设计

```
            KEYBUF EQU 30H
            ORG 00H
START:      MOV KEYBUF,#2
WAIT:
            MOV P3,#0FFH
            CLR P3.4
            MOV A,P3
            ANL A,#0FH
            XRL A,#0FH
            JZ NOKEY1
            LCALL DELY10MS
```

```
                MOV A, P3
                ANL A, #0FH
                XRL A, #0FH
                JZ NOKEY1
                MOV A, P3
                ANL A, #0FH
                CJNE A, #0EH, NK1
                MOV KEYBUF, #0
                LJMP DK1
NK1:            CJNE A, #0DH, NK2
                MOV KEYBUF, #1
                LJMP DK1
NK2:            CJNE A, #0BH, NK3
                MOV KEYBUF, #2
                LJMP DK1
NK3:            CJNE A, #07H, NK4
                MOV KEYBUF, #3
                LJMP DK1
NK4:            NOP
DK1:
                MOV A, KEYBUF
                MOV DPTR, #TABLE
                MOVC A, @A+DPTR
                MOV P0, A

DK1A:           MOV A, P3
                ANL A, #0FH
                XRL A, #0FH
                JNZ DK1A
NOKEY1:
                MOV P3, #0FFH
                CLR P3.5
                MOV A, P3
                ANL A, #0FH
                XRL A, #0FH
                JZ NOKEY2
                LCALL DELY10MS
                MOV A, P3
                ANL A, #0FH
                XRL A, #0FH
                JZ NOKEY2
                MOV A, P3
                ANL A, #0FH
                CJNE A, #0EH, NK5
```

```
            MOV KEYBUF, ＃4
            LJMP DK2
NK5：       CJNE A, ＃0DH, NK6
            MOV KEYBUF, ＃5
            LJMP DK2
NK6：       CJNE A, ＃0BH, NK7
            MOV KEYBUF, ＃6
            LJMP DK2
NK7：       CJNE A, ＃07H, NK8
            MOV KEYBUF, ＃7
            LJMP DK2
NK8：       NOP
DK2：
            MOV A, KEYBUF
            MOV DPTR, ＃TABLE
            MOVC A, @A+DPTR
            MOV P0, A

DK2A：      MOV A, P3
            ANL A, ＃0FH
            XRL A, ＃0FH
            JNZ DK2A
NOKEY2：
            MOV P3, ＃0FFH
            CLR P3. 6
            MOV A, P3
            ANL A, ＃0FH
            XRL A, ＃0FH
            JZ NOKEY3
            LCALL DELY10MS
            MOV A, P3
            ANL A, ＃0FH
            XRL A, ＃0FH
            JZ NOKEY3
            MOV A, P3
            ANL A, ＃0FH
            CJNE A, ＃0EH, NK9
            MOV KEYBUF, ＃8
            LJMP DK3
NK9：       CJNE A, ＃0DH, NK10
            MOV KEYBUF, ＃9
            LJMP DK3
NK10：      CJNE A, ＃0BH, NK11
            MOV KEYBUF, ＃10
```

```
            LJMP DK3
NK11：   CJNE A，＃07H，NK12
            MOV KEYBUF，＃11
            LJMP DK3
NK12：   NOP
DK3：
            MOV A，KEYBUF
            MOV DPTR，＃TABLE
            MOVC A，@A＋DPTR
            MOV P0，A

DK3A：   MOV A，P3
            ANL A，＃0FH
            XRL A，＃0FH
            JNZ DK3A
NOKEY3：
            MOV P3，＃0FFH
            CLR P3.7
            MOV A，P3
            ANL A，＃0FH
            XRL A，＃0FH
            JZ NOKEY4
            LCALL DELY10MS
            MOV A，P3
            ANL A，＃0FH
            XRL A，＃0FH
            JZ NOKEY4
            MOV A，P3
            ANL A，＃0FH
            CJNE A，＃0EH，NK13
            MOV KEYBUF，＃12
            LJMP DK4
NK13：   CJNE A，＃0DH，NK14
            MOV KEYBUF，＃13
            LJMP DK4
NK14：   CJNE A，＃0BH，NK15
            MOV KEYBUF，＃14
            LJMP DK4
NK15：   CJNE A，＃07H，NK16
            MOV KEYBUF，＃15
            LJMP DK4
NK16：   NOP
DK4：
            MOV A，KEYBUF
```

```
                MOV DPTR, #TABLE
                MOVC A, @A+DPTR
                MOV P0, A


    DK4A:       MOV A, P3
                ANL A, #0FH
                XRL A, #0FH
                JNZ DK4A
    NOKEY4:
                LJMP WAIT
    DELY10MS:
                MOV R6, #10
    D1:         MOV R7, #248
                DJNZ R7, $
                DJNZ R6, D1
                RET
    TABLE:      DB 3FH, 06H, 5BH, 4FH, 66H, 6DH, 7DH, 07H
                DB 7FH, 6FH, 77H, 7CH, 39H, 5EH, 79H, 71H
                END
```

2）C 语言源程序设计

```c
#include <AT89X51.H>
unsigned char code table[]={0x3f, 0x06, 0x5b, 0x4f,
0x66, 0x6d, 0x7d, 0x07,
0x7f, 0x6f, 0x77, 0x7c,
0x39, 0x5e, 0x79, 0x71};
unsigned char temp;
unsigned char key;
unsigned char i, j;


void main(void)
{
while(1)
{
P3=0xff;
P3_4=0;
temp=P3;
temp=temp & 0x0f;
if (temp! =0x0f)
{
for(i=50;i>0;i--)
for(j=200;j>0;j--);
temp=P3;
temp=temp & 0x0f;
```

```
if (temp! =0x0f)
{
temp=P3;
temp=temp & 0x0f;
switch(temp)
{
case 0x0e:
key=7;
break;
case 0x0d:
key=8;
break;
case 0x0b:
key=9;
break;
case 0x07:
key=10;
break;
}
temp=P3;
P1_0=~P1_0;
P0=table[key];
temp=temp & 0x0f;
while(temp! =0x0f)
{
temp=P3;
temp=temp & 0x0f;
}
}
}


P3=0xff;
P3_5=0;
temp=P3;
temp=temp & 0x0f;
if (temp! =0x0f)
{
for(i=50;i>0;i--)
for(j=200;j>0;j--);
temp=P3;
temp=temp & 0x0f;
if (temp!=0x0f)
{
temp=P3;
```

```
temp=temp & 0x0f;
switch(temp)
{
case 0x0e:
key=4;
break;
case 0x0d:
key=5;
break;
case 0x0b:
key=6;
break;
case 0x07:
key=11;
break;
}
temp=P3;
P1_0=~P1_0;
P0=table[key];
temp=temp & 0x0f;
while(temp!=0x0f)
{
temp=P3;
temp=temp & 0x0f;
}
}
}

P3=0xff;
P3_6=0;
temp=P3;
temp=temp & 0x0f;
if (temp! =0x0f)
{
for(i=50;i>0;i--)
for(j=200;j>0;j--);
temp=P3;
temp=temp & 0x0f;
if (temp!=0x0f)
{
temp=P3;
temp=temp & 0x0f;
switch(temp)
{
```

```
case 0x0e：
key=1；
break；
case 0x0d：
key=2；
break；
case 0x0b：
key=3；
break；
case 0x07：
key=12；
break；
}
temp=P3；
P1_0=~P1_0；
P0=table[key]；
temp=temp & 0x0f；
while(temp!=0x0f)
{
temp=P3；
temp=temp & 0x0f；
}
}
}

P3=0xff；
P3_7=0；
temp=P3；
temp=temp & 0x0f；
if (temp!=0x0f)
{
for(i=50;i>0;i——)
for(j=200;j>0;j——);
temp=P3；
temp=temp & 0x0f；
if (temp!=0x0f)
{
temp=P3；
temp=temp & 0x0f；
switch(temp)
{
case 0x0e：
key=0；
break；
```

```
case 0x0d:
key=13;
break;
case 0x0b:
key=14;
break;
case 0x07:
key=15;
break;
}
temp=P3;
P1_0=~P1_0;
P0=table[key];
temp=temp & 0x0f;
while(temp!=0x0f)
{
temp=P3;
temp=temp & 0x0f;
}
}
}
}
}
```

7.7 A/D 转换器

当单片机用于测控系统时,总是需要测量对象的一些参数,但是在绝大多数的情况下,从外界获取的信号通常为模拟信号,由于 MCS-51 单片机只能对数字量进行处理,因此有必要将这些信息从模拟型转化为数字型,这就需要模拟/数字转换器,即 A/D 转换器。它是连接外部信号和计算机内部数字信号的重要电路。模拟量一般是电压、电流等信号,而有的物理量是声、光、压力、温度、湿度等随时间连续变化的非电模拟量,这些非电的模拟量可通过合适的传感器转换成电信号。A/D 转换器通常都由专门的电路完成,这就出现了单片机和A/D 转换电路的接口问题。

7.7.1 A/D 转换器原理及性能指标

1. A/D 转换原理

A/D 转换是把连续的模拟电信号转换成时间和数值离散的数字信号的过程。实现转换的器件称为模数转换器,简称 ADC(Analog to Digital Converter)。

A/D 转换过程主要包括采样、量化和编码。现实生活中的物理量,如温度、湿度、速度等首先经过传感器转换成微弱电信号,再经过放大后转换成幅度较大的电信号;然后采样电路每隔一定的时间间隔从电压信号取一个值,从而在时间上把连续的信号离散化,这就是采样;采样后的电压值在时间上是离散的,但是其取值有无数种可能值,如果给每个值都对应输出一个数字量，将会需要过多的数据位，这是不可行的，也是不必要的，因此就需要把这些电压值分成有限的数值区间，使某个区间内的所有电压值都对应一个数字量，这个过程就称为量化。量化导致的误差称为量化误差；给每个可能的量化输出值都对应唯一的数字量输出，就是编码，编码后的输出数字量就是 A/D 转换的结果。

A/D 转换的电路种类很多，根据转换原理可以分为逐次逼近型、双积分型、并行比较型等。此外，在选择 A/D 转换器时，还要考虑到被检测信号的频率特性。为了获取该信号的真实数据，根据香农采样定理，采样频率至少要超过信号上限频率的 2 倍。由于工作原理和制造工艺的不同，A/D 转换器件的工作频率也不同。因此，应该根据采样频率的不同，选择合适的 A/D 转换器件。不同采样频率的 A/D 转换器件的适用场合如下：

（1）低速 A/D 转换器件：适合采样频率低于每秒 10 次的场合，其检测对象为变化比较缓慢的物理量，如温度、湿度、液位等。这类 A/D 转换器件以"双积分型"为主，由于具有很高的抗干扰能力，所以被广泛应用于数字电压表中。

（2）中速 A/D 转换器件：适合采样频率高于每秒 100 次的场合，其检测对象为变化比较快的物理量，如运动状态的各种参数。这类 A/D 转换器件以"逐次逼近型"为主，绝大多数应用系统采用这一类型的 A/D 转换器件。

（3）高速 A/D 转换器件：适合采样频率高于 1 MHz 的场合，其检测对象为变化极快的物理量，如视频信号，所以通常也称其为"视频 A/D"。这类 A/D 转换器件以"并行比较型"为主，应用领域以多媒体信息采集和处理为主。

逐次逼近型是目前使用最广泛的一种，其性价比适中，适合一般的应用；双积分型具有转换精度高、抗干扰性好的优点，但是转换速度慢，常用于各类仪器仪表中；并行比较型是一种通过编码技术实现高速 A/D 转换的器件，其速度可以达到几十 ns，但是价格很高。下面将以逐次逼近型为例进行讨论。

n 位逐次逼近型 A/D 转换器的内部结构如图 7.44 所示，主要包括：电压比较器、控制器、n 位数据寄存器、n 位 D/A 转换器和 n 位输出缓冲器。D/A 转换器的作用是产生一个模拟电压，输出到电压比较器，与外部输入电压进行比较；数据寄存器的作用是用来暂存 A/D 转换的结果，并可以在控制器的作用下修改数据；控制器在外部启动信号 SC（Start Converter）有效后，在时钟信号 CLK 驱动下，根据电压比较器的结果修改数据寄存器的值，并在转换结束后输出 EOC（End Of Converter）信号，表示转换结束。输出缓冲器起三态输出和驱动作用。OE（Output Enable）输出使能信号控制输出三态门。

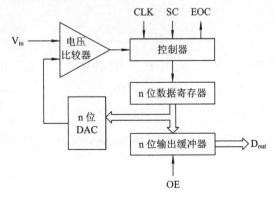

图 7.44　n 位逐次逼近型 A/D 转换原理图

逐次逼近 A/D 转换的过程是使用二分法进行的。数据寄存器的初始值为全 0，首先设置数据寄存器的最高位为 1，由 DAC 输出一个电压值，然后该电压与输入电压比较，若输入电压大于 DAC 输出电压，则保持该位为 1，否则该位清 0；再设置次高位为 1，由 DAC 更新输出电压，再与输入电压比较，若输入电压大于 DAC 输出电压，则次高位为 1，否则为 0；接着再往后继续比较，直到最低有效位比较完成。保存在数据寄存器中的数据则是 A/D 转化的最后数据。这个过程是逐次比较，不断使 DAC 输出电压接近输入电压的过程，因此把它称为逐次逼近型 A/D 转换器。可以容易看出，A/D 转换的时间是内部 DAC 转换时间的 n 倍。n 越大，即位数越多，则 DAC 输出的电压值越接近输入电压，A/D 转换误差越小，精度越高，需要的时间也越长。

2. A/D 转换的性能指标

1）量程

量程指 A/D 转换芯片所能转换的模拟输入电压的范围。输入电压大于量程时，则输出全 1，当输入电压太大时，则有可能导致芯片损坏。在系统设计和器件选型时，需要根据实际需求仔细查看器件资料，避免输入电压超过 A/D 转换器量程。

2）量化误差与分辨率

A/D 转换器的分辨率习惯上以二进制位数或 BCD 码位数表示，与一般测量仪表的分辨率不同，不采用可分辨的输入模拟电压相对值表示。

A/D 转换器的主要指标是量化间隔和量化误差。量化间隔可用下式表示。

$$\Delta = \frac{满量程输入电压}{2^n - 1} \approx \frac{满量程输入电压}{2^n}$$

其中 n 为 A/D 转换器的位数。

量化误差有两种表示方法：一种是绝对量化误差；另一种是相对量化误差。它们可分别由下式求得：

绝对量化误差：

$$\varepsilon = \frac{量化间隔}{2} = \frac{\Delta}{2}$$

相对量化误差：

$$\varepsilon = \frac{1}{2^{n+1}} \times 100\%$$

例 7.3 当满量程电压为 5 V，采用 10 位 A/D 转换器，它的量化间隔、绝对量化误差、相对量化误差分别为：

量化间隔：

$$\Delta = \frac{5}{2^{10}} = 4.88 \text{ mV}$$

绝对量化误差：

$$\varepsilon = \frac{\Delta}{2} = 2.44 \text{ mV}$$

相对量化误差：

$$\varepsilon = \frac{1}{2^{11}} = 0.00049 = 0.049\%$$

例 7.4　如果 A/D 转换器 AD574A 的分辨率为 12 位，即该转换器的输出数据可以用 2^{12} 个二进制数进行量化，其分辨率为 1 LSB。如果用百分表示，其分辨率为：$(1/2^n) \times 100\% = (1/2^{12}) \times 100\% = 0.0244\%$。量化误差和分辨率是统一的，量比误差是由于有限数字对模拟数值进行离散取值而引起的误差。理论上，量化误差是一个单位分辨率，即 $+1/2$ LSB。提高分辨率可减小量化误差。

3）转换速率

A/D 转换器完成一次转换所需要的时间称为 A/D 转换时间。转换速率为转换时间的倒数。目前，转换时间最短的 A/D 转换器为全并行式 A/D 转换器。

4）转换精度

A/D 转换器的转换精度反映了实际 A/D 结果与理想值之差，可表示成绝对误差或相对误差，与一般仪器中的定义相似。

5）失调温度系数和增益温度系数

这两项指标都是表示 A/D 转换器受环境温度影响的程度。一般用每摄氏度温度变化所产生的相对误差作为指标，以 ppm/℃ 为单位来表示。

6）对电源电压变化的抑制比

A/D 转换器对电源电压的抑制比（PSRR）用改变电源电压使数据发生 ± 1 LSB 变化时所对应的电源电压变化范围来表示。

7.7.2　典型 A/D 转换器芯片 ADC0809 简介

ADC0809 是 8 位逐次比较型 A/D 转换芯片，具有 8 路模拟量输入通道，其内部结构与芯片引脚如图 7.45 所示。

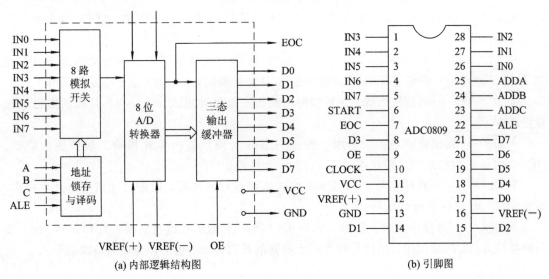

(a) 内部逻辑结构图　　　　　　　　　(b) 引脚图

图 7.45　ADC0809 芯片的内部逻辑结构与引脚

图 7.45 中，8 路模拟开关可选通 8 个模拟量，允许 8 路模拟量分时输入，并共用一个 A/D 转换器进行转换。地址锁存与译码电路完成对 A、B、C 三个地址位进行锁存和译码的功能，其译码输出用于通道选择，如表 7.5 所示。8 位 A/D 转换器为逐次逼近式，由控制与时序电路、逐次逼近寄存器、树状开关及 256 个电阻梯形网络等组成。三态输出锁存器用于存放和输出转换得到的数字量。

表 7.5　ADC0809 通道选择表

C （ADDC）	B （ADDB）	A （ADDA）	选择的通道
0	0	0	IN0
0	0	1	IN1
0	1	0	IN2
0	1	1	IN3
1	0	0	IN4
1	0	1	IN5
1	1	0	IN6
1	1	1	IN7

ADC0809 芯片为 28 引脚双列直插式封装，其引脚简介如下：

• IN7～IN0——模拟量输入通道。ADC0809 对输入模拟量的主要要求有：信号单极性、电压范围为 0～5 V。如果输入信号幅度过小需进行放大。另外，输入模拟量在 A/D 转换过程中其值不应变化，如果输入模拟量变化速度较快，则在输入前应增加采样保持器电路。

• ADDA、ADDB、ADDC——模拟通道地址线。这三根线用于对模拟通道进行选择，如表 7.5 所示。ADDA 为低地址，ADDC 为高地址。

• ALE——地址锁存信号。对应于 ALE 上跳沿时，ADDA、ADDB、ADDC 地址状态送入地址锁存器中。

• START——转换启动信号。在 START 信号上跳沿时，所有内部寄存器清 0；在 START 下跳沿时，开始进行 A/D 转换。在 A/D 转换期间，START 信号应保持低电平。

• D7～D0——数据输出线。该数据输出线为三态缓冲形式，可以与单片机的数据总线直接相连。

• OE——输出允许信号。它用于控制三态输出锁存器向单片机输出转换后的数据。OE=0 时输出数据线呈高阻状态；OE=1 时，允许输出。

• CLOCK——时钟信号。ADC0809 的内部没有时钟电路，所需时钟信号由外界提供，通常使用 500 kHz 的时钟信号。

• EOC——转移结束状态信号。当 EOC=0 时，表示正在进行转换；当 EOC=1 时，表示转换结束。实际使用中，该信号既可作为查询的状态标志，也可作为中断请求信号。

• VCC——+5 V 电源。

• VREF——参考电压。参考电压作为逐次逼近的基准，并用来与输入的模拟信号进行比较。其典型值为+5 V（VREF（+）=+5 V、VREF（−）=0 V）。

7.7.3　MCS‑51 单片机与 ADC0809 接口

A/D 转换器(ADC)与单片机接口应从硬件和软件两个方面同时进行考虑。一般来说，A/D 转换器与单片机的接口主要考虑的是数字量输出线的连接、ADC 启动方式、转换结束信号处理方法以及时钟的连接等。

A/D 转换器数字量输出线与单片机的连接方法与其内部结构有关。

· 对于内部带有三态锁存数据输出缓冲器的 ADC(如 ADC0809、AD574 等)：可直接与单片机相连；

· 对于内部不带锁存器的 ADC：一般通过锁存器或并行 I/O 接口与单片机相连。

不同位数的 ADC 与单片机的连接方法也不同。

· 对于 8 位 ADC：其数字输出可与 8 位单片机数据线对应相接；

· 对于 8 位以上的 ADC：与 8 位单片机相接必须增加读取控制逻辑，把 8 位以上的数据分多次读取。

一个 ADC 开始转换时，必须要加一个启动转换信号，这一启动信号通常应由单片机提供。

不同型号的 ADC，对于启动转换信号的要求也不同，一般分为脉冲启动和电平启动两种。

· 对于脉冲启动型 ADC：只要给其启动控制端上加一个符合要求的脉冲信号即可，如 ADC0809、AD574 等。通常用 $\overline{WR}$ 和地址译码器的输出经一定的逻辑电路进行控制。

· 对于电平启动型 ADC：当把符合要求的电平加到启动控制端上时，立即开始转换。在转换过程中，必须保持这一电平，否则会终止转换的进行。因此，在这种启动方式下，单片机的控制信号必须经过锁存器保持一段时间，一般采用 D 触发器、锁存器或并行 I/O 接口等来实现。AD570、AD571 等都属于电平启动型 ADC。

当 A/D 转换结束时，ADC 会输出一个转换结束标志信号，通知单片机读取转换结果。单片机检查判断 A/D 转换结束的方法一般有中断和查询两种。

· 对于中断方式，可将转换结束标志信号接到单片机的中断请求输入线上或允许中断的 I/O 接口芯片的相应引脚，作为中断请求信号；

· 对于查询方式，可把转换结束标志信号经三态门送到单片机的某一位 I/O 口线上，作为查询状态信号。

A/D 转换器的另一个重要连接信号是时钟，其频率是决定芯片转换速度的基准。整个 A/D 转换过程都是在时钟的作用下完成的。

A/D 转换时钟的提供方法有两种：一种是由芯片内部提供(如 AD574)，一般不允许外加电路；另一种是由外部提供，有的用单独的振荡电路产生，更多的则把单片机输出时钟经分频后，送到 A/D 转换器的相应时钟端。

这里主要介绍 ADC0809 与单片机的接口方法。

电路的连接主要考虑两个问题：一是 8 路模拟信号的通道选择；另一是 A/D 转换完成后转换数据的传送。典型的 ADC0809 与单片机的接口示例如图 7.46 所示。

1. 8 路模拟通道的选择

图 7.46 中，ADC0809 的转换时钟由单片机的 ALE 提供。因 ADC0809 的典型转换频率为 640 kHz，ALE 信号频率与晶振频率有关，如果晶振频率为 12 MHz，则 ALE 的频率为

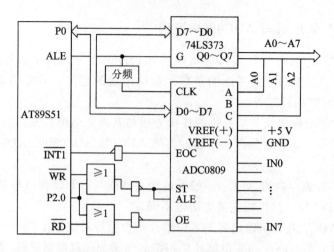

图 7.46　ADC0809 与单片机的连接

2 MHz，所以 ADC0809 的时钟端 CLK 与单片机的 ALE 相连时，要考虑分频。ADDA、ADDB、ADDC 分别接系统地址锁存器提供的末 3 位地址，只要把 3 位地址写入 ADC0809 中的地址锁存器，就实现了模拟通道的选择。对系统来说，0809 的地址锁存器是一个输出口，为了把 3 地址写入，还要提供口地址。图 7.46 中使用线选法，口地址由 P2.0 确定，同时以 $\overline{WR}$ 作为写选通信号，$\overline{RD}$ 作为读选通信号。

　　从图 7.46 中可以看到，ALE 信号与 START(ST) 信号连在一起，这样连接可以在信号的前沿写入地址信号，在其后沿便启动转换。相关信号的时序如图 7.47 所示。

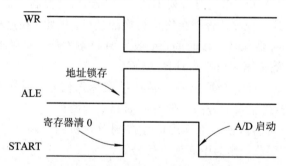

图 7.47　ADC0809 相关信号时序

　　启动 A/D 转换只需使用一条 MOVX 指令。例如，选择 IN0 通道时，可采用如下指令：

MOV　　DPTR，#0FE00H　　；送入 ADC0809 的口地址

MOVX　@DPTR，A　　　　；启动 IN0 进行 A/D 转换

　　注意：此处的累加器 A 的内容与 A/D 转换无关，可为任意值。使用 MOVX 指令仅仅是为了让单片机输出一个有效的 $\overline{WR}$ 信号，以启动 A/D 转换。

2. 转换数据的传送

　　A/D 转换后得到的数据为数字量，这些数据应传送给单片机进行处理。数据传送的关键问题是如何确认 A/D 转换的完成，因为只有确认数据转换完成后，才能进行传送。通常可采用下述三种方式。

　　（1）定时传送方式。对于一种 A/D 转换器来说，转换时间作为一项技术指标是已知和固定的。例如 ADC0809 的转换时间在时钟频率为 500 kHz 时约为 128 μs。可据此设计一个延

时子程序，A/D 转换启动后即调用这个子程序，延迟时间一到，表明转换结束，即可进行数据传送。

（2）查询方式。A/D 转换芯片有表示转换结束的状态信号，例如 ADC0809 的 EOC 端。因此可用软件测试 EOC 的状态来判断转换是否结束，若转换结束，则接着进行数据传送。

（3）中断方式。如果把表示转换结束的状态信号 EOC 作为中断请求信号，那么便可以中断方式进行数据传送。

不管使用上述哪种方式，一旦确认了转换结束，便可通过指令进行数据传送。所用的指令如下：

    MOV　DPTR，♯0FE00H
    MOVX　A，@DPTR

该指令在送出有效口地址的同时，发出 $\overline{RD}$ 有效信号，使 ADC0809 的输出允许信号 OE 有效，从而打开三态门输出，使转换后的数据通过数据总线送入累加器 A 中。

这里需要说明的是，ADC0809 的三个地址端 ADDA、ADDB、ADDC 既可以如前所述与地址线相连，也可与数据线相连，例如与 D0～D2 相连，如图 7.48 所示。这时启动 A/D 转换的指令与上述类似，只不过 A 的内容不能为任意值，而必须和所选输入通道号 IN0～IN7 相一致。

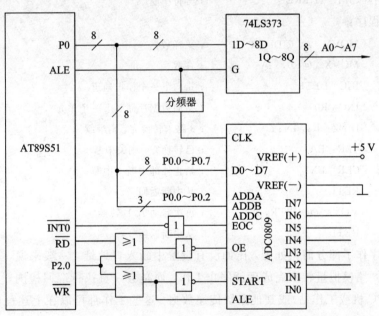

图 7.48　ADC0809 与系统的另一种连接方法

当 ADDA、ADDB、ADDC 分别与 D0、D1、D2 相连时，启动 IN7 的 A/D 转换指令如下：

    MOV　DPTR，♯0FE00H　　　;送入 0809 的口地址
    MOV　A，♯07H　　　　　　;D2D1D0＝111，选择 IN7 通道
    MOVX　@DPTR，A　　　　　;启动 A/D 转换

这里，由于 ADC0809 没有与系统的地址线相连，因此第一条指令中的地址可以为任意值，只要不与系统中其他 I/O 接口或者存储器地址冲突即可。

7.7.4 A/D 转换应用举例

例 7.5 有一个 8 路模拟量输入的巡回检测系统，使用中断方式采样数据，每次中断依次采集 8 路输入，并将转换结果对应存放在外部 RAM 的 30H～37H 单元中。采集完一遍以后即停止采集。

解：硬件电路可采用前述图 7.48 所示的电路，其数据采样的初始化程序和中断服务程序如下。

初始化程序：

```
MOV:    R0, # 30H          ;设立数据存储区指针
        MOV R2,   #08H      ;8 路计数值
        SETB ITl           ;外部中断 1 边沿触发方式
        SETB EA            ;CPU 开中断
        SETB EX1           ;允许外部中断 1 中断
        MOV DPTR, # 0FE00H  ;送入口地址并指向 IN0
LOOP:   MOVX  @DPTR,A      ;启动 A/D 转换
HERE:   SJMP  HERE         ;等待中断
```

中断服务程序：

```
        MOVX   A, @DPTR    ;采样数据
        MOVX  @R0, A       ;存数
        INC  DPTR          ;指向下一个模拟通道
        INC  R0            ;指向数据存储区下一个单元
        DJNZ  R2, INT1     ;8 路未转换完，则继续
        CLR  EA            ;已转换完，则关中断
        CLR  EX1           ;禁止外部中断 1 中断
        RETI               ;从中断返回
INTl:   MOVX  @DPTR, A     ;再次启动 A/D 转换
        RETI               ;从中断返回
```

这里对程序作了部分简化处理，比如没有设置中断入口地址。一般来说，一个实用的系统通常不会让 8 路模拟量转换完成后就停止工作，而是会一直执行巡回检测，并按一定要求向上位机(如 PC 机或工作站)或其他系统传递数据。这些工作都可以在上述程序的基础上进行丰富、完善而得到，读者可以自行完成。

7.7.5 串行 A/D 转换接口芯片 TLC2543

TLC2543 是 TI 公司生产的一种 12 位开关电容逐次逼近型 A/D 转换器，芯片共有 11 个模拟输入通道，它的转换时间小于 $10\ \mu s$，线性误差小于 $\pm 1\ LSB$。芯片的 3 个控制端(串行三态输出数据端、输入数据端、输入/出时钟)能形成与微处理器之间数据传输较快和较为有效的串行外设接口 SPI。片内具有一个 14 通道多路选择器，用于在 11 个模拟输入通道和 3 个内部测试电压中任选一个，可通过对其 R 位内部控制寄存器进行编程完成通道的选择，并可对输出结果的位数、MSB/LSB 导前和极性进行选择。

1）TLC2543 的内部功能框图

TLC2543 与单片机的接口是串行接口，由 $\overline{CS}$、CLK、DI、DO、EOC 与单片机接口。TLC2543 内部有一个 14 路的模拟开关，其中 11 个由外部输入模拟量，另 3 个在内部测试电源电压。采样保持是自动的，在转换结束时 EOC 变为高电平。图 7.49 是 TLC2543 的内部逻辑框图。

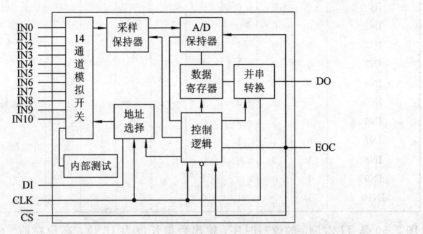

图 7.49　TLC2543 的功能框图

2）TLC2543 引脚功能

· IN0—IN10：11 路模拟量输入。对 4.1 MHz 的时钟，驱动源的阻抗必须小于 50 Ω。

· DI：串行数据输入。用一个 4 位的串行地址来选择下一个即将被转换的模拟输入或测试电压。串行数据以 MSB 为前导并在 CLK 的前 4 个上升沿被移入。

· DO：用于 A/D 转换结果输出的三态串行输出端。DO 在 $\overline{CS}$ 为高时处于高阻态，当 $\overline{CS}$ 为低时，处于激活状态。$\overline{CS}$ 一旦有效，按照前次转换结果的 MSB/LSB 将 DO 从高阻态转变相应的逻辑电平。CLK 的下降沿将根据下一个 MSB/LSB 将 DO 驱动成相应的电平，余下的各位依次移出。

· CLK：串行同步时钟。CLK 有 4 个功能：前 8 个上升沿，它将 8 个数据位移入到输入数据寄存器，在第 4 个上升沿之后为多路地址；在第 4 个 CLK 的下降沿，在选定多路器的输入端上的模拟电压开始向电容器充电并持续到 CLK 的最后一个下降沿；CLK 的下降沿将前一次转换的数据的其余的 11 位移出到 DO 端；在 CLK 的最一个下降沿将转换的控制信号传送到内部的状态控制位。

· $\overline{CS}$：芯片选择，低电平有效。一个由高到低的变化将复位内部计数器，并控制 DO、DI 和 CLK 信号；一个由低到高的变化将在一个设置时间内禁止 DI 和 CLK 信号。

· EOC：转换结束信号。在最后的 CLK 下降沿后，EOC 从高电平变为低电平并保持低直到转换完成及数据准备传输，EOC 由低变为高。

· REF＋、REF－：基准电压端。通常情况下 REF＋接 VCC，REF－接 GND。

3）TLC2543 的工作时序

在 TLC2543 内部有一个 8 位的寄存器，高 4 位 A7～A4 是通道选择，A3、A2 是控制输出数据长度的，A1 是控制输出顺序的，可控制低位在前或高位在前，A0 控制数据的极性。详细说明如表 7.6 所示。

表 7.6　TLC2543 工作时序

功能选择	输入数据字节								注释
	地址位				L1	L0	LSBF	BIP	A7＝MSB
	A7	A6	A5	A4	A3	A2	A1	A0	A0＝LSB
IN0	0	0	0	0					
IN1	0	0	0	1					
IN2	0	0	1	0					
IN3	0	0	1	1					
IN4	0	1	0	0					
IN5	0	1	0	1					选择输入通道
IN6	0	1	1	0					
IN7	0	1	1	1					
IN8	1	0	0	0					
IN9	1	0	0	1					
IN10	1	0	1	0					

图 7.50 是 TLC2543 的读写时序,输出数据长度为 16 位,高位在前。由于 TLC2543 在下一次转换的通道时其数据也同时输出,所以在使用无 SPI 接口的 CPU 与 TLC2543 接口时,请注意这一特性。

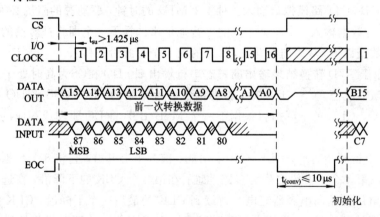

图 7.50　TLC2543 的读写时序

4）MCS-51 单片机与 TLC2543 接口

TLC2543 的接口是典型的 SPI 接口,它与 MCS-51 单片机相连接时,其硬件电路要比 ADC0809 简单得多。但是,由于 MCS-51 没有标准的 SPI 接口,只能在程序中模仿 SPI 的操作方式对 TLC2543 进行操作,因而程序要复杂一些。

TLC2543 转换结束信号 EOC 是接在单片机的 P3.2(INT0)上的,这样连接的目的是设计程序时即可以采用查询方式又可以采用中断方式。下面的程序是采用查询方式读 TLC2543 的 11 个通道的模拟量。通道号在 R2 中,转换结果放到 30H 起始地址的内部 RAM 中。设置 TLC2543 为 12 位方式,高位在前,数据为二进制格式。程序代码人如下:

```
CS   BIT   P1.0
DI   BIT   P1.1
DO   BIT   P1.2
```

```
            CLK  BIT  P1.3
            EOC  BIT  P3.2
            ORG  00H
            AJMP  MAIN
            ORG  100H
MAIN：LCALL READ_AD
            AJMP MAIN
READ_AD：                        ；读 11 个外部通道子程序
            MOV  R0, #30H
            MOV  R2, #0
            MOV  R6, #11          ；最大采集路数
            LCALL  READ2543       ；空读，第一次启动，数据不准
READ_AD_1：
            MOV  A, R2
            SWAP A
            MOV  R2, A            ；将通道号的高 4 位与低 4 位交换，低 4 位为通道号
                                 ；高 4 位为数据长度、数据格式等
            LCALL READ2543
            MOV  A, R3
            INC  R0
            MOV  A, R4
            MOV  @R0, A           ；保存数据
            MOV  A, R2            ；将 R2 的高低 4 位交换，以便通道号加 1
            SWAP  A
            MOV  R2, A
            INC  R2
            DJNZ  R6, READ_AD_1
            RET
READ2543：
            JNB  EOC, $          ；等待 TLC2543 转换完毕
            CLR  CLK             ；清时钟
            SETB  CS             ；设置片选为高
            CLR  CS              ；设置片选为低
            MOV  R7, #08         ；先读，读高 8 位
            MOV  A, R2           ；把方式/通道控制字放到 A
READ_1：
            MOV  C, DO           ；读转换结果
            RLC  A               ；A 寄存器左移，移入结果数据位，移出方式/通道控制位
            MOV  DI, C           ；输出方式/通道位
            SETB  CLK            ；设置时钟为高
            CLR  CLK             ；清时钟
            DJNZ  R7,  READ_1    ；若 R7 不为 0，则返回 READ_1
            MOV  R3, A           ；转换结果的高 8 位放到 R3 中
            MOV  A,  #00H        ；复位 A 寄存器
```

```
        MOV   R7，#04          ；再读低 4 位
READ_2：
        MOV   C，DO            ；读转换结果
        RLC   A               ；A 寄存器左移，移入结果数据位
        SETB  CLK             ；设置时钟为高
        CLR   CLK             ；清时钟
        DJNZ  R7，READ_2       ；若 R7 不为 0，则返回 READ_2
        MOV   R4，A            ；转换结果的低 4 位放到 R4 中
        SETB  CS              ；设置片选为高
        RET
        END
```

MCS‐51 单片机在读 TLC2543 转换结果时，除了可采用查询方式和中断方式外，有时也可采用定时方式，由于 TLC2543 转换较快，一般情况下每隔一段时间读一次已能完全满足要求。

7.8 D/A 转换器

7.8.1 D/A 转换器的原理及性能指标

1. D/A 转换原理

D/A(Digital to Analog)转换的目的是把输入的数字信号转换成与此数字量大小成正比的模拟量，目前的 D/A 转换器件中，常用的是输出模拟电压。假如输入的是一个 n 位二进制数 D[n−1：0]，输出电压为 Vout，则它们之间的关系为

$$Vout = C(D_{n-1} \times 2^{n-1} + \cdots + D_3 \times 2^2 + D_1 \times 2^1 + D_0 \times 2^0)$$

其中，C 为一个常数，具体值根据不同的器件而定。

上面的这个算法可以通过电阻解码网络来实现。T 形电阻网络具有电阻种类少、结构简单、转换速度快等优点，下面就以 T 形电阻网络为例分析 D/A 转换的原理。图 7.51 是一个 4 位 T 形电阻网络 DAC(Digital to Analog Converter，数模转换器)结构原理图。4 个双掷开关分别受输入数据 D3 到 D0 的控制，当输入数据为 1 时，开关接地；为 0 时，开关接运算放大器的反相端。运算放大器的同相端接地，根据运放虚短的特性，反向端电压为零。由图中看出，无论输入数据为 0 还是 1，开关都把电阻接到零电平点。整个电阻网络的等效电阻是

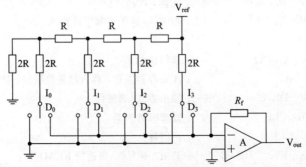

图 7.51 4 位 T 形 DAC 原理图

R，V_{ref}输出电流是 $I = V_{ref}/R$；各支路电流分别是 $I_3 = I/2$，$I_2 = I/4$，$I_1 = I/8$，$I_0 = I/16$。

根据运放虚短的特性，流入负端的电流为零，因此流过 R_f 的电流为

$$I_f = D_0 \times I_0 + D_1 \times I_1 + D_2 \times I_2 + D_3 \times I_3$$

对 R_f 应用欧姆定律有

$$0 - V_{out} = I_f R_f$$

计算可得

$$
\begin{aligned}
V_{out} &= -R_f(D_0 \times I_0 + D_1 \times I_1 + D_2 \times I_2 + D_3 \times I_3) \\
&= -R_f1(D_0 \times 1/16 + D_1 \times 1/8 + D_2 \times 1/4 + D_3 \times 1/2) \\
&= -(R_f \cdot V_{ref}/(R \cdot 2^4)) \cdot (D_0 + D_1 \times 2^1 + D_2 \times 2^2 + D_3 \times 2^3)
\end{aligned}
$$

由此计算结果可以看出，输出电压 V_{out} 与输入数字量 D[3：0] 成正比，调整参考电压 V_{ref} 和反馈电阻与内阻的比例可以调整输出比例参数，由此实现了数模转换的目的。增加电阻和开关的数量，则可以设计出更多位数的 D/A 转换器。

2. DAC 主要性能指标

1）D/A 转换时间

D/A 转换时间是指从一个数字量加载到 DAC 的数据输入端到 DAC 输出电压达到其最终电压的 $\pm\frac{1}{2}$ LSB 范围内的时间。LSB 是指输入数据最低有效为 1、其他位为零时 DAC 的输出电压值。D/A 转换时间是描述 D/A 转换速度快慢的一个量，由转换器内部结构和工艺决定。不同的应用需要选择不同速率的 D/A 转换器。此参数一般在几十纳秒到几百微秒的范围。根据建立时间的长短，可以将 DAC 分成超高速($< 1\ \mu s$)、高速($10 \sim 1\ \mu s$)、中速($100 \sim 10\ \mu s$)和低速($\geqslant 100\ \mu s$)等几档。

2）分辨率

D/A 转换的输出电压并不是连续的，而是离散的电压值。输出电压值之间的最小差值就是 DAC 的分辨率。即输入数字量的最低有效位(LSB)变化一次时输出模拟量的变化值。

对于线性 D/A 转换器来说，如果其输入数字量的位数为 n，则其分辨率 Δ 可表示为：

$$\Delta = \frac{\text{模拟量输出的满量程值}}{2^n}$$

这意味着 D/A 转换器能对大小为满刻度的 $1/2^n$ 的输入量做出反应。其值与输入数字量的位数和参考电压有关，当参考电压为 V_{ref} 时，具有 n 位数字量输入的 DAC，其分辨率为 $V_{ref}/2^n$。

例如，8 位 D/A 的分辨率为满刻度的 $1/256$，10 位 D/A 的分辨率为满刻度的 $1/1024$ 等。显然，输入的数字量的位数越多，分辨率就越高(数值越小)，也即 D/A 转换器对输入量变化的敏感程度也就越高。使用时，应根据分辨率的需要来选定转换器的位数。

显然，能够输出更小的模拟电压差值的 D/A 转换器具有更好的分辨率，因此位数越多的 DAC 具有更高的分辨率。但是同样结构的 DAC，位数越多则会有更大的功耗、更长的转换时间和更高的成本。在具体的应用中需要根据实际情况选择合适的 D/A 转换器。

3）D/A 转换精度

D/A 转换精度用来表示 D/A 转换器实际输出电压与理论输出电压的偏差。通常以满输出电压 V_{FS} 的百分数给出。例如，精度为 $\pm 0.1\%$ 是指最大输出误差为 V_{FS} 的 0.1%，如果 V_{FS} 为 5 V，则最大输出误差为 5 mV。

7.8.2 典型 D/A 转换器芯片 DAC0832 介绍

DAC0832 是一种典型的 8 位 D/A 转换器，采用单电源供电，电源电压在＋5～＋15 V 范围内均可正常工作。基准电压的范围为±10 V。电流输出，其电流建立时间约为 1 μs，当需要转换为电压输出时，可外接运算放大器。CMOS 工艺低功耗设计，功耗约为 20 mW。

DAC0832 由一个 8 位输入锁存器、一个 8 位 DAC 锁存器和一个 8 位 D/A 转换器及逻辑控制电路组成。其内部结构框图如图 7.52 所示。

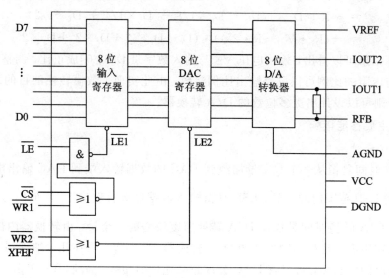

图 7.52　DAC0832 内部结构框图

由图 7.52 可见，输入寄存器和 DAC 寄存器构成了两级缓存，使用时数据输入可以采用双缓冲形式、单缓冲形式和直通形式。由三个与门电路组成的寄存器输出控制电路可直接进行数据锁存控制：当 $\overline{LE}$＝0 时，输入数据被锁存；当 $\overline{LE}$＝1 时，数据不锁存，锁存器的输出跟随输入变化。

DAC0832 为电流输出形式，其两个输出端电流的关系为：IOUT1＋IOUT2＝常数。

为了得到电压输出，可在电流输出端接一个运算放大器，如图 7.53 所示。

在 DAC0832 内部已有反馈电阻 RFB，其阻值为 15 kΩ。若需加大阻值，则可外接反馈电阻。DAC0832 为 20 脚双列直插封装，其引脚排列如图 7.54 所示。

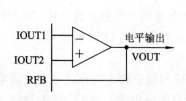

图 7.53　DAC0832 电压输出电路

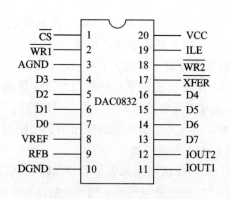

图 7.54　DAC0832 引脚排列

各引脚功能如下：

- D7～D0——转换数据输入端。
- $\overline{CS}$——片选信号，输入信号，低电平有效。
- ILE——数据锁存允许信号，输入信号，高电平有效。
- $\overline{WR1}$——写信号 1，输入信号，低电平有效。
- $\overline{WR2}$——写信号 2，输入信号，低电平有效。
- $\overline{XFER}$——数据传送控制信号，输入信号，低电平有效。
- IOUT1——电流输出 1，当 DAC 寄存器中各位为全 1 时，电流最大；为全 0 时，电流为 0。
- IOUT2——电流输出 2，电路中应保证 IOUT1＋IOUT2＝常数。
- RFB——反馈电阻端，片内集成的电阻为 15 kΩ。
- VREF——参考电压，可正可负，范围为－10～＋10 V。
- DGND——数字地。
- AGND——模拟地。

7.8.3　MCS－51 单片机与 DAC0832 接口

1. DAC0832 工作方式

DAC0832 可以通过三种方式与单片机相连，即直通方式、单缓冲方式和双缓冲方式。

1）直通方式

当 DAC0832 的片选信号 $\overline{CS}$、写信号 $\overline{WR1}$、$\overline{WR2}$ 及传送控制信号 $\overline{XFER}$ 的引脚全部接地，允许输入锁存信号 ILE 引脚接＋5 V 时，DAC0832 工作于直通方式，数字量一旦输入，就直接进入 DAC 寄存器，进行 D/A 转换。但由于直通方式不能直接与系统的数据总线相连，需另加锁存器，故较少应用。

2）单缓冲方式

所谓单缓冲方式，就是使 DAC0832 的两个输入寄存器中有一个处于直通方式，而另一个处于受控的锁存方式，当然也可以使两个寄存器同时选通和锁存。因此，单缓冲方式有三种不同的连接方法。如图 7.55 所示。

在实际应用中，如果只有一路模拟量输出，或虽有几路模拟量输出但并不要求同步的情况下，就可以采用单缓冲方式。

在使用 DAC0832 时，应注意下述两点：第一是 $\overline{WR}$ 选通脉冲应有一定的宽度，通常要求大于等于 500 ns，尤其是选择＋5 V 电源时更应满足此要求。如果电源选＋15 V，则 $\overline{WR}$ 有脉冲只需大于等于 100 ns 就可以了，此时为器件和最佳工作状态；第二是保持数据输入有效时间不小于 90 ns，否则将锁存错误数据。

3）双缓冲方式

所谓双缓冲方式，就是把 DAC0832 的两个锁存器都接成受控锁存方式。由于芯片中有两个数据寄存器，这样就可以将 8 位输入数据先保存在"输入寄存器"中，当需要 D/A 转换时，再将此数据从输入寄存器送至"DAC 寄存器"中锁存并进行 D/A 转换输出。采用这种方式，可以克服在输入数据更新期间输出模拟量随之出现的不稳定。这时，可以在上一次模拟量输出的同时，将下一次要转换的数据事先存入"输入寄存器"中，一方面克服了不稳定现象，另一方面提高了数据的转换速度；用这种方式还可以同时更新多个 D/A 转换器的输出；

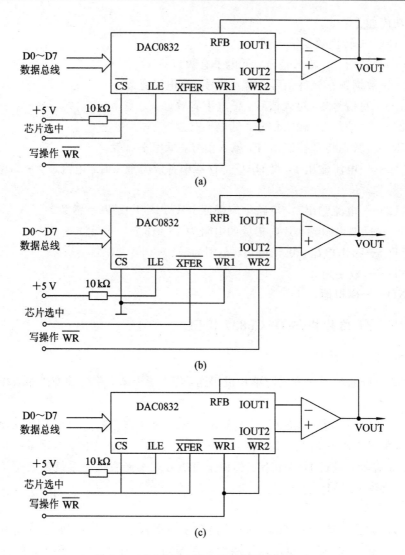

图 7.55　DAC0832 的三种单缓冲连接方式

此外，采用两级缓冲方式也可以使位数较多的 DAC 器件用于数据位数较少的系统中。图 7.56 是采用线选法，利用两位地址码进行两次输出操作完成数据的传送和转换的双缓冲连接方式。

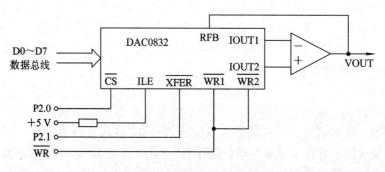

图 7.56　DAC0832 双缓冲连接方式

第一次当 P2.0＝0 时，完成将 D7～D0 数据线上的数据锁存入输入寄存器中；第二次当 P2.1＝0 时，完成将输入寄存器中的内容锁存到 DAC 寄存器中。

由于两个锁存器分别占据两个地址，因此在程序中需要使用两条传送指令，才能完成一个数字量的模拟转换。假设输入寄存器地址为 0FEFFH，DAC 寄存器地址为 0FDFFH，则完成一次 D/A 转换的程序段可如下编制：

```
        MOV   A，＃DATA          ；转换数据送入 A
        MOV   DPTR，＃0FEFFH     ；指向输入寄存器
        MOVX  @DPTR，A          ；转换数据送输入寄存器
        MOV   DPTR，＃0FDFFH     ；指向 DAC 寄存器
        MOVX  @DPTR，A          ；数据进行 DAC 寄存器并进行 D/A 转换
```

最后一条指令，表面上看是把 A 中数据送 DAC 寄存器，实际上这种数据传送并不真正进行。该指令的作用只是打开 DAC 寄存器，允许输入寄存器中的数进入，以后便可转换。

2. DAC0832 与单片机接口实例

D/A 转换器可以应用在许多场合，例如控制伺服电机或其他执行机构，也可以很方便地产生各种输出波形，如矩形波、三角波、阶梯波、锯齿波、梯形波、正弦波及余弦波等。这里介绍利用 D/A 转换器来产生波形的方法。

例 7.6 利用单片机和 DAC0832 产生阶梯波

阶梯波是在一定的时间范围内每隔一段时间，输出幅度递增一个恒定值。如每隔 1 ms 输出幅度增长一个定值，经 10 ms 后重新循环。用 DAC0832 在单缓冲方式下可以输出这样的波形，这里假定 DAC0832 地址为 7FFFH。系统中所需的 1 ms 延时可以通过延时程序获得，也可以通过单片机内的定时器来定时。通过延时程序产生阶梯波的程序如下：

```
START：  MOV   A，＃00H
         MOV   DPTR，＃7FFFH     ；D/A 转换器地址送 DPTR
         MOV   R0，＃0AH         ；台阶数为 10
LOOP：   MOVX  @DPTR，A          ；送数据至 D/A 转换器
         CALL  DELAY            ；调用延时程序，延时 1 ms
         DJNZ  R0，NEXT          ；不到 10 个台阶则转移，继续处理
         SJMP  START            ；否则重新开始下一个周期的波形
NEXT：   ADD   A，＃10           ；台阶增幅
         SJMP  LOOP             ；产生下一个台阶
DELAY：  MOV   20H，＃249        ；开始 1 ms 延时
REPEAT： NOP
         NOP                    ；时间补偿
         DJNZ  20H，REPEAT
         RET
```

例 7.7 利用单片机和 DAC0832 产生同步波形输出——同时输出 X 和 Y 波形到示波器。

在应用系统中如果需要同时输出几路模拟信号，这时 D/A 转换器就必须采用双缓冲工作方式，该电路原理如图 7.57 所示。

图 7.57 是一个两路模拟信号同步输出的 D/A 转换电路。两片 DAC0832 的输入锁存器可被编址为 0DFFFH 和 0BFFFH，而这两片 0832 的 DAC 寄存器作为一个数据端口，被编址

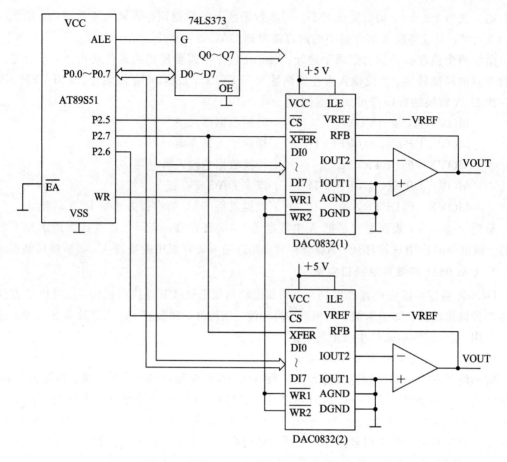

图 7.57 两路 DAC0832 与单片机的接口电路

为 7FFFH。采用这种双缓冲接法，数字量的输入锁存和 D/A 转换器的输出是分两步完成的，即单片机的数据总线分时向各路 D/A 转换器输入要转换的数字量并锁存在各自的输入锁存器中，然后单片机对所有的 D/A 转换器发出控制信号，使各个 D/A 转换器的输入寄存器中的数据打入 DAC 寄存器，从而实现同步输出。更多路接法可依此类推。

示波器显示波形时需要在 X 轴加上锯齿电压，以产生光点的水平移动。为了得到稳定的显示波形，X 信号和 Y 信号的频率应保持一定的比例关系。为了便于波形显示的同步，或者为了显示更复杂的波形，可利用上图中两个 0832 的输出同时产生周期相同的 X 和 Y 信号：X 为线性锯齿波，Y 为待显示的波形。

为了输出不规则的信号，可以把这些信号的取样值存在程序存储器中，然后用查表的方法取出这些取样值，送到 D/A 转换器转换后输出，同时往 X 轴上送出锯齿波。当然也可以用这样的方法来显示规则的波形，如正弦波等。假设待显示的信号分解为 100 个取样点，则程序如下：

```
START: MOV  R1, #100          ;100 个取样点
       MOV  DPTR, #D_TAB      ;Y 信号数据表首地址
       MOV  R2, #0            ;锯齿波初值
LOOP:  MOV  DPTR, #0DFFFH     ;DAC0832(1)的输入寄存器地址
       MOV  A, R2
       MOVX @DPTR, A          ;锯齿波送 DAC0832(1)
```

```
        MOV   DPTR，#0BFFFH    ；DAC0832(2)的输入寄存器地址
        MOVC  A，@A+DPTR       ；查表取 Y 数据
        MOVX  @DPTR，A         ；输出 Y 信号到 DAC0832(2)
        MOV   DPTR，#7FFFH     ；DAC 寄存器的地址
        MOV   @DPTR，A         ；X、Y 同时完成 D/A 转换
        INC   R2
        DJNZ  R1, LOOP
        SJMP  START
D_TAB：DB    D1, D2, …         ；100 个数据
        END
```

上述例子仅说明了单片机如何通过 D/A 转换器产生模拟波形。用这种方法产生信号波形时，由于受单片机本身工作速度的限制（12 MHz 晶振频率时，机器周期为 1 μs），输出频率不可能太高。另一方面，为了有一定的显示质量，在信号的一个周期内取样点也不可能太少，这就进一步限制了信号的频率。但是，用单片机产生波形比较灵活，特别是可以产生各种不规则的波形，因此在一些要求不高的场合还存在着一定的应用。

7.8.4 串行 D/A 转换接口芯片 TLC5615

TLC5615 是带有缓冲基准输入的 10 位电压输出 D/A 转换器，该 D/A 转换器的输出电压是基准电压的 2 倍。TLC5615 可在单 5 V 电源下工作，且具有上电复位功能，以确保可重复启动。

TLC5615 与单片机的接口是 3 线串行通信方式，TLC5615 的数字输入端是施密特触发器，有一定的抗干扰能力。其使用的数字通信协议有 SPI、QSP 等标准。TLC5615 的功耗在 5 V 供电时仅为 1.75 mW，数据更新速率 1.2 MHz，典型的建立时间为 12.5 μs。

TLC5615 可广泛应用于电池供电的测试仪器、仪表、工业控制等领域。

1）TLC5615 的内部结构及引脚

TLC5615 主要由 16 位寄存器、10 位 DAC 寄存器、D/A 转换权电阻网络、基准缓冲器、控制逻辑和 2 倍放大器等组成，其引脚排列如图 7.58 所示。

- DIN：串行数据输入端。
- SCLK：串行同步时钟输入端。
- $\overline{CS}$：片选端，低电平有效。
- DOUT：串行数据输出端，用于多片级联时使用。
- AGND：模拟地。
- REFIN：参考电压输入。
- OUT：模拟电压输出。
- VDD：工作电压，+5 V。

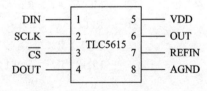

图 7.58 TLC5615 引脚排列

2）TLC5615 工作时序

TLC5615 的工作时序如图 7.59 所示。在不使用多片级联时，可只用 12 位方式，其中前 10 位是数字量，后 2 位是 0。在同步时钟 SCLK 的上升沿时数据位被移位到 TLC5615 的 16 位移位寄存器中，当 12 位全部移完后，CS 的上升沿启动 TLC5615 开始转换。

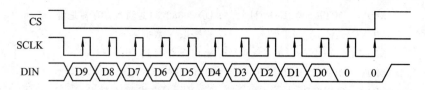

图 7.59　TLC5615 的工作时序

3) TLC5615 与 MCS-51 单片机接口

TLC5615 与单片机的接口是串行方式的，因而其接口方式与并行方式相比要简单得多。图7.60是 TLC5615 与 MCS-51 单片机接口电路图。

TLC5615 在不使用级联方式时，DOUT 引脚可悬空，参考电压小于 2.5 V。TLC5615 的模拟量输出引脚是带缓冲的，具有短路保护功能，可驱动 2 kΩ 负载。

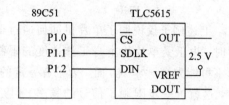

图 7.60　TLC5615 与 MCS-51 单片机接口

下面的子程序是由单片机向 TLC5615 写一个待转换数据，数据长度是 12 位，前 10 位是有效值，后 2 位是 0。程序的入口参数是待转换的数据，在 R2R3 中保存。数据是右对齐的，在进入转换程序后应将数据向左移 6 位，以保证输出时高位在前。在调用本子程序前只要将待转换的 10 位数据放到 R2R3 中即可。该子程序的代码如下：

```
          CS  BIT  P1.0
          SCLK  BIT  P1.1
          DIN  BIT  P1.2
          TLC5615_OUT：
          MOV  R7，  #6        ；将数据向左移6位，使数据左对齐
LOP1：    MOV  A，R3
          RLC A
          MOV  R3，  A
          MOV  A，  R2
          RLC  A
          MOV  R2. A
          DJNZ  R7，  LOP1
          MOV  A，  R2
          MOV  R7，#8
          CLR  CS
          CLR  SCLK
LOP2：    RLC  A              ；发送高8位
          MOV  DIN，  C
          NOP
          NOP
          SETB  SCLK
          NOP
          NOP
```

习　题

1. 什么是单片机的最小应用系统?

2. MCS - 51 系列单片机如何访问外部 ROM 和外部 RAM?

3. 试说明存储器的容量与芯片的地址和数据线之间的关系。

4. 当单片机应用系统中的数据存储器 RAM 地址和程序存储器 EPROM 地址重叠时,是否发生数据冲突? 为什么?

5. 在 AT89S51 单片机应用系统中,P0 口和 P2 口是否可以直接作为输入/输出而连接外围设备,如开关、指示灯等? 为什么?

6. 试用线选法在 AT89S51 单片机上扩展两片 2764(8 K×8 bit)EPROM 芯片,试连接三总线和根据连线确定两芯片的地址空间。

7. 数据存储器扩展和程序存储器扩展有哪些主要区别?

8. I/O 编址方式有哪几种? 各有什么优缺点? AT89S51 单片机采用哪种编址方式?

9. I/O 数据传送有哪几种传送方式? 分别在哪些场合下使用?

10. LED 显示器的显示方式有哪些? 各有什么优缺点?

11. 说明矩阵式键盘按键按下的识别原理。

12. A/D, D/A 转换器各有什么作用?

13. A/D 转换器的主要性能参数有哪些?

14. D/A 转换器的主要性能参数有哪些?

15. 试画出 ADC0809 与微机的连接逻辑图。

16. 试画出 DAC0832 与微机的一级缓冲连接逻辑图。

17. 试编写通过 D/A 转换输出三角波的程序。

第 8 章　基于 MCS－51 的典型串行总线设计

教学提示：单片机应用系统涉及到外部设备的接口与扩展。早期单片机系统大都采用并行总线结构，随着电子和计算机技术的发展，出现了很多新型的串行数据传输总线。相应地，许多新型外围器件都支持这些总线接口。串行总线接口灵活，占用单片机资源少，系统结构简化，极易形成用户的模块化结构。现代单片机应用系统广泛采用串行总线接口技术。

教学要求：本章主要介绍 SPI、I^2C 总线和 RS－485 的工作原理，重点掌握利用 MCS－51 单片机和相关接口芯片实现 SPI、I^2C 和 RS－485 总线的硬件电路设计和软件设计方法。

8.1　概　　述

微型计算机、单片机系统大都采用总线结构。这种结构是采用一组公共的信号线作为微型计算机各部件之间的通信线，这组公共信号线就称为总线。单片机的常用总线有并行总线与串行总线。

早期的单片机着力于将 CPU 与外围功能单元的集成，完善并行三总线结构，以满足应用系统的构成与扩展。随着单片机技术的发展，越来越多的采用串行外设接口技术。串行外设接线灵活，系统结构简单，极易形成用户的模块化结构，对于缩短产品开发周期，增加硬件构成的灵活性，具有重要的意义。

串行总线可以显著减少引脚数量，简化系统结构。随着外围器件串行接口的发展，单片机串行接口的普遍化和高速化使得并行扩展接口技术日渐衰退，推出了删去并行总线的非总线单片微机，需要外扩器件（存储器、I/O 等）时，采用串行扩展总线，甚至用软件虚拟串行总线来实现。

各大半导体公司生产的四线 SPI 接口、三线 Microwire 接口、二线 I^2C 和一线 1－Wire 等接口芯片充满了电子市场。这些接口主要完成单片机系统内部的设备连接，主要用于系统内芯片之间的数据传输；还有一些串行总线技术如 RS－232、CAN、RS－485，主要完成微机系统之间的连接，称为外部串行总线，它们是系统之间的通信用总线。本章主要介绍 SPI、I^2C 和 RS－485 总线的原理。

8.2　RS－485 总线

通用的微处理器都集成有 1 路或多路硬件 UART 通道，可以非常方便地实现串行通信。在工业控制、电力通讯、智能仪表等领域中，也常常使用简便易用的串行通讯方式作为数据交换的手段。但是，在工业控制等环境中，常会有电气噪声干扰传输线路，使用 RS－232 通信时经常因外界的电气干扰而导致信号传输错误；另外，RS-232 通信的最大传输距离在不增加缓冲器的情况下只可以达到 15 米。为了解决上述问题，RS-485 通信方式就应运而生了。

8.2.1　RS-485 电气特性

电子工业协会(EIA)于 1983 年制订并发布 RS-485 标准，并经通讯工业协会(TIA)修订后命名为 TIA/EIA-485-A，习惯地称之为 RS-485 标准。RS-485 标准是为弥补 RS-232通信距离短、速率低等缺点而产生的。RS-485 标准只规定了平衡发送器和接收器的电特性，而没有规定接插件、传输电缆和应用层通信协议。RS-485 标准与 RS-232 不一样，其数据信号采用差分传输方式(Differential Driver Mode)，也称为平衡传输，它使用一对双绞线，将其中一线定义为 A，另一线定义为 B，如图 8.1 所示。

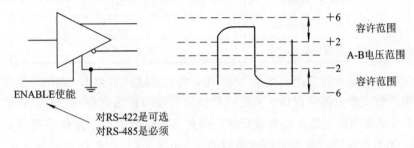

图 8.1　RS-485 发送器的示意图

通常情况下，发送发送器 A、B 之间的正电平在＋2～＋6 V 范围内，是一个逻辑状态；负电平在－2～－6 V 范围内，是另一个逻辑状态。另有一个信号地 C。在 RS-485 器件中，一般还有一个"使能"控制信号。"使能"信号用于控制发送发送器与传输线的切断与连接。当"使能"端起作用时，发送发送器处于高阻状态，称为"第三态"，它是有别于逻辑"1"与"0"的第三种状态。

对于接收发送器，也作出与发送发送器相对的规定，收、发端通过平衡双绞线将 A-A 与 B-B 对应相连。当在接收端 A-B 之间有大于＋200 mV 的电平时，输出为正逻辑电平；小于－200 mV 时，输出为负逻辑电平。在接收发送器的接收平衡线上，电平范围通常在 200 mV～6 V 之间，参见图 8.2 所示。

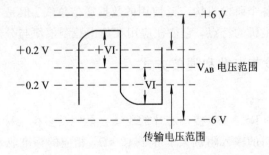

图 8.2　RS-485 接收器的示意图

定义逻辑 1(正逻辑电平)为 B＞A 的状态，逻辑 0(负逻辑电平)为 A＞B 的状态，A、B 之间的压差不小于 200 mV。TIA/EIA-485 串行通信标准的性能如表 8.1 所示。

表 8.1 TIA/EIA – 485 串行通信标准的性能

规　格	TIA/EIA – 485
传输模式	平衡
电缆长度@90 Kbps	4000 ft(1200m)
电缆长度@10 Mbps	50 ft(15 m)
数据传输速度	10 Mb/s
最大差动输出	±6 V
最小差动输出	±1.5 V
接收器敏感度	±0.2 V
发送器负载(欧姆)	60 Ω
最大发送器数量	32 单位负载
最大接收器数量	32 单位负载

RS–485 标准的最大传输距离约为 1219 米，最大传输速率为 10 Mb/s。通常，RS–485 网络采用平衡双绞线作为传输媒体。平衡双绞线的长度与传输速率成反比，只有在 20 kb/s 速率以下，才可能使用规定最长的电缆长度。只有在很短的距离下才能获得最高速率传输。一般来说，15 米长双绞线的最大传输速率仅为 1 Mb/s。这里需要注意的是，并不是所有的 RS–485 收发器都能够支持高达 10 Mb/s 的通信速率。如果采用光电隔离方式，则通信速率一般还会受到光电隔离器件响应速度的限制。

RS–485 网络采用直线拓扑结构，需要安装 2 个终端匹配电阻，其阻值要求等于传输电缆的特性阻抗(一般取值为 120 Ω)。在短距离或低波特率波数据传输时可不需终端匹配电阻，即一般在 300 m、19 200 b/s 以下不需终端匹配电阻。终端匹配电阻安装在 RS–485 传输网络的两个端点，并联连接在 A–B 引脚之间。

RS–485 标准通常被用作为一种相对经济、具有相当高噪声抑制、相对高的传输速率、传输距离远、宽共模范围的通信平台。同时，RS–485 电路具有控制方便、成本低廉等优点。在过去的 20 年时间里，建议性标准 RS–485 作为一种多点差分数据传输的电气规范，被应用在许多不同的领域，作为数据传输链路。目前，在我国应用的现场网络中，RS–485 半双工异步通信总线也是被各个研发机构广泛使用的数据通信总线。但是基于在 RS–485 总线上任一时刻只能存在一个主机的特点，它往往应用在集中控制枢纽与分散控制单元之间。

8.2.2　RS–485 总线节点数和通信方式

1. 节点数

所谓节点数，即每个 RS–485 接口芯片的驱动器能驱动多少个标准 RS–485 负载。根据规定，标准 RS–485 接口的输入阻抗大于等于 12 kΩ，相应的标准驱动节点数为 32。为适应更多节点的通信场合，有些芯片的输入阻抗设计成 1/2 负载(≥24 kΩ)、1/4 负载(≥48 kΩ)，甚至 1/8 负载(≥96 kΩ)，相应的节点数可增加到 64、128 和 256。表 8.2 为一些常见芯片的节点数。

表 8.2　常见芯片的节点数

节点数	芯片型号
32	SN75176、SN75276、SN75179、SN75180、MAX485，MAX488、MAX490
64	SN75LBC184
128	MAX487、MAX1487
256	MAX1482、MAX1483、MAX3080～MAX3089

2. 通信方式

RS-485 总线接口可连接成半双工和全双工两种通信方式，分别如图 8.3 和图 8.4 所示。半双工通信的芯片有 SN75176、SN75276、SN75LBC184、MAX485、MAX 1487、MAX3082、MAX1483 等；全双工通信的芯片有 SN75179、SN75180、MAX488～MAX491、MAX1482 等。

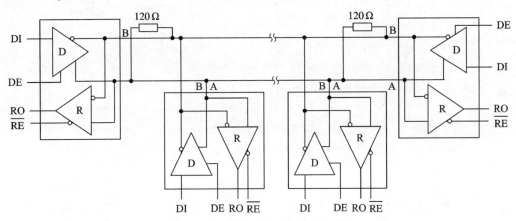

图 8.3　RS-485 总线的半双工通信

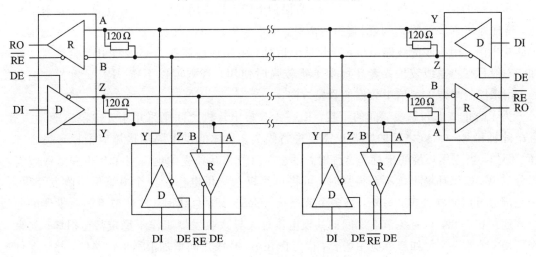

图 8.4　RS-485 总线的全双工通信

8.2.3　RS-485 总线收发器与单片机接口电路的设计

当单片机系统使用 RS-485 串行总线进行多机通信时，首先必须将单片机的串行口和

RS-485 总线收发器相连。为了提高整个 RS-485 串行总线网络的可靠性，每个通信节点中单片机和收发器以及总线的接口电路都需要仔细设计。图 8.5 为一个带有总线保护的光电隔离的 RS-485 通信节点的接口电路。

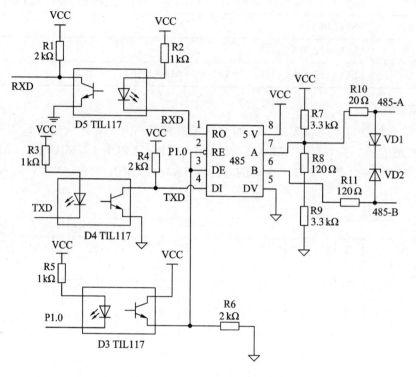

图 8.5　RS-485 应用典型电路

在图 8.5 所示的电路中，RS-485 的 A、B 引脚分别进行上拉和下拉，以确保即使节点未连到总线上。A、B 引脚上的电压差仍能使 RO 输出为高，避免因总线上的干扰信号引起单片机串行口的误接收。电路中 R4 和 R5 为保护电阻，其作用是隔离本节点的 A、B 引脚和总线，这样即使本节点的 A、B 引脚对地击穿，也不会因此拉低总线，影响其他节点的通信。R2 为匹配电阻，用于匹配线路阻抗，吸收反射信号。由于该电阻接入总线将引起驱动器功耗增加，一般只有当总线较长或者环境中干扰较强时使用，否则可以不接。P1.0 为芯片控制信号，用来控制半双工通信中数据的收发方向。

为了防止节点和总线之间的干扰，RS-485 与单片机之间则采用了光电隔离驱动方式，且单片机和 RS-485 之间的电源也需要进行隔离。具体的供电隔离措施应根据环境合理选择。例如，当应用环境的干扰非常强时，可选择两组相互独立的电源对单片机和总线收发器部分供电；如果环境干扰不是很强时，可将单片机系统供电串接一个电感后给收发器供电，接地部分可以同样处理。另外，当多个节点接入 RS-485 总线时，这些节点的收发器的地线应该连接在一起，以避免节点之间的共模电压过大导致收发器工作不稳定甚至损坏。如果工作环境非常恶劣，例如户外应用场合，应考虑在 A、B 线之间增加浪涌保护器件，并将器件更换为具有抗雷击功能的器件，如 SN75176。

在上述电路中，单片机复位后，P1.0 为高电平，相应的光耦不导通，RE/DE 引脚保持为低，处于数据接收状态，不会对总线上其他节点的通信造成影响。RO 端输出的数据通过光耦输入到单片机的 RXD 引脚。当节点需要发送数据时，首先置 P1.0 为低电平，相应的光耦为高电平,此时 TXD 端口出现数据通过光耦输入 DI,驱动总线发送数据。

当串行口通信速率不是很高时,上述电路中的 P1.0 可以直接用 TXD 取代,这样发送数据时,就不必先控制 P1.0＝0,简化了控制流程。这种控制方式下串行口的最高通信速率和光耦的导通延迟时间有关,常见的光耦如 TLP521、4N25 和 PC817 等,导通延迟时间一般在几微秒,能可靠地应用于 9600b/s 以下的串行通信场合。如果需要进行更高速率的串行通信则可选择导通延迟时间更小的光耦,如 6N137 等。

当 RS - 485 总线连接的多个节点之间距离很近,干扰也小,例如安装在一个机箱之内,这时可以不用光耦进行隔离,直接将单片机的 TXD 接 DI、RXD 接 DO,通信方向控制端口接 RE/DE 即可。也可用 TXD 控制 RE/DE,但此时需先将 TXD 反相后再连接到 RE/DE 端。下面以基于单片机 AT89C52 的 RS - 485 总线现场监测系统为例来学习 RS - 485 总线的工作原理。

8.2.4　基于单片机节点的 RS - 485 总线的工作原理

1) MAX485 介绍

MAX485 接口芯片是 MAXIM 公司的一种 RS - 485 芯片,采用单一电源＋5 V 工作,额定电流为 300 μA,采用半双工通讯方式。其引脚结构图如图 8.6 所示。从图中可以看出,MAX485 芯片的结构和引脚都非常简单,内部含有一个驱动器和接收器。RO 和 DI 端分别为接收器的输出和驱动器的输入端,与单片机连接时只需分别与单片机的 RXD 和 TXD 相连即可;RE和 DE 端分别为接收和发送的使能端,当RE为逻辑 0 时,器件处于接收状态;当 DE 为逻辑 1 时,器件处于发送状态,因为 MAX485 工作在半双工状态,所

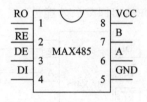

图 8.6　MAX485 芯片管脚图

以只需用单片机的一个管脚控制这两个引脚即可;A 端和 B 端分别为接收和发送的差分信号端,当 A 引脚的电平高于 B 时,代表发送的数据为 1;当 A 的电平低于 B 端时,代表发送的数据为 0。在与单片机连接时接线非常简单,只需要一个信号控制 MAX485 的接收和发送即可,同时在 A 和 B 端之间加匹配电阻,一般可选 120 Ω 的电阻。表 8.3 为 MAX485 引脚功能说明。

表 8.3　MAX485 引脚功能说明

引脚	名称	说　明
1	RO	接收器输出
2	RE	接收器输出使能:引脚为"0"允许输出,"1"禁止输出
3	DE	驱动器工作使能:引脚为"0"禁止工作,"1"允许工作
4	DI	驱动器输入
5	GND	接地端
6	A	接收器非反向输入端和驱动器非反向输出端
7	B	接收器反向输入端和驱动器反向输出端
8	VCC	电源引脚,电压范围 4.75～5.25 V

2) 单片机多机串行通信系统控制位

单片机采用串行通信来组成多机通信。当串行口工作在方式 2 或方式 3 接收数据时，串行口控制器 SCON 中的 SM2 位可以作为多机通信控制位。当 SM2＝1 时，单片机串行口从串行总线上接收一个字节数据后，只有当紧接该字节的第 9 位数据 RB8 为 1 时，该数据字节才会被装入 SBUF，并置 RI 为 1，表明接收数据有效，向 CPU 申请中断。如果接收到的第 9 位数据为 0，则认为该数据无效，不置位 RI，CPU 也不会做任何处理。当 SM2＝0 时，单片机的串行口在接收到一个字节的数据后，不管紧随其后的第 9 位数据 RB8 是 0 还是 1，均将该字节装入 SBUF 中，并置 RI 为 1，表明接收数据有效，向 CPU 申请中断。利用单片机的上述特性就可以采用 RS－485 总线技术组成网络实现主从式多机通信。

3) RS－485 通信网络构成和原理

在采用 RS－485 组成的多机通信网络系统中，假设各个单片机都是通过如图 8.5 所示接口电路接入网络，每个单片机输出的数据都可以被除该单片机之外的其他单片机收到。每个单片机都有一个唯一的地址，用于主机对其寻址。各从机上电后都将其串行口初始化为 9 位异步通信接口方式(方式 2 或者方式 3)，并置多机通信位 SM2 为 1，同时允许接收串行数据和允许串行口中断。

通信是由主机发起。当主机需要和某个从机通信时，首先发出寻址命令，当从机响应命令并给出回复后才能进行正式的通信(见图 8.7)，具体通信过程描述如下。

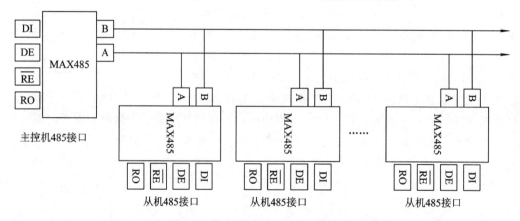

图 8.7　MAX485 实现的半双工 485 总线现场监测系统

(1) 主机首先发出寻址命令，通知从机准备进行通信时，主机设置串行口的第 9 位数据 TB8 为 1，发送的字节为被寻址的从机地址。由于各从机收到 RB8 为 1，且 SM2 也为 1，故所有从机在接收到这帧信息后，都会置中断标志 RI 为 1，CPU 响应中断接收该地址字节。

(2) 各从机判断接收的地址字节是否与本机地址一致。若和本机地址相符，则将本机的 SM2 置 0，做好接收数据的准备，如果需要，可按通信协议回答主机"从机已做好通信准备"；若地址不符合，则从机保持 SM2 为 1，继续等待地址字节，不与主机进行通信。

(3) 主机发送完地址帧后或当主机收到一个从机(只能是一个)的回答后，就可以根据通信协议向从机发送命令、数据。主机发送完毕后，如果需要采集从机的数据，从机可根据通信协议再向主机回送数据、状态和应答信息等。在通信过程中，主机发送的数据帧中第 9 位数据 TB8 为 0，各从机收到的 RB8 也都为 0。由于只有一个被寻址的从机 SM2 为 0(其他从机的 SM2 都为 1)，所以只有刚才被寻址的的从机才会收到主机后续的命令和数据，并置标志 RI 为 1，通知 CPU 对接收到的数据进行处理。其他的从机由于 SM2 保持为 1，所接收的数据帧无效,对主机的通信命令或数据不会做任何反应。这样便实现主机和从机之间的一对一通信。当一次通信结束以后,从机的 SM2 再次设置为 1,主机可以发送新的寻址帧,开始新的一次通信。

由于是半双工通信,所以主机发送与接收需要分开独立运行,从机也是如此。A 脚既是接收器的非反向输入端也是驱动器的非反向输出端,B 脚既是接收器的反向输入端也是驱动器的反向输出端,DE 和 $\overline{RE}$ 引脚电平共同控制发送和接收的切换。这在后面的硬件、软件设计中均有体现。

4) 基于 RS-485 的单片机主从多机通信系统

图 8.8 所示的是基于 RS-485 总线的多机通信,由 1 个主机和 8 个从机通过 RS-485 总线连接在一起。主从机之间为半双工通信,由主机负责发起和管理通信过程。主机和从机都使用 P3.4 的反相信号控制 MAX485 的收发。通信协议为:主机轮流和各从机通信,主机首先发送一个字节的地址码来寻址从机,然后紧接着发送 16 字节的控制数据包。通信系统的帧结构如表 8.4 所示。

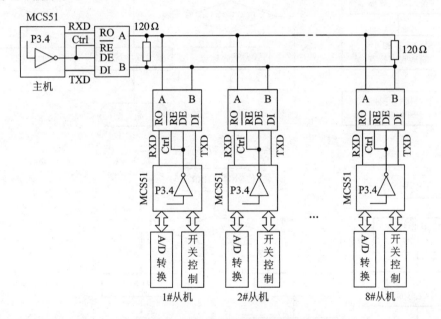

图 8.8　RS-485 总线通信电路图

表 8.4　通信系统的帧结构

发送从机地址(1 字节)	控制数据(16 字节)	校验和(1 字节)

其中,校验和为发送机地址字段和控制数据字段按字节计算的累加和,不计进位。主机的控制数据包发送完成后,被寻址的从机再向主机发送 16 字节的采集数据包,其结构和控制数据包一致。至此,一次通信过程结束。不考虑数据的具体内容及数据组织的过程,使用 C51 编写程序实现上述通信协议。设主机地址为 0x0F,从机地址为 0xF0~0xF7,所有单片机的晶振频率均设为 11.0592 MHz,串行口设置为 9600 b/s,8 位数据位,1 停止位,无校验,收发均为中断方式。

主机和从机的程序流程图如图 8.9 和图 8.10 所示。根据通信协议,在主机和从机的程序中都涉及由多个字节构成的数据包的收发。而且为了提高程序的处理效率,收发都采用中断方式进行，因此在主程序和中断服务程序之间就需要有一种同步的机制来协调数据收发的过程。

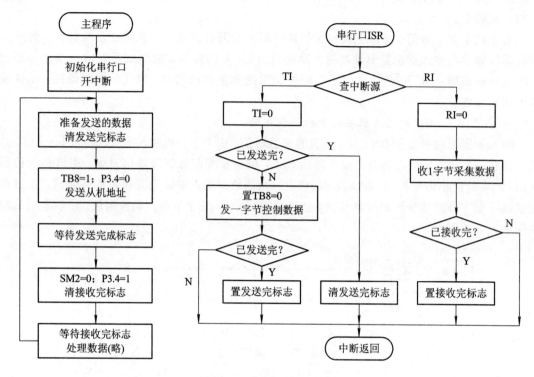

图 8.9　主机程序流程图

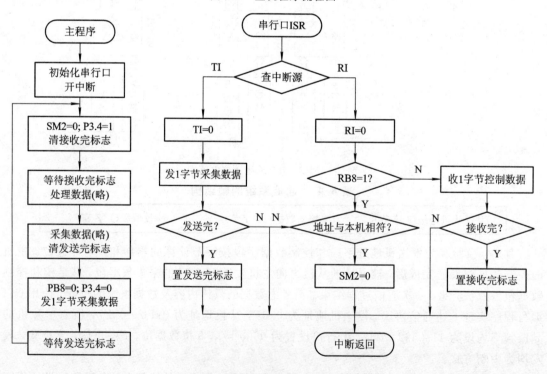

图 8.10　从机程序流程图

　　以主机程序代码为例，按协议的要求，主机首先要发送地址帧，使被寻址的从机从等待地址帧的状态转换到接收数据的状态。紧接着主机需要发送 16 字节的控制数据包给被寻址从机，这 16 个字节的发送都是通过串行口中断服务程序完成的。控制数据包发完后，主机要马上转入接收状态，接收该从机发回的 16 字节的数据采集信息包，这些数据的接收也要在串行口中断服务程序中完成。

　　根据对通信过程的分析，从流程图可以看出，主机中的主程序只负责寻址字节的发送，控制数据包什么时候发送完毕是由串行口中断服务程序判断的，没有发送完控制数据包，就不能接收从机的数据采集信息包。为了达到此目的，主机程序中设置了一个全局变量 SendOK，用于主程序和串行口之间针对是否发送完控制数据包的同步。主程序在发送寻址帧前，置 SendOK＝0，表示控制数据包没发完，然后主程序循环判断 SendOK 是否为 1，不为 1 表示数据没发完，主程序一直等待；串行口中断服务程序则在发生发送中断时执行，每次发送一个字节。如果在某次执行时发现已经完成控制数据包 16 字节的发送，则置 SendOK＝1，表示已发完。接收过程也使用了同样的机制在主程序和串行口中断服务程序之间进行同步。

　　下面是采用上述协议的主机和从机的代码。

```
* * * * * * * * * * * * * * * * * * * * * * * * * * * * * * * * * *
                              Host. c
* * * * * * * * * * * * * * * * * * * * * * * * * * * * * * * * * *
#include <reg51. h>
//用宏定义设置系统常数，以方便统一修改
#define HSTADDR   0x0f
#define SLVADDR   0xf0
#define SLVCNT    8
#define BUFSIZE   16
#define OSC
#define BAUDRATE 9600
//定义接收、发送缓冲区以及它们的操作指针、操作完成状态位。它们是全局变量，本文件
//所有函数都可以访问。一般程序中用于控制各函数协同工作的同步标识等都使用全局变量
unsingned char SendBuf[BUFSIZE], Recvbuf[BUFSIZE];
unsingned char SPtr, RPtr;
bit SendOK, RecvOK;
void ComISR (void) interrupt 4          //单片机串行口中断服务程序
{
  if(TI)                                //如果数据发送中断
  {
    TI=0;                               //首先清发送中断标志位
    if(!SendOK)                         //如果数据帧没发送中断
    {
      TB=0;                             //发送的是数据帧，因此将 TB8 置 0
      SBUF=SendBuf[SPtr++];             //取一个字节发送
      if(SPtr>= BUFSIZE)                //如果读指针已指向缓冲区尾，说明数据发送完
        SendOK=1;                       //置发送完标志为 1
    }
```

```
    else SendOK＝0；                    //执行到此，说明本次中断是最后一个发送字节引
                                         //发的，直接将数据发送完标志清 0 即可
  }
  if(RI)                                 //如果数据接收中断
  {
    RI＝0；                             //首先清接收中断标志位
    RecvBuf[RPtr＋＋]＝SBUF；          //读接收的数据放入接收数据缓冲区
    if(RPtr＞＝16)                     //如读指针数据已指向缓冲区尾，说明数据收完
      RecvOK＝1；                       //置接收完标志为 1
  }
}
void mian(void)
{
  unsigned char SlaveAddr, SlaveCount, i, CheckSum；
  TMOD＝0x20；                          //T1 模式 2，波特率发生器
  TL1＝256－(OSC/12/16/ BAUDRATE)；
  TH1＝256－(OSC/12/16/ BAUDRATE)；
  TR1＝1；
  SCON＝0xd8；                          //串口方式 3，REN＝1，TB8＝1，发地址模式
  PCON|＝0x80；                         //SMOD＝1
  ES＝1；
  EA＝1；                              //允许串行口中断并开总中断
  SlaveAddr＝ SLVADDR；                //设置首先被寻址的从机地址
  SlaveCount＝0；
  while(1)
  {
//假设发送数据报已准备好，下面设置发送机地址，并计算校验和，填入数据包中
    SendBuf[0]＝HSTADDR；
    for(i＝1;i＜(BUFSIZE－1);i＋＋)SendBuf[i]＝0x41＋i－1；
    CheckSum＝0；
    for(i＝1;i＜(BUFSIZE－1);i＋＋) CheckSum＋＝SendBuf[i]；
    SendBuf[BUFSIZE－1]＝CheckSum；  //构造一个模拟的数据包用于程序调试
    SendOK＝0；                         //置发送完标志为无效
    SPtr＝0；                           //置发送缓冲区读指针为 0，指向第一个数据
    TB8＝1；                            //因为主机要首先发送地址帧，因此置 TB8＝1
    P34＝0；                            //驱动主机的 MAX485 处于发送状态
    SBUF＝(SlaveAddr＋SlaveCount)；    //发送当前被访问的从机地址
    while(!SendOK)；                    //地址帧发完后，主机将在单片机串行口中断调
                                         //度下发完整个数据包，主程序等待发完标志
    RecvOK＝0；                         //准备接受从机数据报，先置接收完标志为 0
    RPcvOK＝0；                         //置接收缓冲区写指令为 0，指向第一个位置
    SM2＝0；  ˋ                        //仅采集从机数据，因此置多机通信为 0
    P34＝1；                            //将主机 RS－485 驱动为接收方式
    while(!RecvOK)；                    //数据的接收在中断服务程序中完成，主程序只需
```

```
                                      //要等待其置接收完标志为有效即可
   / * … * /                          //此处省略"处理接收到的数据"的过程
   SlaveCount++;                      //计算下一个从机地址，循环访问 8 个从机
      if(SlaveCount==SLVCNT) SlaveCount=0;
   }
}
```

```
* * * * * * * * * * * * * * * * * * * * * * * * * * * * * * * * * * * * *
                              Slave. c
* * * * * * * * * * * * * * * * * * * * * * * * * * * * * * * * * * * * *
#include <reg51. h>
//用宏定义设置系统常数，以方便统一修改
#define HSTADDR   0x0f
#define SLVADDR   0xf0
#define SLVCNT    8
#define BUFSIZE   16
#define OSC
#define BAUDRATE 9600
//定义接收、发送缓冲区以及它们的操作指针、操作完成状态位。它们是全局变量，本文件
//所有函数都可以访问。一般程序中用于控制各函数协同工作的同步标识等都使用全局变量
unsingned char SendBuf[BUFSIZE], Recvbuf[BUFSIZE];
unsingned char SPtr，RPtr；
unsingned char RecvAddr；
bit SendOK，RecvOK；
void ComISR（void）interrupt 4        //单片机串行口中断服务程序
{
   if(TI)                            //如果数据发送中断
   {
      TI=0;                          //首先清发送中断标志位
      if(!SendOK)                    //如果数据帧没发送中断
      {
         SBUF=SendBuf[SPtr++];       //从缓冲区取一个字节发送
         if(SPtr>= BUFSIZE)
            SendOK=1;                //如果数据已发生完，置发送完标志为 1
      }
   }
if(RI)                              //如果数据接收中断
{
   RI=0;                            //首先清接收中断标志位
   if(RB8)                          //判断当前是否处于接收地址状态
{
      RecvAddr=SBUF;                //如果是，则该中断是由主机发送地址帧引起
      if(RecvAddr ==SLVADDR)        //判断主机是否寻址本机
      SM2=0;                        //是寻址本机，置多机通信位无效，准备收数据
}
```

```
    }
    else                              //如果 RB8 无效,则中断是由主机发数据引起
    {
      RecBuf[RPtr++]=SBUF;            //收串口数据,存入接收缓冲区
      if(RPtr>=BUFSIZE)              //如果接收缓冲区已满,置接收完标志为 1
        RecvOK=1;
    }
}
void mian(void)
{
    unsigned char i, CheckSum;
    TMOD=0x20;                        //T1 模式 2,波特率发生器
    SCON=0xF0;                        //串口方式 3,SM2=1,REN=1,准备收地址
    PCON|=0x80;
      TL1=256-(OSC/12/16/ BAUDRATE);
    TH1=256-(OSC/12/16/ BAUDRATE);
    TR1=1;
    ES=1;
    EA=1;                             //允许串行口中断并开总中断
    while(1)
    {
    SM2=1;                            //从机首先置多机通信控制位有效
    P34=1;                            //驱动 MAX-485 处于接收状态,准备收地址
    RecvOK=0;                         //接收完状态无效
    RPtr-0;                           //清空接收缓冲区
    while(!RecvOK);                   //等待主机完成发送地址+数据的过程
    /*…*/                             //此处省略"处理接收到的数据"的过程
    /*…*/                             //此处省略"准备待发送数据"的过程
    TB8=0;                            //从机接收完主机数据后开始发送数据
    P34=0;                            //驱动 MAX-485 处于发送状态
    SendBuf[0]=SLVADDR;               //模拟发送主机的数据采集/控制包供调试
    for(i=1;i<15;i++) SendBuf[i]=0x61+i-1;
    CheckSum=0;
    for(i=0;i<15;i++) CheckSum+=SendBuf[i];
    SendBuf[15]=CheckSum;             //装配数据并计算校验和
    SendOK=0;                         //发送完标志无效
    SPtr=0;                           //发送指针指向第一个字节
    TI=1;                             //置 TI=1,跳转到中断服务程序
    while(!SendOK);                   //数据报由中断服务程序调度发送
                                      //等发送完标志有效后,再等待下一次被寻址
    }
}
```

8.3　SPI 总线

串行外设接口(Serial Peripheral Interface，SPI)是 Motorola 公司提出的一种全双工同步串行外设接口，允许单片机等微控制器与各种外部设备以同步串行方式进行信息交换。由于 SPI 总线一共只需 3～4 条数据线和控制线即可实现与具有 SPI 总线功能的各种 I/O 器件进行连接，而扩展并行总线则需要 8 条数据线、8～16 条地址线、2～3 条控制线，因此采用 SPI 总线接口可以简化整个电路的设计，节省更多常规电路中的接口器件和 I/O 口线，并提高了系统的可靠性。

8.3.1　SPI 总线的工作原理

Motorola 公司生产的绝大多数微控制器(MCU)都配有 SPI 硬件接口。SPI 用于 CPU 与各种外围设备器件进行全双工同步串行通信。这些外围器件可以是简单的 TTL 移位寄存器、复杂的 LCD 显示驱动器、A/D、D/A 转换子系统或其他的 MCU。SPI 只需 4 条线就可以完成 MCU 与各种外围器件的通信，这 4 条线是：串行时钟线(SCK)、主机输入/从机输出数据线(MISO)、主机输出/从机输入数据线(MOSI)、低电平有效从机选择线(CS)。在大多数场合，使用 1 个 MCU 作为主控制器，以控制与一个或多个外围器件进行数据的传输与交换。SPI 总线系统的典型结构如图 8.11 所示，该系统由一个主机、n 个外围设备和一个作为从机的控制器组成。线路连接的特点：主控制器与外围设备的同名端相连，串行时钟 SCLK 用于同步 SPI 总线的 MOSI 和 MISO 传输信号，每个外围设备或从控制器都有片选信号，主控制器通过译码器来分时选通外围设备。系统中存在多个控制器时，应明确其主从地位，在某一时刻只能有一个控制器为主机，其他均为从机。SPI 工作时，主机的移位寄存器中的数据逐位从输出引脚(MOSI)输出(高位在前)，同时从输入引脚(MISO)接收的数据逐位移到移位寄存器(高位在前)。完成一个字节发送后，通过片选信号，可以从另一个外围设备接收的字节数据进入移位寄存器中。

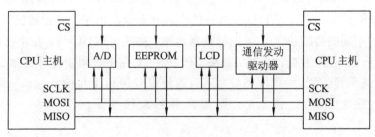

图 8.11　SPI 总线系统的典型结构框图

SPI 总线的主要特点：

① 全双工三线同步传送；

② 可设置为主机或从机工作方式；

③ 可控制串行时钟的相位和极性；

④ 具有结束发送中断标志和写冲突保护标志；

⑤ 主机方式时，通信速率可以由编程设置为 4 种，最高可达 1.05 Mb/s；从机方式时，通信速率由串行通信时钟(SCLK)决定，最高可达 2.1 Mb/s；

⑥ 有多主机方式出错保护，防止多个 MCU 同时成为串行总线的主机；

⑦ 可方便地与各种串行扩展器件接口；

⑧ 对于没有 SPI 接口的微处理器，可以用通用的 I/O 口，用软件模拟实现 SPI 接口。

8.3.2 SPI 总线的通信时序

SPI 串行数据通信接口可以配置为四种不同的工作模式(SPI0, SPI1, SPI2, SPI3)，如表 8.5 所示。表中 CPHA 用来表示同步时钟信号的相位，CPOL 表示同步时钟信号的极性。图 8.12 为 SPI 总线工作的 4 种模式下 SCLK 波形示意图，其中使用的最为广泛的是 SPI 0 和 SPI 3 方式(实线表示)。

表 8.5   SPI 串行通信接口工作模式

SPI 模式	CPOL	CPHA
SPI0	0	0
SPI1	0	1
SPI2	1	0
SPI3	1	1

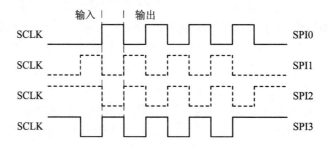

图 8.12   SPI 总线工作的 4 种模式

时钟极性(CPOL)对传输协议没有重大的影响。如果 CPOL=0，串行同步时钟的空闲状态为低电平；如果 CPOL=1，串行同步时钟的空闲状态为高电平。时钟相位(CPHA)能够配置用于选择两种不同的传输协议之一进行数据传输。如果 CPHA=0，在串行同步时钟的第一个跳变沿(上升或下降)数据被采样；如果 CPHA=1，在串行同步时钟的第二个跳变沿(上升或下降)数据被采样。SPI 主模块和与之通信的外设时钟相位和极性应该一致。SPI 总线 4 种模式的接口时序如图 8.13、图 8.14、图 8.15 和图 8.16 所示。

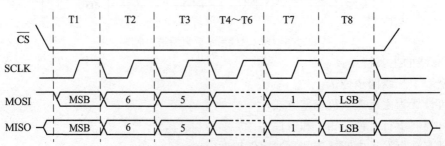

图 8.13   SPI 总线数据传输时序图(SPI 0)

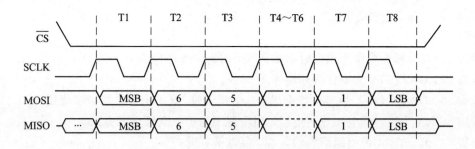

图 8.14　SPI 总线数据传输时序图(SPI 1)

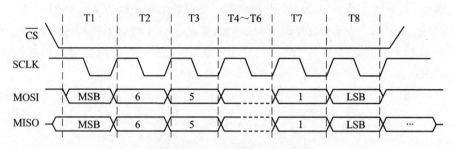

图 8.15　SPI 总线数据传输时序图(SPI 2)

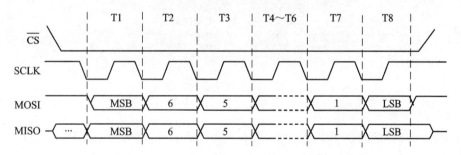

图 8.16　SPI 总线数据传输时序图(SPI 3)

　　对于没有 SPI 接口的单片机来说,可使用软件来模拟 SPI 的操作,包括串行时钟、数据输入和输出,用 I/O 口线模拟 SPI 串口通信的方法。

8.3.3　硬件电路设计

　　MC14489 是 Motorola 公司生产的 5 位 7 段 LED 译码驱动芯片,能直接驱动 LED 数据显示器。使用一个外接电阻 RX 即可控制每一段的输出电流,有三线串行接口(SPI),可直接与具有 SPI 接口的 CPU 相连,也可通过软件模拟与没有 SPI 接口的 CPU 配合工作。

　　1. 工作原理

　　MC14489 芯片由 24 位输入移位寄存器、位系统设置寄存器、位显示寄存器、位选开关、段选开关、位驱动器、段译码、驱动器、内部振荡器等组成。在串行输入使能脚$\overline{\text{ENABLE}}$为低有效时,串行数据输入到内部移位寄存器,$\overline{\text{ENABLE}}$上升沿把移位寄存器中的数据根据数据位数不同自动将 8 位数据装入系统设置寄存器或将 24 位数据装入显示寄存器。

　　2. 管脚介绍

　　图 8.17 给出了 MC14489 芯片的管脚图。

管脚 3：VDD 为电源的正极输入，范围为 4.5～6 V。

管脚 14：VSS 为地。

管脚 11：CLOCK 为串行数据时钟输入端，时钟频率范围为 0～4 MHz。

管脚 12：DATA IN 为串行数据输入端。

管脚 18：DATA OUT 为串行数据输出端，用于将 MC14489 各级级联使用。

管脚 8：RX 为接外部电流设置电阻，阻值范围为 700 欧姆至无穷大。

管脚 10：$\overline{\text{ENABLE}}$ 为使能信号输入端，低电平有效。

管脚 7、6、5、4、2、1、20、19：a～h 为阳极驱动电流源，若接共阴极 LED 数码管，a～g 驱动 7 段笔划，h 驱动小数点；若接发光二极管，则应采用非译码方式，使用 a、b、c 和 d 共可控制 20 只发光管，同时 h 也可控制 5 只。在此方式下 e、f 与 g 不使用。

管脚 9、13、15、16、17：BANK1～BANK5 为阴极开关，可分别接至 5 组数码管或者发光管的公共阴极。

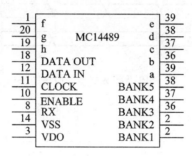

图 8.17　MC14489 芯片管脚图

3．MC14489 的主要特性

（1）具有 SPI 标准的三线串行接口，可直接与具有 SPI 接口的 CPU 相连，也可采用软件模拟 SPI 接口，最大串行时钟频率可达 4 MHz。

（2）有一个 8 位的内部系统设置寄存器，用于设置芯片的工作模式。

（3）有一个 24 位显示寄存器，该寄存器用于存放包括小数点段在内的显示代码。

（4）除可通过一个公共的外接电阻 RX 来确定每一段的最大峰值电流外，还可由输入的显示代码决定全部显示段为满亮显示或半亮度显示。

（5）通过系统设置寄存器的第零位可设置全部显示段为全亮或全暗，上电复位后芯片自动处于全暗的低功耗方式。

（6）芯片内具有 BCD 七段译码电路，可显示 0～9 和 A～F 十六进制数，还可显示 15 种其他字符。

（7）多片 MC14489 可级联使用以增加显示位数。

（8）工作电压范围：4.5～6 V。

4．MC14489 的工作时序

当 $\overline{\text{ENABLE}}$ 脚处于低电平时，CLOCK 脚上的一个时钟上升沿就从 DATA IN 脚串行输入一位数据到内部系统设置寄存器或内部显示寄存器。MC14489 采用了所谓"位抓取"技术，在向内部系统设置寄存器和显示寄存器送数时不需要引导码和地址码，而是根据一次串行输入数据的字节数由内部自动确定送往哪一个寄存器。若输入是单字节数据，将被送往系统设置寄存器,若输入的是多字节数据,则将被送往显示寄存器。串行输入数据在 MC14489 内部系统设置寄存器中各位的作用如图 8.18 所示,显示寄存器中各位的作用如图 8.19 所示。

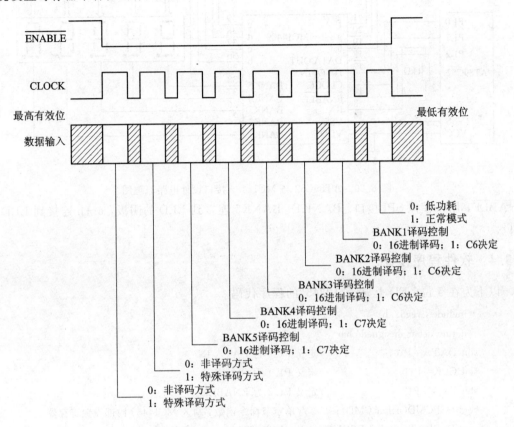

图 8.18　MC14489 内部设置寄存器中各位的作用

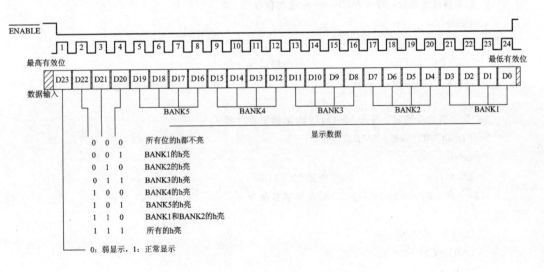

图 8.19　MC14489 显示寄存器各位的作用

　图 8.20 为 AT89C52 与 MC14489 的硬件连接电路。AT89C52 不带 SPI 串行总线接口,所以使用软件来模拟 SPI 的操作,包括串行时钟、数据输入和数据输出。

　AT89C52 的 P1.0、P1.1 和 P1.2 管脚分别连到 MC14489 的 DATA IN、CLOCK 和

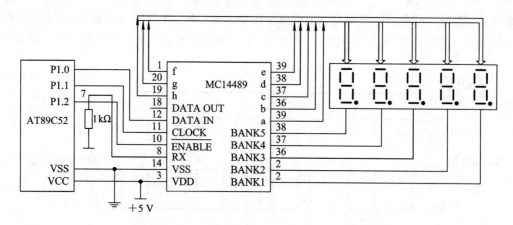

图 8.20　AT89C52 与 MC14489 接口设计电路原理图

$\overline{\text{ENABLE}}$，用来模拟 SPI 接口。BANK1～BANK5 连接到 LED 的阴极，a～h 连接到 LED 的阳极。

8.3.4　软件程序设计

以下为在 5 位 LED 上显示"12345"的程序代码。

```
#include<reg52.h>
#define uchar unsigned char
sbit DATA=P10;              //定义 P1.0 为 DATA IN
sbit CLK=P11;              //定义 P1.1 为 CLOCK
sbit ENA=P12;              //定义 P1.2 为 ENABLE
void DSPCMD(uchar CMD);        //单字节命令函数，写入 MC14489 内部设置寄存器
void DSPDATA(uchar DSCMD, uchar DSDATA1, uchar DSDATA2);
//多字节命令函数，写入 MC14489 显示寄存器
void main()
{
   DSPCMD(0xEF);              //写内部设置寄存器
   DSPDATA(0x81,0x23,0x45);     //在 5 位 LED 上显示 12345，满亮度显示
}
/* 单字节命令函数，写入 MC14489 内部设置寄存器 */
void DSPCMD (uchar CMD)
{  uchar i;
   ENA=0;              //使能 MC14489
   for (i=8; i>=1; i——)   //写入单字节命令
   {
   DATA=CMD&0x80;
   CMD=CMD<<1;
   CLK=0;
   CLK=1;
   ENA=1;
   }
}        //禁止 MC14489
```

```
/* 多字节命令函数，写入 MC14489 显示寄存器 */
void DSPDATA (uchar DSCMD, uchar DSDATA1, uchar DSDATA2)
{   uchar DSP, i, j;
    i=0;
    ENA=0;                        //使能 MC14489
while (i<24)                      //写入三字节显示数据
  {
  if (i<8){DSP=DSCMD; }
  else if (i<16){DSP=DSDATA1; }
  else {DSP=DSDATA2; }

  for (j=8; j>=1; j--)
  {
      DATA=DSP&0x80;
      DSP=DSP<<1;
      CLK=0;
      CLK=1;
  }
  i=i+8;
  }
  ENA=1;
}                                 //禁止 MC14489
```

8.4　I²C 总线

目前比较流行的集中串行扩展总线中，I²C(Inter IC BUS)总线以其严格的规范和众多的带 I²C 接口的外围芯片而获得广泛应用。I²C 总线是 Philips 推出的芯片间的串行传输总线，它以两根连线实现了完善的全双工同步数据传送，可以极方便地构成多机系统和外围器件扩展系统。I²C 总线采用了器件地址的硬件设置方法，通过软件寻址完全避免了器件的片选线寻址方法，从而使硬件系统具有最简单而灵活的扩展方法。

8.4.1　I²C 总线的工作原理

I²C 总线应用系统的典型结构如图 8.21 所示。I²C 总线的串行数据线 SDA 和串行时钟线 SCL 必须经过上拉电阻 R 接到正电源上。当总线空闲时，SDA 和 SCL 必须保持高电平。为了使总线上所有电路的输出能完成"线与"的功能，连接到总线上的器件的输出极必须为"开漏"或"开集"的形式，所以总线上需要加上拉电阻。

I²C 总线是多主机总线，可以有两个或更多的能够控制的设备与总线连接。I²C 总线器件采用硬件设置地址的方法，器件无片选线，减少了总线的数量。I²C 总线的两根信号线是数据线(SDA)和时钟线(SCL)。所有进入 I²C 总线系统的设备都带有 I²C 总线接口，符合 I²C 总线电气规范特性，将外部设备的数据线(SDA)和时钟线(SCL)与 I²C 总线的 SDA、SCL 相连即可。各个外部的设备的供电可以不同，但是这些设备需要共地。

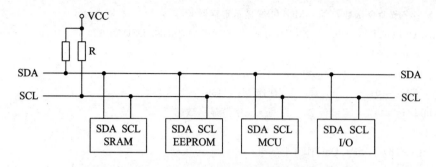

图 8.21　I^2C 总线应用系统的典型结构

I^2C 总线的串行数据传送与一般 UART 的串行数据传送相比，无论从接口电气特性、传送状态管理以及程序编制特点都有很大的不同，了解这些特点十分重要。

1) I^2C 基本特征

(1) 二线传输。I^2C 总线上所有的节点，如主器件(单片机、微处理器)、外围器件、接口模块等都连在同名端 SCL(时钟线)和 SDA(数据线)上。

(2) 系统中有多个主器件时，这些器件可以作为总线的主控制器(无中心主机)。I^2C 总线工作时任何一个主器件都有可能成为主控制器。多机竞争时的时钟同步与总线仲裁都由硬件与软件模块自动完成。

(3) I^2C 总线传输时，采用状态码管理方法。对于总线传输时的任何一种状态，在状态寄存器中都会出现相应的状态码，并会自动进入相应的状态处理程序进行自动处理。

(4) 系统中的所有外围器件和模块采用器件地址和引脚地址的编址方法。系统中主控制器对任意节点的寻址采用纯软件的寻址方式，避免了片选的连线方法。系统中若有地址编码冲突，可通过改变地址的引脚电平来解决。

(5) 所有带有 I^2C 接口的外围器件都具有应答功能。片内有多个单元地址时，数据读写都有自动加 1 功能。这样，在 I^2C 总线对某一器件读写多个字节时很容易实现自动操作，即准备好读写入口条件后，只需启动 I^2C 总线就可以完成 N 个字节的读写操作。

(6) I^2C 总线的电气接口由开漏晶体管组成，开路输出没有连到电源的钳位二极管，而连到 I^2C 总线的每个器件上，其自身电源可以独立，但须共地。总线上各个结点可以在系统带电情况下接入或撤出。

I^2C 总线的时钟线 SCL 和数据线 SDA 都是双向数据线。总线备用时二者都必须保持高电平状态，只有关闭 I^2C 总线时才能使 SCL 钳位在低电平。在标准 I^2C 模式下数据传送速率可达 100 kb/s，高速模式下可达 400 kb/s。总线驱动能力受总线电容限制，不加驱动扩展时驱动能力为 400 pF。

2) I^2C 总线信号定义

I^2C 总线通过两线，即串行数据(SDA)和串行时钟(SCL)线，在连接到总线的器件间传递信息。每个器件都有一个唯一的地址识别(无论是微控制器、LCD 驱动器、存储器或键盘接口)而且都可以作为一个发送器或接收器(由器件的功能决定)。很明显，LCD 驱动器只是一个接收器，而存储器既可以接收又可以发送数据。除了发送器和接收器外，器件在执行数据传输时也可以被看做是主机或从机(见表 8.6)。主机是初始化总线的数据传输并产生允许传输的时钟信号的器件。此时，任何被寻址的器件都被认为是从机。

表 8.6　常见术语的描述

术语	描　述
发送器	发送数据到总线的器件
接收器	从总线接收数据的器件
主机	初始化发送，产生时钟信号和终止发送的器件
从机	被主机寻址的器件
多主机	同时有多于一个主机尝试控制总线，但不破坏报文
仲裁	是一个在有多个主机同时尝试控制总线，但只允许其中一个控制总线并使报文不被破坏的过程
同步	两个或多个器件同步时钟信号的过程

SDA 线上的数据必须在时钟的高电平周期保持稳定。数据线的高或低电平状态只有在 SCL 线的时钟信号是低电平时才能改变(见图 8.22)。

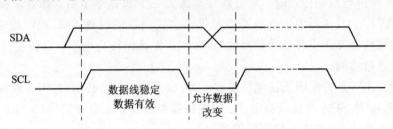

图 8.22　I²C 的位传输

在 I²C 总线中唯一出现的是被定义为起始条件 S 和停止条件 P 如图 8.23 所示的情况。起始条件(S)：当 SCL 线是高电平时，SDA 线从高电平向低电平切换；停止条件(P)：当 SCL 线是高电平时，SDA 线由低电平向高电平切换。

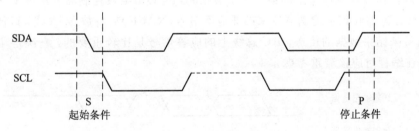

图 8.23　I²C 起始和停止条件

起始条件和停止条件一般由主机产生总线在起始条件后被认为处于忙的状态，在停止条件的某段时间后总线被认为再次处于空闲状态。

如果产生重复起始条件(Sr)而不产生停止条件，总线会一直处于忙的状态。此时的起始条件(S)和重复起始条件(Sr)在功能上是一样的(见图 8.23)。

如果连接到总线的器件合并了必要的接口硬件，那么用它们检测起始和停止条件十分简便。但是没有这种接口的微控制器在每个时钟周期至少要采样 SDA 线两次来判别有没有发生电平切换。

8.4.2 I²C 总线的通信时序

I²C 总线的工作时序如图 8.24 所示。发送到 SDA 线上的每个字节必须为 8 位。每次传输可以发送的字节数量不受限制。每个字节后必须跟一个响应位。首先传输的是数据的最高位(见图 8.24),从机要完成一些其他功能后(例如一个内部中断服务程序)才能接收或发送下一个完整的数据字节可以使时钟线 SCL 保持低电平迫使主机进入等待状态。当从机准备好接收下一个数据字节并释放时钟线 SCL 后数据传输继续。

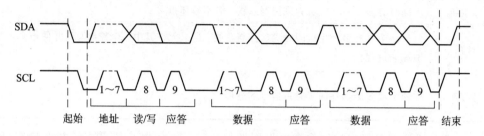

图 8.24 I²C 总线工作时序图

利用 SDA 线进行数据传送时,发送器每发送完一个数据字节后,都要求接收器发回一个应答信号(ACK)。发送器要接收应答信号仍由主控制器的时钟 SCL 控制传送。因此主控发送器必须在接收器发送应答信号前释放 SDA 线,使其保持高电平,以便主控制器对 SDA 线上应答信号进行检测。

若被控制器由于某种原因无法继续接收 SDA 线上数据时,必须向 SDA 线输出一个非应答信号(NACK),使 SDA 线保持高电平。主控制器如果收到非应答信号(NACK),就要产生一个停止信号来终止 SDA 线上的数据传送。

应答信号在第 9 个时钟位置上出现,接收器在 SDA 线上输出低电平为应对信号(ACK),输出高电平为非应答信号(NACK)。I²C 总线时钟信号以及应答和非应答信号间的关系如图 8.25 所示。

当主控制器作为接收器送来的最后一个数据时,也必须给被控制器发送一个非应答信号(NACK)。被控制器收到主控制器发来的非应答信号(NACK)后释放 SDA 线,以便主控制器发送停止信号来结束数据的传送。I²C 总线上的应答信号是比较重要的,它决定了数据传送是否成功,在编程时应该着重考虑。

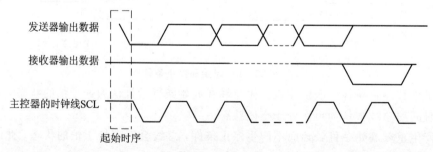

图 8.25 I²C 总线响应

在 I²C 总线上可以连接多个外围器件,所有的外围器件都有规范的器件地址。在进行数据传送之前,I²C 总线会首先发送一个字节进行寻址。这个字节是紧跟在起始条件之后发送的,表示要通信的从器件地址。其格式定义如表 8.7 所示。

表 8.7 通信从器件地址含义

D7~D1	D0
从地址	读/写

地址信息是 7 bit，占用了地址字节的高 7 位，可以对 127 个器件进行寻址。该字节的第 0 bit 用于表示数据的传送方向：当该位是高电平时，表示由从器件向主器件发送数据，即主器件对从器件进行读操作；当该位为低电平时，表示由主器件向从器件发送数据，即主器件对从器件进行写操作。

起始条件后，总线中各个器件将自己的地址与主器件送到总线上的器件地址进行对比，如果发生匹配，该器件认为被主器件寻址。一般来说，从器件的地址由一部分固定地址和一部分可变地址组成，而可变地址确定了在 I^2C 总线上可容纳的此类器件的最多数目。

8.4.3 硬件电路设计

由于标准的 MCS-51 单片机不具备 I^2C 总线接口，MCS-51 单片机在扩展具有 I^2C 总线的芯片时可利用单片机的 I/O 接口与之相连，在程序中利用位操作指令和移位指令模仿 I^2C 总线的操作时序编写相应的程序。图 8.26 是 MCS-51 单片机实现 I^2C 总线的硬件原理图。

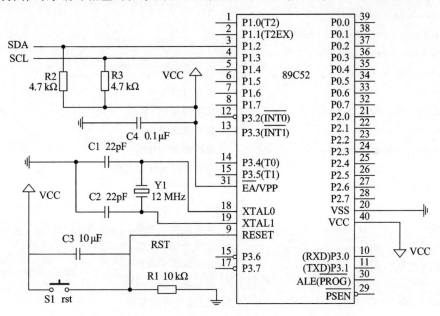

图 8.26 单片机实现 I^2C 总线硬件原理图

本例的硬件电路设计比较简单，仅仅利用 89C52 的两个通道 I/O 口 P1.2 和 P1.3 模拟 SDA 和 SCL。注意，因为 I^2C 总线的电器特性，SDA 和 SCL 均要接上拉电阻。

8.4.4 软件程序设计

单片机模拟 I^2C 总线向从器件发送数据和由从器件接收数据的程序流程图分别如图 8.27 和图 8.28 所示。

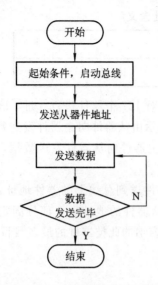

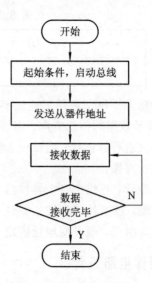

图 8.27　向从器件发送数据　　　　图 8.28　从器件接收数据

程序如下：

```
#include <reg52.h>                    // 引用标准库的头文件
#include <intrins.h>
#define uchar unsigned char
#define uint unsigned int
sbit SDA = P1^2;                      // 串行数据
sbit SCL = P1^3;                      // 串行时钟
uchar idata slave_dev_adr;            // 从器件地址
uchar idata sendbuf[8];               // 数据发送缓冲区
uchar idata recivebuf[8];             // 数据接收缓冲区
bit bdata Nack;                       // 器件坏或错误标志位
bit bdata NackFlag;                   // 非应答标志位
void delay5us();                      //延时约 5 μs，对于 12 M 时钟
void start(void);                     // 起始条件子函数
void stop(void);                      // 停止条件子函数
void ack(void);                       // 发送应答子函数
void n_ack(void);                     // 发送非应答子函数
void checkack(void);                  //应答位检查子函数
void sendbyte(uchar idata * ch);      // 发送一个字节数据子函数
void recbyte(uchar idata * ch);       // 接收一字节子程序
void sendnbyte(uchar idata * sla, uchar n);   //发送 n 字节数据子程序
void recnbyte(uchar idata * sla, uchar n);    //接收 n 字节数据子程序
/* 主函数，模拟实现 I²C 总线的数据收发 */
void main(void)
{
uchar i, numbyte;
numbyte = 8;            /* 需发送的 8 字节数据 */
for (i=0; i<numbyte; i++)
```

```
sendbuf[i] = i+0x11;
slave_dev_adr = 0x58;                      // 从器件地址
sendnbyte(&slave_dev_adr, numbyte);        //向从器件发送存放在 sendbuf[8]中的 8 字节数据
for (i=0; i<10000; i++)
    delay5us();
    recnbyte(&slave_dev_adr, numbyte);     //由从器件接收 8 字节数据，存放在 rbuf 中
}
/* 延时约 5 μs，对于 12 M 时钟 */
void delay5us()
{
  uint i;
  for (i=0; i<5; i++)
    _nop_();
}
/* 起始条件子函数 */
void start(void)
{
  SDA = 1;                                 // 启动 I²C 总线
  SCL = 1;
  delay5us();
  SDA = 0;
  delay5us();
  SCL = 0;
}
/* 停止条件子函数 */
void stop(void)
{
  SDA = 0;                                 // 停止 I²C 总线数据传送
  SCL = 1;
  delay5us();
  SDA = 1;
  delay5us();
  SCL = 0;
}
/* 发送应答子函数 */
void ack(void)
{
  SDA = 0;                                 // 发送应答位
  SCL = 1;
  delay5us();
  SDA = 1;
  SCL = 0;
}
/* 发送非应答子函数 */
```

```
void n_ack(void)
{
  SDA = 1;                          // 发送非应答位
  SCL = 1;
  delay5us();
  SDA = 0;
  SCL = 0;
}
/* 应答位检查子函数 */
void checkack(void)
{
  SDA = 1;                          // 应答位检查(将 P1.0 设置成输入,必须先向端口写 1)
  SCL = 1;
  NackFlag = 0;
  if (SDA == 1)                     // 若 SDA=1 表明非应答,置位非应答标志 F0
   NackFlag = 1;
  SCL = 0;
}
/* 发送一个字节数据子函数 */
void sendbyte(uchar idata * ch)
{
  uchar idata n = 8;
  uchar idata temp;
  temp = * ch;
  while(n--)
  {
    if((temp&0x80) == 0x80)        // 若要发送的数据最高位为 1,则发送位 1
    {
      SDA = 1;                      // 传送位 1
      SCL = 1;
      delay5us();
      SDA = 0;
      SCL = 0;
    }
    else
    {
      SDA = 0;                      // 否则传送位 0
      SCL = 1;
      delay5us();
      SCL = 0;
    }
    temp = temp<<1;                 // 数据左移一位
  }
}
```

```
/* 接收一字节子程序 */
void recbyte(uchar idata * ch)
{
    uchar idata n=8;                    // 从 SDA 线上读取一位数据字节，共 8 位
    uchar idata temp = 0;
    while(n--)
    {
        SDA = 1;
        SCL = 1;
        temp = temp<<1;                 // 左移一位
        if(SDA == 1)
            temp = temp|0x01;           // 若接收到的位为 1，则数据的最后一位置 1
        else
            temp = temp&0xfe;           // 否则数据的最后一位置 0
        SCL=0;
    }
    * ch = temp;
}
/* 发送 n 字节数据子程序 */
void sendnbyte(uchar idata * sla,  uchar n)
{
    uchar idata * p;
    start();                            // 发送启动信号
    sendbyte(sla);                      // 发送从器件地址字节
    checkack();                         // 检查应答位
        if(F0 == 1)
        {
        NACK = 1;
        return;                         // 若非应答表明器件错误或已坏，置错误标志位 NACK
        }
    p = sendbuf;
    while(n--)
    {
        sendbyte(p);
        checkack();                     // 检查应答位
        if (NackFlag == 1)
        {
            NACK=1;
            return;                     // 若非应答表明器件错误或已坏，置错误标志位 NACK
        }
        p++;
    }
    stop();                             // 若全部发完，则停止
}
```

```
/ * 接收 n 字节数据子程序 * /
void recnbyte(uchar idata * sla,   uchar n)
{
  uchar idata * p;
  start();                          // 发送启动信号
  sendbyte(sla);                    // 发送从器件地址字节
  checkack();                       // 检查应答位
  if(NackFlag == 1)
  {
    NACK = 1;
    return;
  }
  p = recivebuf;                    // 接收字节存放在 rbuf 中
  while(n－－)
  {
    recbyte (p);
    ack();                          // 收到一个字节后发送一个应答位
    p++;
  }
  n_ack();                          // 收到最后一个字节后发送一个非应答位
  stop();
}
```

习　　题

1. SPI 系统使用哪几条线可直接与各个厂家生产的多种标准外围器件直接接口？
2. RS-485 与 RS-232C 相比，都在哪些方面作了改进？哪些性能作了提高？
3. RS-485 串行接口能否实现全双工数据传输？
4. 简述 I^2C 总线的构成及其基本操作。
5. 请简要说明 I^2C、SPI 和 RS-485 总线的异同。

第 9 章　单片机应用系统设计与应用实例

<<<<<<<<<<<<<<<<<<<<

教学提示：单片机以其成本低、功能强、简单易学、使用方便等独特的优势，在智能仪表、工业测控、数据采集、计算机通信等各个领域得到极为广泛的应用。单片机应用系统从提出任务到正式投入运行的整个设计和调试过程，称为单片机应用系统的开发。应用系统的设计与开发是对所学习的单片机知识的综合应用。在理解单片机软件和硬件的基础上，把它们结合在一起，构成一个实际的电子应用系统，向现代智能电子系统发展。

教学要求：本章让学生了解单片机应用系统设计的一般过程和概念。通过几个实例设计，让学生理解单片机应用系统设计的实际内涵，理解现代智能电子系统设计的过程，能够独立进行简单应用系统设计。

9.1　应用系统设计原则

所谓应用系统，是指利用单片机作为微处理器所设计的能够完成某种应用目的的单片机控制系统（在调试过程中通常称为"目标系统"）。单片机应用系统的基本要求主要有以下几个方面。

（1）单片机应用系统的可靠性要高。单片机应用系统应用在各行各业，应用环境千差万别，功能各异，但无非是系统的测量与控制。因此，为了保证工作有序地进行，高可靠性是单片机应用系统设计的一个基本要求。如果可靠性不高，会造成设备故障频发，甚至出现生产事故，对人身与财产安全造成伤害，引起严重后果。

（2）系统操作便捷、维护方便。系统操作灵活、便捷，维护方便是单片机应用系统设计的基本要求。因此在进行软、硬件设计时，不但要考虑满足功能要求，还要考虑为操作人员提供良好的、简单实用的操作方法，减少对操作人员的专业要求。同时要设置保护电路，防止误操作对系统造成损坏。最好配置自检和诊断程序，能够实时提供系统的工作状态，并且系统的布局布线要合理，便于操作人员的检查与维护。

（3）系统通用性强、扩展性好。一个单片机测量控制系统，一般可以检测和控制多个设备和不同的过程参数，但各个设备和控制对象的要求是不同的，而且随着进一步的发展，控制设备可能要更新，控制对象也有增减，设计系统时应考虑使其适应各种不同设备和各种不同控制对象，使系统不必作重大改动就能很快应用于新的控制对象，这要求系统通用性强、扩展性好，以便于设备的更新换代与快速升级。要使微机应用系统设计达到这样的要求，在设计时必须使系统硬件设计标准化，软件设计模块化。在硬件设计时，尽量采用通用的系统结构总线，以便在需要的时候扩充或扩展系统。接口部件最好采用通用的 LSI 接口芯片，在满足性能指标的前提下，尽量把接口硬件部分的操作功能用软件来实现，以减少系统的复杂程度。在进行单片机应用系统软件设计的时候，采用模块化的设计，便于产品功能的升级。

同时在进行系统设计时，各设计指标应留一定的余量，设计系统要有一定的前瞻性，保证系统在一定时间或范围内升级方便。

（4）系统设计周期要短，性价比要高。单片机测控技术发展迅速，各种新技术和产品不断出现，在满足精度、速度和其它性能要求的前提下，应缩短设计周期并尽可能采用性价低的元器件，以降低整个测控系统的费用。

上述几点是设计单片机系统时应考虑的基本要求，其它如精度、速度、体积、重量及监控手段等，对不同的系统均有特定的要求，也必须予以足够的重视。

9.2　应用系统设计流程

单片机应用系统的设计过程包括总体设计、硬件设计、软件设计、在线调试、产品化等几个阶段，但它们不是绝对分开的，有时是交叉进行的。单片机应用系统设计的一般过程如图 9.1 所示。

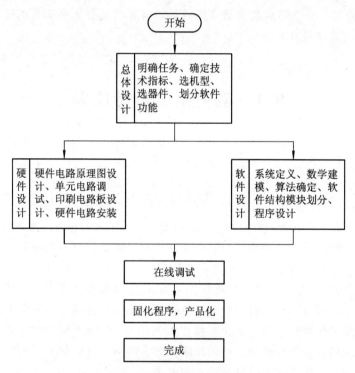

图 9.1　单片机应用系统设计流程图

9.2.1　总体设计

单片机应用系统的总体方案的确定是进行系统设计最重要、最关键的一步。总体方案的好坏直接影响整个应用系统的投资成本、产品品质和具体实施细则。

1. 功能技术指标的确定

在着手进行系统设计之前，必须根据系统的应用场合、工作环境、具体用途提出合理的、详尽的功能技术指标，这是系统设计的依据和出发点，也是决定产品前途的关键。所以，必须认真做好这个工作。不管是老产品的改造还是新产品的设计，应对产品的可靠性、通用性、可维护性、先进性及成本等进行综合考虑，参考国内外同类产品的有关资料，使确定的技术指标合理且符合有关标准。

2．机型的选择

选择单片机的机型的出发点有以下几个方面。

（1）市场货源。所选机型必须有稳定、充足的货源。

（2）单片机性能。应根据系统的要求和各种单片机的性能，选择最容易实现产品技术指标的机型，而且能达到较高的性能价格比。

（3）研制周期。在设计任务重、时间紧的情况下，还需要考虑对所选择的机型是否熟悉，是否能马上着手进行系统的设计。与研制周期有关的另一个重要因素是单片机的开发工具，性能优良的开发工具能加快系统设计的速度。

3．器件的选择

除了单片机以外，系统中还可能需要传感器、模拟电路、输入/输出电路、存储器以及键盘、显示器等器件和设备，这些部件的选择应符合系统的精度、速度和可靠性等方面的要求。在总体设计阶段，应对市场情况有大体地了解，对器件的选择提出具体规定。

4．硬件和软件的功能划分

系统硬件的配置和软件的设计是紧密联系在一起的，而且在某些应用场合，硬件和软件具有一定的互换性。有些硬件电路的功能可用软件来实现，反之亦然。例如：系统日历时钟的产生可以使用时钟电路（如 5832 芯片），也可以由定时器中断服务程序来控制时钟计数。用硬件完成一些功能，可以提高工作速度，减少软件设计的工作量，但增加了硬件成本；若用软件代替某些硬件的功能，可以节省硬件开支，但增加了软件的复杂性。由于软件是一次性投资，因此在一般情况下，如果所研制的产品生产批量比较大，则能够用软件实现的功能都由软件来完成，以便简化硬件结构、降低生产成本。在总体设计时，必须权衡利弊，仔细划分好硬件和软件的功能。

9.2.2　硬件电路设计

所谓硬件电路的总体设计，是指为实现该项目全部功能所需要的所有硬件的电气连线原理图设计。为使硬件设计尽可能合理，根据经验，系统的硬件电路设计应注意以下几个方面。

（1）尽可能选择标准化、模块化的典型电路，提高设计的成功率和结构的灵活性。

（2）在条件允许的情况下，尽可能选用功能强、集成度高的电路或芯片。因为采用这种器件可能代替某一部分电路，不仅元件数量、接插件和相互连线减少，体积减小，使系统可靠性增加，而且成本往往比用多个元件实现的电路要低。

（3）注意选择通用性强、市场货源充足的器件，尤其对需大批量生产的场合，更应注意这方面的问题。其优点是：一旦某种元器件无法获得，也能用其它元器件直接替换或对电路稍做改动后用其它器件代替。

（4）在对中央控制单元、输入接口、输出接口、人机接口等分块进行设计时，采用的连接方式应选用通用接口方式。在必要的情况下，选用已有的模板作为系统的一部分，尽管成本有些偏高，但会大大缩短研制周期，提高工作效率。当然，在有些特殊情况和小系统的场合，用户必须自行设计接口，定义连线方式。此时要注意接口协议，一旦接口方式确定，各个模块的设计都应遵守该接口方式。

（5）系统的扩展和各功能模块的设计在满足应用系统功能要求的基础上，应适当留有余地，以备将来修改、扩展之需。

（6）设计时，应尽可能多做一些调研，采用最新的技术。

（7）在电路设计时，要充分考虑应用系统各部分的驱动能力。

（8）工艺设计时，包括机箱、面板、配线、接插件等，要充分考虑安装、调试、维修是否方便。

9.2.3　印刷电路板设计

单片机应用系统的硬件单元电路设计选定完成后，就可以运用电路板设计软件完成相应的原理图（.Sch）、印制板图（.Pcb）的制作。可以采用的电路板图设计软件有很多，如PROTEL、CAD 等。但现在大部分电子设计者采用 PROTEL 软件辅助设计。首先，开始电路原理图的绘制，图样要整洁美观大方，应正确标注出各元件之间连接的网络名称，为下一步制作印制板图自动生成网络连接关系号做好准备。其次，根据原理图绘制印制电路板图，印制电路板一般分为 2 层板、4 层板、8 层板，层数越高，板的造价越高。其中，印制电路板布线时要注意以下几点：

（1）印制电路板上每个 IC 要并接一个 $0.01\sim0.1~\mu\text{F}$ 高频电容，以减小 IC 对电源的影响。注意高频电容的布线，连线应靠近电源端并尽量粗短，否则等于增大了电容的等效串联电阻，会影响滤波效果。布线时避免 $90°$ 折线，减少高频噪声发射。

（2）注意晶振布线。晶振与单片机引脚尽量靠近，用地线把时钟区隔离起来，晶振外壳接地并固定。

（3）用地线把数字区与模拟区隔离。数字地与模拟地要分离，最后在一点接于电源地。A/D、D/A 芯片布线也以此为原则。

（4）单片机和大功率器件的地线要单独接地，以减小相互干扰。大功率器件尽可能放在印制电路板边缘。

（5）整板设计完成后，要及时检查信号走线和连接是否符合设计标准，器件标注是否正确完整，同时还要注意整体外观形象。

9.2.4　软件程序设计

单片机应用系统中软件的设计在很大程度上决定了系统的功能。软件的设计细分为系统理解、软件结构设计、程序设计三个部分。

（1）系统理解是指在开始设计软件前，熟悉硬件留给软件的接口地址、I/O 方式，确定存储空间的分配、应用系统面板控制开关、按键、显示的设置等。

（2）软件结构设计要结合单片机所完成的功能确定相应的模块程序，比如一般子程序、中断功能子程序的确定。确定模块程序运行的先后顺序，绘制整体程序流程图。

（3）程序设计和其它软件程序设计一样，首先要建立数学模型，选定数学算法，绘制具体程序的流程图，做好程序接口说明。然后选定编程所用语言（汇编语言或 C 语言）。以上程序编制时可以采用 WAVE、KeilC 等集成编辑软件的软件模拟仿真功能进行软件模拟调试。无误后通过编辑软件的汇编功能转换成机器码，然后联机调试。

9.2.5　调试、运行与维护

在完成目标系统样机的组装和软件设计后，便进入系统的调试阶段。用户系统的调试步骤和方法是相同的，但具体细节与所采用的开发系统以及目标系统所选用的单片机型号有关。

系统调试的目的是查出系统中硬件设计与软件设计中存在的错误和可能出现的不协调的问题，以便修改设计，最终使系统能正确地工作。最好能在方案设计阶段就考虑到调试问题，如采用什么调试方法、使用何种调试仪器等，以便在系统方案设计时将必要的调试方法综合到软、硬件设计中，或提前做好调试准备工作。系统调试包括硬件调试、软件调试及软、硬件联调。根据不同的调试环境，系统调试又分为模拟调试与现场调试。各种调试所起的作用是不同的，它们所处的时间阶段也不一样，但它们的目标是一致的，都是为了查出系统中潜在的错误。

电路故障包括设计性错误和工艺性故障，通常借助电气仪表进行故障检查。软件调试是利用开发工具进行在线仿真调试，在软件调试过程中也可以发现硬件故障。几乎所有的在线仿真器和简易的开发工具都为用户调试程序提供了以下几种基本方法：

（1）单步运行。一次只执行一条指令，在每执行一条指令后，又返回监控调试程序。

（2）连续运行。可以从程序任何一条地址处启动，然后全速运行。

（3）断点运行。用户可以在程序任何处设置断点，当程序执行到断点时，控制返回到监控调试程序。

（4）检查和修改存储器单元的内容。

（5）检查和修改寄存器的内容。

（6）符号化调试。能按汇编语言程序中的符号进行调试。

程序调试可以一个模块一个模块地进行，一个子程序一个子程序地调试，最后连起来总调。利用开发工具提供的单步运行和设置断点运行方式，通过检查应用系统的 CPU 现场、RAM 的内容和 I/O 的状态，检查程序执行的结果是否正确，观察应用系统 I/O 设备的状态变化是否正常，从中可以发现程序中的死循环错误、机器码错误及转移地址的错误，也可以发现待测系统中软件算法错误和硬件设计错误。在调试过程中，不断地调整修改应用系统的硬件和软件，直到正确为止。

在调试完成后，系统还要进行一段时间的试运行。只有试运行，系统才会暴露出它的问题和不足之处。在系统试运行阶段，设计者应当观测它能否经受实际环境考验，还要对系统进行检测和试验，以验证系统功能是否满足设计要求，是否达到预期效果。

系统经过一段时间的烤机和试运行后，就可投入正式运行。在正式运行中还要建立一套健全的维护制度，以确保系统的正常工作。

9.3　应用系统的可靠性及抗干扰设计

单片机系统的可靠性是由多种因素决定的，其中系统的抗干扰性能的好坏是影响系统可靠性的重要因素。因此，研究抗干扰技术，提高单片机系统的抗干扰性能和单片机应用系统的可靠性是极为重要的。本节将从干扰的来源、硬件、软件、电源系统和接地系统等各个方面来研究分析并给出有效可行的解决措施。

9.3.1　干扰来源

一般把影响单片机测控系统正常工作的信号称为噪声，又称干扰。在单片机系统中出现了干扰，就会影响指令的正常执行，造成控制事故或控制失灵。在测量通道中产生了干扰，就会使测量产生误差，电压的冲击有可能使系统遭到致命的破坏。

环境对单片机控制系统的干扰一般都是以脉冲的形式进入系统的，干扰串入单片机系统的渠道主要有3种，还有其它形式的干扰，如图9.2所示。

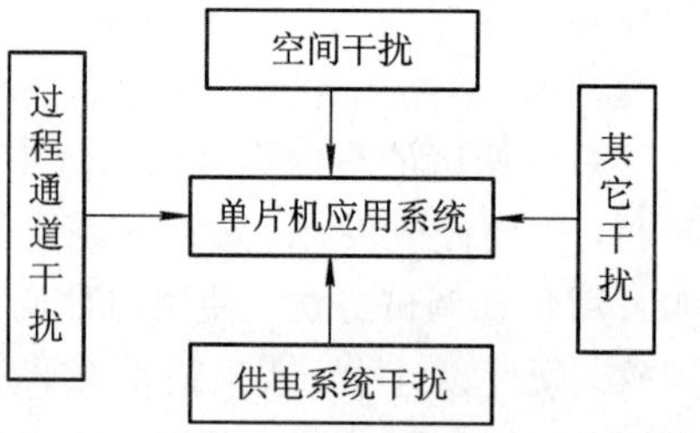

图 9.2　单片机测控系统主要干扰渠道

1. 空间干扰

空间干扰来源于周围的电气设备，如发射机、中频炉、晶闸管逆变电源等发出的电干扰；广播电台或通信发射台发出的电磁波；空中雷电，甚至地磁场的变化也会引起干扰。这些空间辐射干扰会使单片机系统不能正常工作。

2. 供电系统干扰

由于工业现场运行的大功率设备众多，特别是大感性负载设备的启停会使电网电压大幅度涨落（浪涌），工业电网的欠压或过压常常达到额定电压的±15％以上。这种状况有时长达几分钟、几个小时甚至几天。由于大功率开关的通断、电机的启停、电焊等原因，电网上常常出现几百伏，甚至几千伏尖脉冲干扰。

3. 过程通道干扰

为了达到数据采集或实时控制的目的，开关量输入/输出和模拟量输入/输出是必不可少的。在工业现场这些输入/输出的信号线和控制线多至几百条甚至几千条，其长度往往达几百米或几千米，因此不可避免地将干扰引入单片机系统。当有大的电气设备漏电，接地系统不完善或者测量绝缘不好时，都会使通道中直接串入干扰信号。各通道的线路如果出自1根电缆中或绑扎在一起，各路间会通过电磁感应而产生瞬间的干扰，尤其是0～15 V的信号与交流220 V的干扰，其表现形式仍然使通道中形成干扰电压。这样，轻者会使测量的信号发生误差，重者会使有用的信号被完全淹没。有时这种通过感应产生的干扰电压会达到几十伏以上，使单片机系统无法工作。

以上3种干扰中，来自供电系统的干扰最多，其次为来自过程通道的干扰。对于来自空间的辐射干扰，需要适当的屏蔽和接地来解决。

9.3.2　电源系统抗干扰设计

单片机测控系统的供电，常常是一个棘手的问题，仅一台高质量的电源不足以解决干扰和电压波动问题，必须完整地设计整个电源供电系统。

逻辑电路是在低电压、大电流下工作的，电源的分配就必须引起注意，比如1条0.1 Ω的电源线回路，对于5 A的供电系统，就会把电源电压从5 V降到4.5 V，以至于不能正常工作。另一方面工作在极高频率下的数字电路，对电源线有高频要求，所以一般电源线上的干扰是数字系统常出现的问题之一。

电源分配系统首要的就是良好的接地，系统的地线必须能够吸收来自所有电源系统的全部电源。应该采用粗导线作为电源连接线，地线应尽量短且直接走线。对于插件式电路板，应多给电源线、地线分配几个沿插头方向均匀的插件。

在单片机系统中，为了提高供电系统的功能，防止串入干扰，建议采用以下措施。

(1) 交流近线端加交流滤波器，可滤掉高频干扰，如电网上大功率设备启停造成的瞬间的干扰。滤波器市场上的产品有一级、二级滤波器之分，安装时外壳要加屏蔽并良好接地，进出线要分开，防止感应和辐射耦合。低通滤波器仅允许 50 Hz 交流电通过，对高频和中频干扰有良好的衰减作用。

(2) 要求高的系统加交流稳压器。

(3) 采用居于静电屏蔽和抗电磁干扰的隔离电源变压器。

(4) 采用集成稳压块两级稳压。目前市场上集成稳压有许多种，如提供正电源的 7805、7812、7815、7820、7824，以及提供负电源的 79XX 系列稳压块，它们内部是多级稳压电路，采用两级稳压效果较好。例如，主机电源先用 7809 稳压到 9 V，再用 7805 稳压到 5 V。

(5) 直流输出部分采用大容量电解电容进行平滑滤波。

(6) 交流电源线与其它线尽量分开，减少再度耦合干扰。如滤波器的输出线上干扰已减少，应使其与电源进线级滤波器外壳保持一定距离，交流电源线与直流电源线及信号线分开走线。

(7) 电源与信号线一般都通过地板下面走线，而且不可把两线靠的太近或互相平行，以减少电源与信号线之间的相互影响。

(8) 在每块印制板的电源与地线之间并接上去耦电容。即 $5\sim10$ μF 的电解电容和 1 个 $0.01\sim0.1$ μF 的电容，以消除直流电源与地线中的脉冲电流所造成的干扰。

9.3.3 地线干扰及抑制

在计算机应用系统中，接地是一个非常重要的问题，接地问题处理得正确与否将直接影响到系统的正常工作。

1) 一点或多点接地的应用

在低频电路中，布线和元器件之间的寄生电感影响不大，因而常采用一点接地，以减少地线造成的地环路。在高频电路中，布线和元器件之间的寄生电感和分布电容将造成各接地线间的耦合，影响比较突出，此时应采用多点接地。

通常，频率小于 1 MHz 时，采用一点接地；频率高于 10 MHz 时，采用多点接地，频率处于 $1\sim10$ MHz 之间时，若采用一点电路，其地线长度不应超过波长的 1/20。否则，应采用多点接地。

2) 数字地与模拟地的连接规则

数字地是指 TTL 或 CMOS 芯片、I/O 接口电路芯片、CPU 芯片等数字逻辑电路的接地端，以及 A/D、D/A 转换器的数字地。模拟地是指放大器、采样保持和 A/D、D/A 中模拟信号的接地端。在单片机系统中，数字地和模拟地应分别接地。即使是一个芯片上有两种地也要分别接地，然后在一点处把两种地连接起来，否则数字回路通过模拟电路的地线再返回到数字电源，将会对模拟信号产生影响。

3) 印刷电路板的地线分布原则

印刷电路板的地线分布原则如下：

(1) TTL 和 CMOS 器件的接地线要成辐射网状，避免环形。

(2) 电路板上的地线的宽度要根据通过电流的大小而定，最好不小于 3 mm。在可能的情况下，地线尽量加宽。

（3）旁电路的地线不要太长。

（4）功率地通过电流信号较大，地线应较宽，必须与小信号地分开。

4）信号电缆屏蔽层的接地

信号电缆可以采用双绞线和多芯线，有屏蔽和无屏蔽两种情况。双绞线具有抑制电磁干扰的作用，屏蔽线具有抑制静电感应的干扰作用。对于屏蔽线，屏蔽层最佳的接地点是在信号源侧（一点接地）。

9.3.4　其它提高系统可靠性的方法

1）使用微处理器监控电路

为了提高系统的可靠性，需要芯片生产商推出的微处理器监控芯片，这些芯片具有如下功能。

（1）加电复位；

（2）监控电压变化；

（3）Watchdog 电路；

（4）芯片功能；

（5）备份电池切换开关等。

典型产品有 MAXIM 公司推出的 MAX690A/MAX692A，MAX703A ~ MAX709/MAX813L，美国 IPM 公司生产的 IPM706 等。这些产品功能和原理相似，使用方法可查阅有关资料。

2）软件抗干扰措施

对于开关量的输入，在软件上可以采取多次（至少两次）读入的操作，几次读入经比较无误后，再进行确认。开关输出时，可以对输出量进行回读，经比较确认无误后再输出。对于按钮和开关，要用软件延时的办法避免机械抖动造成的误读。

在条件控制中，对于条件控制的一次采样、处理、控制输出，应该为循环的采样、处理、控制输出。但由于软件设计灵活，节省硬件资源，所以软件抗干扰技术已得到较为广泛的应用。软件抗干扰技术的一般方法如下。

（1）软件滤波。采用软件的方法抑制叠加在输入信号上的噪声影响，可以通过软件滤波法提出虚假信号，求取真值。软件滤波方法有两种：一是算术平均滤波法；二是滑动平均滤波法。

（2）开关量的输入、输出抗干扰设计。可采用对开关量输入信号重复检测，对开关量输出口数据刷新的方法。

（3）由于 CPU 受到干扰，程序计数器 PC 的状态被破坏，导致程序从一个区域跳转到另一个区域，或者程序在地址空间内"乱飞"，或者进入死循环。因此必须尽可能早地发现并采取措施，把程序纳入正轨。为使"乱飞"的程序被拦截或程序摆脱死循环可采取指令冗余、软件陷阱或"看门狗"等技术。

9.4　应用系统实例 1——温度时间测量与显示系统

在日常工业生产和生活领域，通常需要进行一些与时间、温度有关的数据的采集与显示。这就需要我们设计一个微机应用系统，能够同时测量温度和实时显示温度与当前时间。例如，在测量系统中，特别是长时间无人值守的测控系统中，经常需要记录某些具有特殊意义的数据及其出现的时间和温度。在本节中，主要介绍基于单片机的温度与时间采集与显示系统。

9.4.1　系统的功能分析

温度与时间采集系统的功能主要是完成温度、时间的采集与显示，即

（1）实时温度的采集。采用温度传感器完成温度的采集，在实际应用中，可以采用的温度传感器有模拟和数字两种类型，采用数字传感器可以降低系统设计的难度。由于在日常生活中，主要测量的是天气问题，我们采用物美价廉的单线数字温度传感器 18B20 芯片。

（2）时钟采集。单片机用软件可以完成时钟的功能，但时钟精度差，因此在这里我们采用 Dallas 公司生产的串行实时时钟芯片 DS1302 来完成时钟的功能。采用串口与单片机进行实时的通信。

（3）时钟温度的显示。能够实时显示当前的时间与温度，这里我们采用常见的 LCD1602 显示模块。

9.4.2　系统的设计方案

根据设计的功能要求，确定系统的设计方案。该系统主要由 6 个模块组成，分别为单片机控制模块，时钟电路模块，复位电路模块，温度采集电路模块，时间采集电路模块和时时温度显示电路模块，如图 9.3 所示。

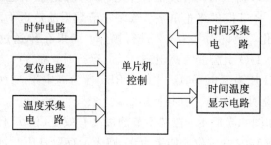

图 9.3　温度时钟系统采集框图

单片机主要完成整个系统的控制与调度，对信息进行输入、输出、处理和交换；时钟电路为单片机系统提供时间基准；复位电路主要完成单片机的初始化，它可以实现上电复位和手动复位；温度采集电路完成实时的温度采集，在这里采用串行总线的方式完成数据的传输；时间采集电路主要完成精确的时钟产生，产生精确的时分秒信号；时间温度显示电路主要完成时间温度的显示。

9.4.3　系统硬件电路的设计

本实例中以 DS18B20 作为温度传感器，DS1320 作为实时时钟芯片，采用 AT89S52 作为微控制器，形成一个温度时间补偿和检测系统。该系统的输出为一个 LCD 显示器——LCD1602，下面简要介绍每个具体电路。

1. 单片机 AT89S52

单片机采用 Atmel 公司的 AT89S52 芯片。AT89S52 是一种低功耗、高性能 CMOS 8 位

微控制器，具有 8 KB 在线系统可编程 Flash 存储器，使 Atmel 公司高密度非易失性存储器技术制造，与工业 80C51 产品指令和引脚完全兼容。片上 Flash 允许程序存储器在线系统编程，亦适于常规编程器。在单芯片上，拥有灵巧 8 位 CPU 和在线系统可编程 Flash，使得 AT89S52 为众多嵌入式控制应用系统提供高灵活、高效的解决方案。AT89S52 具有以下标准功能：8 千字节 Flash，256 字节 RAM，32 位 I/O 口线，看门狗定时器，2 个数据指针，3 个 16 位定时器/计数器，一个 6 向量 2 级中断结构，全双工串行口，片内晶振及时钟电路。另外，AT89S52 可降至 0 Hz 静态逻辑操作，支持 2 种软件可选择节电模式。空闲模式下，CPU 停止工作，允许 RAM、定时器/计数器、串口、中断继续工作。掉电保护模式下，RAM 内容被保存，振荡器被冻结，单片机一切工作停止，直到下一个中断或硬件复位为止。

2. 实时时钟电路

实时时钟电路采用美国 DALLAS 公司的 DS1302 集成芯片。它是一种高性能、低功耗、带 RAM 的实时时钟电路，它可以对年、月、日、周、时、分、秒进行计时，具有闰年补偿功能，工作电压为 2.5～5.5 V。它采用三线接口与 CPU 进行同步通信，并可采用突发方式一次传送多个字节的时钟信号或 RAM 数据。DS1302 内部有一个 31×8 的用于临时性存放数据的 RAM 寄存器。

DS1302 的引脚排列如图 9.4 所示。其中 V_{CC1} 为后备电源，V_{CC2} 为主电源。在主电源关闭的情况下，也能保持时钟的连续运行。DS1302 由 V_{CC1} 或 V_{CC2} 两者中的较大者供电。当 V_{CC2} 大于 $V_{CC1}+0.2$ V 时，V_{CC2} 给 DS1302 供电。当 V_{CC2} 小于 V_{CC1} 时，DS1302 由 V_{CC1} 供电。X1 和 X2 是振荡源，外接 32.768 kHz 晶振。$\overline{RST}$ 是复位/片选线，通过把 $\overline{RST}$ 输入驱动置高电平来启动所有的数据传送。$\overline{RST}$ 输入有两种功能：首先，$\overline{RST}$ 接通控制逻辑，允许地址/命令序列送入移位寄存器；其次，$\overline{RST}$ 提供终止单字节或多字节数据的传送手段。当 $\overline{RST}$ 为高电平时，所有的数据传送被初始化，允许对 DS1302 进行操作。如果在传送过程中 $\overline{RST}$ 置为低电平，则会终止此次数据传送，I/O 引脚变为高阻态。上电运行时，在 $V_{CC}>2.0$ V 之前，$\overline{RST}$ 必须保持低电平。只有在 SCLK 为低电平时，才能将 $\overline{RST}$ 置为高电平。I/O 为串行数据输入输出端（双向），后面有详细说明。SCLK 为时钟输入端。

DS1302 的控制字如图 9.5 所示。控制字节的最高有效位（位 7）必须是逻辑 1，如果它为 0，则不能把数据写入 DS1302 中；位 6 如果为 0，则表示存取日历时钟数据；为 1 则表示存取 RAM 数据；位 5 至位 1 指示操作单元的地址；最低有效位（位 0）为 0 表示要进行写操作，为 1 表示要进行读操作，控制字节总是从最低位开始输出。

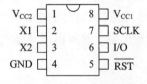

图 9.4　DS1302 封装图

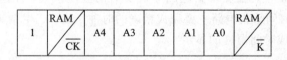

图 9.5　DS1302 的控制字

在控制指令字输入后的下一个 SCLK 时钟的上升沿时，数据被写入 DS1302，数据输入从低位即位 0 开始。同样，在紧跟 8 位的控制指令字后的下一个 SCLK 脉冲的下降沿读出 DS1302 的数据，读出数据时从低位 0 位到高位 7。

DS1302 有 12 个寄存器，其中有 7 个寄存器与日历、时钟相关，存放的数据位为 BCD 码形式，其日历、时间寄存器及其控制字见表 9.1。此外，DS1302 还有年份寄存器、控制寄存器、充电寄存器、时钟突发寄存器及与 RAM 相关的寄存器等。时钟突发寄存器可一次性顺序读写除充电寄存器外的所有寄存器内容。DS1302 与 RAM 相关的寄存器分为两类：一类是单个 RAM 单元，共 31 个，每个单元组态为一个 8 位的字节，其命令控制字为 C0H～FDH，其中奇数为读操作，偶数为写操作；另一类为突发方式下的 RAM 寄存器，此方式下可一次性读写所有的 RAM 的 31 个字节，命令控制字为 FEH（写）、FFH（读）。

DS1302 与 CPU 的连接需要三条线，即 SCLK(7)、I/O(6)、$\overline{RST}$(5)。

表 9.1　日历时间寄存器及其控制字

寄存器名	命令字		取值范围	各位内容							
	读操作	写操作		7	6	5	4	3	2	1	0
秒寄存器	80H	81H	00—59	CH		10SEC			SEC		
分寄存器	82H	83H	00—59	0		10MIN			MIN		
小时寄存器	84H	85H	01—12 00—23	12/24	0	AP/10	HR		HR		
日寄存器	86H	87H	01—28 29　30　31	0	0		10DATE		DATE		
月寄存器	88H	89H	01—12	0	0	0	10M		MONTH		
周寄存器	8AH	8BH	01—07	0	0	0	0	0		DAY	
年寄存器	8CH	8DH	00—99			10YEAR			YEAR		

3. 数字温度传感器

温度采集电路采用美国 Dallas 半导体公司的数字化温度传感器 DS1820。它是支持"一线总线"接口的温度传感器，在其内部使用了在板（ON－B0ARD）专利技术。全部传感元件和转换电路集成在形如三极管的集成电路内。一线总线独特而且经济的特点，使用户可轻松地组建传感器网络，为测量系统的构建引入了全新概念。

DS1820 数字化温度传感器提供 9～12 位（二进制）温度读数，温度信息经过单线接口送入 DS1820 或从 DS1820 送出，因此从主机 CPU 到 DS1820 仅需一条线（和地线）。DS1820 的电源可以由数据线本身提供而不需要外部电源，因为每一个 DS1820 在出厂时已经给定了唯一的序号，因此任意多个 DS1820 可以存放在同一条单线总线上，这允许在许多不同的地方放置温度敏感器件。DS18B20 的测量范围从－55℃到＋125℃增量值为 0.5，可在 1 s（典型值）内把温度模拟信号变换成数字信号。

1) DS18B20 的封装

DS18B20 的引脚采用 To－92 和 8－PinSOIC 封装，外形和引脚排列如图 9.6 所示。

DS18B20 引脚定义：

· GND：电源地。

· DQ：数字信号输入/输出端。

- Vdd：外接供电电源输入端（在寄生电源接线方式时接地）。
- NC：空引脚。

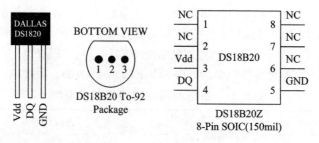

图 9.6 DS18B20 的封装

2）DS18B20 的构成

DS18B20 的内部结构如图 9.7 所示，主要包括：寄生电源、温度传感器、64 位激光（lasered）ROM、存放中间数据的高速暂存器 RAM、非易失性温度报警器 TH 和 TL、配置寄存器等部分。

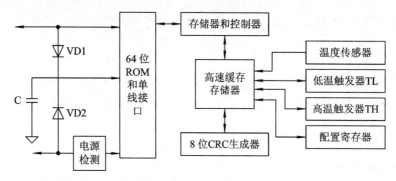

图 9.7 DS18B20 的内部结构

（1）寄生电源。寄生电源由二极管 VD1、VD2、寄生电容 C 和电源检测电路组成，电源检测电路用于判定供电方式，DS18B20 有两种供电方式：3～5.5 V 的电源供电方式和寄生电源供电方式（直接从数据线获取电源）。寄生电源供电时，Vdd 端接地，器件从单总线上获取电源。当 I/O 总线呈低电平时，由电容 C 上的电压继续向器件供电。该寄生电源有两个优点：第一，检测远程温度时无需本地电源；第二，缺少正常电源时也能读 ROM。

（2）64 位激光 ROM。ROM 中的 64 位序列号是出厂前被光刻好的，它可以看做是该 DS18B20 的地址序列码。激光 ROM 的作用是使每一个 DS18B20 都各不相同，这样就可以实现一根总线上挂接多个 DS18B20 的目的。64 位激光 ROM 序列号的排列是：开始 8 位（28H）是产品类型标号，接着的 48 位是该 DS18B20 自身的序列号，最后 8 位是前面 56 位的循环冗余校验码（CRC＝X8＋X5＋X4＋1）。

（3）温度传感器。DS18B20 中的温度传感器可以完成对温度的测量。DS18B20 的温度测量范围是－55 ℃～＋125 ℃，分辨率的默认值是 12 位。DS18B20 温度采集转化后得到 16 位数据，存储在 DS18B20 的两个 8 位 RAM 中，如表 9.2 所示。高字节的高 5 位 S 代表符号位，如果温度值大于或等于 0，符号位为 0；温度值小于 0，符号位为 1；低字节的第 4 位是小数部分，中间 7 位是整数部分。测得的温度和数字量的关系如表 9.3 所示。

表 9.2   DS18B20 的 16 位数据位定义

低字节	D7	D6	D5	D4	D3	D2	D1	D0
	2^3	2^2	2^1	2^0	2^{-1}	2^{-2}	2^{-3}	2^{-4}
高字节	D15	D14	D13	D12	D11	D10	D9	D8
	S	S	S	S	S	S	S	S

表 9.3   DS18B20 温度与数字输出的典型值

温度(℃)	二进制数字输出	十六进制数字输入
+125	0000 0111 1101 0000	07D0H
+25.0625	0000 0001 1001 0001	0191H
+0.5	0000 0000 0000 1000	0008H
+0	0000 0000 0000 0000	0000H
−0.5	1111 1111 1111 1000	FFF8H
−25.0625	1111 1110 0110 1111	FE6FH
−55	1111 1100 1001 0000	FC90H

(4) 内部存储器。DS18B20 温度传感器的内部存储器包括一个高速暂存器 RAM 和一个非易失性的可电擦除的 EEPROM，EEPROM 用于存放高温度和低温度触发器 TH、TL 和配置寄存器的内容。高速暂存存储器由 9 个字节组成，其分配如图 9.8 所示。

① 第 1 个和第 2 个字节是测得的温度信息，第 1 个字节的内容是温度的低 8 位，第 2 个字节是温度的高 8 位。

② 第 3 个和第 4 个字节是 TH 和 TL 的非易失性复制，在每一次上电复位时被刷新(从 EEPROM 中复制到暂存器中)。

③ 第 5 个字节是配置寄存器，每次上电后配置器也会刷新。

④ 第 6、7、8 个字节保留。

⑥ 第 9 个字节是冗余校验字节。

(5) 配置寄存器。暂存器的第 5 字节是配置寄存器，可通过相应的写命令进行配置，其内容如表 9.4 所示。

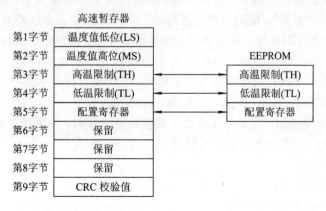

图 9.8 DS18B20 的内部存储器结构

表 9.4   配置寄存器未定义

D7	D6	D5	D4	D3	D2	D1	D0
TM	R1	R2	1	1	1	1	1

低 5 位一直都是"1"，TM 是测试模式位，用于设置 DS18B20 在工作模式还是在测试模式。在 DS18B20 出厂时该位被设置为 0，用户不要去改动。R1 和 R2 用来设置 DS18B20 的分辨率，如表 9.5 所示(DS18B20 出厂时被设置为 12 位)。

表 9.5   分 辨 率 配 置

R1	R2	分辨率(位)	温度最大转换时间
0	0	9	93.75
0	1	10	187.5
1	0	11	375
1	1	12	750

4. 时钟温度显示电路

在本例中时钟温度显示电路采用字符型液晶显示模块 LCD1602，长沙太阳人电子有限公司的 1602 字符型液晶显示器 LCD1602 是一种专门用于显示字母、数字、符号等点阵式 LCD，它可以显示两行字符，每行可以显示 16 个字。1602LCD 分为带背光和不带背光两种，基控制器大部分为 HD44780，带背光的比不带背光的厚，是否带背光在应用中并无差别。

1) 1602LCD 主要技术参数

显示容量：16×2 个字符。

芯片工作电压：4.5～5.5 V。

工作电流：2.0 mA(5.0 V)。

模块最佳工作电压：5.0 V。

字符尺寸：2.95×4.35(W×H) mm。

2) 引脚功能说明

第 1 脚：VSS 为地电源。

第 2 脚：VDD 接 5 V 正电源。

第 3 脚：VL 为液晶显示器对比度调整端，接正电源时对比度最弱，接地时对比度最高，对比度过高时会产生"鬼影"，使用时可以通过一个 10 kΩ 的电位器调整对比度。

第 4 脚：RS 为寄存器选择，高电平时选择数据寄存器；低电平时选择指令寄存器。

第 5 脚：R/W 为读写信号线，高电平时进行读操作，低电平时进行写操作。当 RS 和 R/W 共同为低电平时可以写入指令或者显示地址，当 RS 为低电平 R/W 为高电平时，可以读忙信号；当 RS 为高电平、R/W 为低电平时，可以写入数据。

第 6 脚：E 端为使能端，当 E 端由高电平跳变成低电平时，液晶模块执行命令。

第 7～14 脚：D0～D7 为 8 位双向数据线。

第 15 脚：背光源正极。

第 16 脚：背光源负极。

3) 1602LCD 的指令说明和时序

1602 液晶模块内部的控制器共有 11 条控制指令，如表 9.6 所示。

表 9.6　控 制 命 令 表

序号	指　　　令	RS	R/W	D7	D6	D5	D4	D3	D2	D1	D0
1	清显示	0	0	0	0	0	0	0	0	0	1
2	光标返回	0	0	0	0	0	0	0	0	1	*
3	置输入模式	0	0	0	0	0	0	0	1	I/D	S
4	显示开/关控制	0	0	0	0	0	0	1	D	C	B
5	光标或字符移位	0	0	0	0	1	S/C	R/L	*	*
6	置功能	0	0	0	0	1	DL	N	F	*	*
7	置字符发生存储器地址	0	0	0	1	字符发生存贮器地址
8	置数据存储器地址	0	0	1	显示数据存贮器地址
9	读忙标志位或光标地址	0	1	BF	计数器地址
10	写数到 CGRAM 或 DDRAM)	1	0	要写的数据内容
11	从 CGRAM 或 DDRAM 读数	1	1	读出的数据内容

1602 液晶模块的读写操作、屏幕和光标的操作都是通过指令编程来实现的(说明：1 为高电平、0 为低电平)。

指令 1：清显示，指令码 01H，光标复位到地址 00H 位置。

指令 2：光标复位，光标返回到地址 00H。

指令 3：光标和显示模式设置，I/D：光标移动方向，高电平表示右移，低电平表示左移；S：屏幕上所有文字是否左移或者右移。高电平表示有效，低电平表示无效。

指令 4：显示开/关控制，D：控制整体显示的开与关，高电平表示开显示，低电平表示关显示；C：控制光标的开与关，高电平表示有光标，低电平表示无光标；B：控制光标是否闪烁，高电平表示闪烁，低电平表示不闪烁。

指令 5：光标或字符移位，S/C：高电平时，移动显示的文字；低电平时，移动光标。

指令 6：功能设置命令，DL：高电平时为 4 位总线，低电平时为 8 位总线；N：低电平时为单行显示，高电平时双行显示；F：低电平时显示 5×7 的点阵字符，高电平时显示 5×10 的点阵字符。

指令 7：字符发生器 RAM 地址设置。

指令 8：DDRAM 地址设置。

指令 9：读忙标志位和光标地址，BF：为忙标志位，高电平表示忙，此时模块不能接收命令或者数据，低电平表示不忙。

指令 10：写数据。

指令 11：读数据。

读、写操作时序分别如图 9.9 和 9.10 所示。

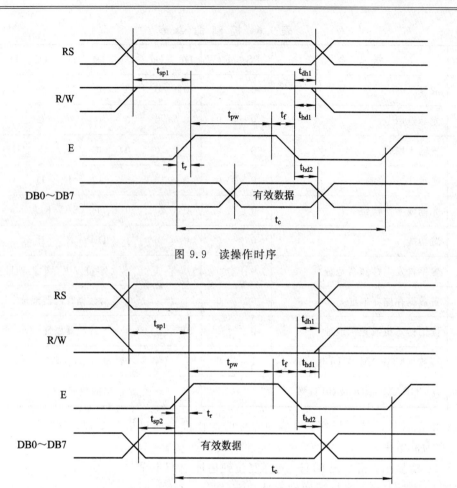

图 9.9　读操作时序

图 9.10　写操作时序

4) 1602LCD 的 RAM 地址映射和标准字库表

液晶显示模块是一个慢显示器件，所以在执行每条指令之前一定要确认模块的忙标志位，若为低电平，表示不忙，否则此指令失效。要显示字符时要先输入显示字符地址，也就是告诉模块在哪里显示字符，1602 的内部显示地址如图 9.11 所示。

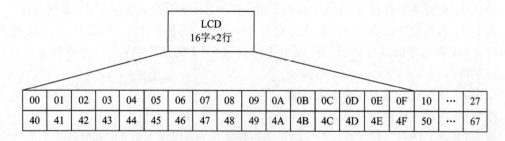

图 9.11　1602LCD 内部显示地址

例如第二行第一个字符的地址是 40H，那么是否直接写入 40H 就可以将光标定位在第二行第一个字符的位置呢？这样不行，因为写入显示地址时要求最高位 D7 恒定为高电平 1，所以实际写入的数据应该是 01000000B(40H)＋10000000B(80H)＝11000000B(C0H)。

在对液晶模块的初始化中要先设置其显示模式，在液晶模块显示字符时光标是自动右移的，无需人工干预。每次输入指令前都要判断液晶模块是否处于忙的状态。

1602 液晶模块内部的字符发生存储器(CGROM)已经存储了 160 个不同的点阵字符图形，如图 9.12 所示，这些字符有：阿拉伯数字、英文字母的大小写、常用的符号、和日文假名等，每一个字符都有一个固定的代码，比如大写的英文字母"A"的代码是 01000001B (41H)，显示时模块把地址 41H 中的点阵字符图形显示出来，我们就能看到字母"A"。

高位 / 低位	0000	0010	0011	0100	0101	0110	0111	1010	1011	1100	1101	1110	11111
xxxx0000	CGROM (1)		0	@	P	`	p		一	タ	ミ	α	p
xxxx0001	(2)	!	1	A	Q	a	q	。	ア	チ	ム	ä	q
xxxx0010	(3)	"	2	B	R	b	r	「	イ	川	メ	β	θ
xxxx0011	(4)	#	3	C	S	c	s	」	ウ	テ	モ	ε	∞
xxxx0100	(5)	$	4	D	T	d	t	、	エ	ト	ヤ	μ	Ω
xxxx0101	(6)	%	5	E	U	e	u	・	オ	ナ	ユ	σ	ü
xxxx0110	(7)	&	6	F	V	f	v	テ	カ	ニ	ヨ	ρ	Σ
xxxx0111	(8)	'	7	G	W	g	w	ア	キ	ヌ	ラ	g	π
xxxx1000	(1)	(	8	H	X	h	x	ィ	ク	ネ	リ	√	
xxxx1001	(2)	)	9	I	Y	i	y	ゥ	ケ	ノ	ル	−1	y
xxxx1010	(3)	*	:	J	Z	j	z	エ	コ	リ	レ	j	千
xxxx1011	(4)	+	;	K	[	k	{	ォ	サ	ヒ	ロ	X	万
xxxx1100	(5)	,	<	L	¥	l	|	セ	シ	フ	ワ	¢	Д
xxxx1101	(6)	一	=	M	]	m	}	ユ	ヌ	ヘ	ン	も	÷
xxxx1110	(7)	.	>	N	^	n	~	ヨ	セ	ホ	ハ	ñ	
xxxx1111	(8)	/	?	O	_	o	←	ッ	ソ	マ	°	ö	

图 9.12　字符代码与图形对应图

5）1602LCD 的一般初始化(复位)过程

① 延时 15 ms。

② 写指令 38H(不检测忙信号)。

③ 延时 5 ms。

④ 写指令 38H(不检测忙信号)。

⑤ 延时 5 ms。

⑥ 写指令 38H(不检测忙信号)。以后每次写指令、读/写数据操作均需要检测忙信号。

⑦ 写指令 38H：显示模式设置。

⑧ 写指令 08H：显示关闭。

⑨ 写指令 01H：显示清屏。

⑩ 写指令 06H：显示光标移动设置。

⑪ 写指令 0CH：显示开和光标设置。

5. 复位电路

复位电路产生复位信号，复位信号送入 RST 后还要送至片内的施密特触发器，由片内复位电路在每个机器周器的 S5P2 时刻对触发器输出采样信号，然后由内部复位电路产生复位操作所要的信号。复位电路具有上电自动复位和按键复位。

上电自动复位原理：RST 引脚是复位信号的输入端，只要高电平的复位信号持续两个机器周期以上的有效时间，就可以使单片机上电复位信号无效。按键复位在此不再作过多的介绍，其原理和上电复位是相同的。但其采用的是脉冲复位电路和电平复位电路两种。系统的复位电路如图 9.13 所示。

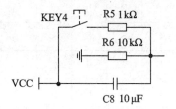

图 9.13 系统的复位电路

6. 时钟电路

本系统中采用了 12 MHz 的晶振，给系统提供时钟。图中的 C6、C7 电容起着系统时钟频率微调和稳定的作用。设计中一定要注意正确选择参数(30 pF)，并保证电路的对称性。系统时钟电路如图 9.14 所示。

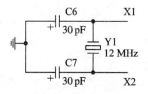

图 9.14 系统时钟电路

7. 电路原理图及 I/O 分配

本例总的电路原理图如图 9.15 所示，单片机的 I/O 口与各模块引脚的连接和相关的地址分配如下：

- P2.3：DS1302 的数据输入、输出引脚端口。
- P2.4：DS1302 的串行时钟输入端口。
- P2.5：LCD1602 的片选使能信号，下降沿触发。
- P2.6：LCD1602 的读写控制信号，高电平表示读，低电平表示写。
- P2.7：LCD1602 的寄存器选择信号，高电平表示数据，低电平表示指令。
- P3.4：温度传感器 DS18B20 的数据输入端口。
- P3.6：DS1302 的复位引脚端口。

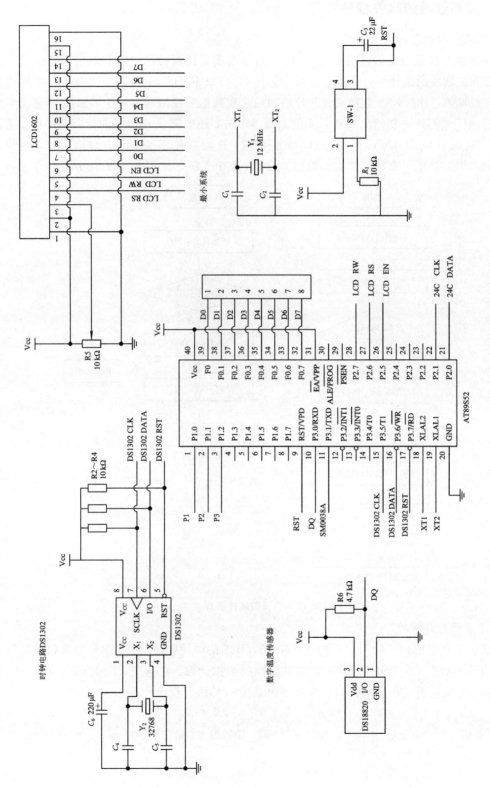

图 9.15　温度时间测量与显示系统电路原理图

9.4.4 控制过程的软件程序实现

1）本系统的软件功能

本系统主要完成数据信息的采集与显示，在这里要完成时钟的接收和温度数据的采集和显示。因此在软件的设计中，要考虑对采集芯片 DS1302 和 DS18B20 的软件操作。单片机控制 DS1302 时钟芯片的软件主要完成芯片的初始化和数据的读取；而对于 DS18B20 芯片，涉及的软件除了对芯片的初始化和对采集的数据读取外，还要完成对温度的检测和补偿，通过 AT89S52 完成对 DS18B20 芯片的控制和数据传输，查询当前的 DS18B20 温度采集和转换是否完成是关键，并且完成对转换后的数据的读取。整个系统的流程如图 9.16 所示。

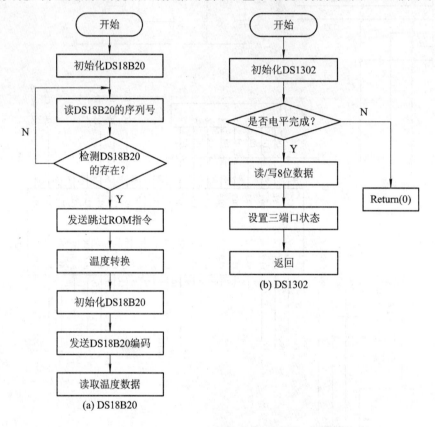

图 9.16 系统的软件流程图

2）系统的软件代码

系统的主程序用 C51 编写，主要完成对 DS18B20 的调用中断管理、测量温度值的计算及温度值的显示功能，对 DS1302 的实时时钟时间的数据读取。在这里，DS18B20 的分辨率可以通过编程进行选择。在这里我们详细的列出系统的 C 语言程序代码。

```
/* * * * * * * * * * * * * * * * * * * * * * * * * * * * * * * * * * *
使用 1602 液晶显示＋DS1302＋C51 时钟＋DS18B20 温度显示
注：AT89C51 使用 12 MHz 晶振
/* * * * * * * * * * * * * * * * * * * * * * * * * * * * * * * * * * */
#include <reg52.h>
#include <string.h>
```

```
#include <intrins. h>
#define Data_Port    P0
#define uchar unsigned char
#define uint unsigned int
//LCD 与单片机连接口
#define  Busy   0x80                          //用于检测 LCM 状态字中的 Busy 标识
Sbit LCD_RW = P2^1;
Sbit LCD_RS = P2^0;
Sbit LCD_EN = P2^2;
//DS1302 与单片机的接口
Sbit T_CLK = P2^4;
Sbit T_IO = P2^3;
Sbit T_RST = P3^6;
//DS18B20 与单片机的接口
Sbit DQ = P3^4;
Sbit ACC0 = ACC0;
Sbit ACC = ACC^7;
uint   tvalue;                              //温度值
uchar  tflag;                               //温度正负标志
uchar  data  disdata[5];                    //存放温度值
uchar  data  init_time[7] = {0x00,0x00,0x12,0x03,0x07,0x06,0x13};
//初始化后设置为：13 年 06 月 07 日，星期五，12 点 0 分 0 秒
Uchar  data clk_time[7];                     //存放时间值
//子函数列表
Viod Delay(int dec);                        //延时子程序
//LCD1602 子函数
Viod WriteDataLCM(uchar WDLCM);             //写显示数据到 LCD
Viod WriteCommandLCM(uchar WCLM);           //写指令数据到 LCD
bit   ReadStatusLCM(void);                  //检测忙状态
void Init_LCM(void);                        //LCM 初始化
void DispByte_LCM(uchar Y,  uchar X,  uchar DData);       //按指定位置显示一字符
void DispList_LCM(uchar X,  uchar Y,  uchar data * AData);  //按指定位置显示一字符
//DS1302 子函数
Void InputByte_DS1302(uchar d);              //实时时钟写入一字节
Void IoutputByte_DS13302(uchar d);           //实时时钟写入一串字节
Viod Write_DS1302(uchar ucAddr,  uchar ucDa);  //往 DS1302 写入数据
Uchar Read_DS1302(uchar ucAddr);             //读取 DS1302 某地址的数据
Viod Set_DS1302(uchar data * pClock);        //设置初始时间
Viod Time_DS1302(Viod);                     //读取实时时钟
Viod Disp_DS1302(Viod);                     //显示时间
//DS18B20 子函数
Viod Delay_18B20(uint i);                   //DS18B20 复位
Uchar Read_DS18B20(Viod);                   //从 DS18B20 中读数据
Viod Write_DS18B20(uchar wdata);            //从 DS18B20 中写数据
```

```
Viod Read_DS18B20_temp(Viod);                    //读取温度值并转换
Viod Disp_DS18B20(Viod);                         //温度值显示
/* * * * * * * * * * * * * * * * * * * * * * * * * * * * *
            函数：延时子程序
* * * * * * * * * * * * * * * * * * * * * * * * * * * * * * */
Viod Delay(int dec)
{ int i;
while(dec－－)
  { for(i＝0;i＜250;t＋＋)
    { _nop_();
    }
  }
}
/* * * * * * * * * * * * * * * * * * * * * * * * * * * * * *
            函数：LCD1602 驱动程序
* * * * * * * * * * * * * * * * * * * * * * * * * * * * * * */
/* * * * * * * * * * * * * * * * * * * * * * * * * * * * * *
            函数：写显示数据到 LCD
* * * * * * * * * * * * * * * * * * * * * * * * * * * * * * * */
   viod   WriteDataLCM(uchar   WDLCM)
{ While(ReadStatusLCM());              //检测忙
  LCD_RS = 1;
  LCD_RW = 0;
  LCD_EN = 0;
  Data_port = WDLCM;
  _nop_();_nop_(); _nop_();_nop_();
  LCD_EN = 1;
  _nop_();_nop_(); _nop_();_nop_();
  LCD_EN = 0;
}
/* * * * * * * * * * * * * * * * * * * * * * * * * * * * *
            函数：写指令数据到 LCD
* * * * * * * * * * * * * * * * * * * * * * * * * * * * * * */
viod   WriteCommandLCM(uchar   WCLCM)
{ While(ReadStatusLCM());                  //检测忙
  LCD_RS = 0;
  LCD_RW = 0;
  LCD_EN = 0;
  Data_port = WCLCM;
  _nop_();_nop_(); _nop_();_nop_();
  LCD_EN = 1;
  _nop_();_nop_(); _nop_();_nop_();
  LCD_EN = 0;
}
```

```
/ * * * * * * * * * * * * * * * * * * * * * * * * * * * * * *
         函数：检测忙状态
 * * * * * * * * * * * * * * * * * * * * * * * * * * * * * */
bit    ReadStatusLCM(viod)
{ bit result;
  LCD_RS = 0;
  LCD_RW = 1;
  LCD_EN = 1;
    _nop_();_nop_();_nop_();_nop_();
    result = (bit)(Data_Port&Busy);
    LCD_EN = 0;                    //检测忙信号
  return   result;
}
/ * * * * * * * * * * * * * * * * * * * * * * * * * * * * * *
         函数：LCD1602 初始化
 * * * * * * * * * * * * * * * * * * * * * * * * * * * * * */
viod   Init_LCM(viod)
{ Data_Port = 0;
  WriteCommandLCM(0x38);
  Delay(5);
  WriteCommandLCM(0x38);
  Delay(5);
  WriteCommandLCM(0x38);
  Delay(5);
  WriteCommandLCM(0x08);         //关闭显示
  WriteCommandLCM(0x01);         //显示清屏
  WriteCommandLCM(0x06);         //显示光标移动设置
  WriteCommandLCM(0x0c);         //显示开及关光标设置
}
/ * * * * * * * * * * * * * * * * * * * * * * * * * * * * * *
         函数：按指定位置显示一个字符
 * * * * * * * * * * * * * * * * * * * * * * * * * * * * * */
viod   DispByte_LCM(uchar   Y; uchar   X; uchar data   DData)
{ Y & = 0x01;
  X & = 0xf;                      //限制 X 不能大于 15，Y 不能大于 1
  If (Y) X | = 0xC0;             //Y=0，显示第一行；Y=1，显示第二行
  X | = 0x80;                    //算出指令码
  WriteCommandLCM(X);            //发送地址码
  WriteCommandLCM(DData);        //显示单个字符
}
/ * * * * * * * * * * * * * * * * * * * * * * * * * * * * * *
         函数：按指定位置显示一个串符
 * * * * * * * * * * * * * * * * * * * * * * * * * * * * * */
viod   DispListe_LCM(uchar   Y; uchar   X; uchar data   * AData)
```

```
{ uchar   ListLength, j;
  ListLength = strlen(AData);
  Y &. = 0x1;
  X &. = 0xf;                          //限制 X 不能大于 15，Y 不能大于 1
  If (Y) X | = 0xC0;                   //Y=0，显示第一行；Y=1，显示第二行
  X | = 0x80;                          //算出指令码
  WriteCommandLCM(X);                  //发送地址码
    for( j = 0; j < ListLength; i++)
    {
      WriteDataLCM(AData[j]);          //显示单个字符
      X++;
    }
}
/* * * * * * * * * * * * * * * * * * * * * * * * * * * * *
        函数：DS1302 读写程序
* * * * * * * * * * * * * * * * * * * * * * * * * * * * * */
  /* * * * * * * * * * * * * * * * * * * * * * * * * * *
        函数：实时时钟写入一字符
* * * * * * * * * * * * * * * * * * * * * * * * * * * * * */
viod IputByte_DS1302(uchar d)
{ uchar i;
  ACC = d;
  for(i=8;i>0;i--)
  {
    T_IO = ACC0;                       //相当于汇编中的 RRC
    T_CLK - 1;
    T_clk = 0;
    ACC = ACC>>1;
  }
}
/* * * * * * * * * * * * * * * * * * * * * * * * * * * * *
        函数：实时时钟读取一字节
* * * * * * * * * * * * * * * * * * * * * * * * * * * * * */
uchar OutputByte_DS1302(viod)
{
  uchar i;
  for(i=8;i>0;i--)
  {
    ACC = ACC>>1;                      //相当于汇编中的 RRC
    ACC7 = T_IO;
    T_CLK = 1;
    T_CLK = 0;
  }
  Return (ACC);
```

```
}
/* * * * * * * * * * * * * * * * * * * * * * * * * * * *
        函数：往 DS1302 写入数据
* * * * * * * * * * * * * * * * * * * * * * * * * * * * */
Viod Write_DS1302(uchar ucAddr,  uchar ucDa)
{
    T_RST = 0;
    T_CLK = 0;
    T_RST = 1;
    InputByte_DS1302(ucAddr);          //地址，命令
    InputByte_DS1302(ucDa);            //写 1Byte
    T_CLK = 1;
    T_RST = 0;
}
/* * * * * * * * * * * * * * * * * * * * * * * * * * * *
        函数：读取 DS1302 某地址的数据
* * * * * * * * * * * * * * * * * * * * * * * * * * * * */
uchar Read_DS_1302(uchar ucAddr)
{
    uchar  ucData;
    T_RST = 0;
    T_CLK = 0;
    T_RST = 1;
    InputByte_DS1302(ucAddr);          //地址，命令
    ucData = OutputByte_DS1302();      //读 1Byte
    T_CLK = 1;
    T_RST = 0;
    return  (ucData);
}
/* * * * * * * * * * * * * * * * * * * * * * * * * * * *
        函数：设置初始时间
* * * * * * * * * * * * * * * * * * * * * * * * * * * * */
void Set_DS1302(uchar data   * pClock)
{
    uchar i;
    uchar waAddr = 0x80;
    Write_DS1302(0x8e, 0x00);              //控制命令，WP = 0，写操作
    for(i =7;i>0;i--)
    {
        Write_DS1302(wAddr,    * pClock); //秒、分、时、日、月、星期、年
        pClock++;
        waAddr+=2;
    }
    Write_DS1302(0x8e, 0x80);              //控制命令，WP =1，写保护
```

```
  }
/* * * * * * * * * * * * * * * * * * * * * * * * * * * *
        函数：从实时时钟芯片读取时间
* * * * * * * * * * * * * * * * * * * * * * * * * * * * */
Void Time_DS1302(viod)
{
  uchar i;
  uchar raddr = 0x81;
  for(i=7;i>0;i——)
  {
    Clk_time[i] = Read_DS1302(raddr);
  raddr += 2;
  }
}
/* * * * * * * * * * * * * * * * * * * * * * * * * * * *
        函数：显示从 DS1302 中读取的时间
* * * * * * * * * * * * * * * * * * * * * * * * * * * * */
void Disp_DS1302(viod)
{
  DispByte_LCM(0, 0x2, clk_time[0]);        //显示年-月-日，星期，时：分：秒
  DispByte_LCM(0, 0x3, '—');
  DispByte_LCM(0, 0x4, clk_time[1]);
  DispByte_LCM(0, 0x5, '—');
  DispByte_LCM(0, 0x6, clk_time[2]);
  DispByte_LCM(0, 0xA, clk_time[3]);
  DispByte_LCM(1, 0xB, clk_time[4]);
  DispByte_LCM(1, 0x2, ':');
  DispByte_LCM(1, 0x2, clk_time[5]);
  DispByte_LCM(1, 0x2, ':');
  DispByte_LCM(1, 0x2, clk_time[6]);
}
/* * * * * * * * * * * * * * * * * * * * * * * * * * * *
        函数：DS18B20 程序
* * * * * * * * * * * * * * * * * * * * * * * * * * * * */
/* * * * * * * * * * * * * * * * * * * * * * * * * * * *
        函数：延时 10 * i 微秒
* * * * * * * * * * * * * * * * * * * * * * * * * * * * */
void Delay_18B20(uint i)
{
  while(i——);
}
/* * * * * * * * * * * * * * * * * * * * * * * * * * * *
        函数：DS18B20 复位
* * * * * * * * * * * * * * * * * * * * * * * * * * * * */
```

```
void    Rst_DS18B20(viod)
{
    DQ = 1;
    Delay_18B20(4);                    //DQ 复位
    DQ = 0;                            //延时
    Delay_18B20(100);                  //DQ 拉低
    DQ = 1;                            //精确延时大于 480 μs
    Delay_18B20(40);                   //拉高
}
/* * * * * * * * * * * * * * * * * * * * * * * * * * * * * * * * *
        函数：DS18B20 复位
* * * * * * * * * * * * * * * * * * * * * * * * * * * * * * * * * */
uchar   Read_DS18B20(viod)
{
    uchar   i=0;
    uchar   dat—0;
    for (i=8; i>0; i——)
    {
        DQ = 0;                        //给脉冲信号 0
        dat >> = 1;
        DQ = 1;                        //给脉冲信号 1
        if(DQ)
        dat|= 0x80;
        Delay_18B20(10);
    }
return(dat);
}
/* * * * * * * * * * * * * * * * * * * * * * * * * * * * * * * * *
        函数：向 DS18B20 中写数据
* * * * * * * * * * * * * * * * * * * * * * * * * * * * * * * * * */
viod    Write_DS18B20(uchar wdata)
{
    uchar   i=0;
    for (i=8; i>0; i——)
    {
        DQ = 0;
        DQ = wdata&0x01;
        Delay_18B20(10);
        DQ = 1;
        wdata >>= 1;
    }
}
/* * * * * * * * * * * * * * * * * * * * * * * * * * * * * * * * * *
        函数：读取温度值并转换
```

```
 * * * * * * * * * * * * * * * * * * * * * * * * * * * * * * * * * */
viod   Read_DS18B20_temp(viod)
{
    uchar  a，b；
    Rst_DS18B20()；
    Write_DS18B20( 0xcc )；                   //跳过读序列号
    Write_DS18B20( 0x44 )；                   //启动温度转换
    Rst_DS18B20()；
    Write_DS18B20( 0xcc )；                   //跳过读序列号
    Write_DS18B20( 0xbe )；                   //读取
    a = Read_ DS18B20( 0xbe )；
    b = Read_ DS18B20( 0xbe )；
    tvalue = b；
    tvalue <<= 8；
    tvalue = tvalue|a；
    if (tvalue < 0x0fff)
        tflag =0；
    else
    {
        tvalue = ~ tvalue + 1；
    tflag =1；
    }
    tvalue = tvalue * (0.625)；               //温度值扩大 10 倍，精确到 1 位小数
}
/ * * * * * * * * * * * * * * * * * * * * * * * * * * * * * * * * *
         函数：温度值显示
 * * * * * * * * * * * * * * * * * * * * * * * * * * * * * * * * * */
viod   Display_DS18B20(viod)
{
    uchar   flagdat；
    disdata[0] = tvalue/1000 + 0x30；         //百位数
    disdata[1] = tvalue%1000/100 + 0x30；     //十位数
    disdata[2] = tvalue%100/10 + 0x30；       //个位数
    disdata[4 = tvalue%10 + 0x30；            //小数位
    disdata[3] = 0x2e；                       //装入小数点
    if (tflag==0)
        flagdat =0x20；                       //正温度不显示符合
    else
            flagdat=0x2d；                    //负温度显示负号
    if(disdata[0]==0x30)
    {
        disdata[0]=0x20；                     //如果百位为 0，不显示
        if(disdata[1]==0x30)
        {
```

```
          diadata[1]==0x20;                    //如果百位为 0,十位为 0 也不显示
      }
  }
  DisByte_LCM(1, 0x8, "T");                     //温度从第二行第九个字符开始显示
  DisByte_LCM(1, 0x9, "=");
  DisByte_LCM(1, 0xA, flagdat);
  DisList_LCM(1, 0xB, disdata);
}
/* * * * * * * * * * * * * * * * * * * * * * * * * * * * * * * * * * *
        函数:主函数
  * * * * * * * * * * * * * * * * * * * * * * * * * * * * * * * * * * */
void main(void)
{
  Init_LCM();                                   //初始化 LCD1602
   Set_DS1302(init_time);                       //设置初始化时间:2013 年 06 月 07 日
                                                //星期五 12:00:00
  while(1)
  {
    Time_DS1302();                              //从 DS1302 中读取时间
    Disp_DS1302();                              //显示时间
    Read_DS18B20_temp();                        //从 DS18B20 内读取温度
    Disp_DS18B20();                             //显示温度
  }
}
```

本例介绍了利用单片机作为主控芯片实现温度时钟显示系统的设计过程,其中硬件给出了详细的电路设计图,软件设计给出了整个控制过程代码。读者在学习过程中需要注意以下几点:

(1) 设计之前要明确系统设计的功能要求;

(2) 设计硬件时请注意采用的接口与相应的软件配合编程;

(3) 软件设计中必须考虑对系统的故障诊断与软件复位。

9.5 应用系统实例 2——太阳能电池板追踪系统

太阳能是一种取之不尽、用之不竭的可再生能源,对环境不产生任何污染,既经济又环保。太阳能的利用对解决能源和环境问题具有重要意义。怎样提高太阳能利用率,使这一绿色能源得到大面积的推广使用,是我们现在必须考虑的问题。太阳能电池板的输出功率与光照强度成正比,而光照方向和太阳能电池板之间的夹角也影响太阳光能的利用率,太阳光直射到电池板上,即阳光垂直照射到电池板上,太阳能电池板吸收功率是最大的。因此本系统主要是采用单片机控制电池板随太阳照射角度的变化而变化,使太阳光垂直照射电池板。

9.5.1 系统的功能分析

太阳能电池板追踪系统主要完成太阳能电池板角度的调整,使太阳光线垂直照射到太阳

能电池板上。因此它包括三个方面的功能，即太阳照射角度的测量、太阳能电池板角度的调整及角度信息的显示。

太阳照射角度的测量是利用四个光敏电阻快速测量电池板四周的光照强度，然后进行A/D 转换，经单片机采集进行处理得到太阳照射的方向。判断出太阳此刻照射的方向与太阳能电池板是否垂直，以确定是否要调整电池板的方位和俯仰角度。

太阳能电池板角度调整模块主要是根据测量模块得到太阳能照射角度信息调整并控制二维步进电机运转，使电池板正对太阳，达到追踪太阳的目的。

显示模块主要显示太阳能电池板调整时的实时角度。在单片机系统中，常用的有 1602 显示模块和 12864 显示模块。这里我们采用物美价廉的 LCD1602 模块。

9.5.2　系统的设计方案

根据系统的功能要求，确定系统的设计方案。该系统主要由 6 个模块组成，分别为单片机控制模块，时钟电路模块，复位电路模块，光敏信息采集模块，电机驱动电路模块和角度信息显示电路模块。太阳能电池板追踪系统框图如图 9.17 所示。

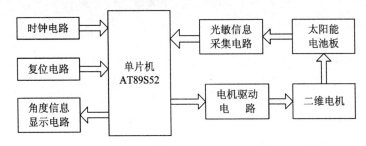

图 9.17　太阳能电池板追踪系统框图

单片机是整个系统的控制中心，主要完成整个系统的控制与调度，对信息进行输入、输出、处理和交换；时钟电路为单片机系统提供时间基准；复位电路主要完成单片机的初始化，它具有上电复位和手动复位的功能；光敏信息采集电路完成太阳电池板四周光能信号的采集，并进行 A/D 转换，得到太阳直射角度变化信息；电机驱动电路主要根据单片机提供的控制电压信号，控制电机调整太阳能电池板的角度，使之保持与太阳直射的方向垂直；角度信息显示电路主要完成太阳能电池板状态参数的显示，如太阳能电池板现在所定位的角度信息。

9.5.3　系统硬件电路的设计

在本系统中以四个光敏二极管作为光照强度测量装置，经过 ADC0809 数模转换得到所需数字信号；以 L297 作为电机驱动器，驱动电机运转，调整电池板的角度。采用 AT89S52作为微控制器，形成一个闭环跟踪系统，根据太阳照射角度的变化调整太阳能电池板。该系统信息显示为一个 LCD 显示器——LCD1602，由于复位电路、时钟电路、显示电路在前一节已经介绍过了，在这里就不再赘述。下面就光照强度检测模块、电机驱动电路作简要介绍。

1. 光敏电阻传感阵列

四个光敏电阻分别检测电池四周的光照强度。光敏电阻和电位器构成分压网络。光照强度变化后，光敏电阻 D1、D2、D3、D4 的阻值发生变化，这样会导致分压网络中间节点 UP、DOWN、LEFT、RIGHT 的电压发生变化，通过 ADC 采集后即可知道当前的光照强度。四

个 100 kΩ 的电位器用来调整电路的初始零点,
电路图如图9.18所示。

2. ADC 采集电路

ADC0809 是美国半导体公司生产的 CMOS
工艺 8 通道,8 位逐次逼近式 A/D 模数转换器,
采用并行接口。其内部有一个 8 通道多路开关,
它可以根据地址码锁存译码后的信号,只选通 8
路模拟输入信号中的一个进行 A/D 转换。

它的主要特点有:8 路输入通道,8 位 A/D
转换器,即分辨率为 8 位;具有转换启停控制端;
转换时间为 100 μs(时钟为 640 kHz 时),130 μs
(时钟为 500 kHz 时);单个 +5 V 电源供电;模
拟输入电压范围 0~+5 V,不需零点和满刻度校

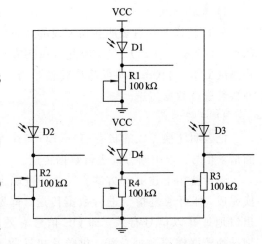

图 9.18　光敏电阻传感器阵列

准;工作温度范围为 -40~+85 摄氏度;低功耗,约 15 mW。

ADC0809 是 CMOS 单片型逐次逼近式 A/D 转换器,它由 8 路模拟开关、地址锁存与译
码器、比较器、8 位开关树型 A/D 转换器、逐次逼近寄存器、逻辑控制和定时电路组成。

ADC0809 芯片有 28 条引脚,采用双列直插式封装,如图 9.19 所示。下面说明各引脚
功能。

IN1~IN8:8 路模拟量输入端;

2-1~2-8:8 位数字量输出端;

ADD A、ADD B、ADD C:3 位地址输入线,用于选通 8 路模拟输入中的一路;

ALE:地址锁存允许信号,输入,高电平有效;

START:A/D 转换启动脉冲输入端,输入一个正脉冲(至少 100 ns 宽)使其启动(脉冲上
升沿使 0809 复位,下降沿启动 A/D 转换);

EOC:A/D 转换结束信号,输出,当 A/D 转换结束时,此端输出一个高电平(转换期间
一直为低电平);

OE:数据输出允许信号,输入,高电平有效。当 A/D 转换结束时,此端输入一个高电
平,才能打开输出三态门,输出数字量;

CLOCK:时钟脉冲输入端,要求时钟频率不高于 640 kHz;

REF(+)、REF(-):基准电压;

VCC:电源,单一电源 +5 V;

GND:地。

经 A/D 转换后得到的数据应及时传送给单片机进行处理。数据传送的关键问题是如何
确认 A/D 转换的完成,因为只有确认完成后,才能进行传送。为此可采用下述三种方式。

1) 定时传送方式

对于一种 A/D 转换器来说,转换时间作为一项技术指标是已知的和固定的。例如
ADC0809 的转换时间为 128 μs,相当于 6 MHz 的 MCS-51 单片机共 64 个机器周期。可据
此设计一个延时子程序,A/D 转换启动后即调用此子程序,延迟时间一到,转换肯定已经完
成了,接着就可进行数据传送。

2）查询方式

A/D 转换芯片有表明转换完成的状态信号，例如 ADC0809 的 EOC 端。因此可以用查询方式测试 EOC 的状态，即可确认转换是否完成，并接着进行数据传送。

3）中断方式

把表明转换完成的状态信号（EOC）作为中断请求信号，以中断方式进行数据传送。

不管使用上述哪种方式，只要一旦确定转换完成，即可通过指令进行数据传送。首先送出口地址并以信号有效，即 OE 信号有效时，把转换数据送至数据总线，供单片机接收。它与单片机的连接如图 9.19 所示。

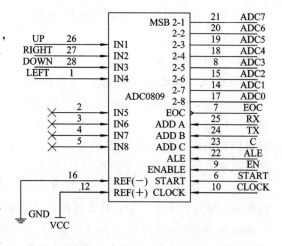

图 9.19　ADC 电压转换电路

3. 步进电机驱动电路

L297 是步进电机专用控制器，它能产生 4 相控制信号，可用于计算机控制的两相双极和四相单相步进电机，能够用单四拍、双四拍、四相八拍方式控制步进电机。芯片内的 PWM 斩波器电路可在开关模式下调节步进电机绕组中的电流。该集成电路采用了 SGS 公司的模拟/数字兼容的 I2L 技术，使用 5 V 的电源电压，全部信号的连接都与 TTL/CMOS 或集电极开路的晶体管兼容。

L298N 是步进电机驱动芯片，里面有两组 H 桥，使 motor 两端的电压维持在 0～VS 之间（不考虑二极管的导通电压），防止 motor 两端电压过高或者过低，线上电压小于 0 时下端两个二极管跟地导通，大于 VS 时上端两个二极管跟 VS 导通，使电压维持在 0～VS 之间，防止 motor 两端有过高的上冲或者过低的下冲。步进电机驱动电路如图 9.20 所示。

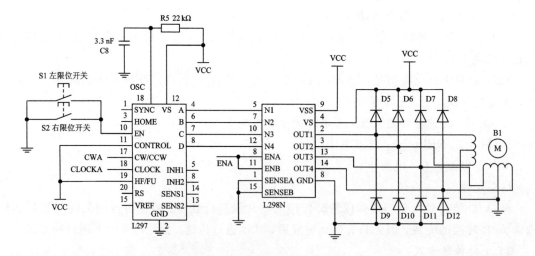

图 9.20　步进电机驱动电路

4. 电路原理图和 I/O 分配

本系统总的电路原理图如图 9.21 所示，单片机的 I/O 口与各模块引脚的连接和相关的地址分配如下：

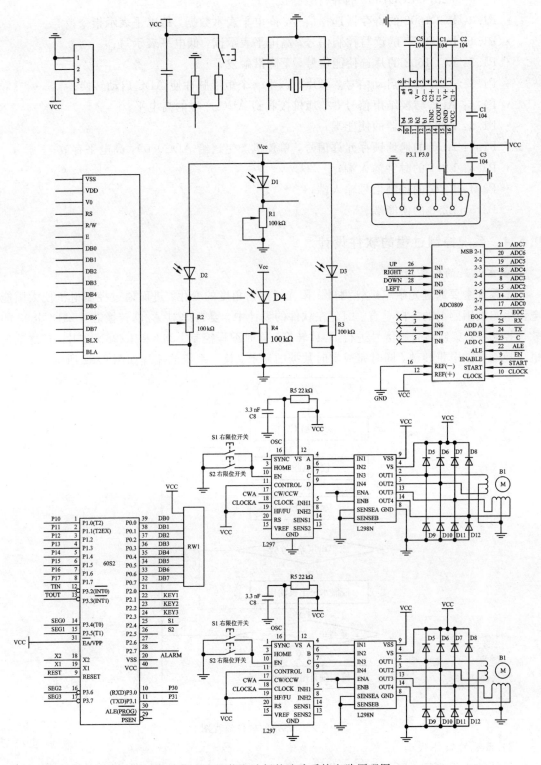

图 9.21　太阳能电池板的追踪系统电路原理图

- P0.0 – P0.7：AD0809 的 8 位数据输入引脚端口；
- P3.0 – P3.2：AD0809 的地址输入引脚端口；
- P2.0 – P2.7：LCD1602 的并行数据接口；
- P1.0：LCD1602 的寄存器选择信号，高电平表示数据，低电平表示指令；
- P1.1：LCD1602 的读写控制信号，高电平表示读，低电平表示写；
- P1.2：LCD1602 的片选使能信号，下降沿触发；
- P1.3：ADC 转换启动信号，单片机产生一个矩形脉冲使 ADC 启动转换；
- P1.4：ADC 转换结束信号，单片机接收到 ADC 产生的高电平；
- P1.5：ADC 转换器的使能端；
- P1.6：ADC 的地址锁存允许信号，单片机产生送给 ADC0809，高电平有效；
- P3.3：L297 的时钟输入端；
- P3.4：L297 的控制信号输入端；
- P3.5：L298 的使能端。

9.5.4 系统控制过程的软件设计

1）本系统的软件功能

本系统主要通过光敏二极管测量太阳光线照射角度的变化，进而通过控制电机使太阳能电池板与太阳照射的方向垂直。因此在软件的设计中，要考虑对 A/D 转换芯片 ADC0809 的软件控制，采集四路光敏信号进行 A/D 转换。同时编程控制 L297 和 L298N 芯片，使之输出电压控制步进电机转动，同时完成实时数据的显示。整个系统的流程如图 9.22 所示。

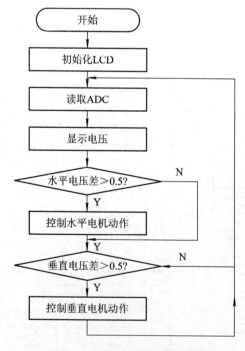

图 9.22 系统的软件流程图

2）系统的软件代码

系统的主程序用 C51 编写，主要完成对 ADC0809 四路模拟信号的转换，然后进行相应的处理，然后输出控制信号给 L297，进而控制电机的角度，同时把测量的信息显示在 LCD 上。在这里我们详细的列出系统的 C 语言程序代码。

```
/ * * * * * * * * * * * * * * * * * * * * * * * * * * * * * * * * * * * *
                        main. c
* * * * * * * * * * * * * * * * * * * * * * * * * * * * * * * * * * * * * /
#include<at89x52. h>
#include<stdio. h>
#include"lcd1602. h"
#include"adc0809. h"
#include"L297. h"
float vup, vright, vdown, vleft;          //储存四个传感器的数据
void delay100ms(void)                     //延时，误差 0 μs
{
    unsigned char a, b, c;
    for(c=19;c>0;c--)
        for(b=20;b>0;b--)
            for(a=130;a>0;a--);
}
void GetandDispaly()                      //读取 ADC 的值然后显示到 LCD 上
{
    unsigned char table[7];
    vup=GetVoltage(0);                    //获取上光敏电阻的电压
    sprintf(table, "U：%4. 2fv", vup);     //读取到的电压进行格式化，便于显示
    Write_str(0x80, table, 7);            //将格式化好的字符串发送到 LCD 上显示，以下相同

    vright=GetVoltage(1);
    sprintf(table, "R：%4. 2fv", vright);
    Write_str(0x88, table, 7);

    vdown=GetVoltage(2);
    sprintf(table, "D：%4. 2fv", vdown);
    Write_str(0xC0, table, 7);

    vleft=GetVoltage(3);
    sprintf(table, "L：%4. 2fv", vleft);
    Write_str(0xC8, table, 7);
}
void MotorCtl()                           //控制电机
{
    if((vleft-vright)>0. 5)               //修改 0.5 可修改精度
        zhengzhuanA();
    else if((vright-vleft)>0. 5)
        fanzhuanA();
    else
```

```
      stopA();

   if((vup-vdown)>0.5)
     zhengzhuanB();
   else if((vdown-vup)>0.5)
     fanzhuanB();
   else
     stopB();
}
void main()
{
   Lcd_init();                    //液晶显示初始化
   while(1)
   {
     GetandDispaly();             //获取传感器数据并显示
     MotorCtl();                  //控制电机转动
   }
}
/* * * * * * * * * * * * * * * * * * * * * * * * * * * * * * * * * * * * *
                    LCD1602.h
* * * * * * * * * * * * * * * * * * * * * * * * * * * * * * * * * * * * * */
#ifndef _LCD1602_H_
#define _LCD1602_H_
#define uint unsigned int
#define uchar unsigned char
sbit EN=P1^2;
sbit RW=P1^1;
sbit RS=P1^0;
void Lcd_init();                        //初始化
void Write_char(uchar addr, uchar a);   //显示一个字符,参数:地址,字符
void Write_str(uchar addr, uchar * str, uchar len);  //显示字符串,参数:地址,字符串地址,
                                        //显示长度

#endif
/* * * * * * * * * * * * * * * * * * * * * * * * * * * * * * * * * * * * *
                    LCD1602.c
* * * * * * * * * * * * * * * * * * * * * * * * * * * * * * * * * * * * * */
#include<at89x52.h>
#include"lcd1602.h"
#define uint unsigned int
#define uchar unsigned char
void dalay(uint z)
{
   uint x, y;
   for(x=z;x>0;x--)
```

```
        for(y=110;y>0;y--);
}
//写命令
void write_com(uchar com)
{
    RS=0;
    P2=com;
    dalay(5);
    EN=1;
    dalay(5);
    EN=0;
}
//写数据
void write_data(uchar date)
{
    RS=1;
    P2=date;
    dalay(5);
    EN=1;
    dalay(5);
    EN=0;
}
//LCD1602 初始化
void Lcd_init()
{
    RW=0;
    EN=0;
    write_com(0x38);
    write_com(0x38);
    write_com(0x0c);
    write_com(0x06);
    write_com(0x01);
}
//写入一个字符，参数：写入地址，写入字符。地址：第一行开始为 0x80，往后每个字符加 1，
//第二行开始为 0x80+0x40=0xC0，往后每个字符加 1
void Write_char(uchar addr, uchar a)
{
    write_com(addr);
    write_data(a);
    delay(5);
}
//写入一个字符串，参数：地址，字符串地址，显示长度
void Write_str(uchar addr, uchar * str, uchar len)
{
```

```
    uchar i;
    write_com(addr);
    for(i=0;i<len;i++)
    {
        write_data(str[i]);
        //dalay(5);
    }
}
```

```
/* * * * * * * * * * * * * * * * * * * * * * * * * * * * * * * * * * * * *
                          ADC0809. h
* * * * * * * * * * * * * * * * * * * * * * * * * * * * * * * * * * * * */
#ifndef _ADC0809_H_
#define _ADC0809_H_
sbit START=P1^3;
sbit EOC=P1^4;
sbit OE=P1^5;
sbit ALE=P1^6;
float GetVoltage(unsigned char input);    //获取 ADC 数据，参数：输入通道
#endif
/* * * * * * * * * * * * * * * * * * * * * * * * * * * * * * * * * * * * *
                          ADC0809. c
* * * * * * * * * * * * * * * * * * * * * * * * * * * * * * * * * * * * */
#include<at89x52. h>
#include"adc0809. h"
void delay10us(void)                      //误差 0 μs
{
    unsigned char a, b;
    for(b=1;b>0;b--)
        for(a=2;a>0;a--);
}
float GetVoltage(unsigned char input)
{
    unsigned char voltage;
    P3=P3&0xf8|input;
    OE=0;
    ALE=0;
    ALE=1;
    START=0;
    START=1;
    ALE=0;
    START=0;
    EOC=1;
    delay10us();
    while(! EOC);
```

```
    OE=1;
    voltage=P0;
    OE=0;
    return (5.0/256.0 * voltage);
}
/* * * * * * * * * * * * * * * * * * * * * * * * * * * * * * * * * * * * * *
                        L297. h
 * * * * * * * * * * * * * * * * * * * * * * * * * * * * * * * * * * * * * * */
#ifndef _L297_H_
#define _L297_H_
sbit CWA=P1^7;
sbit ENA=P3^4;
sbit CLOCKA=P3^3;
sbit CWB=P3^5;
sbit ENB=P3^6;
sbit CLOCKB=P3^7;
void zhengzhuanA();                //正转一步
void fanzhuanA();                  //反转一步
void stopA();
void zhengzhuanB();                //正转一步
void fanzhuanB();                  //反转一步
void stopB();
#endif
/* * * * * * * * * * * * * * * * * * * * * * * * * * * * * * * * * * * * * *
                        L297. c
 * * * * * * * * * * * * * * * * * * * * * * * * * * * * * * * * * * * * * * */
#include<at89x52. h>
#include"L297. h"
void zhengzhuanA()                 //正转一步
{
  ENA=1;
  CWA=1;
  CLOCKA=0;
  CLOCKA=1;
}
void fanzhuanA()                   //反转一步
{
  ENA=1;
  CWA=0;
  CLOCKA=0;
  CLOCKA=1;
}
void stopA()
{
```

```
    ENA=0;
}
void zhengzhuanB()                          //正转一步
{
    ENB=1;
    CWB=1;
    CLOCKB=0;
    CLOCKB=1;
}
void fanzhuanB()                            //反转一步
{
    ENB=1;
    CWB=0;
    CLOCKB=0;
    CLOCKB=1;
}
void stopB()
{
    ENB=0;
}
```

9.6　应用系统实例3——基于 GSM 网络的远程遥测系统设计

远程便携式测量设备在现代生活中被广泛应用。这些测量设备要求实时地检测远程环境的特定参数，通过无线发送到监控中心，相对来说，测量设备成本低，通信数据量小，可以实现无人坏环境监测与控制。例如，自动气象站就是一个典型的实例。它可以专门为学校科研教学、小气候观测、流动气象观察哨、短期科学考察、季节性生态监测服务。它可测量风向、风速、温度、湿度、露点、气压、雨量、太阳辐射强度、太阳紫外线强度等常规气象要素，又可根据用户需求制定其它测量要素，并且可以通过现有的通信网络完成数据的远程传输。

本节设计了一个基于单片机的远程温湿度遥测系统，可以通过温湿度传感器检测野外的温度和湿度，并利用 GSM 网络，通过手机模块将温度和湿度数据以短信的形式向手机发送，同时可以通过手机控制远程的测量设备，让它按照需要完成特定任务。下面具体介绍。

9.6.1　系统功能需求分析

本系统设计一个远程温湿度遥测系统，它可以采用传感器测量环境温度，然后通过 GSM 网络把测量的数据以短消息的形式发送到手机上，同时可以通过手机控制风扇工作，改变远程环境的温湿度，实现远程无线监控。其具体功能如下：

（1）温湿度的采集。通过温湿度传感器测量远程环境的温湿度，然后进行处理，准备发送；

（2）数据本地的显示。采用 LCD12864 对测量的温湿度进行显示；

（3）数据的无线传输。通过 GSM 模块以短信的形式向监控终端——手机发送测量的温湿度；

（4）接收手机的遥控信息。手机发送短信方式控制温度和湿度的传输模式，当接收到"打开快速发送模式"时，每隔 1 分钟向手机发送一次温度和湿度；当接收到"关闭快速发送模式"时，系统只是向手机发送一次温度和湿度信息。

9.6.2　系统方案设计

根据系统的功能要求，确定系统的设计方案。该系统主要由 6 个模块组成，分别为单片机控制核心模块，时钟电路模块，复位电路模块，GSM 无线通信模块，电机驱动电路模块和系统温湿度显示电路模块。远程温湿度遥测系统框图如图 9.23 所示。

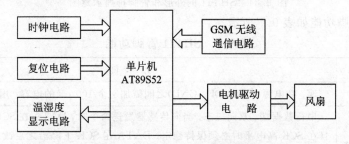

图 9.23　远程温湿度遥测系统框图

单片机是整个系统的控制中心，主要完成整个系统的控制与调度，对信息进行输入、输出、处理和交换；时钟电路为单片机系统提供时间基准；复位电路主要完成单片机的初始化，它具有上电复位和手动复位的功能；GSM 无线通信电路主要是通过 GSM 网络以短消息的形式完成手机和本系统之间的信息交换；电机驱动电路主要根据单片机提供的控制信号，控制直流电机带动风扇运行或停止。温湿度显示电路可以显示当前测量的温湿度和当前的工作状态，并可完成当前状态提示。

9.6.3　系统硬件电路设计

本系统是一个远程温湿度遥测系统，可以通过温湿度传感器检测野外的温度和湿度，在液晶显示器上显示，并可以通过手机控制信息发送模式，当接收到"打开快速发送模式"时，每隔 1 分钟向手机发送一次温度和湿度；当接收到"关闭快速发送模式"时，系统只是向手机发送一次温度和湿度信息。

温湿度的采集采用 SHT11 型温湿度传感器，它集温度与湿度测量于一身，且能实现湿度的温度补偿。显示电路采用 LCD12864 模块，它是 128×64 点阵的汉字图形型液晶显示模块，可显示汉字和图形，内置 8192 个中文汉字（16×16 点阵）、128 个字符（8×16 点阵）及 64×256 点阵显示 RAM(GDRAM)。短信发送部分采用西门子公司的 TC35i 模块实现，单片机通过 TC35i 发送 AT 控制 SIM 发送信息。为了保证手机模块的供电，专门设计了一个手机电源模块，给 TC35i 提供电源。由于单片机模块，时钟模块咋，复位电路模块前面已经介绍过了，这里主要介绍温湿度采集模块、GSM 无线通信模块、显示模块、电源模块。

1. SHT11 温湿度传感器

1）SHT11 的结构与功能

SHT11 集成传感器为具有 I^2C 串行接口的单片全校数字式相对湿度和温度传感器，用来测量相对湿度、温度和露点等参数，具有数字式输出、免调试、免标定、免外围电路及全互换等特点，SHT11 单片集成传感器是利用 CMOS 技术制造的。该传感器的外形和管脚示意图如图 9.24 所示。

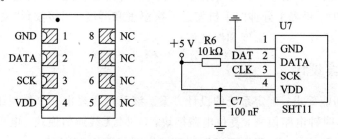

图 9.24　SHT11 的外形和管脚排列示意图

SHT11 的引脚功能如表 9.7 所示。

表 9.7　SHT11 管脚功能

引脚号	名称	功　　能
1	GND	地。在电源引脚(VDD、GND)之间需加一个 100 μF 的电容,用以去耦滤波
2	DATA	串行数据端,双向三态。当向传感器发送命令时,DATA 在 SCK 上升沿有效且在 SCK 高电平时必须保持稳定。DATA 在 SCK 下降沿之后改变。当从传感器读取数据时,DATA 在 SCK 变低以后有效,且维持到下一个 SCK 的下降沿。需要一个外部的上拉电阻
3	SCK	串行时钟端,输入口。由于接口包含了完全静态逻辑,因而不存在最小 SCK 频率
4	VDD	电源,供电电压范围为 2.4～5.5 V,建议供电电压为 3.3 V
5～8	NC	必须保持悬空

SHT11 内部集成了湿度敏感元件、温度敏感元件、放大器、一个 14 位的 A/D 转换器、标定数据存储器、数字总线接口以及稳定电压。由于温度传感器和湿度传感器在硅片上是紧靠在一起的,可以精确地测定露点,不会因为两者之间的温度差而引入误差。直接通过 A/D 数据存放在芯片上 OTP 存储器中的标定系数,输出经过标定的数字信号,可以确保传感器的性能指标一致、稳定性好、成本低、使用方便。

与传统的温湿度传感器不同,SHT11 是基于 CMOSens 技术的新型智能温湿度传感器,它将温湿度传感器、信号放大调理、A/D 转换、I^{2}C 串行接口全部集成于一个芯片内,融合了 CMOS 芯片技术与传感器技术,使传感器具有品质卓越、超快响应、抗干扰能力强、极高的性价比等优点,其内部接口如图 9.25 所示。

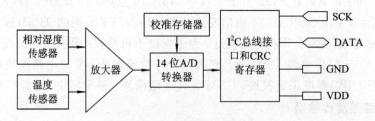

图 9.25　SHT11 内部结构框图

SHT11 传感器默认的测量温度和相对湿度的分辨率分别为 14 位、12 位,通过状态寄存器可降至 12 位、8 位。湿度测量范围是 0～100%RH,对于 12 位的分辨率为 0.03%RH;测

温范围为 $-40 \sim +123.8$ ℃，对于 14 位的分辨率为 0.01 ℃。每个传感器芯片都在极为精确的湿度室中标定，校准系数以程序形式存储在 OTP 内存中，在测量过程中可对相对湿度自动校准，使 SHT11 具有 100% 的互换性。

由于 SHT11 传感器芯片采用了 I^2C 串行总线接口，因此对 SHT11 的操作包括启动传感器、发送命令、读取测量数据、复位、校验等，时序符合 I^2C 总线规范，详细内容见本书 8.2 节。

2）SHT11 的信号转换

SHT11 测量的信号包括温度和湿度，它的具体参数如下。

（1）相对湿度。SHT11 可通过 DATA 数据总线直接输出数字量湿度值。该湿度值称为"相对湿度"，需要进行线性补偿和温度补偿后才能得到较为准确的湿度值。湿度的非线性补偿如图 9.26 所示。为获得精确的测量数据，可以采用式 9.1 进行信号转换。

$$RH_{linear} = C_1 + C_2 \cdot SO_{RH} + C_3 \cdot SO_{RH}^2 \, (\%RH) \tag{9.1}$$

式中，RH_{linear} 为经过线性补偿后的湿度值；SO_{RH} 为相对湿度测量值；C_1、C_2、C_3 为线性补偿系数，参数如表 9.8 所示。

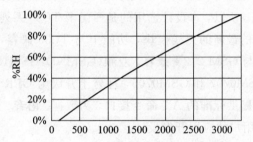

图 9.26　从 SO_{RH} 到相对湿度的转化图

表 9.8　　相对湿度补偿参数表

SO_{RH}	C_1	C_2	C_3
12 bit	-2.0468	0.0367	-1.5955
8 bit	-2.0468	0.5872	-4.0845

（2）温度。由能隙材料 PTAT（正比于绝对温度）研发的温度传感器具有极好的线性。可用式（9.2）将数字输出（SO_T）转换为温度值，温度转换系数如表 9.9 所示。

表 9.9　　温度转换系数表

VDD	/℃	/℉	SO_T	/℃	/℉
5 V	-41.0	-40.2	14 bit	0.01	0.018
4 V	-39.8	-39.6	12 bit	0.04	0.072
3.5 V	-39.7	-39.5	—	—	—
3 V	-39.6	-39.3	—	—	—
2.5 V	-39.4	-38.9	—	—	—

$$T = D_1 + D_2 \cdot SO_T \tag{9.2}$$

（3）湿度信号的温度补偿。由于温度对湿度的影响十分明显，而实际温度和测试参考温度 25℃ 有所不同，所以对线性补偿后的湿度值进行温度补偿很有必要，补偿公式如式 9.3 所示。

$$RH_{ture} = (T-25) \cdot (t_1 + t_2 SO_{RH}) + RH_{linear} \tag{9.3}$$

式中，RH_{ture} 为经过线性补偿和温度补偿后的湿度值；T 为测试温度值时的温度（℃）；t_1 和 t_2 为温度补偿系数。湿度信号的温度补偿系数如表 9.10 所示。

表 9.10　温度信号的温度补偿系数表

SO_{RH}	t_1	t_2
12 bit	0.01	0.00008
8 bit	0.01	0.00128

2. 无线通信模块——TC35i GSM 模块

目前，国内已经开始使用的 GSM 模块有 CENTEL PIML 的 2D 系列、西门子的 TC35 系列、Wavecom 的 WMO2 系列、爱立信的 DM10/DM20 系列、中兴的 ZXGM18 系列等，而且这些模块的功能、用法差别不大。其中西门子的 TC35 系列模块性价比很高，并且已经有国内的无线电设备入网证。所以，本设计选用的是西门子 TC35 系列的 TC35i。

TC35i 是西门子推出的最新的无线模块，功能上与 TC35 兼容，设计紧凑，大大缩小了用户的产品体积。TC35i 与 GSM 2/2＋兼容，双频（GSM900/GSM1800），具有 RS－232C 数据口，符合 ETSI 标准 GSM0707 和 GSM0705，且易于升级为 GPRS 模块。该模块集射频电路和基带与一体，向用户提供标准的 AT 命令接口，为数据、语音、短消息和传真提供快捷、可靠、安全的传输，方便用户的应用开发设计。

1）TC35i 模块性能与组成

TC35i 模块主要特性为：频段为双频 GSM900 MHz 和 GSM1800 MHz（phase 2/2＋）；支持数据、语音、短消息和传真；高集成度（54.5 mm×36 mm×3.6 mm）；质量轻，仅重 9 g；电源电压为单一电压 3.3～4.8 V；可选比特率 300 bit/s～115 kbit/s，动比特率 4.8～115 kbit/s；电流消耗，休眠状态为 3.5 mA，空闲状态为 25 mA，发射状态为 300 mA（平均），值峰 2.5 A；温度范围为正常操作－20～＋55℃，存放－30～＋85℃；SIM 电压为 3 V/1.8 V。

TC35i 的组成框图如图 9.27 所示。TC35i 模块主要由 GSM 基带处理器、GSM 射频模块、供电模块（ASIC）、闪存、ZIF 连接器（零阻力插座）、天线接口 6 部分组成。作为 TC35i 的核心，基带处理器主要处理 GSM 终端内的语音、数据信号，并涵盖了蜂窝射频设备中的所有的模拟和数字功能。在不需要额外硬件电路的前提下，可支持 FR、HR 和 EFR 语音信道编码。TC35i 的 ZIF 连接器的引脚分布如图 9.28 所示，各引脚功能如表 9.11 所示。

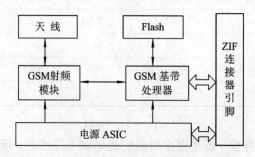

图 9.27　TC35i 的组成框图

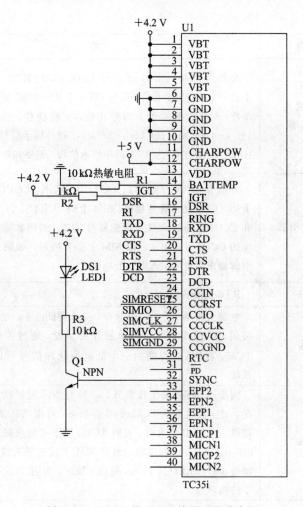

图 9.28　TC35i 的 ZIF 连接器引脚分布图

表 9.11　TC35i 的引脚功能表

引脚号	名称	功　　　能
1~5	VBT	正电源输入引脚，电压幅度为 3.3~5.5 V，$V_{typ}=4.2$ V，最大电流 $\leqslant 2$ A
6~10	GND	电源地
11, 12	CHARPOW	充电输入端，可以外接锂电池
13	VDD	对外输出电压端。TC35i 正常工作时，VDD 引脚输出信号的幅度（大约在开机后 60 ms 产生）：2.9 V/70 mA，可作为外部应用。空闲或者通话模式：$VDD_{OUT}=2.9$ V，$I_{max}=70$ mA；电源关闭模式：$VDD_{out}=0$ V
14	BATTEMP	电池温度端，接负温度系数热敏电阻，用于锂电池充分保护控制
15		触发点火信号端。用 OC 门或一个简单的开关拉低该端电平来开启模块，低电平有效。对于点火信号的处理，需要首先拉低该脚电平到地，并至少维持 100 ms。如果通过充电器回路（接到 POWER 引脚）供电，或者通过电池供电（接到 VBT 引脚），那么信号必须至少维持 1 s

引脚号	名称	功　能
16～32	数据输入输出端	分别为 DSR、$\overline{\text{RING}}$、RXD、TXD、CTS、RTS、DTR 和 DCD。实际上是一个串行异步收发器符合 ITU－T RS－232C 接口标准。它有固定的参数：8 位数据位和 1 为停止位，无校验位，比特率在 300 bit/s～115 kbit/s 之间可选，默认 900 bit/s。硬件握手信号用 RTS/CTS。18 脚 RXD、19 脚 TXD 为 TTL 的串口通信脚，需要和单片机或者 PC 通信
24～29	SIM 卡引脚	分别为 CCIN、CCRST、CCIO、CCCLK、CCVCC 和 CCGND。SIM 卡同 TC35i 是这样连接的：SIM 上的 CCRTS、CCIO、CCCL、CCVCC 和 CCGND 通过 SIM 卡阅读器与 TC35i 的同名端直接相连，ZIF 连接座的 CCIN 引脚用来检测 SIM 卡是否插好，如果连接正确，则 CCIN 引脚输出高电平，否则为低电平
30	RTC	RTC 的备份
31	$\overline{\text{CS}}$	电源关闭端。关机信号脉冲，拉低到低电平，至少维持 3.5 s 有效。可用 OC 门或者一个简单的开关实现，通过关机信号端可以关闭 TC35。在 $\overline{\text{IGT}}$ 引脚施加一个低电平脉冲信号可以重新开启模块及系统
32	SYNC	同步端。有两种工作模式，一种是指示发射状态时的功率增长情况，另一种是指示 TC35i 的工作状态，可用 AT 命令 AI＋SYNC 进行切换。当 LED 熄灭时，表明 TC35i 处于关闭或睡眠状态；当 LED 为 600 ms 亮/600 ms 熄时，表明 SIM 卡没有插入或 TC35i 正在进行网络登录；当 LED 为 75 ms 亮/3 s 熄时，表明 TC35i 已登录进网络，处于待机状态
33，34	EPP2，EPN2	受话器 2（免提）
35，36	EPP1，EPN1	接扬声器放音
37，38	MICP1，MICN1	可以直接接驻极体送话器来采集声音
39，40	MICP2、MICP2	传声器 2（免提）

2）TC35i 模块的开发技巧

模块的供电电压如果低于 3.3 V 会自动关机。同时，模块在发射时电流峰值可高达 2 A。在此电流峰值时，电源电压（送入模块的电压）下降值不能超过 0.4 V，所以该模块对电源的要求较高，电源的内阻＋FFC 连接线的电阻必须小于 200 mΩ。

单片机通过两根 I/O 口控制 TC35i 的开关机、复位等，通过串口与 TC35i 进行数据通信，通信速率为 9600bit/s，采用 8 为异步通信方式，1 位起始位，8 为数据位，1 为停止位。TC35i 模块输入输出的 TTL 正电平逻辑不是＋5 V，而是＋2.9 V，因此必要时加端口保护。

3）TC35i 模块电路连接

点火启动端 IGT 接单片机的 P1.0 端口，由于单片机控制芯片的启动，也可以单独设计一个启动电路。

TC35i 的基带处理器集成了一个与 ISO 7816－3 IC Card 标准兼容的 SIM 接口。为了和外部的 SIM 接口，该接口连接到主接口（ZIF 连接器）。在 GSM11.11 为 SIM 卡预留 5 个引脚的基础上，TC35i 在 ZIF 连接器上为 SIM 卡预留了 6 个引脚，所添加的 CCIN 引脚用来检测 SIM 卡支架中是否插有 SIM 卡。当插入 SIM 卡，该引脚置为高电平，系统方可进入正常工作。SIM 的电路接口如图 9.29 所示。

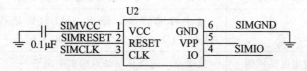

图 9.29　SIM 接口电路示意图

TC35i 的 SYNC 引脚有两种工作模式，可用 AT 命令 AT SYNC 进行切换。一种是指示发射状态时的功率增长情况，另一种是指示 TC35i 的工作状态。本模块用的是后一种功能：当 LED 熄灭时，表明 TC35i 处于关闭或睡眠状态；当 LED 为 600 ms 亮/600 ms 熄时，表明 SIM 卡没有插入或 TC35i 正在进行网络登录；当 LED 为 75 ms 亮/3 s 熄时，表明 TC35i 已登录网络，处于待机状态。

4）AT 指令与短信编码简介

要实现单片机发短信，就要依赖于专用的硬件—GSM 模块，它用来负责与 GSM 网络进行通信，而单片机则负责短信的编码和解码。下面介绍 AT 指令与短信的编码。

（1）AT 指令简介。AT 即 Attention，AT 指令集是从终端设备（TE）或数据终端设备（DTE）向终端适配器（TA）或数据电路终端设备（DCE）发送的。通过 TA，TE 发送 AT 指令来控制移动台（MS）的功能，与 GSM 网络业务进行交互。用户可以通过 AT 指令进行呼叫、短信、电话簿、数据业务、传真等方面的控制。下面介绍一部分常用的 AT 指令。

常用的一般 AT 指令如表 9.12 所示。

表 9.12　一般 AT 指令表

AT 指令	功能	解　　释
AT+CGMI	模块厂商的标识	—
AT+CGMM	获得模块标识	这个命令用来得到支持频带（GSM900，DCS1800，或 PCS1900）。当模块有多频带时，回应可能是不同频带结合
AT+CGMR	获得软件版本号	—
AT+CGSN	获得序列号	获得 GSM 模块的 IMEI（国际移动设备标识）序列号
AT+CSCS	选择 TE 特征设定	这个命令报告 TE 用的是哪个状态设定上的 ME。ME 于是可以转换每一个输入的或显示的字母。这个是用来发送、读取或者撰写短信
AT+WPCS	设定电话簿状态	这个特殊的命令报告通过 TE 电话簿所用的状态 ME。ME 于是可以转换每一个输入的或显示的字符串字母。这个用来读或写电话簿的入口
AT+CIMI	获得 IMSI	这命令用来读取或者识别 SIM 卡的 IMSI（国际移动签署者标识）。在读取 IMSI 之前应该先输入 PIN
AT+CCID	获得 SIM 卡标识	这个命令使模块读取 SIM 卡上的 EF - CCID 文件
AT+GCAP	获得能力表	支持的功能

AT 指令	功能	解 释
A/	重复上次命令	只有 A/命令不能重复。这命令重复前一个执行的命令
AT+CPOF	关机	这个特殊的命令停止 GSM 软件堆栈和硬件层。命令 AT+CFUN=0的功能与+CPOF 相同
AT+CFUN	设定电话机能	这个命令选择移动站点的机能水平
AT+CPAS	返回移动设备的活动状态	—
AT+CMEE	报告移动设备的错误	这个命令决定允许或不允许用结果码 "+CMEERROR：<xxx>"或者"+CMSERROR：<xxx>" 代替简单的"ERROR"
AT+CKPD	小键盘控制	仿真 ME 小键盘执行命令
AT+CCLK	时钟管理	这个命令用来设置或者获得 ME 真实时钟当前日期和时间
AT+CALA	警报管理	这个命令用来设定在 ME 中的警报日期/时间(闹铃)
AT+CRMP	铃声旋律播放	这个命令在模块的蜂鸣器上播放一段旋律。有两种旋律可用：到来语音、数据或传真呼叫旋律和到来短信声音
AT+CRSL	设定或获得到来的电话铃声声音	—

收发短信、处理短信的短信服务(SMS)相关的 AT 指令如表 9.13 所示。

表 9.13 短消息 AT 指令表

AT 指令	功能	解 释
AT+CSMS	选择消息服务	支持的服务有 GSM－MO、SMS－MT、SMS－CB
AT+CNMA	新信息确认应答	—
AT+CPMS	优先信息存储	这个命令定义用来读写信息的存储区域
AT+CMGF	优先信息格式	执行格式有 TEXT 方式和 PDU 方式
AT+CSAS	保存设置	保存+CSAS 金额+CSMP 的参数
AT+CRES	恢复设置	—
AT+CSDH	显示文本方式的参数	—
AT+CNIM	新信息指示	这个命令选择如何从网络上接收短信息
AT+CMGR	读短信	信息从+CPMS,命令设定的存储器读取
AT+CMGL	列出存储的信息	—
AT+CMGS	发送信息	—
AT+CMGW	写短信息并存储	—
AT+CMSS	从寄存器中发送短信	—
AT+CSMP	设置文本模式的参数	—
AT+CMGD	删除短信息	删除一个或多个短信息

AT 指令	功能	解　　释
AT+CSCA	短信服务中心地址	—
AT+CSCB	选择单元广播信息类型	—
AT+WCBM	单元广播信息标识	—
AT+WMSC	信息状态修正	是否读过、是否发送等
AT+WMGO	信息覆盖写入	—
AT+WUSS	不改变 SMS 状态	在执行+CMGR 或+CMGL 后扔保持 UNREAD

对短消息的控制共有 3 种模式：Block Mode、基于 AT 命令的 PDU Mode、基于 AT 命令的 Text Mode。使用 Block Mode 需要手机生产厂家提供驱动支持，目前 PDU Mode 已取代 Block Mode，Text Mode 比较简单。

（2）短信编码。下面以一个发送实例来介绍短信的编码方式。

如短信中心号码为 13X12345678，短信接收号码为 13X87654321，短信内容（最多为 140 个字节，即中文 70 个字）为"大家好"。

先列出最终编码，然后再慢慢分析：

08 91 68 311X325476F8 1100 0B 81 318X674523F1 0008 A70C59275BB6597DFF01FF01FF01

将以上编码通过串口写入 GSM 模块，再辅以相应的 AT 指令与附加信息就可以成功发送短信。短信的编码方式格式如下：

08：短息中心地址长度（可以固定不变）；

91：短信中心号码类型（可以固定不变）；

68：中国地区代码（在中国范围内固定不变）；

311X3254768F：短信中心号码 13X12345678；

1100：发送短信的编码方式（可以固定不变）；

0B：目的地址长度（可以固定不变）；

81：目的地址类型（可以固定不变）；

318X674523F1：目的地址，即接收方号码 13X87654321；

0008：发送中文字符方式；

A7：有效期（可以固定不变），表示该短消息在短消息中心存储时间是 24 小时；

0C：短信内容长度；

59275BB6597DFF01FF01FF01：发送中文字符的 UNICODE 码；

1A：短信结束标志发送标志结束（十六进制为 0x1A），表示短信码结束。

注意：上面的短信号码采用了一种比较特殊的表示方法。其实也很简单，就是在短信号码后加一个 F，号码长度就变成了 12 位，然后对它每两位中的字符进行对调。

在本节介绍的短信收发系统中，采用西门子的 TC35i 作为"短信猫"，由于使用了一种支持 GB2312 硬件字库的液晶显示器，因此在数据编码中直接使用 GB 码，成功实现短信发送与接收，并在显示器上对解码后的内容进行显示，达到了较好的效果。

短信编码还要辅以相应的 AT 指令，才能实现短信的发送。常用的短信收发相关的 AT 指令如下：

AT：用以与 modem 的握手，返回 OK 则说明握手成功；

AT＋CMGR＝X：用以读取第 X 条短信；

AT＋CMGD＝X：用以删除第 X 条短信；

AT＋CMGS＝X：设置发送短信的字节数为 X。

3. 电源电路

电源电路图如图 9.30 所示。电源电路分为＋5 V 开关电源和＋4.2 V 稳压电源模块两部分：＋4.2 V 电源主要为 TC35i 系统提供 4.2 V 工作电压，同时产生 MAX3238 所需要的高电平；＋5 V 开关电源连到 ZIF 连接器的 11、12 引脚，在充电模式下，为 TC35i 提供＋5 V 的充电电源。在野外使用可以采用电池供电方式。

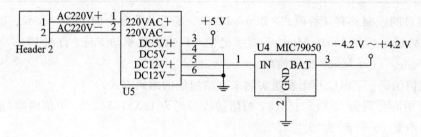

图 9.30　电源电路示意图

4. 数据通信电路

数据通信电路主要完成短消息收发、与单片机或 PC 通信、软件流控制等功能。数据通信电路以 Maxim 公司的 MAX3238 芯片为核心，实现电平转换和串口通信功能，其具有低功耗、搞数据速率、增强型 ESD 保护等特性。增强型 ESD 结构为所有发送器输出和接收器输入提供保护，可承受＋15 kV 人体放电模式。

20 脚 TXD、22 脚 RXD 为 TTL 的串口通信脚，与单片机串口相连，并和单片机通信，其电路如图 9.31 所示。

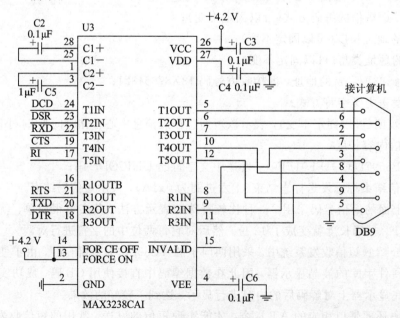

图 9.31　RS232 接口电路图

5. 显示电路——LCD12864

12864 是 128×64 点阵液晶模块的点阵数简称。LCD12864 液晶显示模块是 128×64 点阵的汉字图形型液晶显示模块,可显示汉字和图形,内置 8192 个中文汉字(16×16 点阵)、128 个字符(8×16 点阵)及 64×256 点阵显示 RAM(GDRAM)。可与 CPU 直接接口,提供两种界面来连接微处理机:8 位并行和串行两种连接方式。它具有多种功能:光标显示、画面移位、睡眠模式等。

1)基本特性

LCD12864 具有低电源电压(VDD:+3.0~+5.5 V);液晶显示分辨率:128×64 点;内置汉字字库,提供 8192 个 16×16 点阵汉字(简繁体可选);内置 128 个 16×8 点阵字符;2 MHz 时钟频率;显示方式有三种:STN、半透、正显;背光方式:侧部高亮白色 LED,功耗仅为普通 LED 的 1/10~1/5;通讯方式:串行、并口可选;内置 DC-DC 转换电路,无需外加负压;无需片选信号,简化软件设计;工作温度:0℃~+55℃;存储温度:-20℃~+60℃。

2)管脚功能介绍

LCD12864 管脚功能图如图 9.32 所示,各管脚的具体功能如表 9.14 所示。

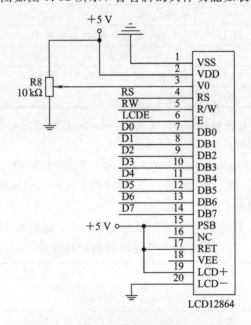

图 9.32　管脚功能图

表 9.14　LCD12864 功能列表

管脚号	管脚名称	电平	管脚功能描述
1	VSS	0V	电源地
2	VDD	3.0~+5 V	电源正
3	V0	—	对比度(亮度)调整
4	RS(CS)	H/L	RS="H",表示 DB7~DB0 为显示数据 RS="L",表示 DB7~DB0 为显示指令数据

管脚号	管脚名称	电平	管脚功能描述
5	R/W(SID)	H/L	R/W="H"，E="H"，数据被读到 DB7～DB0 R/W="L"，E="H→L"，DB7～DB0 的数据被写到 IR 或 DR
6	E(SCLK)	H/L	使能信号
7	DB0	H/L	三态数据线
8	DB1	H/L	三态数据线
9	DB2	H/L	三态数据线
10	DB3	H/L	三态数据线
11	DB4	H/L	三态数据线
12	DB5	H/L	三态数据线
13	DB6	H/L	三态数据线
14	DB7	H/L	三态数据线
15	PSB	H/L	H：8 位或 4 位并口方式；L：串口方式(见注释 1)
16	NC	—	空脚
17	RET	H/L	复位端，低电平有效(见注释 2)
18	VEE	—	LCD 驱动电压输出端
19	LCD+	VDD	背光源正端(+5 V)(见注释 3)
20	LCD−	VSS	背光源负端(见注释 3)

﹡注释 1：在实际应用中仅使用并口通讯模式，可将 PSB 接固定高电平，也可以将模块上的 J8 和"VCC"用焊锡短接。

﹡注释 2：模块内部接有上电复位电路，因此在不需要经常复位的场合可将该端悬空。

﹡注释 3：如背光和模块共用一个电源，可以将模块上的 JA、JK 用焊锡短接。

3）控制器接口信号说明

(1) RS，R/W 的配合选择决定控制界面的 4 种模式，如表 9.15 所示。

表 9.15 控制界面的四种模式

RS	R/W	功 能 说 明
L	L	MPU 写指令到指令暂存器(IR)
L	H	读出忙标志(BF)和地址计数器(AC)的状态
H	L	MPU 写入数据到数据暂存器(DR)
H	H	MPU 从数据暂存器(DR)中读出数据

(2) E 信号的功能列表如表 9.16 所示。

表 9.16 E 信号的功能列表

E 状态	执行动作	结 果
高——>低	I/O 缓冲——>DR	配合/W 进行写数据或指令
高	DR——>I/O 缓冲	配合 R 进行读数据或指令
低/低——>高	无动作	

• 忙标志：BF

BF 标志提供内部工作情况。BF＝1 表示模块在进行内部操作，此时模块不接受外部指令和数据；BF＝0 时，模块为准备状态，随时可接受外部指令和数据。利用 STATUS RD 指令，可以将 BF 读到 DB7 总线，从而检验模块的工作状态。

• 字型产生 ROM(CGROM)

字型产生 ROM(CGROM)提供 8192 个此触发器是用于模块屏幕显示开和关的控制。DFF＝1 为开显示(DISPLAY ON)，DDRAM 的内容就显示在屏幕上；DFF＝0 为关显示(DISPLAY OFF)。DFF 的状态是指令 DISPLAY ON/OFF 和 RST 信号控制的。

• 显示数据 RAM(DDRAM)

模块内部显示数据 RAM 提供 64×2 个位元组的空间，最多可控制 4 行 16 字(64 个字)的中文字型显示，当写入显示数据 RAM 时，可分别显示 CGROM 与 CGRAM 的字型；此模块可显示三种字型，分别是半角英数字型(16 ＊ 8)、CGRAM 字型及 CGROM 的中文字型，三种字型的选择，由在 DDRAM 中写入的编码选择，在 0000H～0006H 的编码中(其代码分别是 0000、0002、0004、0006 共 4 个)将选择 CGRAM 的自定义字型，02H～7FH 的编码中将选择半角英数字的字型，至于 A1 以上的编码将自动地结合下一个位元组，组成两个位元组的编码形成中文字型的编码 BIG5(A140～D75F)，GB(A1A0～F7FFH)。

• 字型产生 RAM(CGRAM)

字型产生 RAM 提供图象定义(造字)功能，可以提供四组 16×16 点的自定义图象空间，使用者可以将内部字型没有提供的图象字型自行定义到 CGRAM 中，便可和 CGROM 中的定义一样地通过 DDRAM 显示在屏幕中。

• 地址计数器 AC

地址计数器是用来储存 DDRAM/CGRAM 之一的地址，它可由设定指令暂存器来改变，之后只要读取或是写入 DDRAM/CGRAM 的值，地址计数器的值就会自动加一，当 RS 为"0"、R/W 为"1"时，地址计数器的值会被读取到 DB6～DB0 中。

• 光标/闪烁控制电路

此模块提供硬体光标和闪烁控制电路，由地址计数器的值来指定 DDRAM 中的光标或闪烁位置。

4) 电路原理图和 I/O 分配

本系统总的电路原理图如图 9.33 所示，单片机的 I/O 口与各模块引脚的连接和相关的地址分配如下：

• P0.0～P0.7：LCD12864 的并行数据线(D0～D7)；

• P1.0：与 T35i 模块的 IGT 点火引脚连接；

• P1.1：DS2 指示灯；

• P1.2：DS3 指示灯；

• P1.3：温湿度传感器 SHT11 的数据线 DAT；

• P1.4：温湿度传感器 SHT11 的时钟信号 CLK；

• P1.5：LCD12864 的 RS 控制线；

• P1.6：LCD12864 的 R/W 控制线；

• P1.7：LCD12864 的 E 控制线；

• P3.0－P3.1：串口通信 I/O 口。

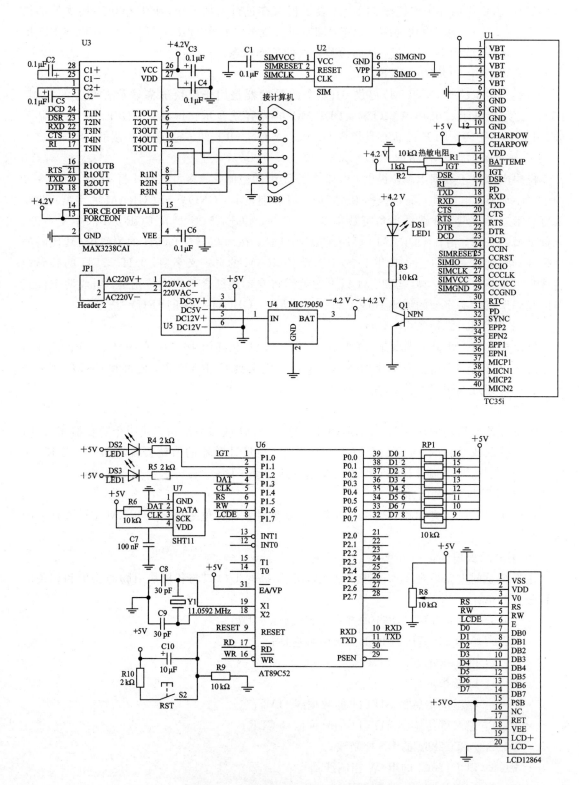

图 9.33　无线远程遥测系统电路原理图

9.6.4　基于 GSM 网络的远程遥测系统的软件设计

1）本系统的软件功能

本系统主要采用 AT89C52 单片机完成对当地环境温湿度的采集与显示，并通过 GSM 模块以短信方式把温度与湿度数据向手机发送，同时以短信的形式接收控制信息。主程序的主要功能为初始化，循环测量温度和湿度并且显示，并可以通过手机控制信息发送模式，当接收到"打开快速发送模式"时，每隔 1 分钟向手机发送一次温度和湿度；当系统接收到"关闭快速发送模式"时，系统只是向手机发送一次温度和湿度信息。它的软件流程如图 9.34 所示。系统设置为主叫挂机状态，初始化话机检查 PIN 卡，指示话机初始状态。然后系统循环测量温度和湿度并且在液晶屏幕上显示，显示温度和湿度，并接收手机的控制信息，决定发送短信的方式。

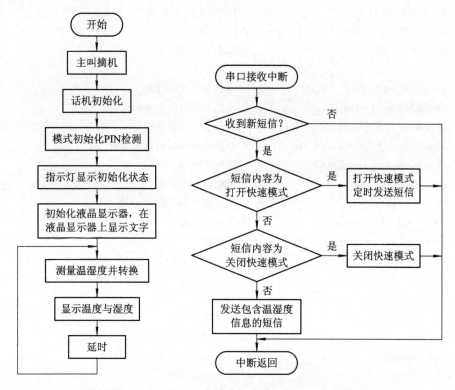

图 9.34　基于 GSM 网络的远程遥测系统软件流程图

2）系统的软件代码

基于 GSM 网络的远程遥测系统的主程序采用 C51 编写，系统循环测量温度和湿度并且在液晶屏幕上显示。检测是否收到短信，如果收到短信内容为"打开快速模式"，则每分钟向以短信方式向手机发送温度和湿度数据，如果收到短信内容为"关闭快速模式"，则发送一条短信，告知当前的湿度和温度信息。在这里我们详细地列出系统的 C 语言程序代码。

```
#include <reg52.h>
#include <intrins.h>
#include <stdio.h>
#include <math.h>
#include <string.h>
```

```
# define uchar      unsigned char
# define uint       unsigned int
# define ulong      unsigned long
# define MAX_TM   70
                        //号码存储暂时定为(12 手机号码)*6＝72＋(ALARM2T：05)*2＝20＝92
# define MAX_T       60              //AT 指令收发数组最大缓冲
# define DATAPORT P0                 //12864 数据端口
sbit   IO_IGT   = P1^0;              //触发点火信号端
sbit   LED   = P1^1;                 //初始化成功，LED 亮；初始化失败，LED 闪烁 4 次
sbit   RED   = P1^2;                 //工作指示灯
sbit   DAT   = P1^3;                 //STH11 数据
sbit   SCK   = P1^4;                 //STH11 时钟
sbit   RS   = P1^5;                  //LCD 命令/数据端
sbit   RW   = P1^6;                  //LCD 读/写端
sbit   E   = P1^7;                   //LCD 使能端


uchar uart_buff[MAX_TM];             //通信程序中的缓冲
uchar idata send_count，receive_count;  //发送与接收数组指针
uchar data    AT_Command_Type;       //当前发送的命令类型
uchar data    AT_Command_Status;     //命令发出以后的返回参数
uchar idata para_temp[MAX_T];        //多用临时用
uchar data read_tmp;                 //读电话本号参数
uchar data num_tmp1;                 //读短信号码参数
uchar idata TEL_temp[20];            //存对方号码
uchar data system_server;            //系统状态
uchar data timer_20ms_cnt;           //20 ms 计数变量(0～49)
uchar data timer_S_cnt;              //秒计数变量(1 个数 1 s)
bit txd_rxd_bit;                     //接收正确标志位
bit at_send_bit;                     //发送标志位
bit chinit;                          //进行初始化标志
uchar chping;                        //准备标志位与 READY 有关
uchar error;                         //全局错误变量
uchar ack;                           //全局应答变量
uchar data_h;                        //数据高位
uchar data_L;                        //数据低位
uint   temp＝0;                      //温度显值
uint   Humi＝0;                      //湿度显值
uchar flag;                          //Busy 标志
uchar dis_buf[5];                    //显示缓冲区
uchar code dis1[] = {"temp："};       //第一行显示表头
uchar code dis2[] = {"Humi："};       //第二行显示表头
uchar code dis[] = {"0123456789."};   //显示代码
uchar timecount＝0;                  //快速发送定时计数
bit fastmode＝0;                     //快速发送模式
```

```
code uchar ATE0[]="ATE0\r\n";          //AT 指令
code uchar CREG_CMD[]="AT+CREG? \r\n";
code uchar ATCN[]="AT+CNMI=2,1\r\n";
code uchar CMGF0[]="AT+CMGF=0\r\n";
code uchar CMGF1[]="AT+CMGF=1\r\n";
code uchar CMGR[12]="AT+CMGR=1\r\n";
code uchar CMGD[12]="AT+CMGD=1\r\n";
#define TEMP_ML 0x03                    //000 0001 1 温度命令
#define HUMI_ML 0x05                    //000 0010 1 湿度命令
//==========================================
//            话机的运行状态 ic.system_server 系统状态
//==========================================
#define  SYS_ALARM        0x03          //处于报警时间设置状态
#define  SYS_SMSR         0xff          //主叫摘机
#define SYS_NUMSAVE       0x34          //号码保存
#define SYS_FEE           0x35
//==========================================
//            定义 TC35 的命令列表
//==========================================
#define RESET_TC35         3            //复位 TC35
#define TC35_INIT          4            //TC35 初始化命令
#define CHECK_PIN          9            //检查当前是否要输入 PIN 码
#define SIM_ID            13            //读出 SIM 卡的卡号，与 SIM 卡标明的卡号一样
#define AT_IPR            22            //设置 TC35 的内部时钟
#define  SMONC_ID         26
#define SMS_CMGS          31            //SMS 短信发送
#define AT_COMMAND        33            //AT 命令
#define SMS_CMGR          34            //读一个短信
#define PHONE_READ        36            //读电话本
#define PHONE_WRITE       37            //写电话本
#define SMS_CMGD          38            //删除一个短信
#define REQUEST_MOD       42            //请求模式
#define CMGS_MUB          51            //发报警短信内容
#define  SMSS_ID          53            //TC35i 模块专用
#define SMS_CMGF          57            //SMS 接收方式
//==========================================
//      AT 命令的返回类型 AT_Command_Status  命令发出以后的返回参数
//==========================================
#define COMMAND_WAIT      0xff          //等待命令回应
#define COMMAND_OK         0            //命令发送正确
#define COMMAND_ERROR      4            //命令发送错误
#define COMMAND_UNKNOW     8            //不可识别的返回类型
//==========================================
//            基本的常用常量
```

```
//=======================================
#define TRUE              1        //正确
#define FALSE             0        //错误
//=======================================
//                 函数声明
//=======================================
uchar Send_AT_Command(uchar type);          //AT 指令发送程序
//uchar READ_TEL(uchar r);                  //进行 SIM 卡中的 1 到 20 条短信号码读
/* void read_sms(void); */                  //读写短信程序
void send_sms(void);                        //发送短信
void Initialize_Model(void);                //初始化 PIN 检测
void Sys_Init(void);                        //话机启动的初始化程序，包含定时器、串口等
void start(void);                           //指示灯指示
void delay1ms(uchar x);                     //延时约 1 ms 程序
uchar strsearch(uchar * ptr2);              //查字符串 * ptr2 在 * ptr1 中的位置


void read(void);                            //读两个字节测量结果函数
char write(uchar value);                    //写一个字节，返回应答信号
void sht11_start(void);                     //启动
void sht11_rest(void);                      //复位
void comp_temp_Humi(void);                  //温湿度处理 comp_temp_Humi
void measure(uchar ml);                     //测量温度或湿度，返回校验值
void comp_temp(void);                       //计算温度 comp_temp
void comp_Humi(void);                       //计算湿度 comp_Humi
void Init_Lcd(void);//初始化 12864
void print(unsigned char addr, unsigned char * str, unsigned char n);
void print1(unsignedd char * addr1, unsigned char n);
                                        //显示第一行，参数：字符串缓冲区显示字节数
void print2(unsigned char * addr1, unsigned char n);     //显示第二行
void print3(unsigned char * addr1, unsigned char n);     //显示第三行
void print4(unsigned char * addr1, unsigned char n);     //显示第四行
void send_cmd(char data1);
void send_data(char data1);
void Chekbusy();
void delay(void);
/* * * * * * * * * * * 主程序 * * * * * * * * * * * * * * * * */
void main (void)
{
  unsigned char idata tem[16];
  system_server=SYS_SMSR;        //系统状态主叫摘机
      LED=1;                     //初始化成功，LED 亮；初始化失败，LED 闪烁 4 次
  RED=0;                         //工作指示灯
      Sys_Init();                //话机启动的初始化程序，包含定时器，串口等
      Initialize_Model();        //初始化 PIN 检测
```

```
    delay1ms(2000);                  //延时 2 s
start();                             //指示灯指示
Init_Lcd();                          //初始化液晶
print1(dis1, 0);                     //显示文字 temp:
print3(dis2, 0);                     //显示文字 Humi:
while(1)
  {
  comp_temp_Humi();                  //测温湿度并转换
  sprintf(tem, "%4d", temp);
  print2(tem, 4);                    //第一行显示温度
  sprintf(tem, "%4d", Humi);
  print4(tem, 4);                    //第二行显示湿度
  delay1ms(200);                     //延时 200 ms,重新采集温度与湿度
  }
}


void read(void)                      //读两个字节,返回应答信号
//———————————————————————————————————————————
// reads a byte form the Sensibus and gives an acknowledge in case of "ack=1"
{
  uchar i, val=0;
  data_L=0;
  data_h=0;
  SCK=0;
  /* * * * * * * * *读高 8 位* * * * * * */
  DAT=1;                             //释放数据总线
  for (i=0x80;i>0;i/=2)              //位移 8 位
  {
    SCK=1;                           //上升沿读入
    if (DAT)
      val=(val|i);                   //确定值,先读入的高位
    SCK=0;
  }
  DAT=0;                //应答信号,有应答为 0;无应答为 1,通过 CPU 下拉为应答
  SCK=1;                             //第 9 个脉冲
  _nop_(); _nop_(); _nop_();         //脉冲宽度约 5 μs
  SCK=0;
  DAT=1;                             //释放数据总线
  data_h=val;                        //存测量高字节
  /* * * * * * * * *读低 8 位* * * * * * */
  val=0;
  DAT=1;                             //释放数据总线
  for (i=0x80;i>0;i/=2)              //位移 8 位
  {
```

```
    SCK=1;                          //上升沿读入
    if (DAT)
      val=(val | i);                //确定值
    SCK=0;
  }
  DAT=1;                            //此处不需要应答，通过CPU下拉为应答
  SCK=1;                            //第9个脉冲
  _nop_(); _nop_(); _nop_();        //脉冲宽度约5 μs
  SCK=0;
  DAT=1;                            //释放数据总线
  data_L=val;                       //存测量低字节
}


char write(uchar value)             //写一个字节，返回应答信号
{
  uchar i ;
  ack=0;                            //默认低表示有应答
  SCK=0;
  for (i=0x80;i>0;i/=2)             //释放数据总线
  {
    if (i & value)                  //先写入高位
      DAT=1;                        //写入1值
    else
      DAT=0;                        //写入0值
    SCK=1;                          //上升沿写入
    _nop_(); _nop_(); _nop_();      //延时脉冲宽度约5 μs
    SCK=0;
  }
  DAT=1;                            //释放数据总线
  SCK=1;                            //第9个脉冲
  if(DAT==1)                        //读应答信号
    ack=1;                          //高为未应答；低表示有应答
  SCK=0;
  return ack;                       //返回ack，ack=1，表示没有应答；ack=0表示有应答
}


void sht11_start(void)              //启动
{
  DAT=1;                            //数据为1
  SCK=0;                            //SCK=0
  _nop_();
  SCK=1;                            //第一个脉冲
  _nop_();
  DAT=0;                            //数据拉低
```

```
      _nop_();
      SCK=0;                              //完成一个脉冲
      _nop_(); _nop_(); _nop_();          //延时
      SCK=1;                              //第二个脉冲
      _nop_();
      DAT=1;                              //数据变为 1
      _nop_();
      SCK=0;                              //完成第二个脉冲
}


void sht11_rest(void)                     //复位
{
    uchar i;
    DAT=1;                                //数据为 1
    SCK=0;                                //时钟为 0
    for(i=0;i<9;i++)                      //9 个脉冲为复位
    {
        SCK=1;
        SCK=0;
    }
    sht11_start();                        //紧挨着，传输启动
}


void  measure(uchar ml)                   //测量温度湿度，返回校验值
{
    uint i;
    sht11_start();                        //启动
    write(ml);                            //写入测温度或湿度指令
    if (ack==1)                           //无应答
    {
        sht11_rest();                     //复位
        write(ml);                        //再次写入测温度或湿度指令
    }
    for (i=0;i<55535;i++)                 //判断是否处于忙
    {
        if(DAT==0)                        //有应答，则退出
            break;
        else
            xianshi();                    //无应答，则显示
    }
    read();                               //读温度或湿度
}


void comp_temp(void)                      //计算温度
```

```
    {
        float aa=0, temp_zi；
        aa=(float)(data_h)*256+(float)data_L；        //高字节和低字节合并
        temp_zi=0.01*aa-40.1；                        //14 bit 系数为 0.01 ＋5 V 系数为－40.1
        if  (temp_zi<0)                               //低于 0 时以 0 计算
        {
            temp_zi=0；
        }
        temp_zi=temp_zi*10；                          //*10 保留小数点后 1 位
        temp=(int)temp_zi；                           //温度
    }


    void comp_Humi(void)                             //计算湿度
    {
        float aa=0, bb=0, humi_zi, cc；
        int    abcd=0；
        aa=(float)data_h*256+(float)data_L；          //高字节和低字节合并
        bb=-2.0468+0.0367*aa-aa*aa*1.5955/1000000；  //相对湿度
        cc=((float)(temp)/10-25)*(0.01+0.00008*aa)+bb；  //湿度信号的温度补偿
        humi_zi=cc；
        humi_zi=humi_zi*10；                          //*10 保留小数点后 1 位
        Humi=(int)humi_zi；                           //湿度
    }


    void comp_temp_Humi(void)                        //温、湿度处理
    {
        error=0；
        ack=0；
        sht11_rest() ；                               //复位
        measure(TEMP_ML)；                            //测温度
        comp_temp()；                                 //计算温度
        measure(HUMI_ML)；                            //测湿度
        comp_Humi()；                                 //计算湿度
    }

    /************LCD12864 函数**************/
    void Chekbusy()                                  //检查忙碌
    {
        bit temp_RS=RS, temp_RW=RW, temp_E=E；
            RS=0；
            RW=1；
            E=1；
            while(P0&0x80)；
            RS=temp_RS；
```

```
        RW=temp_RW；
        E=temp_E；
}


void Init_Lcd(void)
{
    send_cmd(0x30)；
    send_cmd(0x30)；
    send_cmd(0x08)；
    send_cmd(0x10)；
    send_cmd(0x0C)；
    send_cmd(0x01)；
    send_cmd(0x06)；
    delay()；
}


//显示时，由于地址不同，显示所在行不同，这里分别列出四行的地址


void print1(unsigned char * addr1，unsigned char n)        //显示第一行
{
unsigned char i；
send_cmd(0x80)；
        for(i=0；i<n；i++)
    {
        send_data( * addr1)；
        addr1++；
    }
}
void print2(unsigned char * addr1，unsigned char n)        //显示第二行
{
unsigned char i；
send_cmd(0x90)；
    for(i=0；i<n；i++)
    {
        send_data( * addr1)；
        addr1++；
    }
}


void print3(unsigned char * addr1，unsigned char n)        //显示第三行
{
unsigned char i；
send_cmd(0x88)；
    for(i=0；i<n；i++)
```

```
    {
        send_data( * addr1);
        addr1++;
    }
}
void print4(unsigned char * addr1, unsigned char n)          //显示第四行
{
unsigned char i;
    send_cmd(0x98);
    for(i=0;i<n;i++)
    {
        send_data( * addr1);
        addr1++;
    }
}


void send_cmd(char data1) //传送数据或命令，当 DI=0 时，传送命令；当 DI=1 时，传送数据
{
    RW=0;
    RS=0;
    DATAPORT=data1;
    Chekbusy();
    E=1;
    E=0;
}


void send_data(char data1)
                        //传送数据或命令，当 DI=0 时，传送命令；当 DI=1 时，传送数据
{
    RW=0;
    RS=1;
    DATAPORT=data1;
    Chekbusy();
    E=1;
    E=0;
}
void delay(void)        //误差 0 μs
{
    unsigned char a, b, c;
    for(c=50;c>0;c--)
        for(b=2;b>0;b--)
            for(a=25;a>0;a--);
}
/* * * * * * * * * * * * * * * * * * * * * * * * * * * * * * * * * * * *
```

```
*                      AT 指令发送程序                        *
* * * * * * * * * * * * * * * * * * * * * * * * * * * * * * * * */
uchar   Send_AT_Command(uchar type)            //AT 指令发送程序
//这里为 AT 指令处理区,所有的 AT 指令都在这时对 uart_buff 数组进行赋值,并发送出去,
//正常情况下,AT 指令返回也会在这里接收完
//发送 AT 指令
//拨号时号码放在 phone. number
//其它用 para_temp
//strcpy:把 src 所指由 NULL 结束的字符串复制到 destf 所指的数组中
//strcat 把 src 所指字符串添加到 dest 结尾处(覆盖 dest 结尾处的'\0')并添加'\0'
{
  AT_Command_Type=type;                  //当前发送的命令类型
  send_count=0;                          //设置发送数组指针为 0
  switch(type)                           //查看命令类型
  {
    case RESET_TC35:                     //复位 TC35
      strcpy(uart_buff,"AT+CFUN=1, 1");
                                         //AT+CFUN=1, modem 可以打电话,发短信
      break;
    case CHECK_PIN:                      //检查当前是否要输入 PIN 码,读 PIN 码寄存器
      strcpy(uart_buff,"AT+CPIN?");
      break;
    case TC35_INIT:                      //TC35 初始化命令,ATE0 ATV0 合体
      strcpy(uart_buff,"ATE0V0");
                                         //ATE0 关闭命令回应,ATV0 发送短型(数字型)结果码
      break;
      //0D 0A 54 43 33 35 0D 0A
    case SIM_ID:
        // 合体组合   ATE0 ATV0 AT+CMGF=1 AT+CNMI=2, 1
        // AT+CMGF=1,选择短消息信息格式为文本:0-PDU;1-文本
        //AT+CNMI=2,通知 TE。在数据线被占用的情况下,先缓冲起来,
        //待数据线空闲,再行通知
        //储存到默认的内存位置,并且向 TE 发出通知
      strcpy(uart_buff,"ATE0V0+CMGF=1+CNMI=2, 1");
                                         //读出 SIM 卡的卡号,与 SIM 卡标明的卡号一样
      break;
    case   AT_IPR:                       //波特率,设置 TC35 的内部时钟
      strcpy(uart_buff,"AT+IPR=9600");
                                         //取消波特率自动适配并设置波特率为 9600bps
      break;
    case SMSS_ID:                        //TC35i 模块专用
      strcpy(uart_buff,"ATE0V0-SSMSS=1+CNMI=2, 1");
                                         //AT-SSMSS 设置短消息存储序列,优先 sim 卡
      break;
```

```
        case SMS_CMGF:                      //SMS 接收方式
          strcpy(uart_buff, "ATE0V0+CMGF=0");
                      //AT+CMGF=0 选择短消息信息格式为 PDU:0－PDU;1－文本
          break;
        case PHONE_WRITE:                    //存电话号码,写电话本
          strcpy(uart_buff, "AT+CPBW=");
          strcat(uart_buff, para_temp);       //字符串 para_temp 添加到 uart_buff 结尾处
          break;
        case PHONE_READ:                     //读电话本
          strcpy(uart_buff, "AT+CPBR=");     //读电话本号参数
          strcat(uart_buff, &read_tmp);       //字符串 read_tmp 添加到 uart_buff 结尾处
          uart_buff[9]=0x0d;                  //回车
          uart_buff[10]=0x0a;                 //换行
          uart_buff[11]=0x00;                 //空 2 格
          uart_buff[12]=0x00;
          break;
        case SMS_CMGR:                       //读一个短信
          strcpy(uart_buff, "AT+CMGR=");
          strcat(uart_buff, para_temp);       //字符串 para_temp 添加到 uart_buff 结尾处
          break;
        case SMS_CMGS:                       //写一个短信
          strcpy(uart_buff, "AT+CMGS=");     //AT+CMGS= "13X12345678"指定号码
          strcat(uart_buff, para_temp);       //字符串 para_temp 添加到 uart_buff 结尾处
          break;
        case SMS_CMGD:                       //删除一个短信
          strcpy(uart_buff, "AT+CMGD=");
          strcat(uart_buff, para_temp);       //字符串 para_temp 添加到 uart_buff 结尾处
          break;
        case   CMGS_MUB:                     //发报警短信内容
          strcpy(uart_buff, para_temp);       //字符串 para_temp 添加到 uart_buff 结尾处
          break;
        case AT_COMMAND:                     //AT 命令
          break;                              //返回
        default:
          receive_count=0;                    //接收数组指针清 0
          return(TRUE);                       //返回 TRUE 1
      }
    ES=1;                                     //串口中断使能
    strcat(uart_buff, "\x0d\x00");            //在命令后加入 CR 回车空格
    send_count=0;                             //发送指针清零
    receive_count=0;                          //接送指针清零
    AT_Command_Status=COMMAND_WAIT;
                                              //设置接收成功标志 0xff 等待命令回应
    timer_S_cnt=0;                            //秒计数变量,1 个数 1 s 清 0
```

```
    txd_rxd_bit=0;                        //接收正确标志位,清 0
    at_send_bit=0;                        //发送未完成,标志设为 0,不接收允许
    TI=1;                                 //发送数据完成,标志设为 1
    RI=0;                                 //清除接收标志
    if (type==TC35_INIT)                  //TC35 初始化命令
    {
      while (timer_S_cnt<6)               //等 6 s
      {
        if (AT_Command_Status! =COMMAND_WAIT||txd_rxd_bit==1)
                                          //不是等待接收回应或接收正确指令标志
          return(TRUE);                   //返回 TRUE 1
      }
    }
    else if((type==SMS_CMGR))             //读一个短信
    {
      while (timer_S_cnt<6)               //等 6 s
      {
        if (AT_Command_Status! =COMMAND_WAIT||txd_rxd_bit==1)
                                          //不是等待接收回应或接收正确指令标志
          return(TRUE);                   //返回 TRUE 1
      }
    }
    else
    {
      while (timer_S_cnt<6)               //等 6 s
      {
        if (AT_Command_Status! =COMMAND_WAIT||txd_rxd_bit==1)
                                          //不是等待接收回应或接收正确指令标志
        {
          return(TRUE);                   //返回 TRUE 1
        }
      }
    }
    return(FALSE);                        //返回 FALSE 0
}


//所有的短信都在这里发送出去
//para_temp 为短信内容数组,TMP_BUF 为数组指针
void send_sms(void)                       //发送短信
{
  uchar   j=1, i=1;
  uchar   TMP_BUF;                        //万用变量
  comp_temp_Humi();
  Send_AT_Command(SIM_ID);    //合体组合 ATE0 ATV0 AT+CMGF=1 AT+CNMI=2,1
```

```
                        //0011000D91683118180295F20008A70A8F 66670953719669FF01
        Send_AT_Command(SMS_CMGF);
                        //AT+CMGF=0，选择短消息信息格式为 PDU：0－PDU；1－文本
        TMP_BUF=0;                      //万用变值
    para_temp[TMP_BUF++]='2';          //短信号码长度，如果每加一个中文，长度加 2
    para_temp[TMP_BUF++]='5';
    para_temp[TMP_BUF++]=0x0d;         //回车空 2 格
    para_temp[TMP_BUF++]=0x00;
    para_temp[TMP_BUF++]=0x00;
        Send_AT_Command(SMS_CMGS)；     //写一个短信
    TMP_BUF=0;                         // 万用变值
    para_temp[TMP_BUF++]='0';          //0011000D9168
    para_temp[TMP_BUF++]='0';
    para_temp[TMP_BUF++]='1';
    para_temp[TMP_BUF++]='1';
    para_temp[TMP_BUF++]='0';
    para_temp[TMP_BUF++]='0';
    para_temp[TMP_BUF++]='0';
    para_temp[TMP_BUF++]='D';
        para_temp[TMP_BUF++]='9';
    para_temp[TMP_BUF++]='1';
    para_temp[TMP_BUF++]='6';
    para_temp[TMP_BUF++]='8';


        para_temp[TMP_BUF++]='3';      //改号码的地方 13X12345678
    para_temp[TMP_BUF++]='1';          //发送对方号码 311X325476F8
    para_temp[TMP_BUF++]='1';
    para_temp[TMP_BUF++]='X';
        para_temp[TMP_BUF++]='3';
    para_temp[TMP_BUF++]='2';
    para_temp[TMP_BUF++]='5';
    para_temp[TMP_BUF++]='4';
    para_temp[TMP_BUF++]='7';
    para_temp[TMP_BUF++]='6';
    para_temp[TMP_BUF++]='F';
    para_temp[TMP_BUF++]='8';
/*   j=0;                              //发送对方号码
    do                                //动态电话号码
    {
      para_temp[TMP_BUF++]=TEL_temp[j+1];
       para_temp[TMP_BUF++]=TEL_temp[j];
      j=j+2;
      if(TEL_temp[j+1]==0x0d)
      { para_temp[TMP_BUF++]='F';
```

```
        para_temp[TMP_BUF++]=TEL_temp[j];
        break;
    }
} while(j<=18);   */
        para_temp[TMP_BUF++]='0';          //短信格式设备,发送中文字符方式
para_temp[TMP_BUF++]='0';
para_temp[TMP_BUF++]='0';
para_temp[TMP_BUF++]='8';
para_temp[TMP_BUF++]='A';
para_temp[TMP_BUF++]='0';
para_temp[TMP_BUF++]='1';          //短信长度、11 个字或 22 个英文或数字
para_temp[TMP_BUF++]='6';

                                    //温度显值 uint   temp;湿度显值 uint   Humi
para_temp[TMP_BUF++]='6';          //短信内容"温度:"  6E29 5EA6 FF1A
para_temp[TMP_BUF++]='E';
para_temp[TMP_BUF++]='2';
para_temp[TMP_BUF++]='9';
para_temp[TMP_BUF++]='5';
para_temp[TMP_BUF++]='E';
para_temp[TMP_BUF++]='A';
para_temp[TMP_BUF++]='6';
para_temp[TMP_BUF++]='F';
para_temp[TMP_BUF++]='F';
para_temp[TMP_BUF++]='1';
para_temp[TMP_BUF++]='A';
para_temp[TMP_BUF++]=temp/1000+0X30;        //温度百位
para_temp[TMP_BUF++]=(temp/100)%10+0X30;    //温度十位
para_temp[TMP_BUF++]=(temp/10)%10+0X30;     //温度个位
para_temp[TMP_BUF++]=0X2E;                  //小数点
para_temp[TMP_BUF++]=temp%10+0X30;          //温度一位小数位

para_temp[TMP_BUF++]='6';                   //短信内容"湿度:"6E7F 5EA6 FF1A
para_temp[TMP_BUF++]='E';
para_temp[TMP_BUF++]='7';
para_temp[TMP_BUF++]='F';
para_temp[TMP_BUF++]='5';
para_temp[TMP_BUF++]='E';
para_temp[TMP_BUF++]='A';
para_temp[TMP_BUF++]='6';
para_temp[TMP_BUF++]='F';
para_temp[TMP_BUF++]='F';
para_temp[TMP_BUF++]='1';
para_temp[TMP_BUF++]='A';
para_temp[TMP_BUF++]=Humi/1000+0X30;        //湿度百位
```

```
    para_temp[TMP_BUF++]=(Humi/100)%10+0X30;        //湿度十位
    para_temp[TMP_BUF++]=(Humi/10)%10+0X30;         //湿度个位
    para_temp[TMP_BUF++]=0X2E;                       //小数点
    para_temp[TMP_BUF++]=Humi%10+0X30;               //湿度一位小数位

    para_temp[TMP_BUF++]=0X1A;                       //短信结束符
    para_temp[TMP_BUF++]=0X0D;                       //回车空格
    para_temp[TMP_BUF++]=0X00;
    Send_AT_Command(CMGS_MUB);                        //发报警短信内容
    system_server=SYS_SMSR;                          //系统状态，主叫摘机
    receive_count=0;                                 //接收数组指针，短信读
    AT_Command_Status=COMMAND_WAIT;                  //等待命令回应，设置接收成功标志
    send_count=0xff;                                 //发送不允许
    timer_S_cnt=0;                                   //秒计数变量清 0
    while((timer_S_cnt<15)&&(AT_Command_Status==COMMAND_WAIT))
                                                     //等待命令回应时间<15 s
    {
        if(strsearch("+CMGS:"))                      //是否有新短信
            break;
        else if(txd_rxd_bit)                         //接收正确的指令中断
            break;
    }
    para_temp[0]=(num_tmp1/10)+0x30;                 //十位，num_tmp1 为短信号码参数
    para_temp[1]=(num_tmp1%10)+0x30;                 //个位
    para_temp[2]=0x0d;                               //回车空格
    para_temp[3]=0x00;
    Send_AT_Command(SMS_CMGD);                        //删除一个短信
    timer_S_cnt=0;                                   //秒计数变量清零
    Send_AT_Command(SIM_ID);
                            //合体组合 ATE0 ATV0 AT+CMGF=1 AT+CNMI=2，1
    for(i=0;i<=MAX_TM-2;i++)                          //清空
        uart_buff[i]=0;
}


void Initialize_Model(void)                          //初始化，PIN 检测
{
    uchar i;
    IO_IGT=0;                                        //触发点火信号端
    for(i=0;i<12;i++)                                //进行初始化，并显示
    {
        Send_AT_Command(TC35_INIT);                  //TC35 初始化命令 ATE0 ATV0 合体
        if((uart_buff[1]==0x0d)&&(uart_buff[0]==0x30))   //0 换行
        {
            chinit=1;                                //进行初始化标志
```

```c
        break；
      }
      if((i%4)==0)
      {
        IO_IGT=1；                                // 触发点火信号端
      }
      else if((i%2)==0)
      {
        IO_IGT=0；                                // 触发点火信号端
      }
      timer_S_cnt=0；                             //秒计数变量清零
    }
    if(i>=11)
    {
      chinit=0；                                  //进行初始化，标志清 0
      goto at_eer；
    }
    for(i=0;i<12;i++)
    {
      if(Send_AT_Command(CHECK_PIN))
                  //如果有收到，回应进行分析收到的信息，检查当前是否要输入 PIN 码
      {
        uart_buff[receive_count]=0；              //receive_count：接收数组指针
        if(strsearch("READY")!=0)
        {
          chping=1；                              //准备好
          break；
        }
      }
      timer_S_cnt=0；                             //秒计数变量清零
    }
    if(i>=11)
    {
      chping=0；                                  //准备标志位清 0
at_eer:
      Send_AT_Command(RESET_TC35)；               //复位 TC35
      timer_S_cnt=0；                             //秒计数变量清零
      Send_AT_Command(SMSS_ID)；                  //TC35i 模块专用设置
    }
      Send_AT_Command(SIM_ID)；                   //读出 SIM 卡设置
      Send_AT_Command(AT_IPR)；                   //设置 TC35 的波特率
      Send_AT_Command(REQUEST_MOD)；              //请求模式
      timer_S_cnt=0；                             //秒计数变量清零
}
```

```
void    Sys_Init(void)                //话机启动的初始化程序,包含定时器、串口等
{
    TI=0;                             //清串行接收发送中断标志位
    RI=0;
    TH0 = 0xB8;                        //20 ms 的时钟基准
    TL0 = 0x00;
    TH1=0xfd;                          //波特率为 9600
    TL1=0xfd;
    TMOD=0x21;                         //定时器 0:模式 1;定时器 1:模式 2
    SCON=0x50;                         //串口通信选用方式 1,允许接收
    PCON=0x00;                         //不倍频,倍频 0x80
    IE = 0x92;                         // EA XX ET2 ES ET1 EX1 ET0 EX0
1001 0010
    IP=0x02;                           //定时器 0 优先级高
    TR1=1;                             //使能定时器 1
    TR0=1;                             //使能定时器 0
    timer_20ms_cnt=0;                  //20 ms 计数变量清 0,0~49
    receive_count=0;                   //接收数组指针清 0
    send_count=0xff;                   //发送数组指针,表示禁止发送,可以接收
}


void start(void)                      //指示灯指示
{
    uchar k;
    if(chinit==1&&chping==1)           //准备好,初始化完成
        LED=0;                         //初始化成功,LED 亮
    else                               //初始化失败,LED 闪烁 4 次
    {
        for(k=0;k<4;k++)
        {
            LED=0;
            delay1ms(1000);
            LED=1;
            delay1ms(1000);
        }
    }
}
                                      //发送一个字符
void Print_Char(uchar ch)             //发送单个字符
{
    SBUF=ch;                          //送入缓冲区
    while(TI! =1);                     //等待发送完毕
    TI=0;                             //软件清零
```

```
}
void Print_Str(uchar * str)                //发送字符串
{
    while( * str! ='\0')
    {
        Print_Char( * str);
        delay1ms(2);
        str++;
    }
}
void delay1ms(uchar x)                     //延时约 1 ms 程序
{
  uchar  Time, Time1;
  for(Time=0;Time<x;Time++)
    for(Time1=0;Time1<120;Time1++);
}
/* * * * * * * * * * * * * * * * * * * * * * * * * * * * * * * * *
 *             C51 中字符串函数的扩充              *
 * * * * * * * * * * * * * * * * * * * * * * * * * * * * * * * * */
uchar strsearch(uchar * ptr2)              //查字符串 * ptr2 在 * ptr1 中的位置
                                           //本函数是用来检查字符串 * ptr2 是否完全包含在 * ptr1 中
                                           //返回：  0   没有找到
                                           //1-255 从第 N 个字符开始相同
{
    uchar i, j, k;                         //i 源地址；j：小的地址；k：中间变量
    if(ptr2[0]==0)                         //空，不需比较，返回
      return(0);
    for(i=0, j=0;i<MAX_TM-2;i++)           //MAX_TM 为号码存储器
    {
      if(uart_buff[i]==ptr2[j])            //第一个字符相同
      {
        for(k=i;k<MAX_TM-2;k++, j++)
        {
          if(ptr2[j]==0)                   //遇到空格，比较正确
            return(i+1);

                                           //返回值是整数，不含 0 从第 i+1 个字符开始相同
          if(uart_buff[k]! =ptr2[j])

                                           //若后面的字符不相等，退出内层循环，再往后查找
            break;
        }
        j=0;                               //指向第 1 个字符
      }
    }
    return(0);                             //没有找到返回
```

```
    }
void   Int_Timer0(void) interrupt 1 using 3      //定时器 0 中断服务程序
{
  TH0 = 0xB8；
  TL0 = 0x00；                            //20 ms 的时钟基准
  timer_20ms_cnt++；                      //20 ms 计数变量加 1，0～49
  if(timer_20ms_cnt==50)                  //20 ms 计数变量，0～49
  {
    timer_20ms_cnt=0；                    //20 ms 计数变量，0～49
    timer_S_cnt++；                       //秒计数变量，1 个数 1 s
    if(fastmode)
    {
      timecount++；                       //发送间隔的定时
      if(timecount==60)                   //间隔 1 分钟到
      {
        send_sms()；
        timecount=0；
      }
    }
  }
}
/* * * * * * * * * * * * * * * * * * * * * * * * * * * * * * * * * * * * *
                 TC35 的命令列表，与中断服务程序
  * * * * * * * * * * * * * * * * * * * * * * * * * * * * * * * * * * * */
void   Int_Uart(void) interrupt 4 using 3      //串口的中断程序
{
  uchar F=0；                             //F：存对方号码数组指针
  if(TI)                                  //如果为发送，中断
  {                                       //数据模式与命令方式共用
    TI=0；                                //清发送中断标志位
    if(send_count>=MAX_TM-5)             //发送数组指针大于 5
      send_count=0；                      //发送数组指针清零，不再超过最大值
    if((uart_buff[send_count]==0))        //空
    {                                     //应该检测命令结束代码，检测到时结束通信
      at_send_bit=1；                     //发送完成标志接收允许
      send_count=0xff；                   //发送指针达到是大值
      for(F=0；F<20；F++)                 //数组指针
      {
        uart_buff[F]=0；                  //清除接收缓冲区
      }
      receive_count=0；                   //接收数组指针清零
      return；
    }
    else
```

```
{
    if(uart_buff[send_count]<=0xB0)        //发送数组指针
      SBUF=uart_buff[send_count++];
    if((uart_buff[send_count]==0))
      {                                    //应该检测命令结束代码，检测到时结束通信
        at_send_bit=1;                     //发送完成标志 1 接收允许
        send_count=0xff;                   //发送数组指针为 0xff
        for(F=0;F<20;F++)
          {
            uart_buff[F]=0;                //清除接收缓冲区
          }
        receive_count=0;                   //接收数组指针清零
        return;
      }
  }
  receive_count=0;                         //接收数组指针清零
}
if(RI)                                     //接收中断
{                                          //命令方式
  RI=0;                                    //清接收中断标志位
  if(at_send_bit==0)                       //如果发送，不能接收
    return;
  if((send_count==0xff)&&(receive_count<MAX_TM-5))
                                           //发送数组指针接收数据指针
  { //没有发送时才能进行接收，所有的命令返回都是处于 0x0A [Result] 0x0D 之间，其它
    //命令不会出现这种情况
    uart_buff[receive_count++]=SBUF;
    //收到短信返回+CMTI："SM",1，最后这个 1 为存储位置
        if(strstr(uart_buff,"+CMTI")!=NULL)        //是否收到新短信
          {
              Print_Str(CMGF0);
                                           //设置短信格式为 PDU 格式，可以接受中文短信
              delay1ms(50);

              Print_Str(CMGR);             //读取 1 号位置的短信
              delay1ms(300);

              if(strstr(uart_buff,"62535F005FEB901F6A215F0F")!=NULL)
                                           //包含有"打开快速模式"的 unicode 编码
              {
                  fastmode=1;
              }
              else if(strstr(uart_buff,"517395ED5FEB901F6A215F0F")!=NULL)
                                           //包含有"关闭快速模式"的 unicode 编码
```

```
                {
                    fastmode=0;
                }
                else                    //内容错误，错误指示灯亮
                {
                    send_sms();
                }
        delay1ms(100);
                receive_count=0;
            Print_Str(CMGD);        //将位置1的短信删除，以便接收下次的新短信
            delay1ms(50);
                receive_count=0;
        }
    }
    else
    {                                   //ACC=SBUF;
        return;
    }
    if(receive_count>=MAX_TM-5)         //接收数组指针
    {
        if(AT_Command_Type==SMS_CMGR)   //读一个短信
        receive_count=0;                //接收数组指针清零
        else if(AT_Command_Type==SMONC_ID)  //当前发送的命令类型
        {
            AT_Command_Status=COMMAND_OK;   //命令发送正确
            return;
        }
        else
        {
            receive_count=0;            //接收数组指针清零
            AT_Command_Status=COMMAND_OK;   //命令发送正确
            return;
        }
        receive_count=0;                //接收数组指针清零
    }
    if((receive_count==2)&&(uart_buff[1]==0x0d))    //没有包含为其它信息的命令返回
    {   //接收到一个命令应，可能为0-OK、1-CONNECT、2-RING、3-NO、CARRIER、
        //4-ERROR
                                        //只返回OK
        uart_buff[receive_count]=0;
        if(uart_buff[0]=='0')
        {
            AT_Command_Status=COMMAND_OK;   //命令发送正确
                                        //txd_rxd_bit=1;
```

```
    }
    if(uart_buff[0]=='2')                         //电话呼入
    {
        AT_Command_Status=COMMAND_OK;             //命令发送正确
                                                  //txd_rxd_bit=1;
        ES=1;                                     //串口中断使能
        receive_count=0;                          //接收数组指针清0
        send_count=0xff;                          //发送数组指针，不允许发送
    }
    else if(uart_buff[0]=='4'||uart_buff[0]=='3')  //错误指令和无法接通
    {
        AT_Command_Status=COMMAND_ERROR;          //命令发送错误
    }
    else AT_Command_Status=COMMAND_UNKNOW;        //不可识别的返回类型
        txd_rxd_bit=1;                            //接收正确的指令标志
        uart_buff[receive_count]=0;
        return;
    }
    else if((uart_buff[receive_count-1]==0x0d)
        && (receive_count>=3)
        && (uart_buff[receive_count-3]==0x0a)
            && ((uart_buff[receive_count-2]=='0')))
    {   //可能是包含为其它信息的命令返回
        uart_buff[receive_count]=0;               //RECEIV OK ANSWER，with some message
        AT_Command_Status=COMMAND_OK;             //命令发送正确
        txd_rxd_bit=1;                            //接收正确的指令标志
    }
    else
    if((((AT_Command_Type==SMS_CMGS)||(AT_Command_Type==AT_COMMAND))
&& (uart_buff[2]=='>'))
    {
        AT_Command_Status=COMMAND_OK;             //命令发送正确
        txd_rxd_bit=1;                            //接收正确的指令标志
        return;
    }
    }
}
```

附　　录

附录 I　ASCII 码表

高 3 位 低 4 位	000 (0H)	001 (1H)	010 (2H)	011 (3H)	100 (4H)	101 (5H)	110 (6H)	111 (7H)
0000 (0H)	NUL	DLE	SP	0	@	P	、	p
0001 (1H)	SOH	DC1	!	1	A	Q	a	q
0010 (2H)	STX	DC2	"	2	B	R	b	r
0011 (3H)	ETX	DC3	#	3	C	S	c	s
0100 (4H)	EOT	DC4	$	4	D	T	d	t
0101 (5H)	ENQ	NAK	%	5	E	U	e	u
0110 (6H)	ACK	SYN	&	6	F	V	f	v
0111 (7H)	BEL	ETB	'	7	G	W	g	w
1000 (8H)	BS	CAN	(	8	H	X	h	x
1001 (9H)	HT	EM	)	9	I	Y	i	y
1010 (AH)	LF	SUB	*	:	J	Z	j	z
1011 (BH)	VT	ESC	+	;	K	[	k	{
1100 (CH)	FF	FS	,	<	L	\	l	|
1101 (DH)	CR	GS	−	=	M	]	m	}
1110 (EH)	SO	RS	.	>	N	ˆ	n	~
1111 (FH)	SI	US	/	?	O	_	o	DEL

附录Ⅱ ASCII 码符号说明

NUL	空	ETB	信息组传输结束	DC1	设备控制 1
SOH	标题开始	CAN	作废	DC2	设备控制 2
STX	正文结束	EM	纸尽	DC3	设备控制 3
ETX	本文结束	SUB	减	DC4	设备控制 4
EOT	传输结果	ESC	换码	NAK	否定
ENQ	询问	VT	垂直列表	FS	文字分割符
ACK	承认	FF	走纸控制	GS	组分隔符
BEL	报警	CR	回车	RS	记录分隔符
BS	退格	SO	移位输出	US	单元分隔符
HT	横向列表	SI	移位输入	DEL	作废
LF	换行	SP	空格		
SYN	空转同步	DLE	数据链换码		

附录Ⅲ MCS－89C51 系列单片机指令表

助记符	操作数	机器码（H）	字节数	机器周期
ACALL	addr11	$a_{10}a_9a_8$10001B addr(7～0)	2	2
ADD	A，Rn	28H～2FH	1	1
ADD	A，dir	25H dir	2	1
ADD	A，@Ri	26H～27H	1	1
ADD	A，♯data	24H data	2	1
ADDC	A，Rn	38H～3FH	1	1
ADDC	A，dir	35H dir	2	1
ADDC	A，@Ri	36H～37H	1	1
ADDC	A，♯data	34H data	2	1
AJMP	addr11	$a_{10}a_9a_8$00001B addr(7～0)	2	2
ANL	A，Rn	58H～5FH	1	1
ANL	A，dir	55H dir	2	2
ANL	A，@Ri	56H～57H	1	1
ANL	A，♯data	54H data	2	1

助记符	操作数	机器码（H）	字节数	机器周期
ANL	dir,A	52H dir	2	1
ANL	dir,♯data	53H dir data	3	2
ANL	C,bit	82H bit	2	2
ANL	C,/bit	B0H bit	2	2
CJNZ	A,bit,rel	B5H dir, rel	3	2
CJNZ	A,♯data,rel	B4H data rel	3	2
CJNZ	Rn,♯data,rel	B8H~BfH data rel	3	2
CJNZ	@Ri,♯data,rel	B6H~B7H data rel	3	2
CLR	A	E4H	1	1
CLR	C	C3H	1	1
CLR	bit	C2H bit	2	1
CPL	A	F4H	1	1
CPL	C	B3H	1	1
CPL	bit	B2H bit	2	1
DA	A	D4H	1	1
DEC	A	14H	1	1
DEC	Rn	18H~1FH	1	1
DEC	dir	15H dir	2	1
DEC	@Ri	16H~17H	1	1
DIV	AB	84H	1	4
DJNZ	Rn,rel	D8H~DFH rel	2	2
DJNZ	dir,rel	D5H dir rel	3	2
INC	A	04H	1	1
INC	Rn	08H~0FH	1	1
INC	dir	05H dir	2	1
INC	@Ri	06H~07H	1	1
INC	DPTR	A3H	1	2
JB	bit, rel	20H bit rel	3	2
JBC	bit,rel	10H bit rel	3	2
JC	rel	40H rel	2	2
JMP	@A+DPTR	73H	1	2
JNB	bit,rel	30H bit rel	3	2
JNC	rel	50H rel	2	2
JNZ	rel	70H rel	2	2

助记符	操作数	机器码（H）	字节数	机器周期
JZ	rel	60H rel	2	2
LCALL	addr16	12H addr16	3	2
LJMP	addr16	02H addr16	3	2
MOV	A,Rn	E8H～EFH	1	1
MOV	A,dir	E5H dir	2	1
MOV	A,@Ri	E6H～E7H	1	1
MOV	A,♯data	74H data	2	1
MOV	Rn,A	F8H～FFH	1	1
MOV	Rn,dir	A8H～AFH dir	2	2
MOV	Rn,♯data	78H～7FH data	2	1
MOV	dir,A	F5H dir	2	1
MOV	dir,Rn	88H～8fH dir	2	2
MOV	dir1,dir2	85H dir2 dir1	3	2
MOV	dir,@Ri	86H～87H dir	2	2
MOV	dir,♯data	F5H dir data	3	2
MOV	@Ri,A	F6H～F7H	1	1
MOV	@Ri,dir	A6H～A7H dir	2	2
MOV	@Ri,♯data	76H～77H data	2	1
MOV	C,bit	A2H bit	2	1
MOV	bit,C	92H bit	2	2
MOV	DPTR,♯data16	90H data16	3	2
MOVC	A,@A+DPTR	93H	1	2
MOVC	A,@A+PC	83H	1	2
MOVX	A,@Ri	E2H～E3H	1	2
MOVX	A,@DPTR	E0H	1	2
MOVX	@Ri,A	F2H～F3H	1	2
MOVX	@DPTR,A	F0H	1	2
MUL	AB	A4H	1	4
NOP		00H	1	1
ORL	A,Rn	48H～4FH	1	1
ORL	A,dir	45H dir	2	2
ORL	A,@Ri	46H～47H	1	1
ORL	A,♯data	44H data	2	1
ORL	dir,A	42H dir	2	1

助记符	操作数	机器码(H)	字节数	机器周期
ORL	dir,♯data	43H dir data	3	2
ORL	C,bit	72H bit	2	2
ORL	C,/bit	A0H bit	2	2
POP	dir	D0H dir	2	2
PUSH	dir	C0H dir	2	2
RET		22H	1	2
RETI		32H	1	2
RL	A	23H	1	1
RLC	A	33H	1	1
RR	A	03H	1	1
RRC	A	13H	1	1
SETB	C	D3H	2	1
SETB	bit	D2H bit	2	1
SJMP	rel	80H rel	2	2
SUBB	A,Rn	96H~97H	1	1
SUBB	A,dir	95H dir	2	1
SUBB	A,@Ri	96H~97H	1	1
SUBB	A,♯data	94H data	2	1
SWAP	A	C4H	1	1
XCH	A,Rn	C8H~CFH	1	1
XCH	A,dir	D5H dir	2	1
XCH	A,@Ri	C6H~C7H	1	1
XCHD	A,@Ri	D6H~D7H	1	1
XRL	A,Rn	68H~6FH	1	1
XRL	A,dir	65H dir	2	2
XRL	A,@Ri	66H~67H	1	1
XRL	A,♯data	64H data	2	1
XRL	dir,A	62H dir	2	1
XRL	dir,♯data	63H dir data	3	2

参 考 文 献

[1]　龚尚福，等. 微机原理与接口技术. 2 版. 西安：西安电子科技大学出版社，2008
[2]　王忠民，等. 微型计算机原理. 西安：西安电子科技大学出版社，2003
[3]　冯博琴，等. 微型计算机原理与接口技术. 北京：清华大学出版社，2002
[4]　徐惠民，安德宁. 单片机微型计算机原理、接口及应用. 2 版. 北京：北京邮电大学出版社，2000
[5]　熊江，杨凤年，成运，等. 微机系统与接口技术. 武汉：武汉大学出版社，2007
[6]　谢维成，牛勇. 微机原理与接口技术. 武汉：华中科技大学出版社，2009
[7]　史新福，冯萍. 32 位微型计算机原理·接口技术及其应用. 2 版. 北京：清华大学出版社，2007
[8]　杨振江等. 单片机应用与实践指导. 西安：西安电子科技大学出版社，2010
[9]　周广兴，张子红. 单片机原理及应用教程. 北京：北京大学出版社，2010
[10]　易建勋. 微处理器(CPU)的结构与性能. 北京：清华大学出版社，2003
[11]　张攀登，孔小红，等. 微机原理及接口技术. 北京：电子工业出版社，2011
[12]　谢显中，尚凤军，等. 微机原理与接口技术. 北京：电子工业出版社，2011
[13]　魏立峰，王宝兴，等. 单片机原理与应用技术. 北京：北京大学出版社，2006
[14]　晁阳. 单片机 MCS - 51 原理及应用开发教程. 北京：清华大学出版社，2007
[15]　宋跃. 单片机微机原理与接口技术. 北京：电子工业出版社，2011
[16]　柴钰. 单片机原理及应用. 西安：西安电子科技大学出版社，2009
[17]　许玮. C51 单片机高效入门. 2 版. 北京：机械工业出版社，2010
[18]　林伸茂. 8051 单片机彻底研究入门篇. 北京：中国电力出版社，2007
[19]　张平，赵光霞. AT89S52 单片机基础项目教程. 北京：北京理工大学出版社，2012